Java 8 程式語言學習手冊

陳會安　編著

全華圖書股份有限公司　印行

序

因為目前電腦的軟體系統愈來愈龐大且複雜，使用物件導向應用程式開發成為目前程式設計的主流。Java 語言是一種真正的物件導向程式語言，使用 Java 撰寫的程式碼能夠自然融入物件導向觀念，這是學習物件導向程式設計的最佳程式語言之一。事實上，Android 原生開發語言就是 Java 語言，隨著行動應用和雲端開發，Java 語言的重要性也愈來愈加重要。

本書主要目的是教導讀者 Java 程式設計，在內容架構上可以作為國內大專院校、技術學院或科技大學作為程式設計、物件導向程式設計的教材，筆者不只詳細說明 Java 基本語法和結構化程式設計，更使用 NClass 工具繪製 UML 類別圖來引導讀者進入物件導向程式設計，提供完整技術與觀念來幫助讀者學習物件導向思維，讓讀者能夠使用物件導向程式設計來解決程式問題。

物件導向程式設計的精神是強調物件的重複使用，我們需要定義出一個個完善物件來建立組合出應用程式。但是，如何定義完善物件並不能從語法學習過程中學習。這也是為什麼國內眾多程式設計者仍然停留在結構化程式設計，並沒有真正進入物件導向程式設計的主要原因。因為目前市面上大部分 Java 電腦書是講解 Java 物件導向語法，而非告訴讀者如何進行物件導向程式設計，即物件思維。

在本書不只使用大量程式範例說明 Java 的物件導向語法，更透過實務操作，搭配第 10 章 NClass 工具學習繪製 UML 類別圖（物件藍圖），讀者可以從繪製類別圖來學習物件導向觀念，而不用太早學習 Java 物件導向語法，因為 NClass 工具可以將讀者繪製的 UML 類別圖自動產生 Java 類別程式碼，我們只需加上方法實作（使用你已經熟悉的結構化程式設計），就可以完成類別實作。

在程式範例的設計上，筆者不是爲了舉例而舉例，所有類別都是眞正對應眞實世界的物件，透過 UML 類別圖，使用看圖說故事方式來讓讀者了解各種 Java 類別之間的關係和其實作，不只可以讓讀者眞正學會物件導向程式設計，更可以建立讀者的物件思維（Thinking in Object），來實際應用在 Java 程式開發。

不只如此，本書更是國內第 1 本使用 IntelliJ IDEA 整合開發環境來開發 Java 程式的電腦書，因爲 Google 最新開發工具 Android Studio 就是基於 IntelliJ IDEA 建立的整合開發環境，所以本書第 18 章說明如何使用 Java 語言開發 Android App，幫助讀者快速入門 Android 行動應用程式開發。

如何閱讀本書

本書架構是循序漸進從 Java 開發環境建立開始，依序安裝 JDK、Windows 作業系統的環境設定和 IntelliJ IDEA 整合開發環境，然後才進入基礎 Java 語法的說明，物件導向程式設計的觀念與語法，和 Java 應用程式開發。

第一篇內容是 Java 語言的基礎，在第 1 章說明如何在 Windows 作業系統安裝 JDK 和 IntelliJ IDEA 建立 Java 開發環境。然後在第 2 章開始建立 2 個簡單的 Java 程式，透過這 2 個程式來詳細說明 Java 程式架構，和 IntelliJ IDEA 的使用。

第二篇內容是 Java 結構化和模組化程式設計。在第 3~4 章是變數、資料型態和運算子。第 5 章說明流程圖和結構化程式開發，詳細說明流程圖、演算法，和實際使用 fChart 工具繪製流程圖和驗證演算法的正確性，最後詳細說明結構化程式設計和三種流程控制結構。

在第 6~7 章是流程控制的條件敘述和迴圈。第 8 章是模組化程式設計的類別方法。在第 9 章是陣列和字串。Java 初學者請詳細閱讀本篇，以便建立 Java 程式設計能力，而陣列將在第三篇，用來實作類別關聯性。

第三篇內容是本書主題的 Java 物件導向程式設計。在第 10 章是物件導向程式開發導論，筆者詳細說明什麼是物件、何謂類別、如何找出物件和物件導向技術的三大觀念：物件、訊息和類別，然後說明 UML 類別圖和 NClass 類別圖設計工具的使用。

在第 11~13 章是物件導向程式設計的類別、繼承、多形、介面和過載，筆者使用大量程式範例輔以 UML 類別圖，輕鬆帶領讀者進入物件導向程式設計的天空。第 14 章是現代程式語言支援的例外處理和執行緒，在第 15 章詳細說明 Java 套件和檔案處理。

第四篇內容是 Java 視窗應用程式開發，在第 16~17 章是 Swing 應用程式和事件處理，並且說明 Java 8 新增功能。

在第五篇的第 18 章是 Android 應用程式開發。附錄 A 說明 IntelliJ IDEA 整合開發環境的使用。

編著本書雖力求完美，但學識與經驗不足，謬誤難免，尚祈讀者不吝指正。

陳會安於台北 hueyan@ms2.hinet.net

2014.6.30

光碟內容說明

為了方便讀者學習 Java 8 程式設計，筆者已經將本書使用的範例檔案、專案、教學工具和相關開發工具都收錄在書附光碟，如下表所示：

檔案與資料夾	說明
Ch02~Ch18 與 AppA 資料夾	本書各章節 Java 專案、fChart 專案檔和 NClass 專案檔
Java8.zip	程式範例的 ZIP 格式壓縮檔
Java SE 8 JDK 下載網址	Java SE 8 JDK 下載網址
ideaIC-13.1.2.exe	IntelliJ IDEA 13.1.2 整合開發環境社群版
FlowChart 資料夾	fChart 流程圖直譯工具 3.08 版，可以新增、編輯和執行本書的流程圖專案，幫助讀者了解流程控制的執行過程和學習程式邏輯
FlowChart.zip	流程圖直譯工具的 ZIP 格式壓縮檔
NClass 資料夾	UML 類別圖設計工具
NClass.zip	UML 類別圖設計工具的 ZIP 格式壓縮檔
fChart 教學影片資料夾	fChart 教學幻燈片電影檔
fChart 教學講義資料夾	fChart 教學講義 PDF 檔

版權聲明

本書光碟內含的共享軟體或公共軟體，其著作權皆屬原開發廠商或著作人，請於安裝後詳細閱讀各工具的授權和使用說明。本書作者和出版商僅收取光碟的製作成本，內含軟體為隨書贈送，提供本書讀者練習之用，與光碟中各軟體的著作權和其他利益無涉，如果在使用過程中因軟體所造成的任何損失，與本書作者和出版商無關。

目録

第一篇　Java 語言的基礎

第1章　程式語言與Java的基礎

第2章　建立Java程式

第3章　變數、常數與資料型態

第4章　運算子與運算式

第二篇　Java 結構化與模組化程式設計

第5章　流程圖與結構化程式開發

第6章 條件敘述

第7章　迴圈結構

第8章　類別方法 - 函數

第9章　陣列與字串

第三篇　Java 物件導向程式設計

第10章　物件導向程式開發

第11章 類別與物件

第12章 繼承、介面與抽象類別

第13章　巢狀類別、過載與多形

第14章　例外處理與執行緒

第15章　Java套件與檔案處理

第四篇　Java 視窗應用程式開發

第16章　Swing視窗應用程式

第17章　事件處理與Lambda運算式

第五篇　Android App 開發

第18章　Android App應用程式開發

附錄A　使用Intellij IDEA整合開發環境

附錄B　ASCII碼對照表

第一篇

Java語言的基礎

Java 8 程式語言學習手冊

Chapter

1

程式語言與Java的基礎

本章學習目標

1-1　程式的基礎

「程式」（programs）或稱為「電腦程式」（computer programs）以英文字面來說，是一張音樂會演奏順序的節目表，或活動進行順序的活動行程表。事實上，電腦程式也有相同的意義，程式可以指示電腦，依照指定順序來執行所需的動作。

簡單的說，電腦是硬體（hardware）；程式是軟體（software）。電腦是由軟體程式所控制，可以依據程式指令來執行動作和判斷；程式是由程式設計者撰寫的一序列指令。

1-1-1　認識程式

程式可以描述電腦如何完成指定工作，其內容是完成指定工作的步驟，撰寫程式就是寫下這些步驟，如同作曲寫下的曲譜，或設計房屋繪製的藍圖。對於烘焙蛋糕的工作來說，食譜（recipe）如同程式，可以告訴我們製作蛋糕的步驟，如下圖所示：

以電腦術語來說，程式是使用指定程式語言（program language）撰寫沒有混淆文字、數字和鍵盤符號組成的特殊符號，這些符號組合成程式敘述和程式區塊，再進一步編寫成程式碼檔案，程式碼可以告訴電腦解決指定問題的步驟。

電腦程式在內容上主要分為兩大部分：資料（data）和處理資料的操作（operations）。對比烘焙蛋糕的食譜，資料是烘焙蛋糕所需的水、蛋和麵粉等成份，再加上烘焙器具的烤箱，在食譜描述的烘焙步驟是處理資料的操作，可以將這些成份經過一序列的步驟製作成蛋糕。

1-1-2　程式的輸入與輸出

在實務上,我們可以將程式視為是一個資料轉換器,當從電腦鍵盤或滑鼠取得輸入資料後,執行程式是在執行處理資料的操作,可以將資料轉換成有用的資訊,如下圖所示:

上述圖例的輸出結果可能是顯示在螢幕,或從印表機印出,電腦只是依照程式的指令將輸入資料進行轉換,以產生所需的輸出結果。對比烘焙蛋糕,我們依序執行食譜描述的烘焙步驟,可以一步一步混合、攪拌和揉合水、蛋和麵粉等成份後,放入烤箱來製作出蛋糕。

一些常見程式的輸入與輸出,如下表所示:

程式種類	輸入	程式做什麼	輸出
文字處理	鍵盤輸入的文字	編排文字內容	顯示和列印組織後的文字內容
遊戲程式	鍵盤或搖桿的移動	計算速度和位置來移動圖形	在螢幕顯示移動圖形
文字識別 OCR	文字掃描的圖形	識別圖形中的文字	將識別出的文字轉換成文字檔案

請注意!為了讓電腦能夠看懂程式,程式需要依據程式語言的規則、結構和語法,以指定的文字或符號來撰寫程式碼,例如:使用 Java 語言撰寫的程式稱為 Java 程式碼(Java code),或稱為「原始碼」(source code)。

1-1-3　程式是如何執行

程式是負責告訴電腦操作步驟的指令來完成指定的工作,我們在學習撰寫電腦程式前,或多或少都需要對電腦有一些認識,也就是了解電腦是如何執行程式。

事實上，程式語言建立的程式碼最後都會編譯成電腦看得懂的機器語言，這些指令是 CPU（Central Processing Unit）支援的「指令集」（instruction set）。請注意！不同 CPU 支援不同的指令集，雖然程式語言有很多種，但是 CPU 只懂一種語言，就是它能執行的機器語言，如下圖所示：

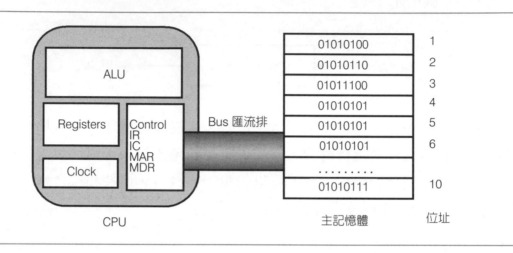

在上述圖例的電腦架構中，CPU 使用匯流排連接周邊裝置，以此例只繪出主記憶體。CPU 執行機器語言程式只是一種例行工作，依序將儲存在記憶體的機器語言指令「取出和執行」（fetch-and-execute）。簡單的說，CPU 就是從記憶體取出指令，然後執行此指令，取出下一個指令，再執行它。CPU 執行程式的方式，如下所示：

▶ 在電腦的主記憶體儲存機器語言的程式碼和資料。

▶ CPU 從記憶體依序取出一個個機器語言指令，然後依序的執行它。

所以，CPU 並不是真的了解機器語言在做什麼？這只是 CPU 的例行工作，依序執行機器語言指令，所以使用者設計的程式不能有錯誤，因為 CPU 只是執行它，並不會替您的程式擦屁股。

🍃 中央處理器（CPU）

電腦 CPU 提供實際的運算功能，個人電腦都是使用單晶片的「IC」（Integrated Circuit），其主要功能是使用「ALU」（Arithmetic and Logic Unit）的邏輯電路進行運算，來執行機器語言的指令。

在 CPU 擁有很多組「暫存器」（registers），暫存器是位在 CPU 中的記憶體，可以暫時儲存資料或機器語言的指令，例如：執行加法指令需要 2 個運算元，在運算時，這兩個運算元的資料是儲存在暫存器。

CPU 還擁有一些控制取出和執行（fetch-and-execute）用途的暫存器，其說明如下表所示：

暫存器	說明
IR（Instruction Register）	指令暫存器，儲存目前執行的機器語言指令
IC（Instruction Counter）	指令計數暫存器，儲存下一個執行指令的記憶體位址
MAR（Memory Address Register）	記憶體位址暫存器，儲存從記憶體取得資料的記憶體位址
MDR（Memory Data Register）	記憶體資料暫存器，儲存目前從記憶體取得的資料

現在，我們可以進一步檢視取出和執行過程，CPU 執行速度是依據 Clock 產生的時脈，以 MHz 為單位的速度執行儲存在 IR 的機器語言指令。在執行後，以 IC 暫存器儲存的位址，透過 MDR 和 MAR 暫存器從匯流排取得記憶體的下一個指令，然後執行指令，只需重複上述操作即可執行完整個程式。

記憶體（memory）

當電腦執行程式時，作業系統可以將儲存在硬碟或軟碟的執行檔案載入電腦主記憶體（main memory），這是 CPU 執行的機器語言指令，因為 CPU 是從記憶體依序載入指令和執行。

事實上，程式碼本身和使用的資料都是儲存在 RAM（Random Access Memory），每一個儲存單位有數字編號稱為「位址」（address）。如同大樓信箱，門牌號碼是位址，信箱內容是程式碼或資料，儲存資料佔用的記憶體空間大小，需視使用的資料型態而定。

電腦 CPU 中央處理器存取記憶體資料的主要步驟，如下所示：

Step 1 ▶ 送出讀寫的記憶體位址：當 CPU 讀取程式碼或資料時，需要送出欲取得的記憶體位址，例如：記憶體位址 4。

Step 2 ▶ 讀寫記憶體儲存的資料：CPU 可以從指定位址讀取記憶體內容，例如：位址 4 的內容是 01010101，取得資料是 01010101 的二進位值，每一個 0 或 1 是一個「位元」（bit），8 個位元稱為「位元組」（byte），這是電腦記憶體的最小儲存單位。

每次 CPU 從記憶體讀取的資料量，需視 CPU 與記憶體之間的「匯流排」（bus）而定，在購買電腦時，所謂 32 位元或 64 位元的 CPU，就是指每次可以讀取 4 個位元組或 8 個位元組資料來進行運算。當然，CPU 每次可以讀取愈多的資料，CPU 執行效率也愈高。

輸入 / 輸出裝置（input/output devices）

電腦的輸入 / 輸出裝置是程式窗口，可以讓使用者輸入資料，和顯示程式的執行結果。目前而言，電腦最常用的輸入裝置是鍵盤和滑鼠；輸出裝置是螢幕和印表機。

因為電腦和使用者說的是不同的語言，對於人們來說，當我們在【記事本】使用鍵盤輸入英文字母和數字時，螢幕馬上顯示對應的英文或數字。

對於電腦來說，當在鍵盤按下大寫字母 A 時，傳給電腦的是 1 個位元組的數字（英文字母和數字只使用其中的 7 位元），目前個人電腦主要是使用「ASCII」（American Standard Code for Information Interchange，詳見＜附錄 B：ASCII 碼對照表＞）碼，例如：大寫 A 是 65，所以，電腦實際顯示和儲存的資料是數值 65。

同樣的，在螢幕上顯示的中文字，我們看到的是中文字，電腦看到的仍然是內碼。因為中文字很多，需要使用 2 個位元組數值來代表常用的中文字，繁體中文的內碼是 Big 5；簡體中文有 GB 和 HZ。也就是說，1 個中文字的內碼值佔用 2 位元組，相當於 2 個英文字母。

目前 Windows 作業系統也支援「統一字碼」（unicode），它是由 Unicode Consortium 組織制定的一個能包括全世界文字的內碼集，包含 GB2312 和 Big5 的所有內碼集，即 ISO 10646 內碼集。擁有常用的兩種編碼方式：UTF-8 為 8 位元編碼；UTF-16 為 16 位元的編碼。

次儲存裝置（secondary storage unit）

次儲存裝置是一種能夠長時間使用和提供高容量儲存資料的裝置。電腦程式與資料是在載入記憶體後，才依序讓 CPU 執行，不過，在此之前，這些程式與資料是儲存在次儲存裝置，例如：硬碟機。

當在 Windows 作業系統使用編輯工具編輯程式碼時，這些資料只是暫時儲存在電腦的主記憶體，因為主記憶體在關閉電源後，儲存的資料就會消失，為了長時間儲存這些資料，我們需要將它儲存在電腦的次儲存裝置，也就是儲存在硬碟中的程式碼檔案。

在次儲存裝置的程式碼檔案可以長時間儲存，直到我們需要編譯和執行程式時，再將檔案內容載入主記憶體來執行。基本上，次儲存裝置除了硬碟機外，CD 和 DVD 光碟機也是電腦常見的次儲存裝置。

1-2　程式語言的種類

「程式語言」（programming languages）如同人與人之間溝通的語言，它是人類告訴電腦如何工作的一種語言，即人類與電腦之間進行溝通的語言。以技術角度來說，程式語言是一種將執行指令傳達給電腦的標準通訊技術。

1-2-1　程式語言的種類

程式語言和人類使用語言的最大不同，在於我們使用的語言不會十分精確，就算有一些小錯誤也一樣可以猜測其意義，想想看！外國人講的中文再差，你一定還是可以猜出他在說什麼。但是電腦沒有如此聰明，程式一定需要遵照嚴格的程式語言規則來撰寫，否則電腦執行程式時就會產生錯誤。

程式語言隨著電腦科技的進步，已經延伸出龐大族群，一般來說，我們所指的程式語言主要是指高階語言，例如：BASIC、C/C++、C#、Java 和 PASCAL 等，如下圖所示：

在上述圖例的程式語言中，愈下方是愈偏向電腦了解的程式語言；愈上方是偏向人類了解的程式語言。以發展世代來區分，可以分成五個世代，如下表所示：

世代	程式語言
第一世代	機器語言（machine languages）
第二世代	組合語言（assembly languages）
第三世代	高階語言（high level languages）
第四世代	應用程式產生的語言（application-generation languages）或查詢語言（query languages）
第五世代	邏輯導向語言（logic-oriented languages）

上表第四代語言是指特定應用程式專屬的程式語言，例如：資料庫查詢的 SQL 語言、Excel 的 VBA 語言，和瀏覽器的 JavaScript 語言等。第五代程式語言是使用在人工智慧和專家系統的邏輯分析，也稱為「自然語言」（natural languages）。

程式語言如果依照程式撰寫者的親和度來區分，可以分為偏向電腦了解或程式設計者容易了解的低階和高階語言，詳細說明請參閱第 1-2-2 節和第 1-2-3 節。

1-2-2 低階語言

低階語言（low level languages）是一種偏向電腦容易了解的程式語言，這是一種與機器相關（machine-dependent）的程式語言，因為低階語言撰寫的程式碼是針對特定種類的電腦，所以，只有在此電腦上可以執行專屬低階語言撰寫的程式碼。

低階語言是電腦母語的一種程式語言，所以執行效率最高，不過，使用者並不容易學習。主要的低階語言有兩種：機器語言和組合語言。

機器語言（machine language）

機器語言是一種電腦可以直接了解的程式語言，不需翻譯就可以直接執行其程式碼，所以佔用記憶體最少，執行效率最高。機器語言是使用 0 和 1 二進位表示的程式碼，稱為目的碼（object code），因為不同電腦類型（使用不同 CPU 的電腦）支援不同的機器語言指令，所以學習不易，而且程式碼無法在其他類型（不同 CPU）的電腦上執行，程式碼如下所示：

```
0111 0001 0000 1111
1001 1101 1011 0001
```

組合語言（assembly language）

組合語言是為了方便程式設計者撰寫程式碼（因為二進位程式碼不容易記憶和撰寫），所以改用簡單符號的指令集代表機器語言 0 和 1 表示的二進位程式碼，稱為助憶碼（mnemonic code），程式只需使用「組譯器」（assemblers）進行組譯，就可以快速轉換成機器語言在電腦上執行，這是一種十分接近機器語言的程式語言，程式碼如下所示：

```
MOV AX 01
MOV BX 02
ADD AX BX
```

1-2-3 高階語言

高階語言（high level languages）是一種接近人類語言的程式語言，或稱為半英文（half-english）的程式語言。它是一種與機器無關（machine-independent）的程式語言，因為高階語言撰寫的程式碼可以跨多種不同類型的電腦來執行，稱為可攜性（portability）。

不過，電腦並不能馬上看懂高階語言的程式碼，需要進一步翻譯轉換成機器語言指令才能執行，而且轉換的程式碼一定比直接使用機器語言撰寫的冗長，一般來說，一行高階語言的程式碼可能會轉換成多行至數十行機器語言程式碼，所以執行效率較低，但是因為比較類似我們的語言，所有非常適合使用者學習。

目前常見的高階語言有：BASIC、C/C++、C#、Java、FORTRAN、COBOL 和 PASCAL 等，這些高階語言需要進行翻譯，將程式碼轉譯成機器語言的執行檔案後，才能在電腦上執行。翻譯方式有兩種：編譯和直譯。

編譯器（compilers）

Java、C/C++、C# 和 Visual Basic 等程式語言都屬於編譯語言，編譯器需要檢查完整個程式檔案的程式碼，在完全沒有錯誤的情況下，才會翻譯成機器語言的程式碼檔案，如下圖所示：

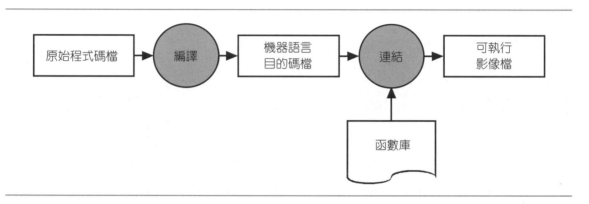

上述原始程式碼檔案在編譯成機器語言的目的碼檔（object code）後，因為通常都會參考外部程式碼，所以需要使用連結器（linker）將程式使用的外部函數庫連結建立成「可執行影像檔」（executable image）。編譯器的主要工作有兩項，如下所示：

▶ 檢查程式碼的錯誤。

▶ 將程式碼檔案翻譯成機器語言的程式碼檔案，即目的碼檔。

對於編譯器和連結器建立的可執行影像檔，作業系統需要使用載入器（loader）將它和相關函數庫元件都載入至電腦主記憶體後，才能執行此程式，如下圖所示：

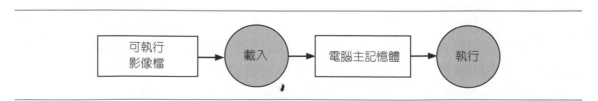

🕮 直譯器（interpreters）

　　早期 BASIC 語言（例如：BASICA、QuickBasic 等）和目前網頁技術的「腳本」（scripts）語言，例如：VBScript 和 JavaScript 都屬於直譯語言。基本上，直譯器並不會輸出可執行檔案，而是一個指令一個動作，一行一行轉換成機器語言後，馬上執行此行程式碼，如下圖所示：

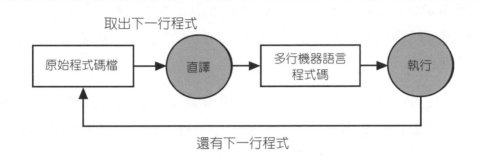

　　因為直譯器是一行一行轉換和執行，所以執行效率低，但是非常適合在系統開發階段的程式除錯。

1-2-4　常見的高階語言

　　目前我們常見的高階語言可以分為傳統結構化程式設計的程序式程式語言和物件導向程式語言。

🕮 程序式程式語言

　　程序式程式設計是將程式中重複的程式片段抽出成為程序（procedures）或函數（functions，或稱函式），即一段執行特定功能的多行程式碼，稱為程式區塊（blocks）。

　　對於使用程序式程式設計建立的程式來說，主程式的程式碼只是依序呼叫不同程序的程序呼叫（procedure call），即依序執行程式中的各程序，它們是使用流程控制結構來連接，稱為結構化程式設計。常見的程序式程式語言有：

　　▶ FORTRAN：IBM 公司在五〇年代開發出的第一種高階語言，擁有快速和精確的數學運算能力，主要是應用在工程和科學上大量且精確的數學運算。

- ▶ COBOL：美國國防部在 1959 年開發的商業用途程式語言，主要目的是用來產生商業報表，早期開發的商業軟體幾乎都是使用 COBOL 語言。

- ▶ BASIC： 在 1964 年 由 數 學 教 授 John Kemeny 和 Thomas Kurtz 在 Dartmouth 學院開發的程式語言，一種非常簡單和容易學習的程式語言，其主要目的是訓練學生或初學者學習程式設計。

- ▶ PASCAL：在 1971 年由 Niklaus Wirth 專為教學開發的程式語言，這是最早擁有結構化程式設計概念的程式語言，其名稱來源是為了紀念數學家巴斯卡。

- ▶ C：Dennis Ritchie 在 1972 年於貝爾實驗室設計的程式語言，開發 C 語言的主要目的是為了設計 UNIX 作業系統，C 語言同時擁有低階和高階語言的特性，可以用來建立各種不同的應用程式。

物件導向程式語言

物件導向程式設計是一種更符合人性化的程式設計方法，將原來專注於問題的分解，轉換成了解問題本質的資料，即物件（object），物件包含處理的資料和相關程序（稱為方法），在物件之間使用訊息（messages）溝通。

我們可以很容易擴充功能和重複使用物件，只需建立物件後，由下而上逐步擴充成為一個完善的物件集合來解決問題。常見的物件導向程式語言有：

- ▶ C++：在 1980 年代晚期，Bjarne Stroustrup 和其他實驗室同仁替 C 語言新增物件導向的功能，稱為 C++，C++ 已經成為目前 Windows 作業系統各種應用程式主要的開發語言之一。

- ▶ Java：昇陽公司開發的物件導向程式語言，本來是使用於家電控制的軟體技術，由 James Gosling 帶領的小組計劃負責，Java 語言開發的應用程式不受硬體限制，可以在不同平台的硬體上執行。

- ▶ .NET 語言：.NET Framework 是微軟程式開發平台，我們可以使用 .NET Framework 支援的物件導向程式語言 C# 和 Visual Basic 等來建立 .NET 應用程式。

1-3　程式設計技術的演進

計算機科學的「軟體工程」（software engineering）是專注於研究如何建立正確、可執行和良好撰寫風格的程式碼，嘗試使用一些經過驗證且可行的方法來解決程式設計問題。

「程式設計」（programming）是使用指定的程式語言，例如：Java 語言，以指定的風格或技術來撰寫程式碼。在此所謂的風格或技術，是電腦解決程式問題的程式設計方法。

對於一位初學程式設計的讀者來說，在逐漸建立深厚的程式設計功力前，學習程式設計需要經歷數個學習過程，即四種「程式設計技術」（programming techniques），或稱為「程式設計風格」（programming styles），如下所示：

- ▶ 非結構化程式設計（unstructured programming）。
- ▶ 程序式程式設計（procedural programming）與結構化程式設計（structured programming）。
- ▶ 模組化程式設計（modular programming）。
- ▶ 物件導向程式設計（object-oriented programming）。

1-3-1　非結構化程式設計

通常在初學程式設計時，例如：早期 BASIC 和組合語言，都是使用非結構化程式設計。Java 語言是指不論是只有幾行的小程式，或是多達數百行程式碼的大程式，都是位在單一主程式 main()。程式碼是以線性方式來依序執行，並沒有使用流程控制，如下圖所示：

程式 (Program)

上述圖例是非結構化程式設計的執行過程，程式依序由第 1 行執行至最後一行。非結構化程式設計在設計小型程式時並沒有什麼大問題，例如：在本書，很多程式範例都屬這類程式設計，其主要目的是說明 Java 語言的語法。

但是，在開發大型程式時，非結構化程式設計會產生一些嚴重的問題，如下所示：

▶ **重複程式碼**：由於非結構化程式設計的程式碼是以線性方式執行，如果需要時，必須重複操作，例如：計算 10 次 1 加到 100，需要在主程式 main() 重複 10 次相同的程式碼。

▶ **goto 敘述**：如果沒有重複程式碼，非結構化程式設計可以使用 goto 敘述跳到程式的其他位置，但是亂跳結果反而會增加程式複雜度，或產生一些無用的程式碼片段，稱為「義大利麵程式碼」（spaghetti code），意思是程式碼如同義大利麵一般的盤根錯節，很難修改或除錯。

▶ **全域資料**：非結構化程式設計的程式碼所處理的資料都是「全域」（global）資料，不論第 1 行或第 999 行，都可以直接存取資料（關於全域的詳細說明請參閱＜第 8 章：類別方法──函數＞），如果不小心拼字錯誤，造成資料誤存，有可能發生在第 1~999 行，增加程式除錯的困難度。

1-3-2 程序式與結構化程式設計

程序式程式設計是將程式中重複的程式片段抽出，成為「程序」（procedures、subroutine 或 routine）或「函數」（functions，或稱為函式），即一段執行特定功能的程式碼，Java 函數就是一種類別方法，其說明請參閱＜第 8 章：類別方法──函數＞。

程序式與結構化程式設計建立的程式，在主程式的程式碼只是依序呼叫不同程序的「程序呼叫」（procedure call），即依序執行各程序。程式是使用流程控制來連接程序，即目前程式設計最常使用的結構化程式設計，屬於程序式程式設計的子集，在第 5 章有進一步的說明，如下圖所示：

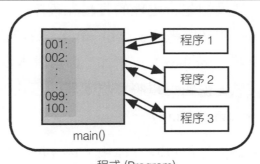

程式 (Program)

在上述圖例中，程式已經分割成數個小程序，整個程式結構是圍繞著程序為中心；其處理的資料只排第二位，所以程序式程式設計需要「資料結構」（data structures）這門課程的輔助，以便讓程式能更有效率的使用資料。

基本上，程式碼的分割是使用結構化程式設計的由上而下分析法，使用循序、重複和選擇結構連接各程序或程式區塊，詳細的說明請參閱＜第 5 章：流程圖與結構化程式開發＞。

程式語言如果符合結構化程式設計的特性，稱為結構化程式語言。C 語言是一種結構化程式語言，也是一種程序式語言；Java 語言雖然是物件導向程式語言，不過，依然支援結構化程式設計來撰寫 Java 方法的程式碼。

1-3-3 模組化程式設計

對於使用程序式程式設計分割建立的程序，我們希望能夠重複的使用這些程序，此時可以將相關功能的程序結合在一起成為獨立的「模組」（modules），模組是一個處理指定功能的子程式，如下圖所示：

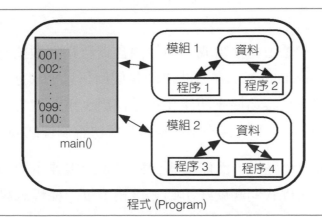

程式 (Program)

上述圖例中，每一個模組包含處理的資料和程序，在主程式呼叫模組的程序或函數時，可以視為呼叫「函數庫」（libraries，或稱為函式庫）的函數，在功能上如同是一個工具箱（toolbox）。例如：C 語言本身很小，大部分 C 語言的功能都是由函數庫提供，模組可以將實際處理的程式碼和資料隱藏起來，稱為「資訊隱藏」（information hiding）。

目前的程序式程式語言都可以建立模組，Java 模組化程式設計可以視為是類別方法的函數庫，例如：Math 類別的數學方法，詳見第 8-6 節。

1-3-4 物件導向程式設計

模組化程式設計是物件導向程式設計的前身，只是沒有提供繼承和多形等物件導向觀念。物件導向程式設計是一種更符合人性化的程式設計方法，將原來專注於問題分解的程序，轉換成了解問題本質的資料和處理此資料的程序，也就是建立「物件」（object），如下圖所示：

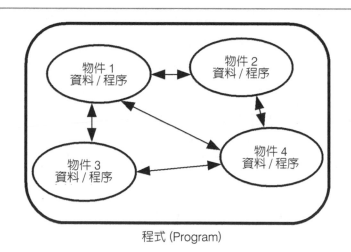

程式 (Program)

上述圖例的程式是由物件組成，物件內含資料和處理此資料的相關程序，也稱為「方法」（methods），在方法之間是使用訊息來溝通。不同於模組化程式設計的模組，物件很容易擴充功能和重複使用，只需建立好物件後，由下而上就可以逐步擴充成為一個完善的物件集合來解決整個程式問題。

等等！讀者可能會好奇，為什麼學習程式設計需要了解如此多種程式設計風格？不是能夠解決程式問題就好了嗎？沒錯！每一種程式設計風格都可以解決程式問題，程式設計風格（也可以說是學習程式設計的過程）的主要目的是能夠重複使用已經設計過的程式碼，以便讓我們累積程式設計經驗，快速開發所需的應用程式。

因為等到讀者使用程序式程式設計建立眾多函數後，一定會將常用函數集合成個人工具箱的函數庫，這就是模組化程式設計。更進一步，當學習到物件導向程式設計時，就可以將特定模組改寫成物件，然後使用繼承來快速擴充物件的功能，以便建立所需的應用程式。

1-4 Java 語言的基礎

「Java」（爪哇）是一種類似 C++ 語言的編譯式語言，不過並不完全相同，因為它是結合編譯和直譯優點的一種程式語言。

1-4-1 Java 平台

「平台」（platform）是一種結合硬體和軟體的執行環境，Java 程式是在平台上執行，因為 Java 屬於與硬體無關和跨平台的程式語言，所以 Java 平台是一種軟體平台，主要是由 JVM 和 Java API 兩個元件組成。

☳ JVM 虛擬機器

「JVM」（Java virtual machine）虛擬機器是一台軟體的虛擬電腦，Java 原始程式碼不是使用 Java 編譯器（Java compiler）編譯成其安裝實體電腦可執行的機器語言，而是 JVM 虛擬機器的機器語言，稱為「位元組碼」（bytecode）。

位元組碼是一種可以在 JVM 執行的程式，所以，在電腦作業系統需要安裝 JVM，才能夠使用 Java 直譯器（Java interpreter）來直譯和執行位元組碼，如下圖所示：

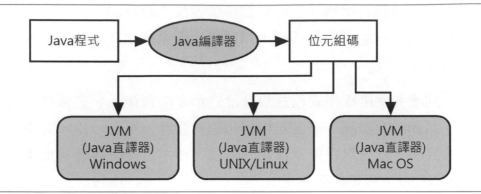

上述圖例的 Java 原始程式碼（副檔名 .java）在編譯成位元組碼（副檔名 .class）後，即可在 Windows、UNIX 或 Mac OS 作業系統上執行，只需作業系統安裝 JVM，同一位元組碼檔案就可以跨平台在不同作業系統上，使用 Java 直譯器來執行 Java 應用程式。

Java API

Java API（Java Application Programming Interface）是軟體元件的集合，也就是 C/C++ 語言所謂的函數庫，提供集合物件、GUI 元件、檔案處理、資料庫存取和網路等相關的類別和介面，稱為「套件」（packages）。

1-4-2 Java 語言的版本

Java 是一種高階的物件導向程式語言，其語法和 C/C++ 語言十分相似，支援 Windows、Solaris、Linux 和 Mac OS X 等作業系統，所以分成相當多種版本，例如：企業版和標準版（Standard Edition、SE）。在本書說明的是 Java SE 標準版，其版本演進如下表所示：

版本	日期	說明
1.0	1996/1	Java Development Kit 1.0 版（JDK 1.0）
1.1	1997/2	Java Development Kit 1.1 版（JDK 1.1）
1.2	1998/12	Software Development Kit 1.2 版（SDK 1.2），開始稱為 Java 2 平台
1.3	2000/5	平台名稱 J2SE（Java 2 Platform, Standard Edition），產品名稱是 Software Development Kit 1.3 版（SDK 1.3），也稱為 Java 2.1.3 版
1.4	2002/2	平台名稱 J2SE，產品名稱是 SDK 1.4，也稱為 Java 2.1.4 版
5.0	2004/9	平台名稱 J2SE 5.0，產品名稱是 J2SE Development Kit 5.0 版（JDK 5.0），其開發版號為 JDK 1.5.0

版本	日期	說明
SE 6	2006/12	平台名稱 Java SE 6，產品名稱是 Java SE Development Kit 6（JDK 6），其開發版號為 1.6.0
SE 7	2011/07	平台名稱 Java SE 7，產品名稱是 Java SE Development Kit 7（JDK 7），其開發版號為 1.7.0
SE 8	2014/04	平台名稱 Java SE 8，產品名稱是 Java SE Development Kit 8（JDK 8），其開發版號為 1.8.0

上表 1.0、1.1、5.0 和 6 簡稱 JDK，1.2、1.3 和 1.4 版簡稱 SDK。在 1.2 版時，因為與前版有極大改進，增加全新 Swing 圖形使用介面，所以稱為 Java 2 平台。

從 1.3 版後，平台與此平台開發工具的名稱分開，平台分為標準版（Standard Edition、SE）和企業版（Enterprise Edition、EE），企業版新增額外函數庫，主要是用來開發企業級的伺服端 Java 應用程式。

到了 5.0 版，Java 版號也分為兩種：5.0 版是產品版號（product version），JDK 為 1.5.0 版，此為開發版號（developer version）。從 SE 6 版開始，官方名稱已由 J2SE 改為 Java SE，不再稱為 Java 2，Java SE 8 是平台名稱，同時使用開發版號 1.8.0 和產品版號 8 代表新版的 Java 平台。

1-4-3　Java 程式語言的特點

Java 語言是一種簡單、功能強大和高效能的物件導向程式語言，不只如此，Java 語言還擁有一些傳統程式語言所沒有的特點。

分散式

Java 語言最初的發展是一種網路程式語言，可以支援各種網路通訊協定，能夠建立分散式（distributed）主從架構的應用程式，輕鬆存取網路上其他主機的資源。

多執行緒

Java 語言支援多執行緒（multi-threading），在同一程式能夠建立多個執行的小程式，稱為「輕量行程」（light weight process），以便執行不同的工作，並且支援同步功能，能夠避免「死結」（deadlock）情況的發生。

垃圾收集

垃圾收集（garbage collection）是指如何處理程式不再使用的記憶體空間，在 C/C++ 語言需要自行處理記憶體的配置與釋放，當程式配置的記憶體不再使用時，程式需要提供程式碼釋放記憶體歸還給作業系統，如此作業系統才能夠再次配置記憶體給其他應用程式。

Java 語言擁有垃圾收集能力，程式設計者不用擔心記憶體配置的問題，因為在執行 Java 程式時，會自動將不再使用的記憶體歸還給作業系統。

例外處理

電腦程式不可能沒有「小臭蟲」（bugs），一些小錯誤可能只會產生錯誤結果；但是有一些小錯誤可能導致嚴重的系統當機問題。傳統程式語言並沒有完善的例外處理（exception handling），所以常常會出現一些不明的系統錯誤。

例外處理的目的是為了讓程式能夠更加「強壯」（robust），就算程式遇到不尋常情況，也不會造成程式「崩潰」（crashing），甚至導致整個系統的當機。

1-5　Java 語言的開發環境

程式語言的「開發環境」（development environment）是一組工具程式，用來建立、編譯和維護程式語言建立的應用程式。一般來說，我們可以使用兩種 Java 開發環境來建立 Java 應用程式。

終端機模式的開發環境

對於傳統 MS-DOS 或 UNIX、Linux 系統的使用者，或稱為「終端機」（terminals）模式，程式執行環境輸入資料和輸出資料都是「命令列模式」（command-line interface），即文字模式的鍵盤輸入，或單純文字內容的輸出。

在終端機模式的開發環境只需安裝 Java 開發工具「Java Development Kit」（JDK）和設定好環境參數，然後配合 vi、edit 或記事本等程式碼編輯工具，就可以開發 Java 應用程式。

整合開發環境

對於高階程式語言來說，大多擁有「整合開發環境」（Integrated Development Environment，簡稱 IDE），可以在同一個應用程式編輯、編譯、執行和除錯特定語言的應用程式。

市面上有相當多支援 Windows 作業系統的 Java 整合開發環境，在搭配 JDK 後，可以在同一工具軟體編輯、編譯和除錯 Java 程式。目前主要使用的 Java 整合開發環境，如下所示：

▶ IntelliJ IDEA：JetBrains 軟體公司開發的整合開發環境，支援 Java 等多種程式語言，可以用來開發企業或行動應用程式，分為付費的企業版和免費社群版本，其官方網址：http://www.jetbrains.com/idea/。

▶ Eclipse：開放原始碼計劃建立的程式開發平台，不只支援 Java 語言，也支援 C/C++ 語言和 PHP 等多種程式語言，提供可以開發 Android 應用程式的外掛程式，其官方網址：http://www.eclipse.org/。

▶ NetBeans IDE：NetBeans 是一個開放原始碼計劃，一套全功能 Java 整合開發環境，可以開發跨平台桌上、企業和 Web 應用程式，其官方網址：http://www.netbeans.org/。

1-6　建立 Java 語言的開發環境

Java 語言的開發環境需要安裝 JDK，然後配合編輯工具或整合開發環境來建立 Java 應用程式，在本書是使用 IntelliJ IDEA 整合開發環境來建立 Java 應用程式。

1-6-1　安裝與設定 JDK

在 Windows 作業系統建立 Java 語言開發環境的第一步，就是下載和安裝 JDK，並且設定 JDK 的環境變數。

下載 JDK

JDK 8（Java SE Development Kit 8）可以在官方網站免費下載，其下載網址為：

```
http://www.oracle.com/technetwork/java/javase/downloads/index.html
```

選 JDK 下的【DOWNLOAD】後，點選【Accept License Agreement】同意授權，就可以在下方點選超連結，下載 Windows x86 的 32 位元，或 x64 的 64 位元版本，本書使用的下載檔名為【jdk-8-windows-x64.exe】。

安裝 JDK

我們只需執行下載的安裝程式檔案，就可以安裝 JDK 8，其步驟如下所示：

Step 1 ▶ 請按二下【jdk-8-windows-x64.exe】程式檔案，如果看到「使用者帳戶控制」對話方塊，請按【是】鈕繼續，可以看到歡迎安裝的精靈畫面。

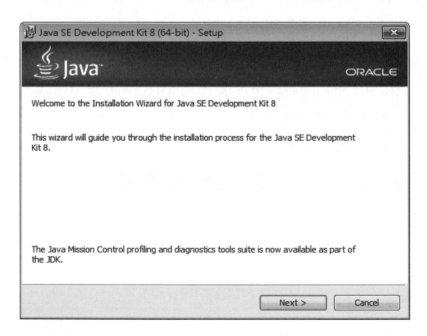

Step 2 ▶ 按【Next】鈕選擇 JDK 的安裝元件和路徑。

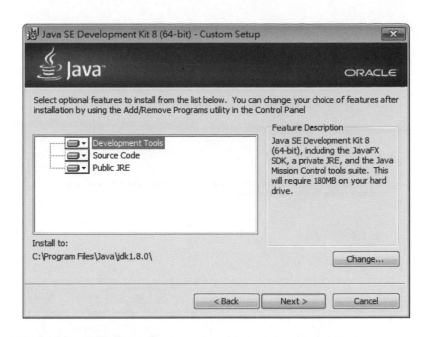

Step 3 ▸ 預設安裝路徑為「C:\Program Files\Java\jdk1.8.0\」，不用更改，請按【Next】鈕開始安裝 JDK，可以看到安裝進度。

Step 4 ▸ 請稍等數分鐘，等到安裝好 JDK 後，即可選擇安裝 Java SE Runtime Environment 的路徑。

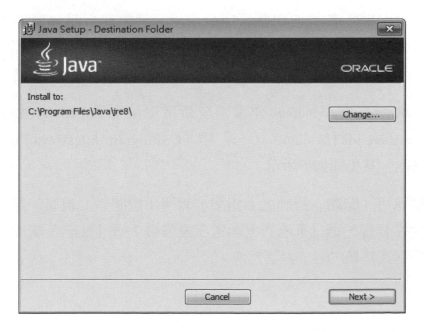

Step 5 ▸ 不用更改，按【Next】鈕，稍等一下，在完成安裝和設定 Java SE Runtime Environment（即 JVM）後，可以看到安裝完成的精靈畫面。

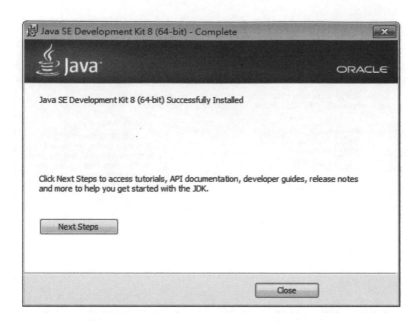

Step 6 ▶ 按【Close】鈕完成 JDK 安裝，然後就會啟動瀏覽器進入軟體註冊的頁面，可以免費註冊 JDK（請自行決定是否註冊，不註冊一樣可以使用 JDK）。

📚 設定 JDK

在安裝 JDK 後，如果使用整合開發環境，通常整合開發環境會自動搜尋 JDK 的安裝路徑，我們並不需要設定 JDK。如果是使用「命令提示字元」視窗，以命令列指令編譯和執行 Java 程式，我們就需要設定 JDK 執行環境。

設定 JDK 就是在 Windows 作業系統新增環境變數 Path 的搜尋路徑「C:\Program Files\Java\jdk1.8.0\bin」，其中「C:\Program Files\Java\jdk1.8.0\」是 JDK 安裝路徑，其步驟如下所示：

Step 1 ▶ 請執行「開始 > 控制台」指令，開啟「控制台」視窗，選【系統及安全性】後，選【系統】，再選左邊最後 1 個【進階系統設定】，可以看到「系統內容」對話方塊。

Step 2 ▶ 按右下方【環境變數】鈕，
可以看到「環境變數」對話
方塊。

Step 3 ▶ 選下方「系統變數」框的
【Path】，按【編輯】鈕，
可以看到「編輯系統變數」
對話方塊。

Step 4 ▶ 在【變數值】欄最後加上【;C:\Program Files\Java\jdk1.8.0\bin】，之前
是「;」號，按 3 次【確定】鈕完成 JDK 的環境設定。

1-6-2　安裝 IntelliJ IDEA 整合開發環境

IntelliJ IDEA 是 JetBrains 軟體公司開發的整合開發環境，支援多種程式語言的應用程式開發，分為付費的企業版和完全免費的社群版本。

IntelliJ IDEA 的主要特點

IntelliJ IDEA 是一套功能強大的 Java 整合開發環境，其主要特點如下所示：

▶ **內建開發工具**：IntelliJ IDEA 支援多種建構系統，並且提供測試執行介面來整合單元測試框架，和提供功能強大的資料庫編輯器和 UML 設計工具（企業版支援）。

▶ **企業框架開發平台**：支援企業應用程式開發技術，包含：Java EE、Spring、GWT、Struts、Play、Grails、Hibernate、Google App Engine 和 OSGi 等，可以在大部分應用程式伺服器上部署和除錯。

▶ **支援 Web 應用程式開發**：提供整合智慧編輯器，可以編輯 HTML、JavaScript 和 CSS 等程式碼，和相關網頁技術框架，包含：SaSS、LESS、TypeScript、CoffeeScript 和 Node.js，並且支援伺服端網頁技術：PHP、Ruby on Rails 和 Python/Django 的開發。

▶ **手機應用程式開發**：支援 Android 和 iOS 的應用程式開發，Google 最新開發工具 Android Studio 就是基於 IntelliJ IDEA 的整合開發環境。

下載 IntelliJ IDEA 社群版

IntelliJ IDEA 社群版是一套開放原始碼、免費輕量化的 Java SE 整合開發環境，支援 Groovy、Scala 和 Google Android 應用程式開發，和整合 JUnit、TestNG、Ant 和 Maven，其下載網址為：

```
http://www.jetbrains.com/idea/download/
```

請在下載網頁按右邊【Download Community】鈕，即可下載最新版本的 IntelliJ IDEA 社群版。

安裝 IntelliJ IDEA 社群版

本書是使用 IntelliJ IDEA 13.1.x 社群版來開發 Java SE 和 Android 應用程式，下載的檔案名稱是【ideaIC-13.1.x.exe】，其安裝步驟如下所示：

Step 1 ▶ 請按二下書附光碟，或下載安裝程式檔案【ideaIC-13.1.x.exe】，如果看到「使用者帳戶控制」對話方塊，請按【是】鈕繼續，稍等一下，就可以看到歡迎安裝的精靈畫面。

Step 2 ▶ 按【Next】鈕選擇開發工具的安裝路徑。

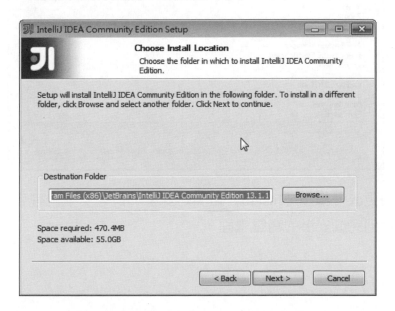

Step 3 ▶ 不用更改，請按【Next】鈕勾選是否建立桌面捷徑。

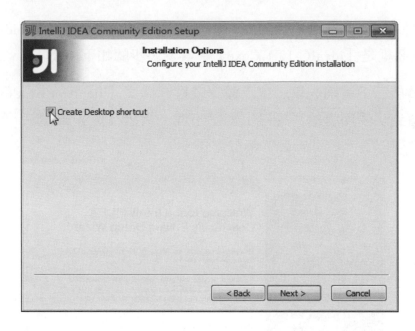

Step 4 ▶ 請勾選建立桌面捷徑，按【Next】鈕選擇開始功能表的目錄。

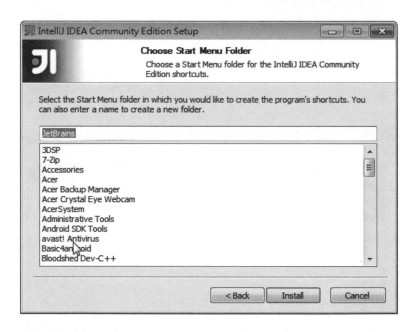

Step 5 ▶ 不用更改，請按【Install】鈕開始安裝，稍等一下，等到安裝完成，可以看到完成安裝的精靈畫面。

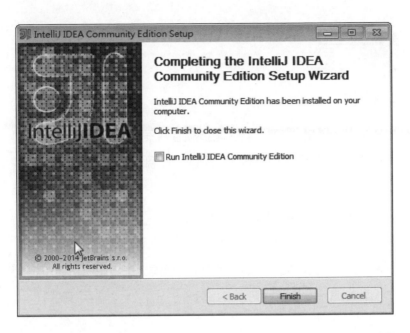

Step 6 ▶ 按【Finish】鈕完成 IntelliJ IDEA 社群版的安裝（勾選可以馬上啟動
IntelliJ IDEA）。

學習評量

1-1 程式的基礎

1. 請簡單說明什麼是程式？程式的輸出入為何？

2. 電腦程式在內容上主要分為兩大部分：_____ 和處理的 _____。

3. 使用 Java 程式語言撰寫的程式稱為 _____。

4. 請簡單說明 CPU 執行機器語言指令的方式與步驟？

5. 個人電腦使用的英文字母符號的內碼是 _____ 碼，繁體中文是 _____ 碼，一個中文字相當於 _____ 個英文字。

1-2 程式語言的種類

6. 請說明程式語言的世代、低階和高階程式語言的差異？

7. 在電腦程式語言的演進過程中，_____ 屬於第一世代語言；_____ 屬於第二世代語言。

8. _____ 語言無需經過組譯、編譯和直譯，就可以在電腦上執行。

9. 請比較編譯和直譯程式語言的差異？原始碼檔、目的碼檔和執行檔之間的差別？

10. 請使用圖例說明編譯和連結的過程？連結器的用途為何？編譯器的主要工作是什麼？

11. 高階語言建立的程式碼需要使用 _____ 和 _____ 程式轉換成可執行影像檔後，才能在電腦上執行。

12. 常用的程序式語言有：_____、_____、_____、_____ 和 _____ 等。

1-3 程式設計技術的演進

13. 請簡單說明學習程式設計會經歷哪些程式設計技術？

14. 請問在開發大型程式時，非結構化程式設計會產生哪些嚴重的問題？

15. 程序式與結構化程式設計建立的程式，在主程式的程式碼只是依序呼叫不同程序的 _____，即依序執行各程序。

16. _____ 是一種更符合人性化的程式設計方法,將原來專注於問題分解的程序,轉換成了解問題本質的資料和處理此資料的程序。

1-4 Java 語言的基礎

17. 請問何謂 Java 平台?Java 平台是由 _____ 和 _____ 元件組成。為什麼 Java 是一種跨平台的程式語言?

18. 請簡單說明 JVM 是什麼,並且使用圖例說明 Java 程式的執行過程?

19. Java 語言從 1.3 版後,平台與此平台開發工具的名稱分開,平台分為 _____ 和 _____。

20. 請簡單說明 Java SE 的版本演進?

21. 請問 Java 語言有哪幾項特點?

1-5 Java 語言的開發環境

22. 請問什麼是程式語言的開發環境?並且舉出 2 套 Java 整合開發環境?

23. 請問我們可以使用哪兩種 Java 開發環境來建立 Java 應用程式。

1-6 建立 Java 語言的開發環境

24. 請問建立 Java 開發環境需要安裝哪些工具程式?

25. 請在讀者 Windows 作業系統安裝 JDK 和 IntelliJ IDEA 社群版來建立本書 Java 開發環境。

Chapter

2

建立Java程式

2-1 程式設計的基本步驟

　　程式設計（programming）是將需要解決的問題轉換成程式碼，程式碼不只能夠在電腦上正確的執行，而且可以證明程式執行是正確、沒有錯誤且完全符合問題的需求的。

　　當程式設計者進行程式設計時，我們通常會使用一些標準作業程序的步驟來建立程式，這些步驟和日常生活中問題解決的活動相似，即：分析問題、思考解題方法、執行解題步驟和評估解題成效活動，如下圖所示：

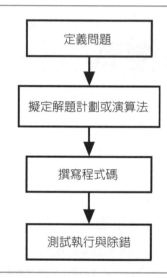

　　上述四個步驟是程式設計的基本步驟。首先針對問題描述來定義問題，接著設計解決問題的計劃或演算法，然後撰寫程式碼，最後經過重複測試執行和除錯，即可建立可正確執行的程式。

步驟一：定義問題（defining the problem）

　　程式設計的第一步是在了解問題本身，在仔細分析問題後，可以確認程式需要輸入的資料（輸入 input）、預期產生結果（輸出 output）、輸出格式和條件限制等需求。

　　例如：計算從 1 加到 10 總和的問題，程式輸入資料是相加範圍 1 和 10，執行程式可以輸出計算結果的總和。

步驟二：擬定解題計劃或演算法（planning the solution）

在定義問題後，我們可以開始找尋解決問題的計劃，即設計演算法。此步驟是問題解決的核心，我們需要先構思解題方法後，才能真正設計出解決問題的解題演算法，如下所示：

▶ **解題構思**：我們需要構思和草擬解決問題的方法，例如：從 1 加到 10 是 1+2+3+4+…+10 的結果，我們可以使用數學運算的加法來解決此問題，或使用迴圈的重複結構執行計算。

▶ **解題演算法**：在完成解題構思後，就可以開始將詳細執行步驟和順序描述出來，即設計演算法，我們可以使用流程圖、文字描述或虛擬碼來表示演算法，在第 5 章有進一步的說明。

說明

「演算法」（algorithms）簡單的說是一張食譜（recipe），提供一組一步接著一步（step-by-step）的詳細過程，包含動作和順序，可以將食材烹調成美味的食物。

電腦科學的演算法是用來描述解決問題的過程，也就是完成一個任務所需的具體步驟和方法，這個步驟是有限的、可行的，而且沒有模稜兩可的情況。

步驟三：撰寫程式碼（coding the program）

在此步驟是將設計的演算法轉換成程式碼，也就是使用指定的程式語言來撰寫程式碼，以本書為例，是使用 Java 語言撰寫程式碼來建立 Java 程式。我們需要成功的將演算法步驟轉換成程式碼，如此才能真正實行解題計劃，讓電腦替我們解決問題。

步驟四：測試執行與除錯（testing the program）

在此步驟是證明程式執行結果符合定義問題的需求，此步驟可以再細分成數小步驟，如下所示：

▶ **證明執行正確**：我們需要證明執行結果是正確的，程式符合所有輸入資料的組合，程式規格也都符合問題的需求。

▶ **證明程式沒有錯誤（bug）**：程式需要測試各種可能情況、條件和輸入資料，以測試程式執行無誤。如果有錯誤產生，就需要程式除錯來解決問題。

▶ **執行程式除錯（debug）**：如果程式無法輸出正確結果，除錯是在找出錯誤的地方，我們不但需要找出錯誤，還需要找出更正錯誤的解決方法。

說明

程式錯誤稱為臭蟲（bug），這是因為早期電腦的體積十分龐大，有一次電腦工程師花費大量時間找尋電腦當機原因時，最後發現當機原因只是因為一隻掉進電腦的臭蟲，從此之後，程式錯誤稱為臭蟲（bug），除錯是除去臭蟲（debug）。

2-2 建立簡單的 Java 程式

在這一節我們準備建立 2 個簡單的 Java 程式，第 1 個是在「命令提示字元」視窗編譯和執行 Java 程式；第 2 個是使用 IntelliJ IDEA 整合開發環境。

2-2-1 第一個簡單的 Java 程式：輸出一行文字內容

我們準備建立的第一個 Java 程式是使用記事本編輯程式碼，然後在 Windows 作業系統的「命令提示字元」視窗編譯和執行 Java 程式，其基本步驟如下所示：

Step 1 ▶ 使用記事本或程式編輯工具建立 Java 原始程式碼檔案，副檔名為 .java。

Step 2 ▶ 使用檔名 javac.exe 的 Java 編譯器，將原始程式檔案編譯成 Bytecode 位元組碼的類別檔案，副檔名為 .class。

Step 3 ▶ 使用 JVM 直譯器 java.exe 執行類別檔案，也就是執行 Java 程式。

現在，我們就可以一步一步在 Windows 作業系統，使用記事本和「命令提示字元」視窗來建立第一個 Java 程式。

程式範例　 ⊙ **Ch2_2_1.java**

　　請建立 Java 程式在命令提示字元視窗顯示「我的第一個 Java 程式」文字內容。

步驟一：編輯輸入 Java 程式碼

　　如果沒有使用整合開發環境，我們可以直接開啟 Windows 作業系統的記事本來輸入 Java 程式碼，其步驟如下所示：

Step 1▶ 請執行「開始 > 所有程式 > 附屬應用程式 > 記事本」指令啟動記事本，然後開始輸入 Java 程式碼，首先是註解文字（使用「/*」和「*/」包圍的文字內容），如下所示：

```
/* Java 程式：Ch2_2_1.java */
```

Step 2▶ 在註解文字後輸入名為 Ch2_2_1 的類別宣告，和左右大括號，如下所示：

```
public class Ch2_2_1 {
}
```

Step 3▶ 在左右大括號之中輸入註解文字（另一種寫法，使用「//」開頭的文字內容）後，就可以輸入程式執行的進入點，即 main() 主程式和左右大括號，如下所示：

```
// 主程式
public static void main(String[] args) {
}
```

Step 4▶ 在括號中是傳入主程式的參數，請注意！String 的字首是大寫，然後輸入註解文字，和輸出字串內容的程式碼，如下所示：

```
// 顯示訊息
System.out.println(" 第一個 Java 程式 ");
```

Step 5▶ 上述 System.out.println 的字首也是大寫，在括號中是輸出的字串（使用雙引號括起的文字內容），最後的「;」符號代表程式敘述的結束。

Step 6 ▶ 在增加縮排調整程式碼後，可以看到輸入的完整 Java 程式碼，如下所示：

```
/* Java 程式：Ch2_2_1.java */
public class Ch2_2_1 {
   // 主程式
   public static void main(String[] args) {
      // 顯示訊息
      System.out.println(" 第一個 Java 程式 ");
   }
}
```

在記事本輸入的程式碼，如下圖所示：

Step 7 ▶ 當輸入完程式碼後，請執行「檔案 > 儲存檔案」指令，可以看到「另存新檔」對話方塊。

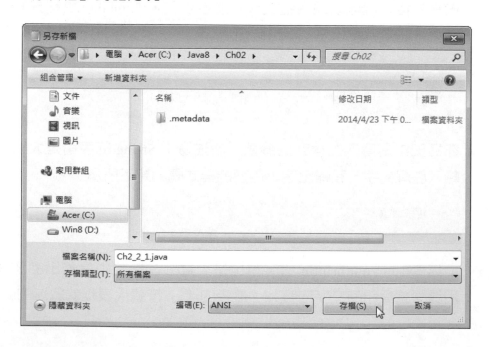

Step 8 ▶ 請在上方切換到「C:\Java8\Ch02」路徑，下方【存檔類型】欄選【所有檔案】，【編碼】欄為 ANSI，在【檔名】欄輸入 Java 程式檔案名稱 Ch2_2_1.java（記得加上副檔名 .java，而且檔案名稱需和類別名稱 Ch2_2_1 相同），按【存檔】鈕儲存 Java 程式檔案。

步驟二：編譯 Java 程式

在建立和儲存 Java 程式檔案 Ch2_2_1.java 後，我們就可以編譯 Java 程式。請繼續上面的步驟，如下所示：

Step 1 ▶ 請執行「開始 > 所有程式 > 附屬應用程式 > 命令提示字元」指令啟動「命令提示字元」視窗。

上述視窗顯示的【C:\Users\JOE>】字串是提示符號，其目的是等待使用者輸入指令，命令列的相關指令和參數說明，如下表所示：

指令	說明	範例
C:, D:	輸入磁碟名稱，加「:」號可以切換到指定磁碟	C:\>D: Enter
dir	顯示目前路徑的檔案和資料夾清單	C:\>dir Enter
cd	切換到同一磁碟的其他路徑	C:\>cd \Java08\Ch02 Enter
cd \	參數「\」符號切換到根目錄	N/A
cd .	參數「.」符號切換到上一層目錄	N/A
type	顯示參數的檔案內容	C:\>type Ch2_2_1.java Enter
cls	清除命令提示字元視窗的內容	C:\>cls Enter

Step 2 ▶ 請在提示符號後輸入 cd 指令切換到 Java 原始程式檔的目錄「\Java08\Ch02」，如下所示：

```
C:\Users\JOE>>cd \Java8\Ch02 Enter
```

Step 3 ▶ 然後可以編譯 Java 程式檔案 Ch2_2_1.java，請輸入下列指令來編譯 Java 程式，如下所示：

```
C:\Java08\Ch02>javac Ch2_2_1.java Enter
```

Step 4 ▶ 稍等一下，如果再次看到提示符號且沒有任何錯誤訊息，就表示編譯成功。

Step 5 ▶ 請執行 dir 指令顯示檔案清單，可以看到建立的 Ch2_2_1.class 類別檔案。

步驟三：執行 Java 程式

當 Java 程式檔案成功編譯成 Ch2_2_1.class 類別檔案後，我們就可以執行 Java 程式。請繼續上面的步驟，如下所示：

Step 1 ▶ 請在提示符號後輸入 java 指令，然後再加上類別檔名稱來執行 Java 程式（請注意！執行時不需加上 .class 副檔名），如下所示：

```
C:\Java08\Ch02>java Ch2_2_1 Enter
```

上述圖例顯示的字串是 Java 程式的輸出結果。在執行 Java 程式時的注意事項，如下所示：

▶ 執行 Java 程式時不用加上 .class 副檔名，只需名稱即可。

▶ Java 檔名區分英文字母大小寫，如果 Java 程式碼的類別名稱是大寫 Ch2_2_1.class，在執行的 .class 檔案名稱也需要大寫 Ch2_2_1，不可以使用小寫 ch2_2_1，否則會產生錯誤。

2-2-2　第二個簡單的 Java 程式：計算總分

在第 2-2-1 節的 Java 程式範例是使用命令列工具編譯和執行 Java 程式，因為本書主要是使用整合開發環境建立 Java 程式，所以筆者只準備簡單說明終端機開發環境的使用。

在這一節是使用 IntelliJ IDEA 整合開發環境建立第二個簡單的 Java 程式。IntelliJ IDEA 整合開發環境是使用專案（Projects）來管理應用程式開發，我們需要建立專案來開發第二個 Java 程式，請先參閱第 1-6-2 節的步驟安裝 IntelliJ IDEA 社群版。

Java 專案　　　　　　　　　　　　　　　　　　　　　Ch2_2_2

我們是從啟動 IntelliJ IDEA 整合開發環境開始，在新增專案後，建立第 2 個 Java 程式，在指定英文和數學成績後，顯示計算結果的成績總分。

步驟一：啟動 IntelliJ IDEA

在成功安裝 IntelliJ IDEA 社群版後，我們可以第 1 次啟動整合開發環境，其步驟如下所示：

Step 1 ▶ 請按二下桌面捷徑啓動 IntelliJ IDEA，可以看到商標圖片，如下圖所示：

Step 2 ▶ 稍等一下，如果是第 1 次啓動 IntelliJ IDEA，可以看到「Complete Installation」對話方塊（當下次啓動時就不會再出現）。

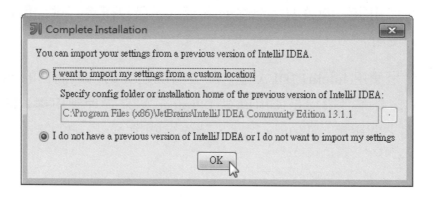

Step 3 ▶ 如果作業系統安裝過舊版 IntelliJ IDEA，可以勾選第 1 個選項匯入舊版設定。如果是第 1 次使用，不用更改，按【OK】鈕，可以看到「IntelliJ IDEA」歡迎對話方塊。

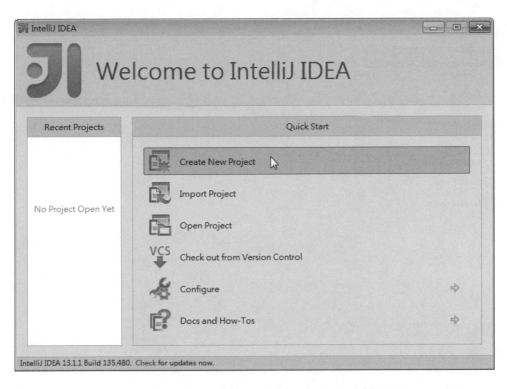

在「Quick Start」框裡的是快速啟動功能，其相關選項說明如下表所示：

功能選項	說明
Create New Project	建立新專案
Import Project	匯入其他開發工具的存在專案，例如：Eclipse IDE
Open Project	開啟存在專案
Check out from Version Control	從版本控制軟體來開啟
Configure	設定 IntelliJ IDEA
Docs and How-Tos	IntelliJ IDEA 說明文件

步驟二：開啟或建立專案

IntelliJ IDEA 是使用專案管理 Java 程式開發（同一專案可以新增多個 Java 類別檔），所以，在成功啟動 IntelliJ IDEA 後，我們可以建立第 1 個 Java 專案，請繼續上面的步驟，如下所示：

Step 1 ▶ 請在「IntelliJ IDEA」歡迎對話方塊選【Create New Project】項目新增專案（如果已經開啟專案，請執行「File>New Project」指令來新增專案），可以看到「New Project」對話方塊。

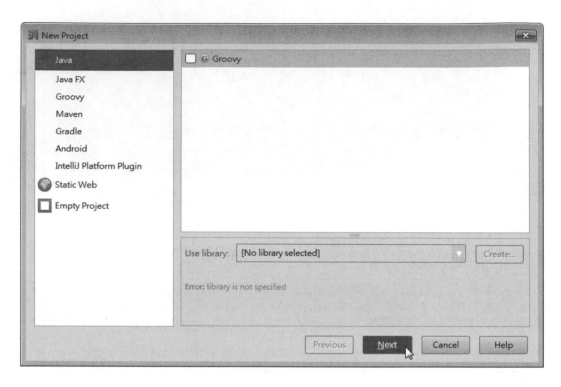

Step 2 ▶ 在左邊是專案種類，請選第 1 個【Java】後，按【Next】鈕選擇使用的專案範本。

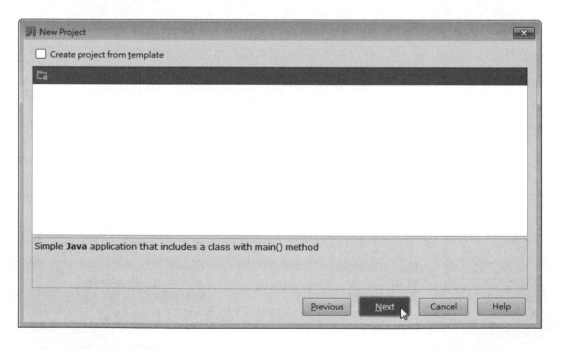

Step 3 ▶ 因為我們準備從空專案開始，所以不用勾選範本，請按【Next】鈕開始輸入專案資訊。

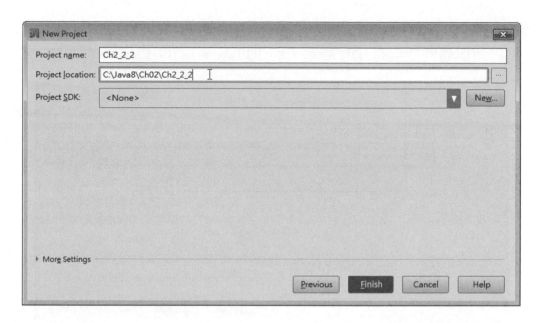

Step 4 ▶ 在【Project name】 欄 輸 入 專 案 名 稱
【Ch2_2_2】，【Project location】 專 案 位
置欄輸入或選擇「C:\Java8\Ch02\Ch2_2_2」
目錄，因為尚未指定使用的 JDK，請按

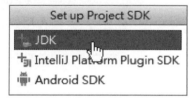

【Project SDK】欄位最後的【New】鈕，可以看到一個下拉式選單。

Step 5 ▶ 選【JDK】 ，可以看到「Select Home Directory for JDK」對話方塊。

Step 6 ▸ 選 JDK 安裝目錄「C:\Program Files\Java\jdk1.8.0\」後，按【OK】鈕，可以看到使用的 JDK 版本 1.8，即 Java 8，如下圖所示：

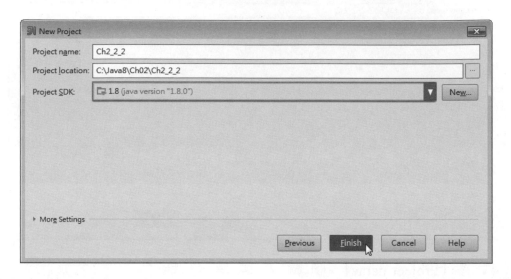

Step 7 ▸ 按【Finish】鈕，因為專案目錄不存在，所以顯示一個警告訊息。

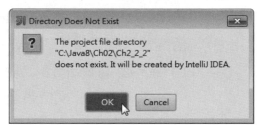

Step 8 ▸ 按【OK】鈕建立專案目錄，就完成專案建立，進入 IntelliJ IDEA 整合開發環境，可以看到「Tip of the Day」每日小技巧的對話方塊。

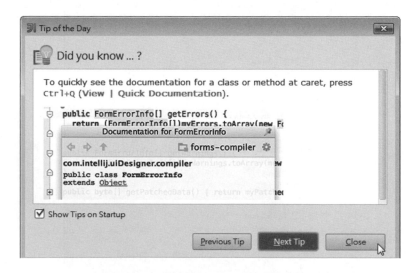

Step 9 ▸ 按【Close】鈕關閉後，可以看到整合開發環境的使用介面。

步驟三：新增 Java 類別檔

　　在 IntelliJ IDEA 開啟或建立 Java 專案後，就可以在此專案新增 Java 類別檔。事實上，Java 程式就是一個一個副檔名 .java 的類別檔。請繼續上面的步驟，如下圖所示：

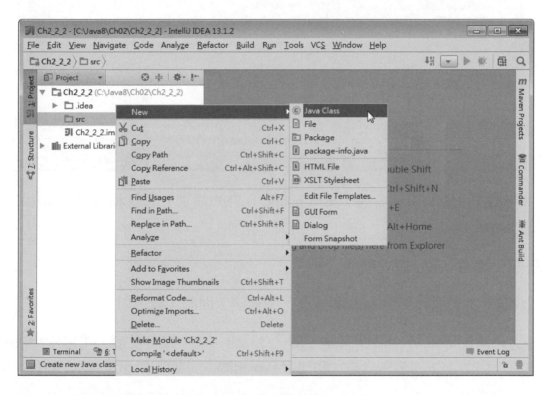

Step 1 ▶ 請在左邊「Project」專案面板展開專案【Ch2_2_2】的階層結構，在
　　　　　【src】上執行【右】鍵快顯功能表的「New>Java Class」指令，可以
　　　　　看到「Create New Class」對話方塊。

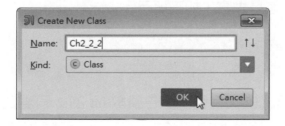

Step 2 ▶ 在【Name】欄輸入類別檔名稱【Ch2_2_2】（請注意！名稱不需加上
　　　　　副檔名 .java）後，按【OK】鈕，可以在右邊標籤頁看到新增的類別檔
　　　　　和 Java 程式範本的內容。

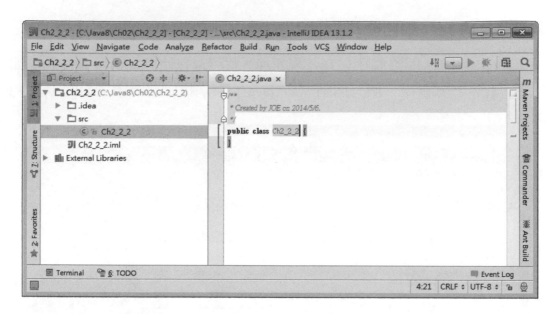

請注意！ Java 類別名稱（使用 public 宣告的類別）一定和檔案名稱相同，都是 Ch2_2_2。

步驟四：撰寫 Java 程式碼

現在，我們可以撰寫 Java 程式碼。請繼續上面的步驟，如下所示：

Step 1 ▶ 請刪除之前的註解文字，即「/*」和「*/」的內容後，可以看到名為 Ch2_2_2 的類別宣告（和檔案名稱相同），如下所示：

```
public class Ch2_2_2 {
}
```

Step 2 ▶ 在類別宣告的大括號中輸入主程式 main() 的程式碼和大括號。請注意！ String 的字首是大寫，如下所示：

```
public static void main(String[] args) {
}
```

Step 3 ▶ 然後在主程式的大括號中宣告整數 int 的 2 個變數 english 和 math，並且使用「=」等號指定初值為 68 和 78，請記得在程式敘述最後加上「;」，在 english 變數宣告後有註解文字，如下所示：

```
int english = 68;  // 宣告變數
int math = 78;
```

Step 4 ▶ 在宣告總分變數 sum 後（沒有指定初值），輸入註解文字，就可以使用加法運算式來計算總分，如下所示：

```
int sum;
// 計算成績總分
sum = english + math;
```

Step 5 ▶ 使用 System.out.println() 方法顯示總分，如下所示：

```
System.out.println("成績總分 =" + sum);
```

Step 6 ▶ 在增加縮排調整程式碼後，可以看到輸入的完整 Java 程式碼，如下所示：

```
public class Ch2_2_2 {
   public static void main(String[] args) {
      int english = 68;  // 宣告變數
      int math = 78;
      int sum;
      // 計算成績總分
      sum = english + math;
      System.out.println("成績總分 =" + sum);
   }
}
```

在 IntelliJ IDEA 標籤頁【Ch2_2_2.java】輸入的 Java 程式碼內容會使用不同色彩來標示（註解是斜體字；字串是綠色；數字是藍色；指令是深藍色等），如下圖所示：

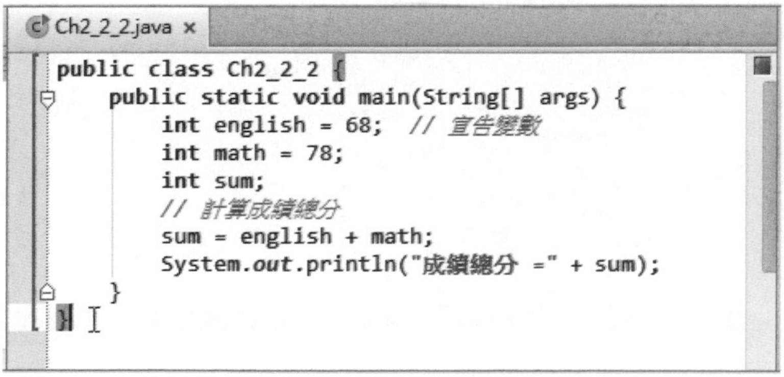

步驟五：編譯和執行 Java 程式

在完成 Java 程式碼編輯後，就可以在整合開發環境來編譯和執行 Java 程式。請繼續上面的步驟，如下所示：

Step 1▶ 請執行「Run>Run」指令或按 `Alt-Shift-F10` 鍵，可以看到一個浮動「Run」選單。

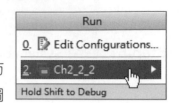

Step 2▶ 選【Ch2_2_2】，如果沒有錯誤，可以在下方【Run】標籤看到文字內容的執行結果，如下圖所示：

上述標籤顯示 2 科成績加總的總分 146 分。我們除了可以使用上方功能表指令來編譯和執行 Java 程式外，也可以直接在專案目錄結構的 Java 類別檔上，按滑鼠【右】鍵開啟快顯功能表，如下圖所示：

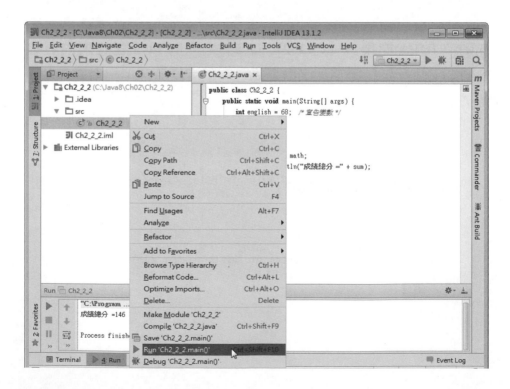

執行【Run 'Ch2_2_2.main()'】指令，就可以在下方【Run】標籤看到執行結果；【Compile 'Ch2_2_2.java'】指令是編譯 Java 程式。關閉專案請執行「File>Close Project」指令，結束 IntelliJ IDEA 請執行「File>Exit」指令。

說 明

因為同一 IntelliJ IDEA 的 Java 專案，就可以新增多個擁有 main() 主程式的 Java 類別檔，所以實務上，使用【右】鍵快顯功能表的指令來執行指定 Java 程式是一種比較快速且簡單的方式。

2-3　IntelliJ IDEA 整合開發環境的基本使用

IntelliJ IDEA 程式碼編輯標籤頁和除錯功能的詳細說明，請參閱附錄 A，在這一節筆者只準備說明基本使用介面、專案範本、開啟存在 Java 專案和專案結構。

2-3-1　IntelliJ IDEA 使用介面與專案結構

IntelliJ IDEA 使用介面是由各種功能的面板窗格組成，我們可以依需求顯示所需面板，或隱藏面板來增加可用的編輯區域。

▶ IntelliJ IDEA 的基本使用介面

IntelliJ IDEA 整合開發環境在開啟或新增 Java 專案後，就進入 Java 專案的程式開發使用介面，如下圖所示：

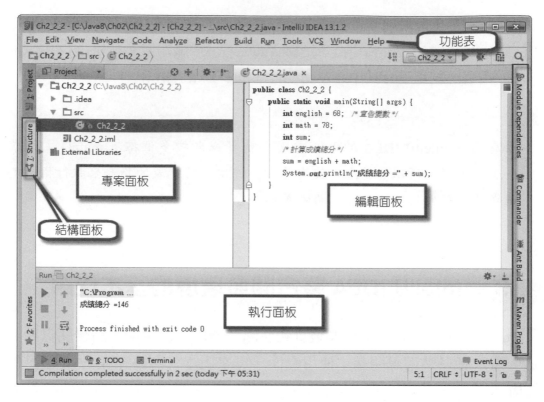

上述圖例上方是功能表列，在左右兩邊和上方有各種功能面板的標籤，我們可以依需求開啟所需面板窗格，或隱藏成為標籤（點選標籤可以切換顯示或隱藏面板窗格）。主要面板窗格的簡單說明，如下所示：

▶ **專案面板**（project pane）：用來顯示專案結構，這是使用階層結構來顯示專案包含的 Java 類別檔和外部函數庫。

▶ **編輯面板**（editor pane）：此面板是一個標籤頁窗格，可以編輯目前開啟的程式碼檔案，如果不只一個，可以使用上方標籤頁來切換編輯的檔案。

▶ **執行面板**（run pane）：Java 程式的執行結果是顯示在此面板窗格，在下方的三個標籤，【Run】標籤是執行面板；【TODO】標籤是工作清單；【Terminal】標籤是命令提示字元視窗。

在最左邊垂直列的第 2 個標籤是結構面板（structure pane），可以顯示程式碼檔案的物件結構（因為 Ch2_2_2.java 類別檔只擁有 main() 主程式，所以在下一層只有此項目，如果是 Java 類別宣告，就會顯示詳細類別資訊），如下圖所示：

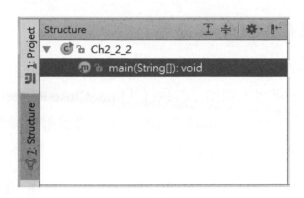

Java 專案的結構

在專案面板窗格顯示的是目前開啟專案的結構，如下圖所示：

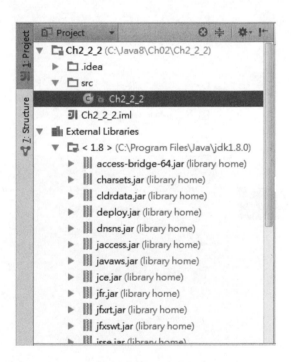

上述專案結構的最上層有 2 個項目，其說明如下所示：

▶ Ch2_2_2：此項目就是專案名稱，代表 Java 模組，其下的【.idea】目錄和與專案同名的【Ch2_2_2.iml】檔是用來儲存專案和模組的設定資料，在【src】目錄下是 Java 原始程式檔。

▶ External Libraries：此項目下是開發專案所需的外部資源，這是 Java 8 的 JDK 檔案，即副檔名 .jar 的檔案。

2-3-2 開啓已存在的 Java 專案

對於書附光碟或已存在 Java 專案，我們可以啓動 IntelliJ IDEA 整合開發環境來開啓已存在 Java 專案，例如：請執行「File>Close Project」指令關閉專案且結束 IntelliJ IDEA 後，請啓動 IntelliJ IDEA 先開啓書附光碟的 Ch2_3 專案，然後再開啓 Ch2_2_2 專案，其步驟如下所示：

Step 1▸ 請按二下桌面捷徑啓動 IntelliJ IDEA，可以看到「IntelliJ IDEA」歡迎對話方塊（如果曾開啓專案，就會自動開啓上一次的 Java 專案）。

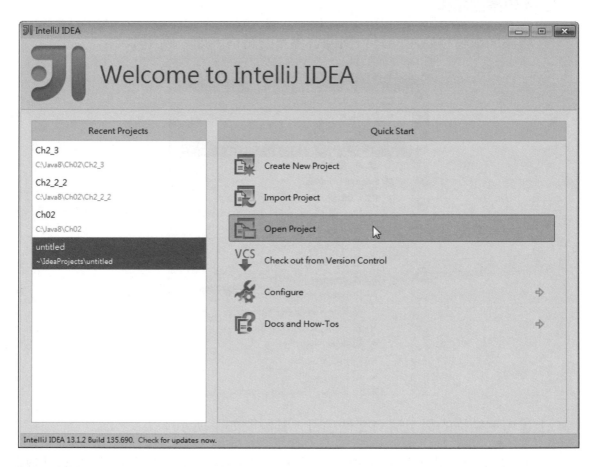

Step 2▸ 點選【Open Project】，可以看到「Open Project」對話方塊。

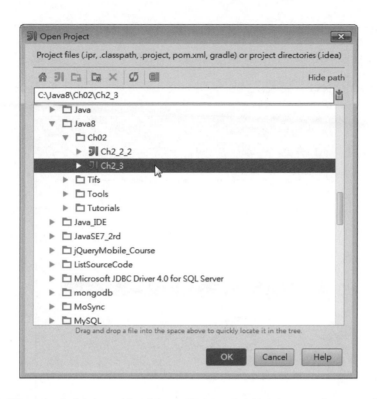

Step 3 ▶ 請展開下方資料夾，找到專案目錄，以此例是選【Ch2_3】，按【OK】
鈕開啟 Java 專案，如下圖所示：

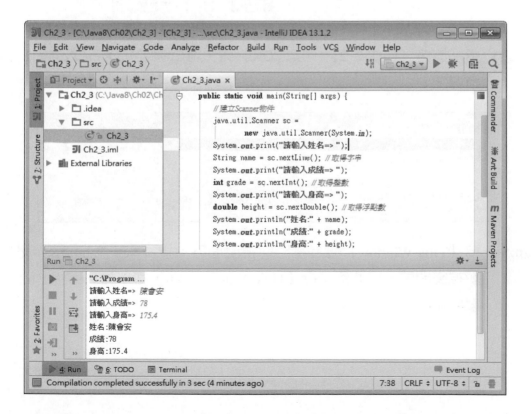

Step 4▶ 我們可以測試執行此專案。因為已經開啟 Ch2_3 專案，請執行「File/Open」指令開啟其他專案或檔案，例如：Ch2_2_2 專案，可以看到「Open File or Project」對話方塊。

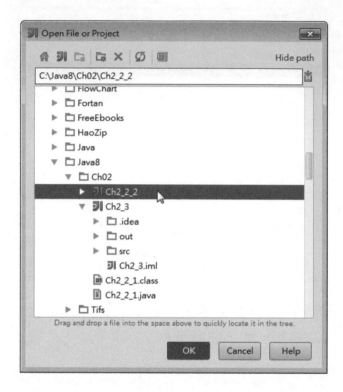

Step 5▶ 請展開選【Ch2_2_2】，按【OK】鈕，可以看到「Open Project」對話方塊。

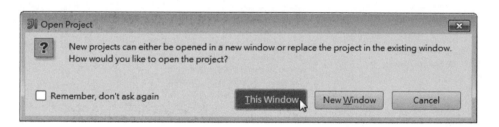

Step 6▶ 按【This Window】鈕是在目前視窗開啟；按【New Window】鈕是在新視窗開啟，以此例是按【This Window】鈕，可以看到取代 Ch2_3 專案成為 Ch2_2_2 專案，如下圖所示：

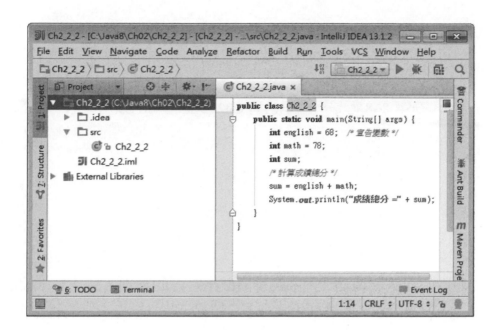

2-4　Java 程式的基本結構與輸出入

Java 程式結構與傳統程式語言 C/C++ 或 BASIC 不同，因為 Java 語言是一種真正的物件導向程式語言，其程式架構是一個「類別」（class）宣告。

Java 類別檔

Java 程式檔是副檔名 .java 的純文字檔，內含同名 Java 類別宣告，即類別檔，例如：Ch2_2_1.java 的類別宣告是 Ch2_2_1，如下所示：

```
01: /* Java 程式 : Ch2_2_1.java */
02: public class Ch2_2_1 {
03:    // 主程式
04:    public static void main(String[] args) {
05:       // 顯示訊息
06:       System.out.println(" 第一個 Java 程式 ");
07:    }
08: }
```

上述 Java 程式結構是使用 public class 關鍵字和大括號括起的類別宣告，類別名稱是 Ch2_2_1。因為類別宣告在第 11 章才會詳細說明，在此之前讀者可以將它視為 Java 程式的基本結構，其說明如下所示：

- 程式註解：第 1 行是程式註解，詳細的註解說明請參閱第 2-5-3 節，如下所示：

```
01: /* Java 程式：Ch2_2_1.java */
```

- 類別宣告：在第 2~8 行是與檔案名稱 Ch2_2_1 相同的類別宣告，如下所示：

```
02: public class Ch2_2_1 {
03:     // 主程式
04:     public static void main(String[] args) {
05:         // 顯示訊息
06:         System.out.println(" 第一個 Java 程式 ");
07:     }
08: }
```

上述類別的程式區塊是使用 public 關鍵字宣告的類別，請注意！檔案名稱需要和宣告成 public 類別的名稱相同，不只如此，英文字母大小寫也需相同。

- 主程式：第 4~7 行的 main() 方法（即其他程式語言的程序或函數）是 Java 程式的主程式，這是 Java 應用程式執行時的進入點，執行 Java 程式就是從此方法的第 1 行程式碼開始，如下所示：

```
04:     public static void main(String[] args) {
05:         // 顯示訊息
06:         System.out.println(" 第一個 Java 程式 ");
07:     }
```

上述 main() 方法宣告成 public、static 和 void，表示是公開、靜態類別和沒有傳回值的方法，詳細修飾子的說明請參閱本書後的相關章節。在第 6 行呼叫 System 子類別 out 的 println() 方法顯示參數字串。

主控台的基本輸出：println() 和 print() 方法

主控台應用程式是在命令提示字元輸入和輸出文字內容，我們可以使用 System.out 物件的 print() 或 println() 方法將文字內容輸出至主控台（console）來顯示，IntelliJ IDEA 就是在下方【Run】標籤的面板窗格。

因為目前尚未說明物件和方法，請讀者先將它視為是標準 Java 輸出的程式碼，在之後幾個章節，我們會使用 println() 和 print() 兩個方法來輸出執行結果，如下所示：

```
System.out.println(" 第一個 Java 應用程式 ");
```

上述程式碼的 println() 方法可以將括號內的參數字串輸出到螢幕顯示且換
行，字串是使用「"」號括起一組字元集合。如果不換行是使用 print() 方法，如
下所示：

```
System.out.print(" 第一個 Java 應用程式 ");
```

System.out 物件的 print() 或 println() 方法除了輸出字串內容外，也可以在第
3 章輸出變數值，如下所示：

```
System.out.print(" 姓名代碼： ");
System.out.println(name);
System.out.print(" 總額： " + total);
```

上述程式碼的 name 和 total 是變數，輸出的是變數值，如果同時輸出說明
字串，請使用「+」加號連接字串和變數值。

📚 主控台的基本輸入：Scanner 與 System.in 物件

Java 主控台基本輸入是從 System.in 物件讀取資料，因為涉及多種其他物件，
為了方便說明，筆者是使用 java.util.Scanner 類別的 Scanner 物件來取得輸入資
料，如下所示：

```
// 建立 Scanner 物件
java.util.Scanner sc = new java.util.Scanner(System.in);
```

上述程式碼使用 new 運算子建立 Scanner 物件，建構子參數是基本輸入的
System.in 物件，關於 new 運算子和建構子說明，請參閱第 11 章。

在實務上，我們可以使用 System.out.print() 方法顯示提示文字，然後使用
Scanner 物件方法取得使用者輸入的資料，如下所示：

```
// 建立 Scanner 物件
java.util.Scanner sc =
        new java.util.Scanner(System.in);
System.out.print(" 請輸入姓名 => ");
String name = sc.nextLine(); // 取得字串
System.out.print(" 請輸入成績 => ");
int grade = sc.nextInt(); // 取得整數
System.out.print(" 請輸入身高 => ");
double height = sc.nextDouble(); // 取得浮點數
```

上述 nextLine() 方法取得使用者輸入字串的 String 物件（可以包含空白字元），nextInt() 方法取得輸入的整數；nextDouble() 方法取得浮點數。完整 Java 程式範例是 Ch2_3 專案，其執行結果如下圖所示：

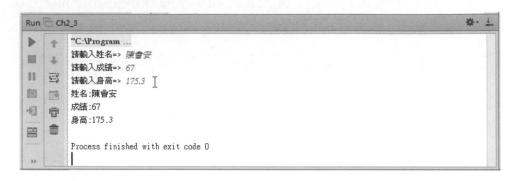

上述圖例的綠色字是使用者輸入的字串、整數和浮點數，我們可以直接在【Run】標籤輸入程式所需的資料。

2-5　Java 語言的寫作風格

Java 語言的程式碼是由程式敘述組成，數個程式敘述組合成程式區塊，每一區塊擁有數行程式敘述或註解文字，一行程式敘述是一個運算式、變數和指令的程式碼。

2-5-1　程式敘述

Java 程式是由程式敘述（statements）組成，一行程式敘述如同英文的一個句子，內含多個運算式、運算子或 Java 關鍵字（詳見第 3 章的說明）。

程式敘述的範例

一些 Java 程式敘述的範例，如下所示：

```
int total = 1234;
rate = 0.05;
interest = total * rate;
System.out.println(" 第一個 Java 程式 ");
```

🐢 「;」程式敘述結束符號

Java 的「;」符號代表程式敘述的結束，這是告訴編譯器已經到達程式敘述的最後。我們可以使用「;」符號在同一行程式碼撰寫多個程式敘述，如下所示：

```
total = 1234; rate = 0.05; interest = total * rate;
```

上述程式碼在同一行 Java 程式碼列擁有 3 個程式敘述。

🐢 空白字元

Java 會自動忽略程式敘述中多餘的空白字元，如下所示：

```
total = 5;
total =       5;
total   =     5;
```

上述 3 行程式碼都是相同的，換句話說，我們可以基於編排所需來自行在程式敘述中新增空白字元。

2-5-2　程式區塊

程式區塊（block）是由多行程式敘述組成，它是使用「{」和「}」符號包圍，如下所示：

```
public static void main(String[] args) {
    System.out.println(" 第一個 Java 程式 ");
}
```

上述 main() 方法的程式碼部分是一個程式區塊，在第 6 和 7 章說明的流程控制敘述和第 8 章的類別方法都擁有程式區塊。

Java 語言是一種「自由格式」（free-format）程式語言，我們可以將多個程式敘述寫在同一行，甚至可以將整個程式區塊置於同一行，程式設計者可以自由編排撰寫的程式碼，如下所示：

```
public static void main(String[] args) {   }
```

2-5-3 程式註解

程式註解是程式的重要部分，因為良好註解文字不但能夠了解程式的目的，並且在程式維護上，也可以提供更多的資訊。Java 語言的程式註解是以「//」符號開始的行，或放在程式行最後的文字內容，如下所示：

```
// 顯示訊息
System.out.println(" 第一個 Java 程式 "); // 顯示訊息
```

如果註解文字不只一行，需要跨過多行，我們可以使用「/*」和「*/」符號標示多行註解文字，如下所示：

```
/* Java 程式：Ch2_2_1.java */
```

2-5-4 太長的程式碼

Java 程式的同一行程式碼如果太長，基於程式編排需求，我們可以將它分割成兩行來編排。因為 Java 語言是自由格式程式語言，並不需要使用任何符號，直接分成兩行即可，如下所示：

```
System.out.println
          (" 第一個 Java 應用程式 ");
```

不過，在分割程式碼時需要以完整程式元素來分割，例如：關鍵字、完整字串或運算子，不可以將一個字串直接從中間分成 2 行。

2-5-5 程式碼縮排

在撰寫程式時記得使用縮排編排程式碼，適當的縮排程式碼，可以讓程式更加容易閱讀，和反應程式碼的邏輯和迴圈架構。例如：迴圈區塊的程式碼縮幾格編排，如下所示：

```
for ( i = 0; i <= 10; i++ ) {
    System.out.println(i);
    total = total + i;
}
```

上述迴圈程式區塊的程式敘述向內縮排，表示屬於此程式區塊，如此可以清楚分辨哪些行程式碼屬於同一個程式區塊。事實上，程式撰寫風格並非一成不變，程式設計者可以自己定義所需的程式撰寫風格。

2-6　程式的除錯

程式撰寫難免有錯誤發生，所以程式設計者常常需要進行程式除錯，除錯是在找出錯誤的地方，我們不但需要找出錯誤，還需要找出更正錯誤的解決方法。

2-6-1　程式錯誤的種類

程式錯誤是指程式有錯誤根本無法編譯成可執行的程式檔，或是編譯成功，但在執行時產生系統錯誤或非預期的結果。一般來說，程式錯誤可以分成兩大類，如下所示：

⬡ 編譯錯誤

編譯錯誤通常是程式語法錯誤（syntax error），例如：關鍵字拼字錯誤（double 拼成 doubel），或是少了語法關鍵字或符號，如下所示：

```
grade = 78;
if (grade >= 60) {
    System.out.println("成績及格!");
else {
    System.out.println("成績不及格!")
}
```

上述程式碼少了變數宣告；if 條件少了第 1 個程式區塊的「}」右大括號，第 2 個 System.out.println() 方法少了最後「;」分號。基本上，語法錯誤在編譯階段，編譯器就會指出錯誤地方，提供我們所需的除錯資訊。

⬡ 執行期錯誤

執行期錯誤是指程式編譯成功後，執行程式造成系統當機，或非預期的執行結果，常見的執行期錯誤，即語意錯誤（semantic error），如下所示：

▶ **數學運算錯誤**：執行數學運算後產生的錯誤，例如：除以 0 產生的溢位錯誤、數值精確度產生的錯誤（數值需小數點下 5 位，但實際精度並沒有達到）。

▶ **邏輯錯誤**：程式如果有邏輯錯誤，程式依然可以執行，只是執行結果並非預期結果，例如：無窮迴圈（即執行不完的重複結構）、迴圈次數多一次或少一次，條件判斷的位置錯誤（程式片段的 2 個 System.out.println() 方法的位置需對調），如下所示：

```
if (grade >= 60) {
    System.out.println(" 成績不及格 !");
} else {
    System.out.println(" 成績及格 !");
}
```

▶ **資源錯誤**：程式可能因為存取不到所需資源而產生錯誤，大部分系統錯誤都是導因於資源錯誤，例如：未初始變數值、存取檔案不存在，或檔案存取權限不足等等.

2-6-2 程式除錯工具

對於程式錯誤來說，編譯錯誤是在編譯階段找出的錯誤，一般來說，整合開發環境在編輯程式碼時，就會提供即時除錯功能來顯示錯誤的程式碼。

我們使用程式除錯工具的主要目的是找出執行期錯誤，因為這部分錯誤，編譯器並不會發現。

即時顯示錯誤的程式碼

在 IntelliJ IDEA 整合開發環境輸入 Java 程式碼如果有錯誤，在編譯前就會在專案名稱、目錄下方顯示紅色鋸齒線，錯誤程式碼本身是紅色字，如下圖所示：

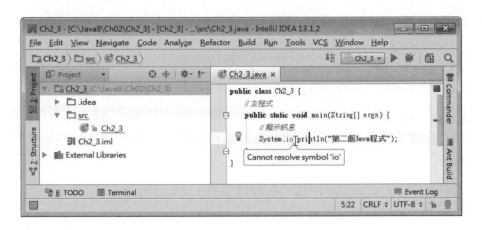

　　上述專案名稱、檔案名稱和 src 目錄下都有紅色鋸齒線，表示程式碼有語法錯誤（或沒有此物件、屬性或方法），因為我們將 System.out 輸錯成 System.io，所以 io 顯示紅色字。

　　當移動游標至紅色錯誤的程式碼 io 上時，可以看到浮動視窗顯示無法識別的符號 io 的錯誤訊息文字，選取錯誤的程式碼片段，可以在此行前方顯示燈泡圖示來提供進一步處理的建議，如右圖所示：

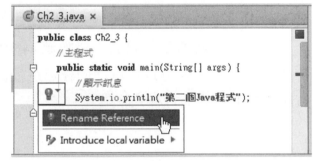

　　在燈泡圖示右方有向下箭頭，點選可以開啟下拉式選單，執行【Rename Reference】選項來更名參考，可以直接在選單選擇可更名的名稱參考，如下圖所示：

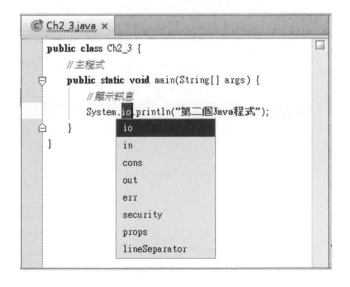

整合開發環境的除錯功能

如果 Java 程式編譯成功，但執行結果有錯誤時，整合開發環境通常都會提供除錯功能（或稱為偵錯功能）來找出可能的邏輯錯誤。對於大型程式建議直接使用開發環境的除錯功能來進行程式除錯，即中斷點除錯，在附錄 A-3 筆者使用一個完整實例來說明如何使用 IntelliJ IDEA 的中斷點除錯來找出 Java 程式的邏輯錯誤。

輸出額外資訊

對於初學者來說，最好用的程式除錯工具是在程式碼中加入額外輸出程式碼，可以在程式執行時顯示相關資訊，例如：顯示變數 a 的值，來幫助我們進行除錯，如下所示：

```
System.out.println("a = " + a);
```

上述 Java 程式碼可以顯示變數值 a 的值，我們只需在程式碼的特定地方加上此行程式碼，就可以在執行過程追蹤變數值 a 的變化，提供所需的程式除錯資訊，幫助我們進行程式除錯。

學習評量

2-1 程式設計的基本步驟

1. 請簡單說明程式設計的基本步驟？

2. 在開始設計程式的第一個步驟是 _____。

3. 在第二步的擬定解題計劃或演算法，可以再細分成 _____ 和 _____ 二個步驟。

4. 在第四步的測試執行與除錯可以再細分成 _____、_____ 和 _____ 三個步驟。

5. 請問程式設計的 bug 和 debug 分別代表什麼？

2-2　建立簡單的 Java 程式

6. 請問在 Windows 作業系統的「命令提示字元」視窗編譯和執行 Java 程式的基本步驟？

7. 請建立 Java 程式使用 System.out.println() 方法顯示 " 我自行建立的第一個 Java 程式！ " 一行文字內容。

8. 請修改 Java 專案 Ch2_2_2，新增國文成績來計算 3 科的總分。

9. 請建立 Java 程式使用 System.out.println() 方法以星號字元顯示 5*5 的三角形圖形，如下圖所示：

```
*
**
***
****
*****
```

10. 請建立 Java 程式使用 System.out.println() 方法以星號字元顯示英文大寫字母「T」的圖形。

2-3　IntelliJ IDEA 整合開發環境的基本使用

11. 請簡單說明 IntelliJ IDEA 建立 Java 專案的專案結構。

12. 請啟動 IntelliJ IDEA 開啟第 3 章 Java 專案後，試著執行 Ch3_2_2.java 程式。

學習評量

2-4　Java 程式的基本結構與輸出入

13. 請舉例說明 Java 程式的基本結構。

14. Java 程式執行的進入點是 _____，其原始程式碼檔案的副檔名是 _____。

15. 請舉例說明 Java 主控台基本輸出方法有哪些？

16. 在本書 Java 主控台基本輸入是使用 _____ 物件來取得輸入資料。

2-5　Java 程式的寫作風格

17. 請舉例說明什麼是 Java 語言的程式敘述和程式區塊？程式敘述的結束符號是 _____。

18. 請分別舉例說明 Java 語言的程式註解語法有哪兩種？程式碼為何需要縮排？

2-6　程式的除錯

19. 請問程式錯誤主要可以分為哪兩種？

20. 請問當程式發生錯誤時，我們常使用的程式除錯工具有哪幾種？

Chapter

3

變數、常數與資料型態

3-1 Java 語言的識別字

識別字名稱（identifier names）是指 Java 語言的變數、方法和類別的名稱，程式設計者在撰寫程式時，需要替這些識別字命名。

說明

本章 Java 程式範例是位在「Ch03」目錄 IntelliJ IDEA 的 Java 專案，請啟動 IntelliJ IDEA，開啟位在「Java8\Ch03」目錄的專案，就可以測試執行本章的 Java 程式範例，如下圖所示：

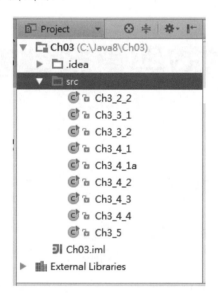

Java 語言的命名規則

程式設計者在替元素命名時，需要遵循程式語言的語法。而且元素命名十分重要，因為一個好名稱如同程式註解，可以讓程式更容易了解。Java 語言的基本命名規則，如下所示：

▶ 名稱是一個合法「識別字」（identifier），識別字是使用英文字母、底線「_」或錢號「$」開頭，不限長度 Unicode 統一字碼字元的字串，包含字母、數字、錢號「$」和底線「_」。例如：一些合法名稱範例，如下所示：

```
T, n, size, z100, long_name, helloWord, Test, apple, $total, _order
Input_string, x, TITLE, APPLE, subtotal, _getTotal, $_32_cpu
```

▶ 名稱最長 255 個字元，而且區分英文字母大小寫，例如：java、Java 和
JAVA 是不同名稱。

▶ 名稱不能使用 Java 語言的「關鍵字」（keywords），如下表所示：

abstract	boolean	break	byte	case
catch	char	class	const	continue
default	do	double	else	extends
false	final	finally	float	for
goto	if	implements	import	instanceof
int	interface	long	native	new
null	package	private	protected	public
return	short	static	super	switch
synchronized	this	throw	throws	transient
true	try	void	volatile	while

名稱在「範圍」（scope）中必須是唯一的，例如：在程式中可以使用相同
變數名稱，不過變數名稱需要在不同範圍，詳細範圍說明請參閱＜第 8 章：類
別方法 - 函數＞。

慣用命名原則

讀者如果想維持程式碼的可讀和一致性，Java 識別字的命名可以使用一些
慣用命名原則。例如：CamelCasing 命名法是第 1 個英文字小寫之後為大寫，變
數、函數的命名可以使用不同英文字母大小寫組合，如下表所示：

識別字種類	習慣的命名原則	範例
常數	使用英文大寫字母和底線「_」符號	MAX_SIZE、PI
變數	使用英文小寫字母開頭，如果是 2 個英文字組成，第 2 個之後的英文字以大寫開頭	size、userName
函數	使用英文小寫字母開頭，如果是 2 個英文字組成，其他英文字使用大寫開頭	pressButton、scrollScreen

上表命名原則只是舉例說明，在本書 Java 程式範例基於編排關係，並沒有完全遵守上述原則。

3-2 變數的宣告與初值

電腦程式的程式碼可以區分為資料和指令，如下表所示：

程式碼	說明
資料（data）	本章的變數（variables）和資料型態（data types）
指令（instructions）	第 4 章的運算子與運算式、第 6~7 章流程控制（control structures）和第 8 章的類別方法

3-2-1 變數的基礎

「變數」（variables）是儲存程式執行期間的暫存資料，程式設計者只需記住變數名稱，知道它代表一個記憶體位址的資料，變數就是使用有意義名稱來代表數字的記憶體位址。

認識變數

程式語言的變數如同是一個擁有名稱的盒子，能夠暫時儲存程式執行時所需的資料，如下圖所示：

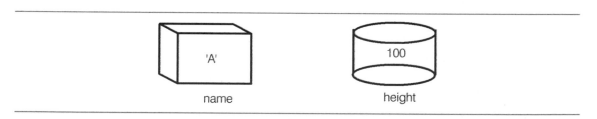

上述圖例是方形和圓柱形的兩個盒子，盒子名稱是變數名稱 name 和 height，在盒子裡儲存的資料 'A' 和 100 稱為「常數值」（constants）或「文字值」（literals，也稱為字面值），也就是數值或字元值，如下所示：

```
100
15.3
'A'
```

　　上述常數的前 2 個是數值，最後一個是使用「'」括起的字元值。現在回到盒子本身，盒子形狀和尺寸決定儲存的資料種類，對比程式語言，形狀和尺寸是變數的「資料型態」（data types）。

　　資料型態決定變數能夠儲存什麼值，可以是數值或字元等資料，當變數指定資料型態後，就表示它只能儲存這種型態的資料，如同圓形盒子放不進相同直徑的方形物品，我們只能將方形物品放進方形盒子裡。

變數的屬性

　　在程式碼宣告的變數擁有一些屬性，可以用來描述變數本身，如下圖所示：

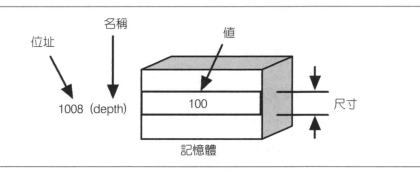

　　上述記憶體圖例的變數名稱屬性是 depth，位址屬性是 1008，值屬性是 100，尺寸是佔用的記憶體空間，即變數的資料型態屬性。

3-2-2　變數宣告與初值

　　Java 語言的變數在使用前需要先宣告和指定資料型態，也就是告知編譯器變數準備儲存什麼樣的資料，如此才能預先配置所需的記憶體空間。

　　變數是用來儲存程式執行中的一些暫存資料，程式設計者只需記住變數名稱，並且知道名稱代表的是一個記憶體位址，可以用來儲存一些暫存資料。

　　至於記憶體位址到底在哪裡？我們並不用傷腦筋，因為這是編譯器的工作。程式語言的變數是使用有意義的名稱代表一串數字的記憶體位址。

變數宣告

Java 變數宣告是使用資料型態開頭，後面接著變數名稱，我們可以在程式區塊中的任何位置進行宣告，其基本語法如下所示：

```
資料型態 變數名稱清單；
```

上述語法是以資料型態開頭，在空一格（至少1個空格）後，跟著變數名稱清單，如果變數名稱不只一個，請使用「,」逗號分隔，最後是程式敘述結束符號「;」，請注意！不要忘了最後的結束符號，否則會產生編譯錯誤。

變數宣告的目的是「宣告指定資料型態的變數和配置所需的記憶體空間」。例如：宣告一個 int 整數變數 grade，如下所示：

```
int grade;   // 宣告整數變數 grade
```

上述程式碼宣告一個變數，資料型態是整數 int（型態屬性），名稱為 grade（名稱屬性），儲存的資料是整數沒有小數點。Java 語言提供 8 種基本資料型態 byte、int、short、long、float、double、char 和 boolean，詳細資料型態說明請參閱＜第 3-4 節：Java 語言的資料型態＞。

我們也可以在同一行程式碼宣告多個相同資料型態的變數，每一個變數名稱需要使用「,」逗號分隔，如下所示：

```
int i, j, grade;   // 宣告 3 個整數變數
```

上述程式碼在同一行宣告 3 個整數變數 i、j 和 grade，變數宣告單純只是告訴編譯器配置所需的記憶體空間，它並沒有指定變數值屬性的初值。

變數的初值

變數是儲存程式執行時所需的一些暫存資料，我們可以在宣告變數的同時指定初值，或使用第 3-3 節的指定敘述在使用時才指定變數值。Java 語言指定變數初值的語法，如下所示：

```
資料型態 變數名稱 = 初值；
```

上述語法是使用「=」等號指定變數初值，初值是 175.5、76 和 'C' 等常數值。例如：宣告一個 int 和一個 double 型態的變數，同時指定初值，如下所示：

```
int grade = 76;        // 宣告 int 變數且指定初值
double k = 175.5;      // 宣告 double 變數且指定初值
```

上述程式碼宣告 2 個變數，且指定初值為 76 和 175.5。在 Java 語言同時宣告多個變數時，也一樣可以指定變數初值，如下所示：

```
// 同時宣告 2 個 double 變數，和指定其中 1 個變數的初值
double height, weight = 70.5;
```

上述程式碼宣告變數 height 和 weight，但只有指定變數 weight 的初值，沒有指定變數 height 的初值。當然，我們可以在之後使用指定敘述來指定或更改變數值，如下所示：

```
height = 175.5;     // 指定變數 height 的值
```

上述程式碼指定變數 height 的值，指定敘述「=」等號不是數學的等號，它並沒有相等的意義，實際上，它是將變數配置記憶體位址的內容填入等號後的值，即指定成值 175.5。

為什麼需要宣告變數

早期 BASIC 語言的變數並不需要宣告，有需要使用就對了，如果不小心拼錯變數名稱，編譯器不會找出這種錯誤，而是認為它是一個新變數，所以，常常造成程式除錯上的困難。

Java 語言的變數沒有此問題，因為 Java 語言的變數在使用前一定需要宣告，也就是一開始就告訴編譯器需要的變數和儲存什麼型態的資料，此後程式碼一旦使用變數，如果拼字錯誤，編譯器可以馬上找出變數是否有宣告，沒有宣告，就表示有錯誤產生。

程式範例

在 Java 程式宣告數個變數後，分別使用初值和指定敘述指定變數值，最後將這些變數值都顯示出來，如下所示：

```
姓名：C
成績：76
身高：175.5
體重：70.5
```

▶ **程式內容**

```
01: /* 程式範例：Ch3_2_2.java */
02: public class Ch3_2_2 {
03:    // 主程式
04:    public static void main(String[] args) {
05:       int grade = 76;   // 變數宣告
06:       char name;
07:       double height, weight = 70.5;
08:       name = 'C';   // 指定變數值
09:       height = 175.5;
10:       System.out.println("姓名：" + name);   // 顯示訊息
11:       System.out.println("成績：" + grade);
12:       System.out.println("身高：" + height);
13:       System.out.println("體重：" + weight);
14:    }
15: }
```

▶ **程式說明**

- 第 5~6 行：宣告指定初值 76 的整數變數 grade 和字元變數 name。
- 第 7 行：同時宣告 height 和 weight 的 double 變數，只有變數 weight 有指定初值。
- 第 8~9 行：使用指定敘述指定字元變數 name 和浮點數 height 的值，詳細指定敘述說明請參閱＜第 3-3 節：指定敘述＞。
- 第 10~13 行：使用 System.out.println() 顯示 4 個變數值。

3-3　指定敘述

「指定敘述」（assignment statements）可以在程式執行中存取變數值，如果在宣告變數時沒有指定初值，我們可以使用指定敘述即「=」等號來指定或更改變數值。

3-3-1　Java 語言的指定敘述

Java 語言的指定敘述是用來更改變數值，其基本語法如下所示：

```
變數 = 變數、常數值或運算式；
```

上述指定敘述「=」等號左邊是變數名稱（一定是變數），右邊是變數、常數值或運算式（expression），程式碼的目的是「將右邊運算式的運算結果、變數值或常數值指定給左邊變數」。例如：宣告 3 個變數 score1~3 後，分別使用變數初值和指定敘述指定變數值，如下所示：

```
int score1 = 35;    // 變數初值
int score2;         // 宣告變數
int score3;
score2 = 27;        // 指定敘述
```

上述程式碼宣告 3 個整數型態變數儲存籃球前三節的得分，score1 是在宣告時指定初值；score2 是使用指定敘述指定變數值，如下圖所示：

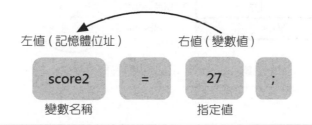

上述指定敘述「=」等號左邊的變數稱為「左值」（lvalue），表示是變數的位址（address）屬性；等號的右邊稱為「右值」（rvalue），這是變數值（value）屬性，我們是將變數值或常數值 27 指定給左邊變數的記憶體位址，即更改此記憶體位址的內容，如下圖所示：

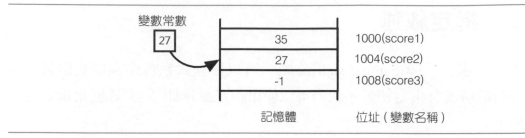

上述圖例的記憶體位址是假設值，變數 score3 只有宣告沒有初值，筆者假設變數 score3 初值是 -1（請注意！ Java 變數一定需要指定值，如果沒有指定值就使用，會顯示編譯錯誤），變數 score1 和 score2 分別使用初值和指定敘述指定其值為 35 和 27。

在指定敘述等號右邊的 27 稱為「文字值」（literals）或常數值，也就是直接使用數值來指定變數值，如果在指定敘述右邊是變數或運算式，如下所示：

```
score3 = score2 + 2;
```

上述程式碼在等號左邊的變數 score3 是左值，取得的是位址；右邊變數 score2 是右值，取出的是變數值，所以指定敘述是將變數 score2 的「值」加 2 後，存入變數 score3 的記憶體「位址」，即 1008，即更改變數 score3 的值成為 score2+2 的值，即 29（所以，指定敘述是指定變數值，不要弄錯成數學的等於，因為它不是等於），如下圖示：

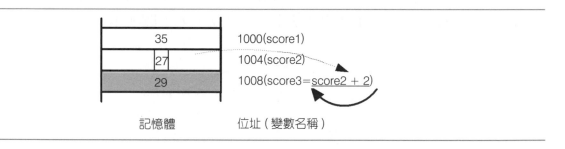

程式範例 **Ch3_3_1.java**

在 Java 程式使用變數初值和指定敘述指定 score1、score2 和 score3 變數值後，宣告 3 個變數來儲存本金、利率和利息，在計算利息後，顯示目前的帳戶餘額，如下所示：

```
第一節：35
第二節：27
第三節：29
利息：400.0
餘額：10400.0
```

上述執行結果可以看到 score1、score2 和 score3 變數值、帳戶利息與餘額分別為 400.0 和 10400.0。

▶ **程式內容**

```java
01: /* 程式範例：Ch3_3_1.java */
02: public class Ch3_3_1 {
03:     // 主程式
04:     public static void main(String[] args) {
05:         // 變數宣告
06:         double rate = 0.04;
07:         double myBalance = 5000;
08:         double myInterest;
09:         int score1 = 35;
10:         int score2;
11:         int score3;
12:         score2 = 27;       // 指定敘述
13:         score3 = score2 + 2;
14:         myBalance = 10000;
15:         myInterest = myBalance * rate;        // 計算本金與利息
16:         myBalance = myBalance + myInterest;  // 帳戶餘額
17:         // 顯示籃球前三節的得分
18:         System.out.println("第一節：" + score1);
19:         System.out.println("第二節：" + score2);
20:         System.out.println("第三節：" + score3);
21:         // 顯示帳戶餘額和利息
22:         System.out.println("利息：" + myInterest);
23:         System.out.println("餘額：" + myBalance);
24:     }
25: }
```

▶ 程式說明

- 第 6~8 行：宣告 rate、myInterest 和 myBalance 的 double 變數，rate 設定初值 0.04；myBalance 的初值是 5000。
- 第 9~11 行：宣告 score1、score2 和 score3 三個整數變數，並指定 score1 的初值為 35。
- 第 12~13 行：指定變數 score2 和 score3 的變數值。
- 第 14 行：使用指定敘述更改變數 myBalance 的值，請注意！變數 myBalance 已經有初值，指定敘述是將它改成其他值 10000。
- 第 15~16 行：計算利息和餘額，運算式是將右邊變數的值取出來執行計算，在計算完成後，儲存到左邊變數的位址，詳細運算式的說明請參閱第 4 章。
- 第 18~20 行：顯示 score1、score2 和 score3 變數值。
- 第 22~23 行：顯示利息和餘額的變數值。

3-3-2 Java 語言的多重指定敘述

Java 語言支援「多重指定敘述」（multiple assignments），可以在同一指定敘述同時指定多個變數值，如下所示：

```
score1 = score2 = score3 = score4 = 25;
```

上述指定敘述同時將 4 個變數值指定成為 25，因為指定敘述的結合性是由右至左，所以多重指定敘述是先計算最後 1 個 score4 = 25，然後才是 score3 = score4，score2 = score3 和 score1 = score2，關於運算子結合性的進一步說明請參閱第 4 章。

程式範例　　　　　　　　　　　　　　　　　　　　🖸 Ch3_3_2.java

在 Java 程式宣告 score1、score2、score3 和 score4 變數後，使用多重指定敘述指定變數值，最後顯示 4 個變數值，如下所示：

```
第一節：25
第二節：25
第三節：25
第四節：25
```

▶ **程式內容**

```
01: /* 程式範例：Ch3_3_2.java */
02: public class Ch3_3_2 {
03:     // 主程式
04:     public static void main(String[] args) {
05:         // 變數宣告
06:         int score1, score2, score3, score4;
07:         // 多重指定敘述
08:         score1 = score2 = score3 = score4 = 25;
09:         // 顯示變數值
10:         System.out.println(" 第一節：" + score1);
11:         System.out.println(" 第二節：" + score2);
12:         System.out.println(" 第三節：" + score3);
13:         System.out.println(" 第四節：" + score4);
14:     }
15: }
```

▶ **程式說明**

- 第 6 行：宣告 score1、score2、score3 和 score4 四個整數變數。
- 第 8 行：使用多重指定敘述指定 score1、score2、score3 和 score4 變數值為 25。
- 第 10~13 行：顯示 score1、score2、score3 和 score4 變數值。

3-4　Java 語言的資料型態

Java 是一種「強調型態」（strongly typed）程式語言，變數一定需要宣告使用的資料型態，編譯器才知道變數準備儲存的資料種類和配置多大的記憶體空間。請注意！Java 變數在宣告後就不能更改其資料型態。

說明

相對於強調型態程式語言的是稱為「鬆散型態」（loosely typed）程式語言，這種程式語言的變數不需要事先宣告就可以使用。變數可以視為是程式碼中儲存資料的容器，隨時可以更改變數值和資料型態，例如：JavaScript 和 VBScript 等腳本語言，或早期 BASIC 語言。

Java 語言的資料型態分為兩種，分別是「基本」（primitive）和「參考」（reference）資料型態，如下表所示：

種類	說明
基本資料型態	byte、short、int、long、float、double、char 和 boolean 共 8 種資料型態，在本節說明的是基本資料型態
參考資料型態	宣告此型態的變數值是記憶體位址，即物件儲存的位址，關於參考資料型態的詳細說明請參閱第 9 和 11 章

3-4-1 整數資料型態

「整數資料型態」（integral types）是指變數的資料為整數且沒有小數點。

整數資料型態的種類

整數資料型態依照整數資料長度的不同（即變數佔用的記憶體位元數），可以分為 4 種不同範圍的整數資料型態，如下表所示：

整數資料型態	位元數	範圍
byte	8	$-2^7 \sim 2^7-1$，即 $-128 \sim 127$
short	16	$-2^{15} \sim 2^{15}-1$，即 $-32768 \sim 32767$
int	32	$-2^{31} \sim 2^{31}-1$，即 $-2147483648 \sim 2147483647$
long	64	$-2^{63} \sim 2^{63}-1$，即 $-9223372036854775808 \sim 9223372036854775807$

程式設計者可以依照整數值的範圍決定宣告的變數型態。

整數文字值

在 Java 程式碼可以直接使用包含 0、正整數和負整數的「整數文字值」（integral literal），並且使用十進位、八進位和十六進位來表示，如下所示：

▶ 八進位：「0」開頭的整數值，每個位數值為 0~7 的整數。

▶ 十六進位：「0x」開頭的數值，位數值為 0~9 和 A~F（或 a~f）。

一些整數文字值的範例，如下表所示：

整數文字值	十進位值	說明
44	44	十進位整數
0256	174	八進位整數
0xef	239	十六進位整數
0x3e6	998	十六進位整數

整數文字值的字尾型態字元

　　整數文字值的資料型態視數值的範圍而定，Java 語言可以使用數值字尾型態的字元，將文字值指定成 long 長整數，如下表所示：

資料型態	字元	範例
long	L/l	2451 或 245L

程式範例

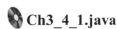 **Ch3_4_1.java**

　　在 Java 程式宣告數個整數變數和指定初值後，顯示十進位、八進位和十六進位的變數值，如下所示：

```
int i= 123
int j= -234
int k= 174
int l= 3279
long m= 350000
```

　　上述執行結果顯示各種進位的整數和長整數的十進位值，所以，我們可以輕鬆將八進位和十六進位值轉換成十進位值。

▶ 程式內容

```
01: /* 程式範例：Ch3_4_1.java */
02: public class Ch3_4_1 {
03:     // 主程式
04:     public static void main(String[] args) {
05:         int i = 123;     // 宣告變數
06:         int j = -234;
07:         int k = 0256;
08:         int l = 0xccf;
```

```
09:          long m = 350000L;
10:          // 顯示變數值
11:          System.out.println("int i= " + i);
12:          System.out.println("int j= " + j);
13:          System.out.println("int k= " + k);
14:          System.out.println("int l= " + l);
15:          System.out.println("long m= " + m);
16:      }
17: }
```

▶ **程式說明**

- 第 5~9 行：宣告整數變數和指定初值。
- 第 11~15 行：顯示十進位的變數值。

📚 **溢位問題**

算術溢位（arithmetic overflow）或簡稱溢位（overflow）是指執行數值運算時，計算結果的數值非常大，超過變數資料型態記憶體佔用的位元組數，例如：宣告 int 整數 overflowVal 的值 46341，然後執行算術運算，如下所示：

```
int overflowVal = 46341;                    // 使用整數
result2 = overflowVal * overflowVal;        // 整數乘法
```

上述程式碼執行 46341 * 46341 的乘法運算，「*」運算子是乘法，運算結果為 -2147479015；而不是 2147488281，因為超過整數的最大值 2147483647，所以產生溢位。

程式之所以產生溢位，主要是因為選擇的資料型態範圍太小，我們只需更改成比較大範圍的資料型態，例如：從 int 整數改為 long 長整數，就可以解決數學運算上的溢位問題，如下所示：

```
long val1 = 46341L;                     // 使用長整數和字尾型態字元
long result3 =  val1 * val1;        // 長整數乘法
```

上述執行結果是正確值，即 2147488281，因為長整數的範圍比較大。

程式範例　 **Ch3_4_1a.java**

在 Java 程式宣告數個 int 整數和 long 長整數變數，指定初值和執行乘法運算後，可以顯示正確和產生溢位的變數值，如下所示：

```
result(整數) = 2147395600
result2(溢位) = -2147479015
result3(長整數) = 2147488281
result4(溢位) = 500654080
result5(長整數) = 86400000000
```

上述執行結果的第 1 個 result 沒有超過整數最大值 2147483647，result2 的乘法運算超過整數最大值，所以產生溢位。result3 改為長整數，所以沒有產生溢位。

result4 是整數文字值的乘法運算，因為超過整數最大值 2147483647，所以產生溢位。result5 是改用長整數相同的文字值乘法運算，所以沒有產生溢位，因為 long 長整數的最大值是 9223372036854775807。

▶ **程式內容**

```
01: /* 程式範例: Ch3_4_1a.java */
02: public class Ch3_4_1a {
03:     // 主程式
04:     public static void main(String[] args) {
05:         int val = 46340;          // 宣告變數
06:         int result, result1, result2;
07:         // 沒有溢位的運算
08:         result = val * val;                    // 2147395600
09:         System.out.println("result(整數) = " + result);
10:         int overflowVal = 46341;
11:         // 整數溢位的運算
12:         result2 = overflowVal * overflowVal;   // -2147479015
13:         System.out.println("result2(溢位) = " + result2);
14:         long val1 = 46341L;    // 使用長整數和字尾型態字元
15:         long result3 =  val1 * val1;           // 2147488281
16:         System.out.println("result3(長整數) = " + result3);
17:         long result4, result5;
18:         // 整數溢位的運算
19:         result4 = 24 * 60 * 60 * 1000 * 1000;
20:         System.out.println("result4(溢位) = " + result4);
21:         // 沒有溢位的運算，使用長整數
22:         result5 = 24L * 60L * 60L * 1000L * 1000L;
```

```
23:          System.out.println("result5（長整數） = " + result5);
24:     }
25: }
```

▶ **程式說明**

* 第 5~6 行：宣告 3 個 int 整數變數，在第 5 行指定變數 val 的初值為 46340。
* 第 8~9 行：執行 val * val 的乘法運算，因為沒有超過最大值，所以沒有產生溢位，在第 9 行顯示運算結果。
* 第 10 行：宣告 int 整數變數 overflowVal，和指定變數初值為 46341。
* 第 12~13 行：執行 overflowVal * overflowVal 的乘法運算，因為超過最大值，所以產生溢位，在第 13 行顯示運算結果，此結果並不正確。
* 第 14~16 行：改用長整數執行第 12~13 行的乘法運算，在第 14 行宣告變數且指定初值時，它是使用字尾型態字元來指定成長整數的文字值。
* 第 19~20 行：整數文字值的乘法運算，因為超過最大值，所以產生溢位，如下所示：

   ```
   result4 = 24 * 60 * 60 * 1000 * 1000;
   ```

* 第 22~23 行：長整數文字值的乘法運算，因為沒有超過最大值，所以顯示正確的運算結果，在第 22 行使用字尾型態字元指定成長整數文字值，如下所示：

   ```
   result5 = 24L * 60L * 60L * 1000L * 1000L;
   ```

3-4-2　浮點數資料型態

「浮點數資料型態」（floating point types）是指整數加上小數，例如：3.1415926 和 123.567 等。

浮點數資料型態的種類

浮點數資料型態依照長度的不同（即變數佔用的記憶體位元數），可以分為 2 種浮點數的資料型態，如下表所示：

浮點數資料型態	位元數	範圍
float	32	1.40239846e-45 ~ 3.40282347e38
double	64	4.94065645841246544e-324 ~ 1.79769313486231570e308

📘 浮點數文字值

在 Java 程式碼如果直接使用浮點數文字值（floating point literal），預設是 double；不是 float 資料型態。我們也可以使用科學符號的「e」或「E」符號來代表 10 為底的指數。一些浮點數文字值的範例，如下表所示：

浮點數文字值	十進位值	說明
0.0123	0.0123	浮點數
.00567	.00567	浮點數
1.25e4	12500.0	使用 e 指數科學符號的浮點數

📘 浮點數文字值的字尾型態字元

如果浮點變數宣告的是 float，在指定浮點數文字值時，因為預設是 double，所以需要在浮點數文字值的字尾加上字元「F」或「f」，將數值轉換成浮點數 float，如下所示：

```
float i = 25.0F;
```

上述 float 資料型態的文字值使用字尾「F」。Java 語言可以使用浮點數文字值的字尾型態字元，如下表所示：

資料型態	字元	範例
float	F/f	6.7F 或 6.7f
double	D/d	3.1415D 或 3.1415d

程式範例　　　　　　　　　　　　　　　　　　　Ch3_4_2.java

在 Java 程式宣告浮點數變數和指定初值，並且使用字尾型態字元轉換型態後，顯示變數值，如下所示：

```
double i= 123.23
double j= 7.0E-4
double k= 50000.0
double l= 0.00434
float m= 123.23
```

▶ **程式內容**

```
01: /* 程式範例 : Ch3_4_2.java */
02: public class Ch3_4_2 {
03:     // 主程式
04:     public static void main(String[] args) {
05:         double i = 123.23;   // 宣告變數
06:         double j = 0.0007;
07:         double k = 5e4;
08:         double l = 4.34e-3;
09:         float m = 123.23F;
10:         // 顯示變數值 /
11:         System.out.println("double i= " + i);
12:         System.out.println("double j= " + j);
13:         System.out.println("double k= " + k);
14:         System.out.println("double l= " + l);
15:         System.out.println("float m= " + m);
16:     }
17: }
```

▶ **程式說明**

- 第 5~9 行：宣告浮點數變數和指定初值，前 4 個為 double，最後一個是 float。
- 第 11~15 行：顯示變數值。

3-4-3 布林資料型態

「布林資料型態」（boolean type）只有 2 個值：true 和 false，這並不是變數名稱，而是 Java 關鍵字。一般來說，布林變數主要是使用在邏輯運算式，如下所示：

```
boolean isRateHigh;
isRateHigh = (rate >= .02);
```

上述運算式的值是布林資料型態，比較利率是否大於等於 .02，大於值是 true；反之是 false。通常布林變數值是使用在條件和迴圈控制的條件判斷，以便決定繼續執行的程式區塊，或判斷迴圈是否結束。

程式範例  **Ch3_4_3.java**

在 Java 程式宣告 2 個布林變數後，指定變數值和顯示布林變數的值，如下所示：

```
isRateHigh = true
isRateLow = false
```

▶ **程式內容**

```
01: /* 程式範例：Ch3_4_3.java */
02: public class Ch3_4_3 {
03:     // 主程式
04:     public static void main(String[] args) {
05:         // 宣告變數
06:         boolean isRateHigh, isRateLow;
07:         float rate = 0.1F;
08:         isRateHigh = (rate >= .02);
09:         isRateLow = (rate < .02);
10:         // 顯示變數值 /
11:         System.out.println("isRateHigh = " + isRateHigh);
12:         System.out.println("isRateLow = " + isRateLow);
13:     }
14: }
```

▶ **程式說明**

- 第 6~7 行：宣告 2 個布林變數，和 1 個浮點數變數且指定初值。
- 第 8~9 行：指定布林變數值，使用的運算子是第 4 章的關係運算子「>=」大於等於和「<」小於。
- 第 11~12 行：顯示 2 個布林變數值。

3-4-4　字元資料型態

「字元資料型態」（char type）是「無符號」（unsigned）的 16 位元整數表示的 Unicode 字元，Unicode 字元是使用 2 個位元組表示字元，用來取代 ASCII 字元使用一個位元組的表示方式。

字元文字值

在 Java 程式使用字元文字值（char literal）時，需要使用「'」單引號括起，如下所示：

```
char a = 'A';
```

上述變數宣告設定初值為字元 A，請注意！字元文字值是使用「'」單引號，而不是「"」雙引號括起。Unicode 字元需要使用「\u」字串開頭的十六進位數值來表示，如下所示：

```
char c = '\u0020';
```

上述字元文字值是一個空白字元（space）。

字串文字值

字串文字值（string literals）是一個字串，字串是 0 或多個依序的字元文字值使用雙引號「"」括起的文字內容，如下所示：

```
"Java 程式設計 "
"Hello World!"
```

在 Java 語言的字串是一種字串物件，屬於參考資料型態，詳細說明請參閱＜第 9 章：陣列與字串＞，目前 Java 程式碼的字串主要是使用在 System.out.println() 或 println() 方法的參數，如下所示：

```
System.out.print(" 換行符號 \n");
```

Escape 逸出字元

Java 提供 Escape 逸出字元，這是使用「\」符號開頭的字串，可以顯示一些無法使用鍵盤輸入的特殊字元，如下表所示：

Escape 逸出字元	Unicode 碼	說明
\b	\u0008	Backspace，Backspace 鍵
\f	\u000C	FF，Form feed 換頁符號
\n	\u000A	LF，Line feed 換行符號
\r	\u000D	CR，Enter 鍵
\t	\u0009	Tab 鍵，定位符號
\'	\u0027	「'」單引號
\"	\u0022	「"」雙引號
\\	\u005C	「\」符號

程式範例  **Ch3_4_4.java**

　　在 Java 程式宣告字元變數和指定初值，並且使用 Escape 逸出字元顯示空白字元、換行、顯示定位符號和顯示雙引號，如下所示：

```
a= A
b= A
c=
d= f
換行字元
"Escape"        逸出字元
```

　　上述執行結果可以看到顯示的字元，變數 c 和 d 都是空白字元，最後顯示換行符號和定位符號。

▶ **程式內容**

```
01: /* 程式範例：Ch3_4_4.java */
02: public class Ch3_4_4 {
03:     // 主程式
04:     public static void main(String[] args) {
05:         char a = 'A';   /// 宣告變數
06:         char b = 65;
07:         char c = '\u0020';
08:         char d = '\u0066';
09:         // 顯示變數值
10:         System.out.println("a= " + a);
11:         System.out.println("b= " + b);
12:         System.out.println("c= " + c);
13:         System.out.println("d= " + d);
14:         System.out.print(" 換行字元 \n");
15:         System.out.print("\"Escape\"\t 逸出字元 \n");
16:     }
17: }
```

▶ **程式說明**

- 第 5~8 行：宣告 4 個字元變數，分別使用字元值、ASCII 值、Escape 逸出字元的十六進位值來指定初值。
- 第 10~13 行：顯示 4 個字元變數值。
- 第 14 行：測試 Escape 逸出字元 \n，因為 System.out.print() 方法的參數字串並不會換行，它是加上 Escape 逸出字元 \n 來顯示換行。
- 第 15 行：測試 Escape 逸出字元 \" 和 \t。

3-5　常數的宣告與使用

「常數」（Named Constants）是指一個變數在設定初始值後，就不會變更其值，它就是在程式中使用一個名稱代表一個固定值。Java 常數宣告和指定初值的變數宣告相同，只是在前面使用 final 關鍵字表示變數值不能更改，如下所示：

```
final double PI = 3.1415926;
```

上述程式碼宣告圓周率的常數 PI。請注意！在宣告常數時一定要指定常數值。

程式範例 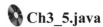 **Ch3_5.java**

在 Java 程式宣告圓周率常數 PI，然後計算指定半徑的圓面積，如下所示：

```
面積： 706.858335
```

▶ 程式內容

```
01: /* 程式範例： Ch3_5.java */
02: public class Ch3_5 {
03:     // 主程式
04:     public static void main(String[] args) {
05:         // 常數宣告
06:         final double PI = 3.1415926;
07:         double area;          // 變數宣告
08:         double r = 15.0;
09:         area = PI * r * r;  // 計算面積
10:         // 顯示面積
11:         System.out.print(" 面積： ");
12:         System.out.println(area);
13:     }
14: }
```

▶程式說明

- 第 6 行：宣告常數 PI。
- 第 7~9 行：宣告圓面積變數 area 和半徑變數 r 且指定初值後，計算圓面積。
- 第 11~12 行：顯示計算結果的圓面積。

　　常數在程式中扮演的角色是希望在程式執行中，無法使用程式碼更改變數值，我們只能在編譯前，編輯程式碼來更改常數值。

學習評量

3-1 Java 語言的識別字

1. 請簡單說明 Java 命名原則？何謂識別字？什麼是關鍵字？

2. 請指出下列哪些是 Java 語言合法的識別字（請圈起來），如下所示：

   ```
   Total_Grades、teamWork、#100、_test、2Int、float、char、abc、j、
   123variables、one.0、gross-cost、RADIUS、Radius、radius
   ```

3. 請問 System.out.println() 方法的 println 是識別字或關鍵字？main 是識別字或關鍵字？

4. 請問在主程式 main() 中是否可以宣告同名 main 變數？請試著自行建立 Java 程式測試 main 變數的宣告。

5. 請依據下列說明文字決定最佳的變數名稱（即識別字），如下所示：

   (1) 圓半徑。

   (2) 父親的年收入。

   (3) 個人電腦的價格。

   (4) 地球和月球之間的距離。

   (5) 年齡、體重。

   (6) 溫度。

   (7) 測試的最高成績。

6. 請指出下列哪一個不是合法 Java 語言的識別字（請圈起來）？

   ```
   Joe、H12_22、_A24、1234
   ```

3-2 變數的宣告與初值

7. 請說明什麼是程式中的變數？其扮演角色？何謂文字值（literals）？

8. 請簡單說明 Java 變數宣告的語法？如何指定變數初值？

9. 請問下列 Java 程式敘述，哪些是變數；哪些是文字值？

   ```
   int value = 123;
   float total;
   double sum = 1.4567;
   ```

10. 請分別寫出一行 Java 程式敘述來完成下列工作，如下所示：
    (1) 宣告 int 型態的變數 a、num、q123 和 var，和指定 a 的初值 10；
        var 的初值 123。
    (2) 顯示變數 a 的值。
    (3) 顯示變數 a 和 var 的和。

11. 請逐行說明下列 Java 程式碼，和寫出其執行結果，如下所示：

```
01: /* 程式範例: Ch3_6_1.java */
02: public class Ch3_6_1 {
03:     // 主程式
04:     public static void main(String[] args) {
05:         // 宣告變數
06:         int num = 50;
07:         // 顯示變數值 /
08:         System.out.println("num = " + num);
09:     }
10: }
```

12. 請建立 Java 程式宣告 2 個整數變數和 1 個浮點數變數，在分別指定初
    值為 100，200 和 23.45 後，將變數值都顯示出來。

3-3　指定敘述

13. 請使用圖例說明什麼是指定敘述？何謂多重指定敘述？

14. 請繪出下列 Java 程式碼指定敘述的記憶體圖例，假設的起始位址是
    1000，如下所示：

```
int a, b, c;
a = 135;
b = 27;
c = a;
```

15. 請在 IntelliJ IDEA 整合開發環境建立下列 Java 程式，如下所示：

```
01: /* 程式範例: Ch3_6_2.java */
02: public class Ch3_6_2 {
03:     // 主程式
04:     public static void main(String[] args) {
05:         int a, b;
```

學習評量

```
06:        int c = 3;
07:        a = 11; b = 22;
08:        System.out.println("a = " + a);
09:        System.out.println("b = " + b);
10:        System.out.println("c = " + c);
11:        System.out.println("a/c = " + a/c);
12:    }
13: }
```

然後依據下列說明修改程式碼，在重新編譯後，請參考錯誤訊息分別
說明其產生錯誤的原因，如下所示：

(1) 將第 8 行的 println 改為 printf。

(2) 將第 6 行的 int c= 3; 改為 int c;。

(3) 將第 7 行的 a = 11; b = 22; 改為 a =11 b=11。

(4) 刪除第 5 行的 int a, b;。

3-4 Java 語言的資料型態

16. 請說明 Java 基本資料型態有哪幾種？什麼是字尾型態字元？

17. Java 語言的 short 資料型態佔用 _____ 位元組，float 佔用 _____ 位
元組，double 佔用 _____ 位元組。

18. 布林資料型態（boolean type）只有 2 個值 _____ 和 _____。

19. 在 Java 程式使用字元文字值（char literal）時，需要使用 _____ 括起，
Unicode 字元需要使用 _____ 字串開頭的十六進位數值來表示。

20. Escape 逸出字元 _____ 代表定位符號，_____ 代表換行符號。

21. 請依據下列說明文字決定最佳的變數資料型態，如下所示：

(1) 圓半徑。

(2) 父親的年收入。

(3) 個人電腦的價格。

(4) 地球和月球之間的距離。

(5) 年齡、體重。

(6) 溫度。

(7) 測試的最高成績。

22. 請建立 Java 程式依據下列程式碼的常數值決定變數 a 到 g 宣告的資料型態後，將變數值都顯示出來，如下所示：

```
a= 'r';          b= 100;          c= 23.14;
d= 453.13;       e= 453.13f;      f= 3.1415D;
g= 150000L;
```

23. 請建立 Java 程式，將八和十六進位值的變數轉換成十進位值來顯示，如下所示：

```
0277、0xcc、0xab、0333、0555、0xff
```

3-5　常數的宣告與使用

24. 請說明什麼是 Java 的「常數」（Named Constants）？ Java 語言是如何建立常數？

25. 請修改程式範例 Ch3_3_1.java，將利率變數 rate 改為符號常數 BANK_RATE。

Chapter

4

運算子與運算式

4-1 運算式的基礎

程式語言的運算式（expressions）可以執行運算來產生運算結果的值，運算式可以簡單到只有單一值或變數，或複雜到由多個運算子和運算元組成。

說明

本章 Java 程式範例是位在「Ch04」目錄 IntelliJ IDEA 的 Java 專案，請啟動 IntelliJ IDEA，開啟位在「Java8\Ch04」目錄的專案，就可以測試執行本章的 Java 程式範例，如下圖所示：

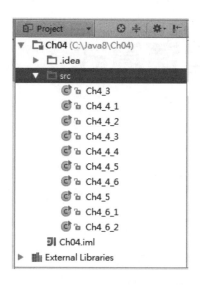

4-1-1 認識運算式

「運算式」（expressions）是由一序列的「運算子」（operators）和「運算元」（operands）組成，可以在程式中執行所需的運算任務，如下圖所示：

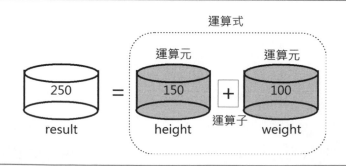

上述圖例的運算式是 height+weight，加號是運算子，變數 height 和 weight 是運算元，可以將運算結果的值 250 存入變數 result，即指定成變數 result 的值。

運算式範例

程式語言運算式執行的運算需視運算式包含的運算子種類而定。一些 Java 語言的運算式範例，如下所示：

```
a
b
15
-15
a + b * 1
a >= b
a > b && a > 1
a = b + 1
(a = 1, a+1)
```

上述運算式的變數 a、b 和常數值 1、15、-15 是運算元，「+」、「*」、「>=」、「>」、「&&」、「=」、「,」為運算子。

Java 運算子是使用 1 到 3 個字元組成的符號，運算元是常數值（或稱文字值）、變數或其他運算式。事實上，單獨運算元（不包含運算子）也是一種運算式，例如：a、b、15 和 -15 等。

運算式如何執行運算

當同一運算式擁有一個以上的運算子時，運算式的執行結果會因運算子的執行順序而不同。例如：內含一個加法和乘法的數學運算式，如下所示：

```
10 * 2 + 5
```

上述運算式的執行結果有 2 種情況，如下所示：

▶ **先執行加法**：運算過程是 2+5=7，然後 7*10=70，結果為 70。
▶ **先執行乘法**：運算過程是 10*2=20，然後 20+5=25，結果是 25。

雖然是同一運算式，卻有兩種不同運算結果，程式在執行時不允許這種情況發生，為了保證運算式得到相同的運算結果，當運算式擁有多個運算子時，運算子的執行順序是由優先順序（precedence）和結合（associativity）來決定。

4-1-2 優先順序與結合

當運算式擁有多個運算子時，為了得到相同的運算結果，我們需要使用優先順序和結合來執行運算式的運算。

📚 優先順序（precedence）

Java 因為提供多種運算子，當在同一運算式使用多個運算子時，為了讓運算式能夠得到相同的運算結果，運算式是以運算子預設的優先順序進行運算，也就是我們熟知的「先乘除後加減」口訣，如下所示：

```
a + b * 2
```

上述運算式因為運算子優先順序 * 大於 +，所以先計算 b*2 後才和 a 相加。關於 Java 語言運算子預設優先順序的說明，請參閱第 4-2 節。

說明

程式語言的乘法是使用「*」符號，而不是常用的「x」符號，因為「x」符號容易與變數名稱混淆，當運算式有x時，我們可能會將它視為變數，而不是運算子。

在運算式可以使用括號推翻預設的運算子優先順序，例如：改變上述運算式的運算順序，先執行加法運算後，才是乘法，如下所示：

```
(a + b) * 2
```

上述加法運算式有使用括號括起，表示目前運算順序是先計算 a+b，然後才乘以 2。

📚 結合（associativity）

當運算式所有運算子都擁有相同優先順序時，運算子的執行順序是由結合（associativity）決定。結合可以分為兩種，如下所示：

▶ **右左結合（right-to-left associativity）**：運算式是從右到左執行運算子的運算，例如：運算式 a=b=c+4 是先計算 b=c+4，然後才是 a=b。

▶ **左右結合（left-to-right associativity）**：運算式是從左到右執行運算子的運算，例如：運算式 a-b-c 是先計算 a-b 的結果 d，然後才是 d-c。

4-1-3　運算式的種類

Java 運算式依運算元個數可以分成三種，如下所示：

🔖 單運算元運算式（unary expressions）

單運算元運算式只包含一個運算元和「單運算元運算子」（unary operator），例如：正負號是一種單運算元運算式，如下所示：

```
-15
+10
++x
--y
```

在 Java 的 !、-、+、++、-- 和 ~ 是單運算元運算子且位在運算元之前，這些運算子擁有相同的優先順序，它們是使用右左結合（right-to-left associativity）進行運算式的計算。

如果遞增 ++ 和遞減 -- 運算子是位在運算元之後，例如：x++ 和 y--，其優先順序高過運算元之前的 ++x 和 --y，而且是使用左右結合（left-to-right associativity）執行運算。

🔖 二元運算式（binary expressions）

二元運算式包含兩個運算元，它是使用一個二元運算子來分隔運算元。Java 運算式大都是二元運算式，如下所示：

```
a + b * 1
c + d + e
```

上述數學運算式的第 1 個運算式是使用運算子優先順序執行運算。第 2 個運算式的 2 個運算子擁有相同的優先順序，所以使用左右結合（left-to-right associativity）執行運算。

Java 二元運算子大都使用左右結合（left-to-right associativity）執行運算，只有指定運算子「=」等號建立的指定運算式是使用右左結合（right-to-left associativity），如下所示：

```
a = b = c
```

🔖 三元運算式（ternary expressions）

三元運算式包含 3 個運算元，Java 只有一種三元運算子「?:」，如下所示：

```
hour = (hour >= 12) ? hour-12 : hour;
```

上述三元運算子擁有 (hour >= 12、hour-12 和 hour 共 3 個運算元。運算子是使用右左結合（right-to-left associativity）進行運算式的計算。

4-2 Java 語言的運算子

Java 提供完整算術（arithmetic）、指定（assignment）、位元（bitwise）、關係（relational）和邏輯（logical）運算子。Java 運算子的優先順序（愈上面的愈優先），如下表所示：

運算子	說明
()、[]、.、x++、y--	括號、陣列元件、物件存取，遞增和遞減是位在運算元之後
!、-、++x、--y	條件運算子 NOT、算數運算子負號、遞增和遞減是位在運算元之前
*、/、%	算術運算子的乘、除法和餘數
+、-	算術運算子加和減法
<<、>>、>>>	位元運算子左移、右移和無符號右移
>、>=、<、<=、instanceof	關係運算子大於、大於等於、小於和小於等於
==、!=	關係運算子等於和不等於
&	位元運算子 AND
^	位元運算子 XOR
|	位元運算子 OR
&&	條件運算子 AND
||	條件運算子 OR
?:	條件控制運算子
=、op=	指定運算子

上表「()」、「[]」、「.」運算子是使用右左結合（right-to-left associativity）進行運算式的計算。關係運算子「>」、「>=」、「<」、「<=」和 instanceof 並沒有結合規則。

Java 條件控制運算子「?:」可以在指定敘述的右邊運算式建立簡單的條件控制，如同 if 條件敘述，詳細說明請參閱第 6 章。

4-3　指定運算子

指定運算式（assignment expressions）是第 3 章的指定敘述，使用「=」等號指定運算子建立的運算式，可以將右邊運算元的值存入左邊運算元的地址，因此，左邊運算元需要能夠存入值，所以一定是變數，不能是文字值（即常數值）。

❧ 指定運算子「=」

Java 指定運算子「=」等號是使用右左結合（right-to-left associativity）執行運算。如下所示：

```
int age;          // 宣告變數 age
age = 18;         // 使用指定敘述指定 age 變數值
age = age + 1;    // 將變數 age 的值加 1 後，指定給變數 age
```

上述指定運算子「=」等號不是數學相等，程式碼首先將變數 age 的值指定成 18，此指定運算式和數學相等好像相同，因為 age 變數值等於 18，可是下一行程式碼，當我們將變數 age 加 1 後，右邊運算式是 19，不等於左邊 18，換一個角度，如果是「指定」，就是將運算結果的值 19，指定給左邊的變數 age，此時的變數 age 值是 19。

在指定敘述的右邊除了可以是文字值、變數和常數值組成的運算式，也可以是變數組成的運算式，如下所示：

```
age = age + offset;    // 右邊是運算式
```

上述指定運算式的右邊是加法運算式，2 個運算元都是變數，我們需要取得變數 age 和 offset 的值執行相加後，將它指定成變數 age 的值。

❧ 指定運算式的縮寫表示法

指定運算子除了使用前述指定敘述「=」外，還可以配合其他運算子來簡化運算式，建立簡潔的算術、關係、條件或位元運算式，如下表所示：

運算子	範例	相當的運算式	說明
=	x = y	N/A	指定敘述
+=	x+ = y	x = x + y	數字相加或字串連接
-=	x -= y	x = x - y	減法
*=	x *= y	x = x * y	乘法
/=	x /= y	x = x / y	除法
%=	x %= y	x = x % y	餘數
<<=	x <<= y	x = x << y	位元左移 y 位元
>>=	x >>= y	x = x >> y	位元右移 y 位元
>>>=	x >>>= y	x = x >>> y	無符號右移 y 位元
&=	x &= y	x = x & y	位元 AND 運算
|=	x |= y	x = x | y	位元 OR 運算
^=	x ^= y	x = x ^ y	位元 XOR 運算

例如：age = age + offset 加法運算式可以改成簡潔寫法，如下所示：

```
age += offset;    // 簡潔寫法
```

程式範例 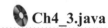 Ch4_3.java

在 Java 程式使用指定運算子來指定變數值，和將運算式的運算結果指定給變數 age 後，將變數 age 的值顯示出來，如下所示：

```
age = 19
age = 22
```

▶ 程式內容

```
01: /* 程式範例：Ch4_3.java */
02: public class Ch4_3 {
03:     // 主程式
04:     public static void main(String[] args) {
05:         int age, offset = 3;  // 宣告變數
06:         age = 18;             // 使用指定敘述指定 age 變數值
07:         age = age + 1;  // 將變數 age 的值加 1 後
08:         System.out.println("age = " + age);
09:         age += offset; // 右邊是運算式且是簡潔寫法
10:         System.out.println("age = " + age);
11:     }
12: }
```

程式說明

- 第 5 行：宣告整數變數 age 和 offset，和指定變數 offset 的初值 3。
- 第 6 行：使用指定運算子指定變數值，以此例是將變數 age 指定成值 18。
- 第 7 行和第 9 行：在指定運算式右邊是加法的算術運算式，在第 7 行是將變數 age 值加 1，第 9 行加上變數 offset 的值，而且是簡潔寫法。

4-4　算術與字串連接運算子

算術運算子是我們數學上常用的四則運算，即加、減、乘和除法等運算子，不只如此，Java 還提供遞增和遞減運算子來簡化加減法的運算，或使用「+」號的字串連接運算子來連接多個字串。

如果需要推翻現有運算子的優先順序，我們可以使用括號運算子來得到運算式所需的運算結果。

4-4-1　算術運算子

「算術運算子」（arithmetic operators）可以建立數學的算術運算式（arithmetic expressions）。Java 算術運算子和運算式範例，其說明如下表所示：

運算子	說明	運算式範例
-	負號	-6
+	正號	+6
*	乘法	3 * 4 = 12
/	除法	7.0 / 2.0 = 3.5、7 / 2 = 3
%	餘數	7 % 2 = 1
+	加法	5 + 3 = 8
-	減法	5 – 3 = 2

上表算術運算式範例是使用文字值，算術運算子加、減、乘、除和餘數運算子是「二元運算子」（binary operators），需要 2 個運算元，這些二元運算子是使用左右結合（left-to-right associativity）執行運算。

🔖 單運算元運算子（unary operator）

算術運算子的「+」和「-」正負號是單運算元運算子，只需 1 個運算元，位在運算子之後，如下所示：

```
+5      // 數值正整數 5
-x      // 負變數 x 的值
```

上述程式碼使用 +、- 正負號表示數值是正數或負數，正負號單運算元運算子是使用右左結合（right-to-left associativity）執行運算。

🔖 加法運算子「+」

加法運算子「+」是將運算子前後的 2 個運算元相加，如下所示：

```
a = 6 + 7;          // 計算 6+7 的和後，指定給變數 a
b = c + 5;          // 計算變數 c 的值加 5 後，指定給變數 b
total = x + y + z;  // 將變數 x, y, z 的值相加後，指定給變數 total
```

🔖 減法運算子「-」

減法運算子「-」是將運算子前後的 2 個運算元相減，即將之前的運算元減去之後的運算元，如下所示：

```
a = 8 - 2;          // 計算 8-2 的值後，指定給變數 a
b = c - 3;          // 計算變數 c 的值減 3 後，指定給變數 b
offset = x - y;     // 將變數 x 減變數 y 的值後，指定給變數 offset
```

🔖 乘法運算子「*」

乘法運算子「*」是將運算子前後的 2 個運算元相乘，如下所示：

```
a = 5 * 2;          // 計算 5*2 的值後，指定給變數 a
b = c * 5;          // 計算變數 c 的值乘 5 後，指定給變數 b
result = d * e;     // 將變數 d, e 的值相乘後，指定給變數 result
```

🔖 除法運算子「/」

除法運算子「/」是將運算子前後的 2 個運算元相除，也就是將之前的運算元除以之後的運算元，如下所示：

```
a = 7 / 2;          // 計算7/2 的值後，指定給變數 a
b = c / 3;          // 計算變數 c 的值除以 3 後，指定給變數 b
result = x / y;     // 將變數 x, y 的值相除後，指定給變數 result
```

　　除法運算子「/」的運算元如果是 int 資料型態，此時的除法運算是整數除法，會將小數刪除，所以 7 / 2 = 3，不是 3.5。

🥢 餘數運算子「%」

　　「%」運算子是整數除法的餘數，2 個運算元是整數，可以將之前的運算元除以之後的運算元來得到餘數，所以運算元不能是 float 和 double 資料型態，如下所示：

```
a = 9 % 2;          // 計算9%2 的餘數值後，指定給變數 a
b = c % 7;          // 計算變數 c 除以 7 的餘數值後，指定給變數 b
result = y % z;     // 將變數 y, z 值相除取得餘數後，指定給變數 result
```

程式範例  Ch4_4_1.java

　　在 Java 程式測試上表算術運算子，和指定運算式的運算結果，如下所示：

```
負號運算：-6      = -6
正號運算：+6      = 6
乘法運算：3 * 4 = 12
除法運算：7.0 / 2.0 = 3.5
整數除法：7 / 2 = 3
餘數運算：7 % 2 = 1
加法運算：5 ╎ 3 ─ 8
減法運算：5 ─ 3 = 2
```

▶ 程式內容

```
01: /* 程式範例：Ch4_4_1.java */
02: public class Ch4_4_1 {
03:     // 主程式
04:     public static void main(String[] args) {
05:         // 算術運算子
06:         System.out.println("負號運算：-6    = " + (-6) );
07:         System.out.println("正號運算：+6    = " + (+6) );
08:         System.out.println("乘法運算：3 * 4 = " + (3 * 4));
09:         System.out.println("除法運算：7.0 / 2.0 = " + (7.0 / 2.0));
```

```
10:          System.out.println(" 整數除法：7 / 2 = " + (7 / 2));
11:          System.out.println(" 餘數運算：7 % 2 = " + (7 % 2));
12:          System.out.println(" 加法運算：5 + 3 = " + (5 + 3));
13:          System.out.println(" 減法運算：5 - 3 = " + (5 - 3));
14:      }
15: }
```

▶ **程式說明**

- 第 6~13 行：使用文字值測試算術運算子，可以計算各種算術運算式的計算結果，各算術運算式是使用括號括起。

4-4-2　遞增和遞減運算子

遞增和遞減運算子（increment and decrement operators）是一種置於變數之前或之後加 1 或減 1 運算式的簡化寫法。

☕ 遞增和遞減運算式

遞增和遞減運算子「++」和「--」是位在變數之前或之後來建立運算式，如下表所示：

運算子	說明	運算式範例
++	遞增運算	x++、++x
--	遞減運算	y--、--y

上表遞增和遞減運算子可以置於變數之前或之後，例如：x = x + 1 運算式相當於是：

```
x++; 或 ++x;
```

y = y - 1 運算式相當於是：

```
y--; 或 --y;
```

上述遞增和遞減運算子在變數之後或之前並不會影響運算結果，都是將變數 x 加 1；變數 y 減 1。如果變數 x 的值是 10，x++ 或 ++x 的運算結果都是 11；變數 y 是 10，y-- 或 --y 的運算結果都是 9。

遞增和遞減運算子位在運算元之前是使用右左結合（right-to-left associativity）執行運算；在運算元之後是使用左右結合（left-to-right associativity）。

🔖 在算術或指定運算式使用遞增和遞減運算子

如果遞增和遞減運算子是使用在算術或指定運算式，運算子在運算元之前或之後就有很大不同，如下表所示：

運算子位置	說明
運算子在運算元之前（++x、--y）	先執行運算，才取得運算元的值
運算子在運算元之後（x++、y--）	先取得運算元值，才執行運算

當運算子在前面時，變數值是立刻改變；如果在後面，表示在執行運算式後才會改變。例如：運算子是在運算元之後，如下所示：

```
x = 10;
y = x++;   // 運算子 ++ 是在運算元 x 之後
```

上述程式碼變數 x 的初始值為 10，x++ 的運算子在後，所以之後才會改變，y 值仍然為 10，x 為 11。例如：運算元是在運算子之後，如下所示：

```
x = 10;
y = --x;   // 運算元 x 是在運算子 -- 之後
```

上述程式碼變數 x 的初始值為 10，--x 的運算子是在前，所以 y 為 9，x 也是 9。

程式範例　　　　　　　　　　　　　　　　　🔵 Ch4_4_2.java

在 Java 程式測試遞增 / 遞減運算子，分別將運算子置於運算元之前或之後來檢視變數值的變化，可以看到遞增 / 遞減運算式的運算結果，如下所示：

```
遞增運算：x = 10 --> x++ = 11
遞減運算：y = 10 --> y-- = 9
x = 11
y = x++ = 10
x = 9
y = --x = 9
```

▶ **程式內容**

```
01: /* 程式範例 : Ch4_4_2.java */
02: public class Ch4_4_2 {
03:     // 主程式
04:     public static void main(String[] args) {
05:         int x = 10, y = 10;   // 宣告變數
06:         x++;    // 遞增
07:         System.out.println("遞增運算: x = 10 --> x++ = " + x);
08:         y--;    // 遞減
09:         System.out.println("遞減運算: y = 10 --> y-- = " + y);
10:         // 測試遞增和遞減運算子
11:         x = 10;
12:         y = x++;    // 運算子在後
13:         System.out.println("x = " + x);
14:         System.out.println("y = x++ = " + y);
15:         x = 10;
16:         y = --x;    // 運算子在前
17:         System.out.println("x = " + x);
18:         System.out.println("y = --x = " + y);
19:     }
20: }
```

▶ **程式說明**

- 第 5 行：宣告整數變數 x 和 y，並且指定變數初值都為 10。
- 第 6~18 行：測試遞增和遞減運算子。

4-4-3　括號運算子

　　括號運算子的主要目的是為了推翻現有的優先順序。對於複雜的運算式來說，我們可以使用括號改變運算的優先順序。

括號運算式（parenthetical expressions）

　　當運算式擁有超過 2 個運算子時，我們才可以使用括號來改變運算順序，例如：一個擁有乘法和加法運算子的算術運算式，如下所示：

```
a = b * c + 10;    // 沒有括號的算術運算式
```

　　上述運算式的運算順序是先計算 b * c 後，再加上常數值 10，因為乘法優先順序大於加法。如果需要先計算 c + 10，我們需要使用括號來改變優先順序，如下所示：

```
a = b * (c + 10);    // 有括號的算術運算式
```

上述運算式的運算順序是先計算 c + 10 後，再乘以 b。

巢狀括號運算式（nested parenthetical expressions）

在運算式的括號中可以擁有其他括號，稱為巢狀括號，此時的運算順序是最內層的括號擁有最高的優先順序，然後是其上一層，直到得到最後的運算結果，如下所示：

```
a = (b * 2) + (c * (d + 10));    // 巢狀括號運算式
```

上述運算式的運算順序是先計算最內層 d + 10，然後是上一層 (b * 2) 和 (c * (d + 10))，最後才計算相加的運算結果。

程式範例　　　　　　　　　　　　　　　　　　　　　　　 **Ch4_4_3.java**

在 Java 程式建立擁有括號的算術運算式，和計算巢狀括號運算式的結果，如下所示：

```
b = 10   c = 5
b * c + 10 = 60
b * (c + 10) = 150
d = 2
(b * 2) + (c * (d + 10)) = 80
```

▶ 程式內容

```java
01: /* 程式範例：Ch4_4_3.java */
02: public class Ch4_4_3 {
03:     // 主程式
04:     public static void main(String[] args) {
05:         int a, b, c, d;   // 宣告變數
06:         b = 10;    c = 5;
07:         System.out.println("b = " + b + "  c = " + c);
08:         // 括號運算式
09:         a = b * c + 10;
10:         System.out.println("b * c + 10 = " + a);
11:         a = b * (c + 10);
12:         System.out.println("b * (c + 10) = " + a);
13:         // 巢狀括號運算式
```

```
14:        d = 2;
15:        System.out.println("d = " + d);
16:        a = (b * 2) + (c * (d + 10));
17:        System.out.println("(b * 2) + (c * (d + 10)) = " + a);
18:    }
19: }
```

▶ **程式說明**

- 第 9 行和第 11 行：分別是沒有括號和擁有括號的算術運算式。
- 第 16 行：建立巢狀括號的算術運算式。

4-4-4 　使用算術運算子建立數學公式

　　我們只需使用算術運算子和變數，就可以建立複雜的數學運算式，例如：華氏（fahrenheit）和攝氏（celsius）溫度轉換公式。首先是攝氏轉華氏溫度的公式。如下所示：

```
f = (9.0 * c) / 5.0 + 32.0;   // 攝氏轉華氏溫度
```

華氏轉攝氏溫度的公式，如下所示：

```
c = (5.0 / 9.0 ) * (f - 32);   // 華氏轉攝氏溫度
```

　　現在我們可以設計 Java 程式替我們解數學問題，只需配合第 8 章 Math 類別的數學方法，不論統計或工程上的數學問題，都可以自行撰寫 Java 程式來解決這些問題。

程式範例  **Ch4_4_4.java**

　　在 Java 程式輸入溫度後，使用算術運算子建立的數學公式來進行溫度轉換，如下所示：

```
請輸入攝氏溫度 => 45.0
攝氏 45.0= 華氏 113.0 度
請輸入華氏溫度 => 120.0
華氏 120.0= 攝氏 48.88888888888889 度
```

上述執行結果顯示溫度轉換的運算結果，輸入的溫度分別為 45.0 和 120.0 度。

▶ **程式內容**

```
01: /* 程式範例：Ch4_4_4.java */
02: public class Ch4_4_4 {
03:    // 主程式
04:    public static void main(String[] args) {
05:        double f, c;   // 宣告變數
06:        java.util.Scanner sc =
07:                new java.util.Scanner(System.in);
08:        System.out.print("請輸入攝氏溫度 => ");
09:        c = sc.nextDouble(); // 取得浮點數
10:        // 建立數學公式
11:        f = (9.0 * c) / 5.0 + 32.0;
12:        System.out.println("攝氏" + c + "=華氏" + f + "度");
13:        System.out.print("請輸入華氏溫度 => ");
14:        f = sc.nextDouble(); // 取得浮點數
15:        // 建立數學公式
16:        c = (5.0 / 9.0) * (f - 32);
17:        System.out.println("華氏" + f + "=攝氏" + c + "度");
18:    }
19: }
```

▶ **程式說明**

- 第 6~7 行：使用 new 運算子建立 Scanner 物件 sc。
- 第 8~9 行：輸入攝氏溫度 c。
- 第 11 行：使用數學公式計算溫度轉換，將攝氏轉成華氏溫度。
- 第 13~14 行：輸入華氏溫度 f。
- 第 16 行：使用數學公式執行溫度轉換，將華氏轉成攝氏溫度。

4-4-5 組合算術與指定運算式

Java 程式敘述的運算式可以有多種組合，例如：2 個指定敘述的指定運算式，其右邊都是加法的算術運算式，如下所示：

```
a = 4 + 5;   // 加法運算式
b = 6 + a;   // 加法運算式
```

上述運算式可以寫成：

```
b = 6 + (a = 4 + 5);    // 組合 2 個加法的算術運算式
```

上述運算式會先計算括號中的運算式，指定運算子是使用右左結合，所以先計算 4+5 等於 9，然後指定給變數 a，接著計算 6 + a 等於 15，最後指定給變數 b，所以運算結果變數 a 的值是 9；b 是 15。

程式範例　　　　　　　　　　　　　　　　　　　　　🔘 **Ch4_4_5.java**

在 Java 程式測試算術與指定運算式的組合，可以在算術運算式中加上指定運算式，如下所示：

```
a = 9  b = 15
a = 9  b = 15
```

▶ **程式內容**

```
01: /* 程式範例 : Ch4_4_5.java */
02: public class Ch4_4_5 {
03:     // 主程式
04:     public static void main(String[] args) {
05:         int a, b;   // 宣告變數
06:         // 算術與指定運算式的組合
07:         a = 4 + 5;
08:         b = 6 + a;
09:         System.out.println("a = " + a + "  b = " + b);
10:         a = b = 0;
11:         b = 6 + (a = 4 + 5);
12:         System.out.println("a = " + a + "  b = " + b);
13:     }
14: }
```

▶ **程式說明**

- 第 7~8 行：2 個指定運算式，在右邊是加法的算術運算式。
- 第 10 列：多重指定敘述指定變數 a 和 b 的初值。
- 第 11 列：算術與指定運算式的組合，在右邊算術運算式中擁有另一個指定運算式。

4-4-6　字串連接運算子

　　Java 的「+」運算子對於數值資料型態來說，是加法，可以計算兩個運算元的總和。如果運算元的其中之一或兩者都是字串時，「+」運算子就是字串連接運算子，可以連接多個字串變數，如下所示：

```
"ab" + "cd"="abcd"
"Java 程式 "+" 設計 "="Java 程式設計 "
```

程式範例

 **Ch4_4_6.java**

　　在 Java 程式測試字串連接運算子，其執行結果是字串連接運算式的運算結果，如下所示：

```
字串連接：Java 是一種物件導向程式語言
```

▶ 程式內容

```
01: /* 程式範例：Ch4_4_6.java */
02: public class Ch4_4_6 {
03:     // 主程式
04:     public static void main(String[] args) {
05:         // 字串連接運算子
06:         String str1 = "Java 是 ";
07:         String str2 = " 一種物件導向程式語言 ";
08:         System.out.println(" 字串連接： " + (str1 + str2));
09:     }
10: }
```

▶ 程式說明

● 第 6~7 行：使用 String 型態宣告 2 個字串變數 str1 和 str2，和指定初值。

● 第 8 行：測試字串連接運算子「+」來連接 2 個字串。

4-5 / 位元運算子

「位元運算子」（shift and bitwise operators）是用來執行整數二進位值的位元運算，提供向左移或右移幾個位元的位移運算或 NOT、AND、XOR 和 OR 的位元運算，如下表所示：

運算子	範例	說明
~	~op1	位元的 NOT 運算，運算元的位元值 1 時為 0，0 為 1
&	op1 & op2	位元的 AND 運算，2 個運算元的位元值相同是 1 時為 1，如果有一個為 0，就是 0
|	op1 | op2	位元的 OR 運算，2 個運算元的位元值只需有一個是 1，就是 1，否則為 0
^	op1 ^ op2	位元的 XOR 運算，2 個運算元的位元值只需任一個為 1，結果為 1，如果同為 0 或 1 時結果為 0

位元運算子結果（a 和 b 代表二進位中的一個位元）的真假值表，如下表所示：

a	b	NOT a	NOT b	a AND b	a OR b	a XOR b
1	1	0	0	1	1	0
1	0	0	1	0	1	1
0	1	1	0	0	1	1
0	0	1	1	0	0	0

AND 運算

AND 運算「&」通常是用來將整數值的一些位元遮掉，也就是說，當使用「位元遮罩」（mask）和數值進行 AND 運算後，可以將不需要位元清成 0，只取出所需位元。例如：位元遮罩 0x0f 值可以取得 char 資料型態值中，低階 4 位元的值，如下所示：

```
             十進位        二進位
      a  =  60        00111100
   &) b  =  15        00001111
         12        00001100
```

上述 60 & 15 位元運算式的每一個位元，依照前述真假值表，可以得到運算結果 00001100，也就是十進位值 12。

OR 運算

OR 運算「|」可以將指定位元設為 1。例如：OR 運算式 60 | 3，如下所示：

```
            十進位          二進位
        a = 60          00111100
   |)   c =  3          00000011
        ───────────────────────────
             63          00111111
```

上述位元運算式是將最低階 2 個位元設為 1，可以得到運算結果 00111111，即十進位值 63。

XOR 運算

XOR 運算「^」是當比較的位元值不同時，即 0 和 1，或 1 和 0 時，將位元設為 1。例如：XOR 運算式 60 ^ 120，如下所示：

```
            十進位          二進位
        a =  60         00111100
   ^)   d = 120         01111000
        ───────────────────────────
             68          01000100
```

上述位元運算式可以得到運算結果 01000100，即十進位值 68。

位移運算

Java 語言提供向左移（left-shift）、右移（right-shift）和無浮號右移（unsigned right-shift）幾種位移運算，如下表所示：

運算子	範例	說明
<<	op1 << op2	左移運算，op1 往左位移 op2 位元，然後在最右邊補上 0
>>	op1 >> op2	右移運算，op1 往右位移 op2 位元，最左邊補入 op1 最高位元值，正整數補 0，負整數補 1
>>>	op1 >>> op2	無符號右移運算，op1 往右位移 op2 位元，然後在最左邊補 0

對於正整數來說，左移運算每移 1 個位元，相當於乘以 2；右移運算每移 1 個位元，相當於是除以 2。例如：原始十進位值 3 的左移運算，在最右邊補 0，如下所示：

```
00000011 << 1 = 00000110 ( 6)
00000011 << 2 = 00001100 (12)
```

上述運算結果的括號就是十進位值。原始十進位值 120 的右移運算，因為是正整數，所以在最左邊補 0，如下所示：

```
01111000 >> 1 = 00111100 (60)
01111000 >> 2 = 00011110 (30)
```

程式範例 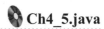 **Ch4_5.java**

在 Java 程式宣告整數變數和指定初值後，測試各種位元運算子的運算結果，其執行結果是位元運算式的運算結果，如下所示：

```
a/b 的值 = 60/15
c/d 的值 = 3/120
NOT 運算：~a = -61
AND 運算：a & b = 12
OR 運算： a | c = 63
XOR 運算：a ^ d = 68
f/g 的值 =3/120
左移運算：f<<1 = 6
左移運算：f<<2 = 12
右移運算：g>>1 = 60
右移運算：g>>2 = 30
```

▶ **程式內容**

```
01: /* 程式範例：Ch4_5.java */
02: public class Ch4_5 {
03:     // 主程式
04:     public static void main(String[] args) {
05:         // 變數宣告
06:         int a = 0x3c;   // 00111100
07:         int b = 0x0f;   // 00001111
08:         int c = 0x03;   // 00000011
```

```
09:          int d = 0x78;    // 01111000
10:          int f = 0x03;    // 00000011
11:          int g = 120;     // 01111000
12:          int r;
13:          System.out.println("a/b 的值 = " + a + "/" + b);
14:          System.out.println("c/d 的值 = " + c + "/" + d);
15:          r = ~a;           // NOT 運算
16:          System.out.println("NOT 運算: ~a = " + r);
17:          r = a & b;        // AND 運算
18:          System.out.println("AND 運算: a & b = " + r);
19:          r = a | c;        // OR 運算
20:          System.out.println("OR 運算:  a | c = " + r);
21:          r = a ^ d;        // XOR 運算
22:          System.out.println("XOR 運算: a ^ d = " + r);
23:          // 左移與右移位元運算子
24:          System.out.println("f/g 的值=" + f + "/" + g);
25:          System.out.println(" 左移運算: f<<1 = " +(f<<1));
26:          System.out.println(" 左移運算: f<<2 = " +(f<<2));
27:          System.out.println(" 右移運算: g>>1 = " +(g>>1));
28:          System.out.println(" 右移運算: g>>2 = " +(g>>2));
29:      }
30: }
```

▶ **程式說明**

- 第 6~11 行：宣告整數變數和指定初始值，註解內容是二進位值。
- 第 15~28 行：測試各種位元運算子。

4-6　資料型態的轉換

「資料型態轉換」（type conversions）是因為運算式可能擁有多個不同資料型態的變數或文字值。例如：在運算式中同時擁有整數和浮點數的變數或文字值時，就需要執行型態轉換。

資料型態轉換是指轉換變數儲存的資料，而不是變數本身的資料型態。因為不同型態佔用的位元組數不同，在進行資料型態轉換時，例如：double 轉換成 float，變數資料有可能損失資料或精確度。

Java「指定敘述型態轉換」（assignment conversion）可以分為兩種：「寬基本型態轉換」（widening primitive conversions）和「窄基本型態轉換」（narrowing primitive conversions）。

4-6-1 寬基本型態轉換

在指定敘述型態轉換的寬基本型態轉換不需要特別語法，運算式如果擁有不同型態的運算元，就會將儲存的資料自動轉換成相同的資料型態。因為這是轉換成範圍比較大的資料型態，所以不會損失精確度，如下所示：

```
double > float > long > int > char > short > byte
```

上述型態的範圍是指如果 2 個運算元屬於不同型態，就會自動轉換成範圍比較大的型態。一些範例如下表所示：

運算元 1	運算元 2	轉換成
double	float	double
float	int	float
long	int	long

在指定敘述型態轉換右邊運算式結果的型態會轉換成與左邊變數相同的型態，所以左邊變數的型態需要範圍比較大的資料型態，否則在編譯時，就會顯示損失精確度的編譯錯誤。

程式範例 .... 🔘 **Ch4_6_1.java**

在 Java 程式宣告整數和浮點數變數且設定初值，然後測試指定敘述的寬基本型態轉換，如下所示：

```
a(i)=123 b(f)=15.5 c(l)=345678
r(i)=a(i)+134(i)=257
r1(l)=a(i)+c(l)=345801
r2(f)=a(i)*b(f)=1906.5
r3(d)=c(l)*b(f)=5358009.0
```

上述執行結果在括號內顯示的是型態，f 是 float，i 是 int，l 是 long，我們可以看到型態轉換的結果，轉換成指定敘述左邊的型態。

▶ **程式內容**

```
01: /* 程式範例 : Ch4_6_1.java */
02: public class Ch4_6_1 {
03:     // 主程式
04:     public static void main(String[] args) {
05:         // 變數宣告
06:         int a = 123;
07:         float b = 15.5F;
08:         long c = 345678L;
09:         int r;        long r1;
10:         float r2;    double r3;
11:         // 寬基本型態轉換
12:         System.out.print("a(i)=" + a + " b(f)=" + b);
13:         System.out.println(" c(l)=" + c);
14:         r = a + 134;
15:         System.out.println("r(i)=a(i)+134(i)=" + r);
16:         r1 = a + c;
17:         System.out.println("r1(l)=a(i)+c(l)=" + r1);
18:         r2 = a * b;
19:         System.out.println("r2(f)=a(i)*b(f)=" + r2);
20:         r3 = c * b;
21:         System.out.println("r3(d)=c(l)*b(f)=" + r3);
22:     }
23: }
```

▶ **程式說明**

- 第 6~10 行：宣告整數、長整數和浮點數變數。
- 第 12~21 行：測試寬基本型態轉換。

4-6-2　窄基本型態轉換與型態轉換運算子

　　窄基本型態轉換就是從精確度比較高的資料型態轉換成較低的資料型態，例如：double 轉換成 float；long 轉換成 int，所以變數儲存的資料將會損失一些精確度。

　　指定敘述型態轉換的窄基本型態轉換通常並不會自動處理，而是需要使用 Java「型態轉換運算子」（cast operator）在運算式中強迫轉換資料型態，如下所示：

```
r1 = (float) a;
r2 = (float) (a + b);
```

上述程式碼可以將運算式或變數強迫轉換成前面括號的型態,以此例是轉換成 float 浮點數資料型態。一般來說,我們使用型態轉換運算子,通常都是因為轉換結果並非預期結果。

例如:整數和整數的除法 27/5,其結果是整數 5。如果需要精確到小數點,就不能使用指定敘述型態轉換,而需要先將它強迫轉換成浮點數,例如:a=27、b=5,如下所示:

```
r = (float)a / (float)b;
```

上述程式碼將整數變數 a 和 b 都強迫轉換成浮點數 float,此時 27/5 的結果是 5.4。

程式範例　　　　　　　　　　　　　　　　　　　　**Ch4_6_2.java**

在 Java 程式宣告 2 個整數變數後,分別計算不強迫轉換和強迫型態轉換成浮點數後的相除結果,如下所示:

```
a = 27 b = 5
r = a / b = 5.0
r = (float)a/(float)b = 5.4
```

上述執行結果可以看到,當沒有強迫型態轉換時,以寬基本型態轉換成浮點數,結果為 5.0;如果有強迫型態轉換,此時的結果是 5.4,可以精確到小數點。

▶ 程式內容

```
01: /* 程式範例 : Ch4_6_2.java */
02: public class Ch4_6_2 {
03:     // 主程式
04:     public static void main(String[] args) {
05:         // 變數宣告
06:         int a = 27;        int b = 5;
07:         float r;
08:         // 寬基本型態轉換
09:         System.out.println("a = " + a + " b = " + b);
10:         r = a / b;
11:         System.out.println("r = a / b = " + r);
12:         // 強迫型態轉換
13:         r = (float)a / (float)b;
```

```
14:         System.out.println("r = (float)a/(float)b = "+r);
15:     }
16: }
```

▶ 程式說明

- 第 6~7 行：宣告 3 個變數和指定初值。
- 第 10 行：整數除法。
- 第 13 行：浮點數除法。

學習評量

4-1　運算式的基礎

1. 請說明什麼是運算式？Java 語言的運算式可以分為哪幾種？
2. 如果在同一 Java 運算式擁有多個運算子，請問如何決定其運算順序？
3. 請舉例說明運算子優先順序（precedence）和結合（associativity）？
4. 請問為什麼在 Java 運算式需要使用括號？並且舉例來說明？

4-2　Java 語言的運算子

5. 請問下列 Java 語言各組運算子清單中，哪一個運算子擁有較高的優先順序（請圈起來），如下所示：
   (1) == 、<
   (2) / 、-
   (3) != 、<
   (4) <= 、==
   (5) ++ 、*
6. 請問下列哪一個 Java 語言的運算子優先順序是最高的（請圈起來）？
   ! 、% 、== 、+
7. Java 條件控制運算子 _____ 可以在指定敘述的右邊運算式建立簡單的條件控制。

4-3　指定運算子

8. 請簡單說明什麼是指定運算式？何謂指定運算式的縮寫表示法？

4-4　算術與字串連接運算子

9. 請舉例說明 Java 語言遞增運算式 i++ 和 ++i 的差異為何？
10. 請寫出下列 Java 程式碼片段的執行結果，如下所示：
    (1)
```java
int i = 1;
i *= 5;
i += 2;
System.out.println("i = " + i);
```

學習評量

(2)
```
int x = 7;
System.out.println("x = " + (++x));
System.out.println("x = " + (x--));
```

(3)
```
int x = 10, y = 20;
x = x % 5;
y = y / 6;
System.out.println("x = " + x);
System.out.println("y = " + y);
```

11. 請試著計算下列 Java 運算式的值，然後寫出變數 a~i 的值為何？
```
c = 4 + (a = 3 + (b = 4 + 5));
d = 10.0 + 2.0 * 4.0 - 6.0 / 3.0;
e = 10 % 3;
f = 5 + 3 * 6 / 2 + 3;
g = ( 5 + 3 ) * 6 / 2 + 3;
h = 7 * 5 % 12 * 6 / 4
i = (13 % 6 ) / 7 * 8
```

12. 假設變數 x 的值為 10；y 的值為 41，請分別執行下列 Java 運算式後，寫出變數 a~d 的值，如下所示：
```
a = x++;
b = ++x;
c = x--;
d = --x;
```

13. 請寫出下列各 Java 運算式的值，如下所示：

(1) `1 * 2 + 4`

(2) `7 / 5`

(3) `10 % 3 * 2 * ( 2 + 5 )`

(4) `1 + 2 * 3`

(5) `(1 + 2) * 3`

(6) `16 +7 * 6 + 9`

(7) `(13 - 6 ) / 7 + 8`

(8) `12 - 4 % 6 / 4`

學習評量

14. 請使用 IntelliJ IDEA 整合開發環境編譯執行下列 Java 程式，然後試著說明程式目的與執行結果，如下所示：

```java
public static void main(String[] args) {
    int r, area;  // 宣告變數
    java.util.Scanner sc =
        new java.util.Scanner(System.in);
    System.out.print(" 請輸入 r => ");
    r = sc.nextInt();
    area = (int) (3.1415926 * r * r);
    System.out.println(" 面積 = " + area);
}
```

15. 現在共有 250 個蛋，一打是 12 個，請建立 Java 程式計算 250 個蛋是幾打，還剩下幾個蛋。

16. 請建立 Java 程式計算下列運算式的值，如下所示：

    (1) $2x^2 - 4x + 1$，x = 3.0、4.0 和 2/3
    (2) $a^2 + b$，a = 2.0、4.0 和 2/3，b = 10.0、5.0 和 12.0
    (3) $3y^2 + 8y + 4$，y = 2.0、4.0 和 2/3

17. 圓周長的公式是 2*PI*r，PI 是圓周率 3.1415，r 是半徑 20, 30, 45, 請建立 Java 程式使用符號常數定義圓周率後，輸入半徑來計算圓周長。

18. 某人在銀行存入 200 萬，利率是 1.5%，如果每年的利息都繼續存入銀行，請建立 Java 程式計算 3 年後，本金和利息共有多少錢。

19. 如果一元美金可兌換 30.08 元新台幣，請建立 Java 程式輸入新台幣金額後，計算可兌換的美金是多少。

20. 計算體脂肪 BMI 值的公式是 W/(H*H)，H 是身高（公尺），W 是體重（公斤），請建立 Java 程式輸入身高和體重後，計算 BMI 值。

21. 變數 a 是 5，b 是 10，請建立 Java 程式計算數學運算式 (a + b) * (a – b) 的值。

學習評量

4-5　位元運算子

22. Java 位元運算子 OR 是 ＿＿＿＿ 符號；AND 是 ＿＿＿＿＿＿ 符號；NOT 是 ＿＿＿＿＿＿ 符號。

23. 請寫出下列 Java 位元運算式的運算結果，如下所示：

```
60 & 15
60 ^ 120
154 & 67
154 | 67
154 ^ 67
```

24. 請說明下列兩個位元運算式的運算結果有何不同，如下所示：

```
01010101 ^ 11111111
~01010101
```

25. 請建立 Java 程式指定變數 x = 123、y = 4 後，顯示 x << y 和 x >> y 位元運算式的值。

26. 請建立 Java 程式計算和顯示下列位元運算式的值，如下所示：

```
0xFFFF ^ 0x8888
0xABCD & 0x4567
0xDCBA | 0x1234
```

4-6　資料型態的轉換

27. 請說明什麼是資料型態轉換？Java 語言的資料型態轉換有哪幾種？

28. 當變數 a 的值為 16；b 是 5 時，請問 Java 運算式：r = a / b; 的運算結果是 ＿＿＿＿＿＿＿＿，r = (float)a / (float)b; 的運算結果是 ＿＿＿＿＿＿＿＿。

第二篇

Java結構化與
模組化程式設計

Java 8 程式語言學習手冊

Chapter

5

流程圖與結構化程式開發

5-1 程式邏輯的基礎

我們使用 Java 語言的主要目的是撰寫程式碼建立程式，所以需要使用電腦的程式邏輯（program logic）來寫出程式碼，如此電腦才能執行程式解決我們的問題。

讀者可能會問，撰寫程式碼執行程式設計（programming）很困難嗎？事實上，如果你可以一步一步詳細列出活動流程、導引問路人到達目的地、走迷宮，或從地圖上找出最短路徑，就表示你一定可以撰寫程式碼。

不過，請注意！電腦一點都不聰明，不要被名稱誤導，因為電腦真正的名稱應該是「計算機」（computer），它是一台計算能力很好的計算機，並沒有思考能力，更不會舉一反三，所以，我們需要告訴電腦非常詳細的步驟和資訊，絕對不能有模稜兩可的內容，而這就是電腦使用的程式邏輯。

例如：開車從高速公路北上到台北市大安森林公園，在 Google 地圖顯示圓山交流道至大安森林公園之間的地圖，如下圖所示：

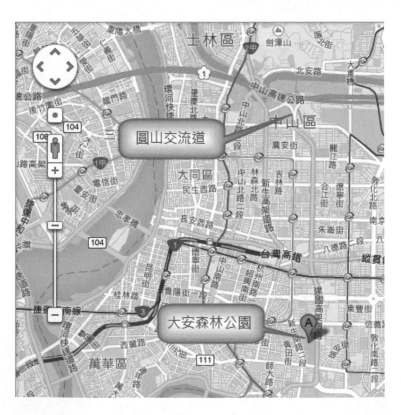

📚 人類的邏輯

對於人類來說，我們只需檢視地圖，即可輕鬆寫下開車從高速公路北上到台北市大安森林公園的步驟，如下所示：

Step 1：中山高速公路向北開。

Step 2：下圓山交流道（建國高架橋）。

Step 3：下建國高架橋（仁愛路）。

Step 4：直行建國南路，在紅綠燈右轉仁愛路。

Step 5：左轉新生南路。

上述步驟告訴人類的話（使用人類的邏輯），這些資訊已經足以讓我們開車到達指定的目的地。

📚 電腦的程式邏輯

如果將上述步驟告訴電腦，電腦一定完全沒有頭緒，不知道如何開車到達目的地，因為電腦一點都不聰明，這些步驟的描述太不明確，我們需要提供更多資訊給電腦（請改用電腦的程式邏輯來思考），才能讓電腦開車到達目的地，如下所示：

▶ 從哪裡開始開車（起點），中山高速公路需向北開幾公里到達圓山交流道？

▶ 如何分辨已經到了圓山交流道？如何從交流道下來？

▶ 在建國高架橋上開幾公里可以到達仁愛路出口？如何下去？

▶ 直行建國南路幾公里可以看到紅綠燈？左轉或右轉？

▶ 開多少公里可以看到新生南路？如何左轉？接著需要如何開？如何停車？

說明

不對啊！GPS 導航機是一台掌上型電腦，它就很聰明，只需告知起點和終點，馬上可以規劃路徑幫我們導航。事實上，導航機一點都不聰明，它只是擁有足夠的計算能力，可以從龐大的地圖資料提供的道路座標，經過一套人類設計的運算步驟（演算法），找出一條最快或最短的路徑。導航機根本看不懂人類使用的地圖，它只是從一堆數字座標中，找出一條可以到達目的地的路徑。

地圖對於導航機來說，只是一堆精確的座標資訊，而不是一張圖形的地圖，這些座標資訊可以用來和 GPS 座標比對，找出目前地圖上的位置，使用道路的座標資訊運算出導航路徑，因為電腦是一台運算能力很強的計算機，而不是擁有思考能力的大腦，如果沒有提供足夠且明確的資訊，它絕對找不到回家的路。

所以，撰寫程式碼時，需要告訴電腦非常詳細的動作和步驟順序，如同教導一位小孩做一件他從來沒有做過的事，例如：綁鞋帶、去超商買東西，或使用自動販賣機。因為程式設計是在解決問題，你需要將解決問題的詳細步驟一一寫下來，包含動作和順序（即設計演算法），然後將它轉換成程式碼，以本書為例是撰寫 Java 程式碼。

5-2 演算法與流程圖

程式設計的最重要工作，是將解決問題的步驟詳細的描述出來，稱為演算法。我們可以直接使用文字內容描述演算法，或使用圖形化的流程圖（flow chart）來表示。

5-2-1 演算法

如同建設公司興建大樓有建築師繪製的藍圖，廚師烹調有食譜，設計師進行服裝設計有設計圖，程式設計也一樣有藍圖，就是演算法。

📖 認識演算法

「演算法」（algorithms）簡單的說就是一張食譜（recipe），提供一組一步接著一步（step-by-step）的詳細過程，包含動作和順序，可以將食材烹調成美味的食物，例如：在第 1-1 節說明的蛋糕製作，製作蛋糕的食譜是一個演算法，如下圖所示：

| 演算法 | = | 一張食譜 | = | 一組指令步驟 |

　　電腦科學的演算法是用來描述解決問題的過程，也就是完成一個任務所需的具體步驟和方法，這些步驟是有限的、可行的，而且沒有模稜兩可的情況。

　　事實上，不只電腦程式，日常生活中所面臨的任何問題或做任何事，為了解決問題或完成某件事所採取的步驟和方法，就是演算法。演算法的主要特點，如下所示：

- ▶ **良好順序（well-ordered）**：演算法的步驟有清楚的前後順序。

- ▶ **沒有模稜兩可（unambiguous）**：步驟描述明確，沒有過度簡化造成的模稜兩可情況。

- ▶ **有限的（finiteness）**：演算法需要在有限步驟內完成任務。

- ▶ **有效率的運算（effectively computable）**：步驟能夠有效率且成功的執行，換句話說，演算法是可行的，而且可以實作。

設計演算法的步驟

　　因為演算法是描述解決問題的步驟，如同蓋房子的藍圖，在真正實際撰寫程式碼之前，我們需要先設計演算法，其基本步驟如下圖所示：

　　上述設計演算法的步驟說明，如下所示：

Step 1 ▶ 定義問題：使用明確和簡潔的詞彙來描述欲解決的問題。

Step 2 ▶ 詳列輸入與輸出：列出欲解決問題的資料（input），和經過演算法運算後，需要產生的結果（output）。

Step 3 ▶ 描述步驟：描述從輸入資料轉換成輸出資訊的步驟。

Step 4 ▶ 測試演算法：使用測試資料來驗證演算法是否正確。

請注意！因為每一個人的背景、知識和思考模式不同，不同的人針對同一問題，可能分析設計出不同的演算法來解決問題。所以，同一問題的演算法可能不只一個，是多個，而且可能每一個人設計的演算法都不一樣。

因為在演算法的世界沒有標準答案，只有最適合的答案，一個好的演算法需要知識和經驗的累積，對於初學者來說，剛開始只需建立可以解決問題的演算法（可行的演算法），隨著知識和經驗的累積，才會有辦法真正設計出解決問題最適合的演算法。

演算法的表達方法

因為演算法的表達方法是在描述解決問題的步驟，所以並沒有固定方法，常用的表達方法，如下所示：

▶ **文字描述**：直接使用一般語言的文字描述來說明執行步驟。

▶ **虛擬碼（pseudo code）**：一種趨近程式語言的描述方法，並沒有固定語法，每一行約可轉換成一行程式碼，如下所示：

```
/* 計算 1 加到 10 */
Let counter = 1
Let sum = 0
while counter <= 10
   sum = sum + counter
   Add 1 to counter
Output the sum      /* 顯示結果 */
```

▶ **流程圖（flow chart）**：使用標準圖示符號來描述執行過程，以各種不同形狀的圖示表示不同的操作，箭頭線標示流程執行的方向。

因為一張圖常常勝過千言萬語的描述，圖形比文字更直覺和容易理解，所以對於初學者來說，流程圖是一種最適合描述演算法的工具。事實上，繪出流程圖本身就是一種很好的程式邏輯訓練方法。

5-2-2　流程圖

不同於文字描述或虛擬碼是使用文字內容來表達與描述演算法，流程圖是使用簡單的圖示符號來描述解決問題的步驟。

認識流程圖

對於程式語言來說，流程圖是使用簡單的圖示符號來表示程式邏輯步驟的執行過程，可以提供程式設計者一種跨程式語言的共通語言，作為與客戶溝通的工具和專案文件，事實上，如果我們可以畫出流程圖的程式執行過程，就一定可以將它轉換成指定的程式語言，以本書為例，是撰寫成 Java 程式碼。

所以，就算你是一位完全沒有寫過程式碼的初學者，也一樣可以使用流程圖來描述執行過程，以不同形狀的圖示符號表示操作，在之間使用箭頭線標示流程的執行方向，筆者稱它為圖形版程式（對比程式語言的文字版程式）。

在本書提供的 fChart 流程圖直譯工具，是建立圖形版程式的最佳工具，因為你不只可以編輯繪製流程圖，更可以執行流程圖來驗證演算法的正確性，完全不用涉及程式語言的語法，就可以輕鬆開始寫程式。

流程圖的符號圖示

目前演算法使用的流程圖是由 Herman Goldstine 和 John von Neumann 開發與制定，常用流程圖符號圖示的說明，如下表所示：

流程圖的符號圖示	說明
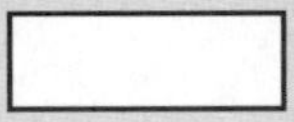 ▭	長方形的【動作符號】（或稱為處理符號）表示處理過程的動作或執行的操作
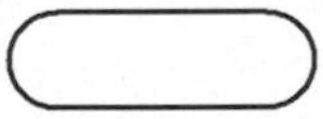 ⬭	橢圓形的【起止符號】代表程式的開始與終止
 ◇	菱形的【決策符號】建立條件判斷
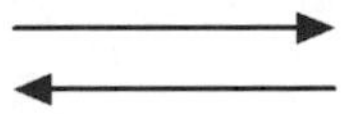 ⇄	箭頭連接線的【流程符號】是連接圖示的執行順序
 ○	圓形的【連接符號】可以連接多個來源的箭頭線
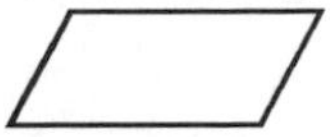 ▱	【輸入 / 輸出符號】（或稱為資料符號）表示程式的輸入與輸出

流程圖的繪製原則

一般來說，為了繪製良好的流程圖，一些繪製流程圖的基本原則，如下所示：

▶ 流程圖需要使用標準的圖示符號，以方便閱讀、溝通和小組討論。

▶ 在每一個流程圖符號的說明文字需力求簡潔、扼要和明確可行。

▶ 流程圖只能有一個起點，和至少一個終點。

▶ 流程圖的繪製方向是從上而下；從左至右。

▶ 決策符號有兩條向外的流程符號；終止符號不允許有向外的流程符號。

▶ 流程圖連接線的流程符號應避免交叉或太長，請盡量使用連接符號來連接。

5-2-3 演算法、流程圖與程式設計

基本上，程式設計是從設計演算法開始，然後依據演算法撰寫程式碼來建立可執行的程式，我們可以使用流程圖、文字描述或虛擬碼來描述設計的演算法，如下圖所示：

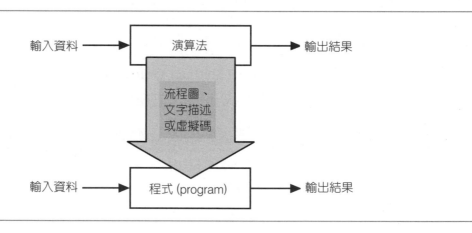

上述圖例當我們將演算法描述的步驟寫成程式語言的程式碼後，即可建立程式，而這就是程式設計。

5-3　fChart 流程圖直譯工具

程式設計（programming）是資訊科學一門相當重要的課程，也是數十年來資訊教育上最大的挑戰，有相當多研究證明，從流程圖開始學習程式設計，可以幫助初學者學習程式設計、訓練程式邏輯和解決問題的能力。因為流程圖是程式語言之間的共通符號，我們只需繪出流程圖，就可以使用各種不同的程式語言來實作流程圖。

fChart 流程圖直譯工具是一套流程圖直譯器，我們不只可以編輯繪製流程圖；還可以使用動畫來完整顯示流程圖的執行過程和結果，輕鬆驗證演算法是否可行，和訓練讀者的程式邏輯。

5-3-1　fChart 的安裝與啟動

fChart 流程圖直譯工具是使用 Visual Basic 6.0 語言開發的應用程式，在書附光碟裡的是一套綠化版本的應用程式，沒有安裝程式，我們可以直接在 Windows 作業系統上執行此工具。

🕮 安裝 fChart

fChart 並不需要安裝，只需將相關程式檔案複製至指定資料夾，例如：「C:\FlowChart」資料夾，其中【FlowProgramming_Edit.exe】是 fChart 流程圖直譯工具的執行檔。

🕮 啟動 fChart

在複製 fChart 應用程式的相關檔案後，我們可以在 Windows 作業系統執行 fChart 流程圖直譯工具，其步驟如下所示：

Step 1 ▶ 請開啟 fChart 應用程式所在的「C:\FlowChart」資料夾，如下圖所示：

Step 2 ▶ 因為 OCX 檔案權限問題,我們需要使用系統管理員身份來啟動 fChart,請在【FlowProgramming_Edit.exe】圖示上,執行【右】鍵快 顯功能表的【以系統管理員身份執行】指令,就可以啟動 fChart 流程 圖直譯工具,如下圖所示:

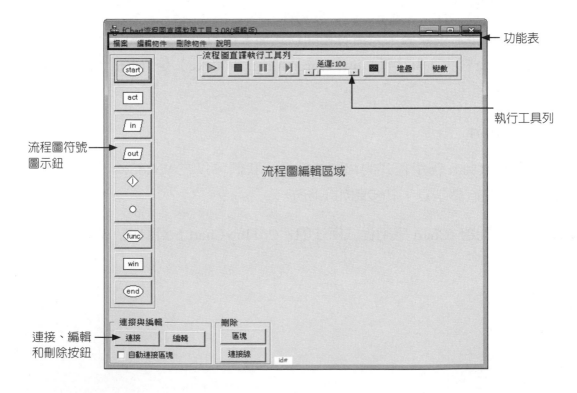

上述圖例是 fChart 工具的執行畫面。在上方功能表的下方是執行工具列，可以執行我們編輯繪出的流程圖。左邊是建立流程圖符號圖示的按鈕。下方是連接與編輯，和刪除圖示符號的按鈕。在中間部分是流程圖的編輯區域。

說明

因為 fChart 是 VB 6 開發的應用程式，為了擁有最高的相容性，請在 .exe 執行檔上，執行【右】鍵快顯功能表的【內容】指令，選【相容性】標籤，勾選以 Windows XP SP3 來執行此程式。

結束 fChart 請執行「檔案 > 結束」指令，或按視窗右上角【X】鈕關閉 fChart。

5-3-2　建立第一個 fChart 流程圖

在啟動 fChart 工具後，就可以馬上開始繪製流程圖，fChart 工具提供相當容易的使用介面來建立流程圖。例如：建立第 1 個 fChart 流程圖來顯示一段文字內容，其步驟如下所示：

Step 1 請啟動 fChart 工具執行「檔案 > 新增流程圖專案」指令，可以看到新增的流程圖專案，預設加入開始和結束 2 個符號，如下圖所示：

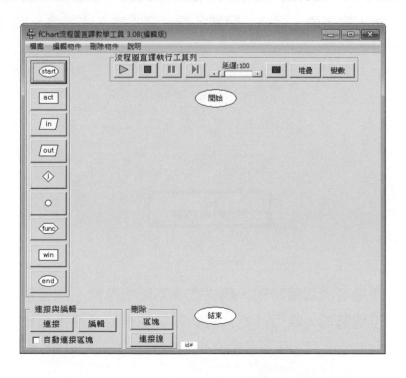

Step 2 ▸ 在左邊工具列選輸出符號後，拖拉至插入位置，按一下，可以開啟「輸出」對話方塊。

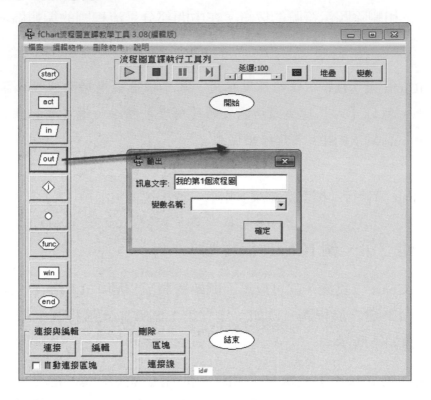

Step 3 ▸ 在【訊息文字】欄輸入欲輸出的文字內容【我的第 1 個流程圖】，如果有輸出變數值，請在【變數名稱】欄位輸入或選擇，按【確定】鈕，可以看到新增的輸出符號。

Step 4 ▸ 接著連接各流程圖符號，請先按一下開始符號，然後是輸出符號，在沒有符號區域，執行【右】鍵快顯功能表的【連接區塊】指令，如下圖所示：

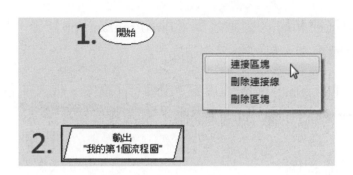

Step 5 ▶ 執行指令建立開始至輸出符號之間的連接線，箭頭是執行方向，然後，請按一下輸出符號，再按一下結束符號，在沒有符號區域，執行右鍵快顯功能表的【連接區塊】指令，如下圖所示：

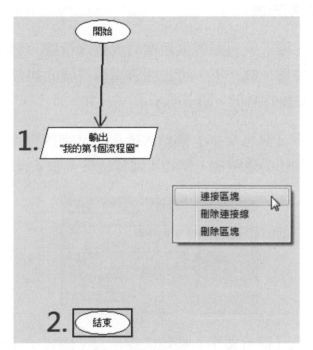

Step 6 ▶ 執行指令新增輸出至結束符號之間的連接線，箭頭是執行方向，再拖拉調整各符號的位置，即完成流程圖建立，如右圖所示：

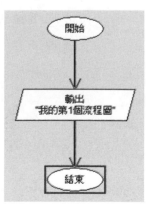

Step 7 ▶ 儲存流程圖專案請執行「檔案>儲存流程圖專案」指令，可以看到「另存新檔」對話方塊。

Step 8 ▶ 請切換路徑和輸入檔案名稱【FirstProgram.fpp】後，按【存檔】鈕儲存流程圖專案，其副檔名是 .fpp。

對於書附光碟的 fChart 流程圖專案，請執行「檔案>載入流程圖專案」指令，開啟「開啟舊檔」對話方塊，即可載入存在的流程圖專案。

5-3-3　編輯流程圖

fChart 工具支援第 5-2-2 節的流程圖符號，在新增或開啟流程圖專案後，可以在編輯區域新增、編輯和連接流程圖符號，或刪除連接線與流程圖符號。

☷ 流程圖符號的對話方塊

在 fChart 工具左邊工具列點選欲新增的流程圖符號，然後移動符號圖示至編輯區域的欲插入位置，按一下，可以開啟編輯符號的對話方塊來編輯符號內容，各種符號對話方塊的說明，如下所示：

▶ **輸出符號**：在【訊息文字】欄輸入輸出的文字內容；【變數名稱】欄位輸入或選擇輸出的變數值，例如：運算結果，如下圖所示：

▶ **輸入符號**：在【提示文字】欄輸入提示文字內容；【變數名稱】欄位輸入或選擇輸入的變數名稱，可以讓使用者輸入資料儲存至指定變數，如下圖所示：

▶ **動作符號**：在【定義變數】標籤可以輸入欲建立的變數名稱（或選擇存在的變數）和變數值（也可以指定成其他變數名稱的變數值）。【算術運算子】標籤是建立數學的算術運算式（目前只支援 2 個運算元，在中間可以選擇算術運算子）。【字串運算子】標籤是建立字串運算式，如下圖所示：

▶ **決策符號**：輸入條件運算式，只支援 2 個運算元，在中間可以選擇條件運算子，目前並不支援邏輯運算子，如下圖所示：

📚 編輯流程圖符號

對流程圖編輯區域建立的流程圖符號，按二下符號圖示，可以開啓符號的編輯對話方塊，重新編輯流程圖符號。

📚 連接兩個流程圖符號

在 fChart 工具連接 2 個流程圖符號，請在欲連接的 2 個符號各按一下（順序是先按開始的符號，然後是結束的符號）後，按左下方「連接與編輯」框的【連接】鈕，或在沒有符號區域，執行【右】鍵快顯功能表的【連接區塊】指令，可以建立 2 個符號之間的連接線，箭頭是執行方向。

如果在左下方「連接與編輯」框勾選【自動連接區塊】，在新增符號圖示後，就會自動建立符號之間的連接線，如下圖所示：

刪除連接線與流程圖符號

刪除連接線請分別按一下連接線兩端的流程圖符號（順序沒有關係），然後按左下方「刪除」框的【連接線】鈕刪除之間的連接線，或在沒有符號區域，執行【右】鍵快顯功能表的【刪除連接線】指令。

當流程圖符號沒有任何連接線時，我們才可以刪除流程圖符號，請點選欲刪除符號後，按左下方「刪除」框的【區塊】鈕刪除流程圖符號，或在沒有符號區域，執行【右】鍵快顯功能表的【刪除區塊】指令。

5-3-4 執行 fChart 流程圖的圖形版程式

對於 fChart 工具建立的流程圖專案，我們可以直接執行圖形版程式，在上方執行工具列按鈕可以控制流程圖程式的執行，調整執行速度和顯示相關的輔助資訊視窗，如下圖所示：

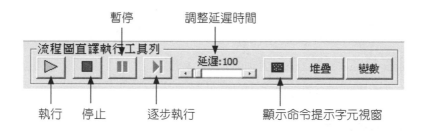

上述工具列按鈕從左至右的說明，如下所示：

▶ **執行**：按下按鈕開始執行流程圖，它是以延遲時間定義的間隔時間來一步一步自動執行流程圖，如果流程圖需要輸入資料，就會開啟「命令提示字元」視窗讓使用者輸入資料（在輸入資料後，請按 Enter 鍵）例如：加法 .fpp，如下圖所示：

▶ **停止**：按此按鈕停止流程圖的執行。

▶ **暫停**：當執行流程圖時，按此按鈕暫停流程圖的執行。

▶ **逐步執行**：當我們將延遲時間的捲動軸調整至最大時，就是切換至逐步執行模式，此時按【執行】鈕執行流程圖，就是一次一步來逐步執行流程圖，請重複按此按鈕來執行流程圖的下一步。

▶ **調整延遲時間**：使用捲動軸調整執行每一步驟的延遲時間，如果調整至最大，就是切換成逐步執行模式。

▶ **顯示命令提示字元視窗**：按下此按鈕可以顯示「命令提示字元」視窗的執行結果，例如：FirstProgram.fpp，如下圖所示：

▶ **顯示堆疊視窗**：按此按鈕可以顯示「堆疊」視窗，如果是函數呼叫，就是在此視窗顯示保留的區域變數值，如下圖所示：

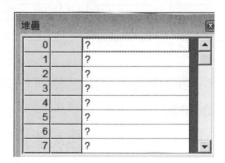

▶ **顯示變數視窗**：按下此按鈕可以顯示「變數」視窗，其內容是執行過程的各變數值，例如：加法 .fpp，如下圖所示：

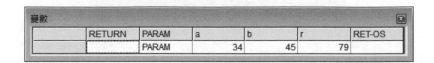

5-4　結構化程式開發

結構化程式開發是一種軟體開發方法，它是用來組織和撰寫程式碼的技術，可以幫助我們建立良好品質的程式碼。

5-4-1　結構化程式設計

「結構化程式設計」（structured programming）是使用由上而下設計方法（top-down design）找出解決問題的方法，在進行程式設計時，首先將程式分解成數個主功能，然後一一從各主功能出發，找出下一層的子功能，每一個子功能是由 1 至多個控制結構組成的程式碼，這些控制結構只有單一進入點和離開點，我們可以使用三種流程控制結構：循序結構（sequential）、選擇結構（selection）和重複結構（iteration）來組合建立出程式碼（如同三種類別的積木），如下圖所示：

簡單的說，每一個子功能的程式碼是由三種流程控制結構連接的程式碼，也就是從一個控制結構的離開點，連接至另一個控制結構的進入點，結合多個不同的流程控制結構來撰寫程式碼。如同小朋友在玩堆積木遊戲，三種控制結構是積木方塊，進入點和離開點是積木方塊上的連接點，透過這些連接點組合出成品。例如：一個循序結構連接 1 個選擇結構的程式碼，如下圖所示：

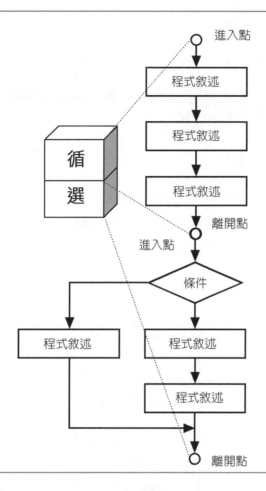

　　我們除了可以使用進入點和離開點連接積木外，還可以使用巢狀結構連接流程控制結構，如同積木是一個盒子，可以在盒子中放入其他積木（例如：巢狀迴圈），如下圖所示：

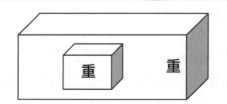

基本上，結構化程式設計的主要觀念有三項，如下所示：

▶ 由上而下設計方法（前述）。

▶ 流程控制結構（第 5-4-2 節、第 6 章和第 7 章）。

▶ 模組（第 8 章）。

5-4-2 流程控制結構

程式語言撰寫的程式碼大部分是一行指令接著一行指令循序的執行，但是對於複雜的工作，為了達成預期的執行結果，我們需要使用「流程控制結構」（control structures）來改變執行順序。

📚 循序結構（sequential）

循序結構是程式預設的執行方式，也就是一個敘述接著一個敘述依序的執行（在流程圖上方和下方的連接符號是控制結構的單一進入點和離開點，循序結構只有一種積木），如下圖所示：

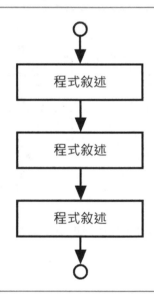

📚 選擇結構（selection）

選擇結構是一種條件判斷，這是一個選擇題，分為是否選、二選一或多選一，共三種。程式執行順序是依照關係或比較運算式的條件，決定執行哪一個區塊的程式碼（在流程圖上方和下方的連接符號是控制結構的單一進入點和離開點，從左至右依序為是否選、二選一或多選一三種積木），如下圖所示：

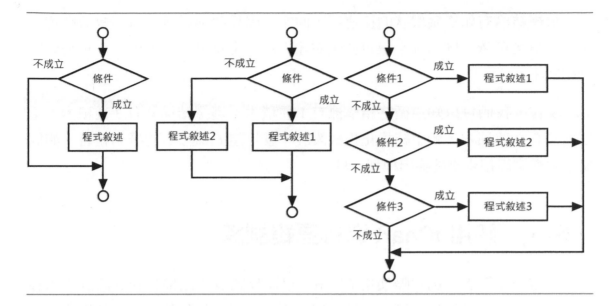

　　選擇結構如同從公司走路回家，因為回家的路不只一條，當走到十字路口時，可以決定向左、向右或直走，雖然最終都可以到家，但是經過的路徑並不相同，也稱為「決策判斷敘述」（Decision Making Statements）。

重複結構（iteration）

　　重複結構是迴圈控制，可以重複執行一個程式區塊的程式碼，提供結束條件結束迴圈的執行，依結束條件測試的位置不同分為兩種：前測式重複結構（左圖）和後測式重複結構（右圖），如下圖所示：

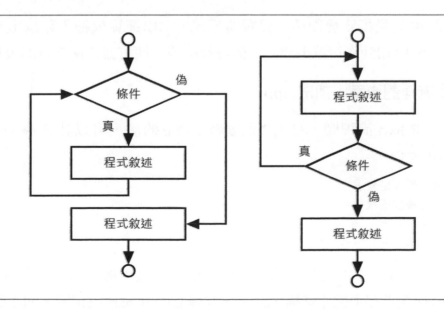

重複結構有如搭乘環狀的捷運系統回家，因為捷運系統一直環繞著軌道行走，上車後可依不同情況來決定繞幾圈才下車，上車是進入迴圈；下車是離開迴圈回家。

現在，我們可以知道循序結構擁有 1 種積木；選擇結構共有 3 種積木；重複結構有 2 種積木，所謂結構化程式設計，就是這 6 種積木的排列組合，如同使用六種樂高積木來建構出模型玩具。

5-5　使用 fChart 進行邏輯訓練

在這一節筆者準備實際使用 fChart，以流程圖實作結構化程式設計的六種程式結構，即一種循序結構、三種選擇結構和二種重複結構，共 6 種組成程式的積木。

簡單的說，我們準備使用 fChart 工具建立 6 種結構的圖形版程式（一種可執行的 fChart 流程圖），在說明演算法步驟後，配合教學影片的實作步驟，讀者可以實際建立和執行流程圖來追蹤程式的執行，以便了解電腦執行程式的程式邏輯。

5-5-1　循序結構

循序結構就是指定變數值、算術運算式、字串運算或輸入和輸出，也就是使用輸入、輸出和動作符號來建立一個符號接著一個符號依序執行的流程圖。

☰ fChart 流程圖專案：加法 .fpp

請建立 fChart 流程圖，輸入 2 個變數 a 和 b 的值，可以計算 a+b 的和，其步驟如下所示：

```
Step 1：輸入變數 a。
Step 2：輸入變數 b。
Step 3：計算 r = a + b。
Step 4：輸出計算結果 r。
```

請啟動 fChart 工具建立計算 2 個數字相加的流程圖，教學影片是：【02_fChart 變數與運算子 (循序結構).avi】，其建立的 fChart 流程圖，如下圖所示：

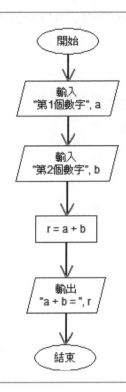

上述流程圖的執行過程是從起始符號開始，依序執行 2 個輸入符號輸入 2 個變數，然後是加法算術運算式，接著輸出運算結果，最後執行至結束符號結束程式的執行，所以稱為循序結構。

5-5-2　選擇結構——是否選條件

是否選條件是使用決策符號的條件運算式來判斷是否需要執行額外程式碼，如同一條主路徑多出的旁支路徑。

fChart 流程圖專案：購物折扣 .fpp

請建立 fChart 流程圖，輸入網購金額 amount，如果金額超過 1000 元，可以打八折，其步驟如下所示：

```
Step 1：輸入金額 amount。
Step 2：判斷是否超過 1000 元，超過：
    (1) amount * 0.8 打八折。
    (2) 顯示打折後的金額。
```

　　請啟動 fChart 工具建立計算購物折扣的流程圖，教學影片是：【03_fChart 是否選（選擇結構）.avi】，其建立的 fChart 流程圖，如下圖所示：

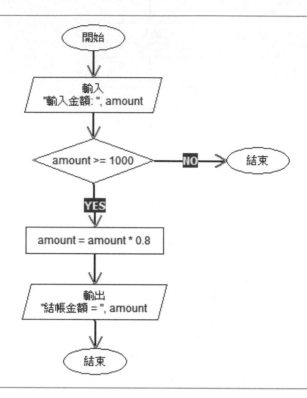

　　因為是否選條件可以對比路徑中的旁支，所以主路徑應該是輸入和輸出結帳金額，當金額超過才計算折扣，否則直接顯示輸入金額。所以，我們需要修改【購物折扣 .fpp】流程圖，如果金額沒有超過 1000 元，就顯示輸入的原始金額，而不是直接結束程式，如右圖所示：

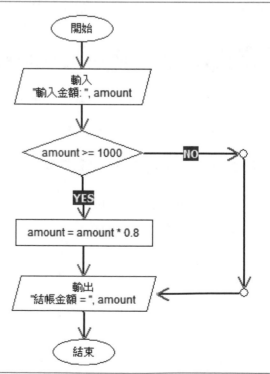

　　右述流程圖的執行過程是從起始符號開始，在輸入金額後，如果金額超過 1000 元，就使用算術運算式計算折扣後金額，不論是否有折扣，都會輸出結帳金額，所以是否選條件是額外路徑的旁支。

5-5-3　選擇結構──二選一條件

二選一條件是使用決策符號的條件運算式，判斷屬於二個互斥集合中的哪一個，如同有兩條路徑，我們只能依條件走其中一條，請注意！兩條路徑一定只會走其中一條路徑。

fChart 流程圖專案：判斷成績 .fpp

建立 fChart 流程圖，輸入成績 score，如果超過 60 分，顯示及格；否則顯示不及格，其步驟如下所示：

```
Step 1：輸入成績 score。
Step 2：判斷是否超過 60 分：
    (1) 超過，顯示及格。
    (2) 沒有超過，顯示不及格。
```

請啟動 fChart 工具建立判斷成績是否及格的流程圖，教學影片是：【04_fChart 二選一 (選擇結構).avi】，其建立的 fChart 流程圖，如下圖所示：

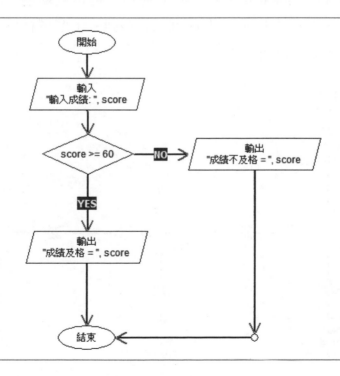

上述流程圖的執行過程是從起始符號開始，在輸入成績後，如果成績大於等於 60 分，就輸出及格；否則輸出不及格，因為成績不是及格，就是不及格，所以二選一條件的 2 條路徑只會走其中一條路徑。

5-5-4 選擇結構——多選一條件

多選一條件是使用決策符號的條件運算式來判斷多個互斥的集合，如同有多條路徑，但是，我們只能依條件走其中一條路徑，請注意！多條路徑一定只會走其中一條路徑。

✨ fChart 流程圖專案：年齡判斷 .fpp

建立 fChart 流程圖，輸入年齡 age，如果小於 13 歲顯示兒童，小於 20 歲是青少年，大於等於 20 歲是成年人，其步驟如下所示：

```
Step 1：輸入年齡 age。
Step 2：判斷年齡 < 13：
        (1) 成立，顯示兒童。
        (2) 不成立，判斷 < 20：
            (a) 成立，顯示青少年。
            (b) 不成立，顯示成年人。
```

請啟動 fChart 工具建立年齡判斷的流程圖，可以判斷輸入的年齡是兒童、青少年和成年人，教學影片是：【05_fChart 多選一 (選擇結構).avi】，其建立的 fChart 流程圖，如下圖所示：

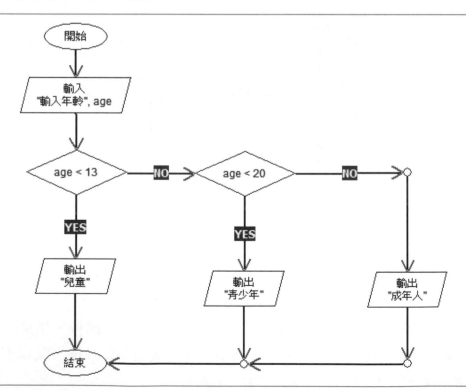

上述流程圖的執行過程是從起始符號開始,在輸入年齡後,如果年齡小於 13,就輸出兒童。大於 13;小於 20 輸出青少年。否則,顯示成年人。因為年齡有三個範圍,即 3 條路徑,所以多選一條件的 3 條路徑只會走其中一條路徑。

5-5-5 重複結構——前測式迴圈

重複結構是迴圈,簡單的說,就是在繞圈圈,如同走路時看到有興趣的商品,可能重複繞幾圈來一看再看。前測式迴圈是使用決策符號的條件運算式,在迴圈開頭判斷是否執行下一次迴圈,通常,我們需要使用一個計數器變數來記錄迴圈執行的次數。

📖 fChart 流程圖專案:1 加至 10.fpp

建立 fChart 流程圖計算 1 加至 10,然後輸出加總結果,其步驟如下所示:

```
Step 1:初始計數器變數 i = 1。
Step 2:使用迴圈計算從 1 至 10:
    (1) 不成立,結束迴圈至 Step 3。
    (2) 成立,計算 sum = sum + i。
    (3) 將計數變數 i 加 1 後,繼續迴圈 Step 2。
Step 3:輸出總和 sum。
```

請啟動 fChart 工具建立 1 加到 10 的流程圖,變數 i 是計數器變數,教學影片是:【06_fChart 前測式迴圈 (重複結構).avi】,其建立的 fChart 流程圖,如右圖所示:

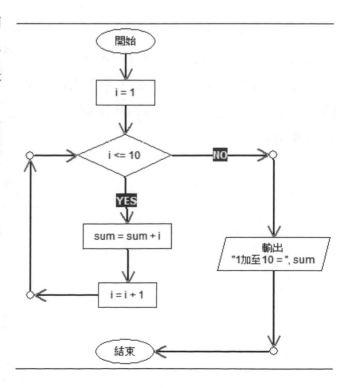

上述 fChart 流程圖的變數 i 是計數器變數（此變數控制迴圈的執行次數），其初值是 1，決策符號的條件判斷是否小於等於 10，條件成立就繼續執行迴圈（小於等於 10），然後將計數器變數 i 加一，直到條件不成立為止（大於10），所以程式會執行 1、2、3、…、9、10 共 10 次迴圈，可以計算 1 加至 10 的總和。

5-5-6　重複結構——後測式迴圈

後測式迴圈是使用決策符號的條件運算式，在迴圈結尾判斷是否執行下一次迴圈。因為是執行完第一次迴圈後才判斷是否繼續執行下一次迴圈，所以，迴圈至少會執行一次。

⬛ fChart 流程圖專案：顯示 5 次大家好 .fpp

建立 fChart 流程圖，可以顯示 5 次「大家好！」的字串，其步驟如下所示：

```
Step 1：初始計數器變數 a 的值為 1。
Step 2：輸出大家好！和變數 a 的值。
Step 3：判斷是否超過 5 次：
        (1) 沒有，計算 a = a + 1 後，跳至 Step 2。
        (2) 超過，結束迴圈執行。
```

請啟動 fChart 工具建立顯示 5 次「大家好！」的流程圖，教學影片是：【07_fChart 後測式迴圈（重複結構）.avi】，其建立的 fChart 流程圖，如右圖所示：

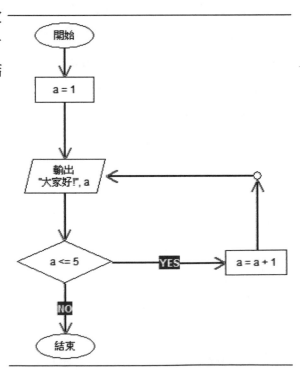

　　上述 fChart 流程圖多輸出 1 次「大家好！」請試著修改流程圖，可以正確顯示 5 次「大家好！」（提示：修改決策符號的條件）。事實上，這個 fChart 流程圖轉換成 Java 程式碼需要使用 break 關鍵字來跳出迴圈。後測式迴圈 fChart 流程圖的正確畫法，如下圖所示：

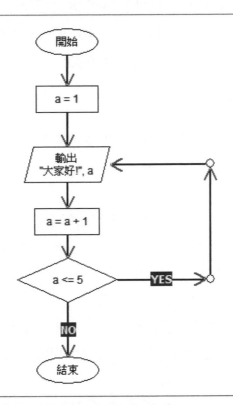

　　上述 fChart 流程圖 a = a + 1 運算式的位置是在決策符號前。變數 a 是計數器變數，其初值是 1，在輸出字串和將計數器變數 a 加一後（至少執行 1 次），才使用決策符號的條件判斷是否小於等於 5，條件成立就繼續執行迴圈（小於等於 5），直到條件不成立為止（大於 5），所以程式會執行 1、2、3、4、5 共 5 次迴圈，可以輸出顯示 5 次字串內容。

　　當使用 fChart 工具完成程式邏輯訓練後，事實上，本節建立的 fChart 流程圖都可以逐一改寫成對應的 Java 程式碼。

學習評量

5-1 程式邏輯的基礎

1. 請試著比較程式邏輯和人類邏輯的差異為何？

2. 請試著詳細描述早上起床到出門上學之間的動作和順序，例如：刷牙、洗臉、換衣服、吃早餐、出門上學等動作。

5-2 演算法與流程圖

3. 請簡單說明什麼是演算法？設計演算法的基本步驟為何？

4. 演算法提供一組一步接著一步（step-by-step）的詳細過程，包含 ＿＿＿＿ 和 ＿＿＿＿＿ 。

5. 演算法的 ＿＿＿＿＿＿ 特點是說明演算法需要在有限步驟內完成任務。

6. 在設計演算法的步驟中，＿＿＿＿＿＿＿＿ 步驟是使用明確和簡潔的詞彙來描述欲解決的問題。

7. 請簡單說明什麼是流程圖？

8. 請試著手繪流程圖的連接符號、輸入 / 輸出符號和起止符號。

9. 流程圖有 ＿＿＿ 個起點，和 ＿＿＿＿ 個終點，其繪製方向是從 ＿＿ 而 ＿＿ ；從 ＿＿ 至 ＿＿＿ 。

10. 流程圖的 ＿＿＿＿＿＿＿ 圖示表示處理過程的動作或執行的操作。

11. 流程圖箭頭連接線的 ＿＿＿＿＿＿＿ 圖示是連接各圖示之間的執行順序。

12. 請試著以如下描述文字來用手繪出流程圖，如下所示：

    (1) 如果沒有下雨，就不用拿傘，否則需要拿傘。

    (2) 如果天氣好，就去動物園，否則去天文館，不論去哪裡，最後都要去摩天輪。

5-3 fChart 流程圖直譯工具

13. 請問什麼是 fChart 流程圖直譯工具？

14. 請修改 Ch5_3a.fpp 的流程圖專案，新增一科電腦成績 computer 來計算 3 科的平均成績（解答：Ch5_3aAnswer.fpp）。

15. 請啟動 fChart 載入 Ch5_3c.fpp 的流程圖專案後，試著連接符號圖示來完成流程圖，這個流程圖是計算全班數學成績總分的流程圖（解答：Ch5_3cAnswer.fpp）。

16. 請啟動 fChart 載入 Ch5_3cAnswer.fpp 的流程圖專案，在輸入 3 位學生的成績 88、78、66 後，請問成績總分是 ＿＿＿＿＿＿＿。

17. 請啟動 fChart 載入 Ch5_3d.fpp 的流程圖專案，在執行流程圖後，請問 1 加到 10 的總和為 ＿＿＿＿＿＿＿；最後變數 i 的值為 ＿＿＿＿＿（提示：按【變數】鈕）。

18. 請使用 fChart 繪出流程圖來判斷哪一個數字大，流程圖在輸入 2 個數字後，使用決策符號判斷輸入的哪一個數字大，顯示比較大的數字。

19. 請使用 fChart 繪出流程圖來計算年齡，其演算法步驟依序是：(1) 輸入出生的年份，(2) 將今年年份減去出生年份，(3) 顯示計算結果的年齡。

20. 請試著使用 fChart 繪出計算 (1 + 2 + ...+ N)/2 值的流程圖。

5-4　結構化程式開發

21. 請說明什麼是由上而下設計方法？何謂結構化程式設計？

22. 結構化程式設計是使用三種流程控制結構：＿＿＿＿＿、＿＿＿＿＿和 ＿＿＿＿＿ 來組合建立出程式碼。

23. 結構化程式設計的控制結構有 ＿＿ 個進入點和 ＿＿ 個離開點。

24. 請舉例說明三種流程控制結構。

25. 請試著繪出多個控制結構連接而成的流程圖，第 1 個是循序結構連接選擇結構，再連接一個重複結構，最後連接一個循序結構，可以建立出符合結構化程式設計的程式結構。

5-5　使用 fChart 進行邏輯訓練

26. 請試著使用 fChart 繪出結構化程式設計的 6 種積木，以便自行進行邏輯訓練。

Chapter

條件敘述

本章學習目標

6-1　程式區塊

Java條件敘述是使用條件運算式，配合程式區塊建立的決策敘述，可以分為單選（if）、二選一（if/else）或多選一（switch）三種。Java條件運算子（?:）類似二選一 if/else，可以建立單行程式碼的條件來指定變數值。

說明

本章Java程式範例是位在「Ch06」目錄IntelliJ IDEA的Java專案，請啟動IntelliJ IDEA，開啟位在「Java8\Ch06」目錄的專案，就可以測試執行本章的Java程式範例，如下圖所示：

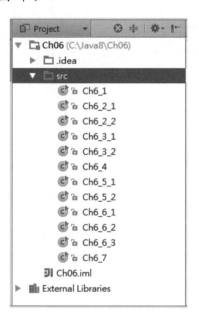

📚 程式區塊

在說明條件敘述之前，我們需要先認識程式區塊（blocks），程式區塊是一種最簡單的結構敘述，其目的是將零到多行程式敘述組合成一個群組，也稱為「複合敘述」（compound statements）。

因為我們可以將整個程式區塊視為是一行程式敘述，以結構化程式設計來說，程式區塊就是最簡單的模組單位，其基本語法如下所示：

```
{        // 程式區塊開始
    程式敘述 1;
    程式敘述 2;
    ......
    程式敘述 n;
}        // 程式區塊結束
```

上述程式區塊是使用 "{" 和 "}" 左右大括號包圍的 1~n 行程式敘述，從 "{"
左大括號進入，執行完程式敘述後，從 "}" 右大括號離開，如果在大括號內不含
任何程式敘述，稱為「空程式區塊」（empty block），如下所示：

```
{    }
```

使用程式區塊隱藏變數宣告

Java 程式區塊不只可以提供群組來編排程式敘述，還可以用來隱藏變數宣
告，如下所示：

```
{
    int temp;
    temp = a;
    a = b;
    b = temp;
}
```

上述程式區塊宣告 int 整數變數 temp，變數 temp 只能在程式區塊內使用，
一旦離開程式區塊，就無法存取變數 temp，變數 temp 稱為程式區塊的區域變數
（local to the block）。關於區域變數的進一步說明請參閱＜第 8 章：類別方法 -
函數＞。

說 明

將只有在程式區塊內使用的變數，在程式區塊內宣告，這是一種很好的程式
撰寫風格。

程式範例  **Ch6_1.java**

在 Java 程式的程式區塊宣告 2 個變數，以便交換這兩個變數 a 和 b 的值，如下所示：

```
交換變數前：a= 5 b= 10
區塊變數：temp= 5
交換變數後：a= 10 b= 5
```

上述執行結果可以看到變數 a 和 b 的值已經交換。

▶ 程式內容

```
01: /* Java 程式：Ch6_1.java */
02: public class Ch6_1 {
03:     // 主程式
04:     public static void main(String[] args) {
05:         int a = 5, b = 10;  // 變數宣告
06:         System.out.println("交換變數前：a= " + a + " b= " + b);
07:         {    // 在程式區塊交換a和b
08:             int temp;  /* 在區塊宣告變數 */
09:             temp = a;
10:             a = b;
11:             b = temp;
12:             System.out.println("區塊變數：temp= " + temp);
13:         }
14:         System.out.println("交換變數後：a= " + a + " b= " + b);
15:         // System.out.println("區塊變數：temp= " + temp);
16:     }
17: }
```

▶ 程式說明

- 第 5 行：宣告 2 個整數變數和指定初值。
- 第 7~13 行：在程式區塊內宣告變數 temp 來交換變數 a 和 b 的值。

如果取消第 15 行的註解，因為變數 temp 是宣告在程式區塊內，在程式區塊之外無法存取此變數，所以造成程式編譯錯誤。

6-2 if 敘述與關係邏輯運算子

條件運算式（conditional expressions）是一種複合運算式，每一個運算元是使用關係運算子（relational operators）連接建立的關係運算式，多個關係運算式可以使用邏輯運算子（logical operators）來連接。

6-2-1 if 條件敘述與關係運算子

條件運算式通常是使用在條件敘述和第 7 章迴圈敘述的判斷條件，可以比較 2 個運算元之間的關係，例如：「==」是判斷前後 2 個運算元的值是否相等。

if 是否選條件敘述

因為關係運算子建立的運算式是 if 條件敘述的判斷條件，所以，我們需要先了解 if 是否選條件敘述，然後才能正確使用關係運算子來建立條件判斷。

if 條件敘述是一種是否執行的單選題，只是決定是否執行程式區塊的程式碼，如果條件運算式的結果為 true，就執行括號的程式區塊。在日常生活中，是否選的情況十分常見，我們常常需要判斷氣溫是否有些涼，需要加件衣服；如果下雨需要拿把傘，其基本語法如下所示：

```
if ( 條件運算式 ) {   // 左大括號與 if 關鍵字同一行
    程式敘述1;       // 條件成立執行的程式碼
    程式敘述2;
    .........
    程式敘述n;
}
```

上述 if 條件的條件運算式可能是單一關係運算式，或使用邏輯運算子建立的複合運算式，如果條件運算式的結果為 true，就執行程式區塊的程式碼；如為 false 就不執行程式區塊的程式碼。

條件敘述的左大括號有兩種常見寫法，在本書的左大括號是與 if 關鍵字位在同一行程式敘述，另一種寫法是將左大括號換行，如下所示：

```
if ( 條件運算式 )
{   // 條件成立執行的程式碼，左大括號換行
```

```
    程式敘述1;
    程式敘述2;
    .........
    程式敘述n;
}
```

上述寫法是第 6-1 節程式區塊的常用寫法。如果程式區塊的程式敘述只有一行，我們可以省略程式區塊的左右大括號。例如：判斷數字 3 是否小於等於 4 的 if 條件，如下所示：

```
if ( 3 <= 4 )
    System.out.println("3<=4 成立!");
```

上述 if 條件敘述因為只有一行，所以省略程式區塊的左右大括號。不只如此，我們還可以將它們置於同一行，例如：判斷數字 3 是否等於 4 的 if 條件，如下所示：

```
if ( 3 == 4 ) System.out.println("3==4 成立!");
```

同樣的，在條件運算式也可以使用變數，例如：絕對值處理是當輸入整數值是負值時，加上負號改為正值，如為正整數就不用處理，如下所示：

```
if ( value < 0 ) {
    value = -value;
}
```

上述 if 條件敘述是當變數 value 的值小於 0 時，就加上負號改為正值，其流程圖（Ch6_2_1.fpp）如右圖所示：

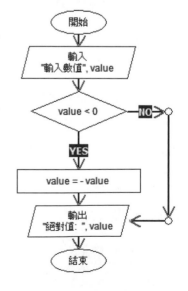

上述流程圖的判斷條件是 value < 0，成立 Yes 需加上負號 -value；No 直接輸出輸入值，不做任何處理。

⛁ 關係運算子

Java 關係運算子的說明與範例，如下表所示：

運算子	說明	運算式範例	結果
==	等於	3 == 4	false
!=	不等於	3 != 4	true
<	小於	3 < 4	true
>	大於	3 > 4	false
<=	小於等於	3 <= 4	true
>=	大於等於	3 >= 4	false

程式範例 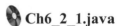 **Ch6_2_1.java**

在 Java 程式測試數個關係運算式後，使用 if 條件敘述判斷變數值是否是負值，如果是，加上負號改為正整數，如下所示：

```
3<=4 成立！
請輸入整數值 => -7
絕對值：7
```

上述執行結果因為成立，所以顯示 3<=4，3==4 不成立所以沒有顯示，輸入負值 -7 的測試值，可以顯示絕對值 7。

▶ 程式內容

```
01: /* Java 程式：Ch6_2_1.java */
02: public class Ch6_2_1 {
03:     // 主程式
04:     public static void main(String[] args) {
05:         int value;       // 變數宣告
06:         if ( 3 <= 4 )    // 沒有程式區塊的 if 條件
07:             System.out.println("3<=4 成立！");
08:         if ( 3 == 4 ) System.out.println("3==4 成立！");
09:         java.util.Scanner sc =
10:                 new java.util.Scanner(System.in);
11:         System.out.print(" 請輸入整數值 => ");
```

```
12:         value = sc.nextInt(); // 取得整數
13:         // 絕對值處理
14:         if ( value < 0 ){    // 程式區塊的 if 條件
15:             value = -value;
16:         }
17:         System.out.println(" 絕對值: " + value);
18:     }
19: }
```

▶ **程式說明**

- 第 6~7 行：if 條件因為成立，所以執行第 7 行程式碼顯示訊息文字，這些 if
  條件因為只執行單一行程式碼，所以省略大括號。

- 第 8 行：if 條件不成立，所以不會執行之後的 System.out.println() 方法。

- 第 9~12 行：輸入整數 value 的值。

- 第 14~16 行：if 條件敘述擁有程式區塊，條件是判斷變數值是否小於 0，條
  件成立，就執行第 15 行加上負號改為正值，即絕對值運算。

6-2-2 if 條件敘述與邏輯運算子

邏輯運算子（logical operators）可以連接多個關係運算式來建立複合條件的
運算式，如下所示：

```
a > b && a > 1
```

上述條件運算式的「&&」是邏輯運算子 AND，2 個運算元是關係運算式
a > b 和 a > 1，邏輯運算子是使用左右結合（left-to-right associativity）進行運算，
先執行 a > b 的運算，然後才是 a > 1 的運算。

📖 **邏輯運算子**

Java 邏輯運算子的範例和說明，如下表所示：

運算子	範例	說明
!	! op	NOT 運算，傳回運算元相反的值，true 成 false；false 成 true
&&	op1 && op2	AND 運算，連接的 2 個運算元都為 true，運算式為 true
||	op1 || op2	OR 運算，連接的 2 個運算元任一個為 ture，運算式為 true

邏輯運算子的真假值表，如下表所示：

op1	op2	!op1	op1 && op2	op1 || op2
false	false	true	false	false
false	true	true	false	true
true	false	false	false	true
true	true	false	true	true

複雜的算術、關係和邏輯運算式

如果關係和邏輯運算式比較複雜，同時包含算術、關係和邏輯等多種運算子時，這些運算子的優先順序，如下所示：

```
算術運算子 > 關係運算子 > 邏輯運算子
```

所以，如果有算術運算子，我們需要先運算後，才能和關係運算子進行比較，最後使用邏輯運算子連接起來（底線是需要先運算的運算子），如下所示：

範例一	範例二
$\underline{8+5} > \underline{10 \% 3}$ $= 13 > 1$ $= true$	$((\underline{9 \% 4}) > 2) \&\& (8 >= 3)$ $= (\underline{1 > 2}) \&\& (\underline{8 >= 3})$ $= false \&\& true$ $= false$

邏輯運算子建立的複合條件

如果 if 條件敘述的條件判斷比較複雜，我們可以使用邏輯運算子連接多條件來建立複合條件。請注意！fChart 流程圖的決策符號只支援單一條件，繪製複合條件需要同時使用多個決策符號。

▶ 「&&」運算子建立的複合條件：如果數值範圍是在 -100~100 之間的整數，我們可以使用「&&」運算子建立複合條件來判斷數值的範圍。「&&」運算子在繪成流程圖時，第 1 個決策符號的 Yes 連接第 2 個決策符號，而且需要兩個決策符號都是 Yes 才符合條件，如下表所示：

流程圖（Ch6_2_2.fpp）	程式碼

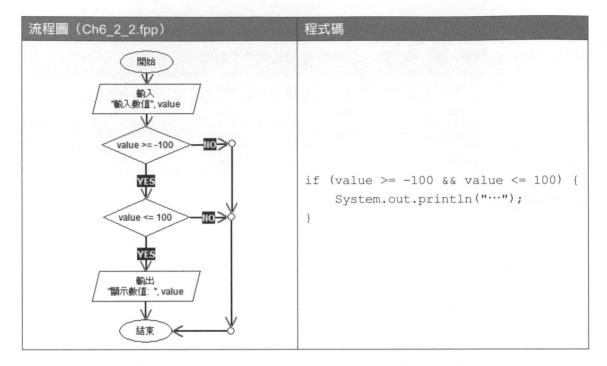	<pre>if (value >= -100 && value <= 100) {
	    System.out.println("…");
	}</pre>

▶ 「||」**運算子建立的複合條件**：如果身高小於 50（公分），或身高大於 200（公分）就不符合身高條件，我們可以使用「||」運算子建立複合條件來判斷身高是否不符。「||」運算子在繪成流程圖時，第 1 個決策符號的 No 連接第 2 個決策符號，只需任一個決策符號是 Yes 就符合條件，如下表所示：

流程圖（Ch6_2_2a.fpp）	程式碼

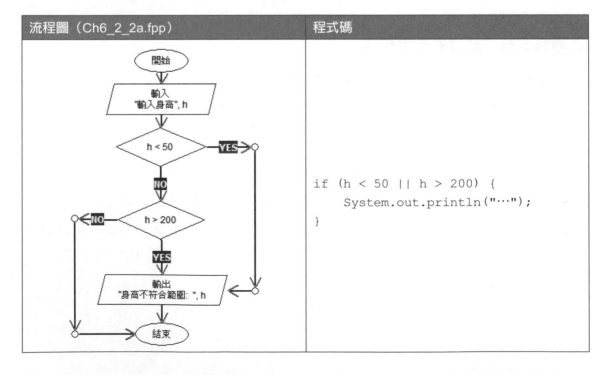	<pre>if (h < 50 || h > 200) {
	    System.out.println("…");
	}</pre>

程式範例　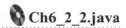　**Ch6_2_2.java**

　　在 Java 程式測試前述 2 個複雜算術、關係和邏輯運算式後，判斷數值是否位在範圍之內，和判斷身高是否不符合範圍，如下所示：

```
8 + 5 > 10 % 3 成立！
請輸入整數值 => 65
顯示數值：65
請輸入身高 => 45
身高不符合範圍：45
```

　　上述執行結果可以看到，第 1 個 8 + 5 > 10 % 3 運算式成立，因為輸入值是在 -100~100 之間，所以顯示輸入值 65，輸入的身高值因為不符合範圍小於 50，或大於 200，所以條件成立，顯示身高不符合範圍：45。

▶ **程式內容**

```
01: /* Java 程式：Ch6_2_2.java */
02: public class Ch6_2_2 {
03:     // 主程式
04:     public static void main(String[] args) {
05:         int value, h;    // 變數宣告
06:         if ( 8 + 5 > 10 % 3 )    // 沒有程式區塊的 if 條件
07:             System.out.println("8 + 5 > 10 % 3 成立！");
08:         if ( (( 9 % 4 ) > 2) && (8 >= 3) )
09:             System.out.println("(( 9 % 4 ) > 2) && (8 >= 3) 成立！");
10:         java.util.Scanner sc =
11:                 new java.util.Scanner(System.in);
12:         System.out.print("請輸入整數值 => ");
13:         value = sc.nextInt(); // 取得整數
14:         if (value >= -100 && value <= 100) { // && 運算子
15:             System.out.println("顯示數值：" + value);
16:         }
17:         System.out.print("請輸入身高 => ");
18:         h = sc.nextInt(); // 取得整數
19:         if (h < 50 || h > 200) {    // || 運算子
20:             System.out.println("身高不符合範圍：" + h);
21:         }
22:     }
23: }
```

▶ **程式說明**

- 第 6~7 行：if 條件是 8 + 5 > 10 % 3，因為成立，所以執行第 7 行程式碼顯示訊息文字。

- 第 8~9 行：if 條件是 ((9 % 4) > 2) && (8 >= 3)，因為不成立，所以不執行第 9 行程式碼。
- 第 10~13 行：輸入變數 value 的整數值。
- 第 14~16 行：if 條件敘述判斷是否在範圍內，成立就顯示變數值。
- 第 17~21 行：輸入身高值後，在第 19~21 行的 if 條件敘述判斷是否條件成立，成立就顯示輸入身高不在範圍內。

6-3　二選一條件敘述

單選 if 條件敘述在第 6-2 節已經說明過；這一節將介紹二選一的 if/else 條件敘述和 ?: 條件運算子；在第 6-4 節說明多選一條件敘述。

6-3-1　if/else 二選一條件敘述

日常生活中的二選一條件敘述是一種二分法，可以將一個集合分成二種互斥群組。例如：超過 60 分屬於成績及格群組；反之為不及格群組。身高超過 120 公分是購買全票群組；反之是購買半票群組。

在第 6-2 節的 if 條件敘述只能選擇執行或不執行程式區塊的單一選擇。更進一步，如果是排它情況的兩個程式區塊，只能二選一，我們可以加上 else 關鍵字，其基本語法如下所示：

```
if ( 條件運算式 ) {
    程式敘述 1;    // 條件成立執行的程式碼
    程式敘述 2;
    ......
    程式敘述 n;
}
else {
    程式敘述 1;    // 條件不成立執行的程式碼
    程式敘述 2;
    ......
    程式敘述 n;
}
```

　　如果 if 條件運算式為 true，就執行 if 至 else 之間程式區塊的程式敘述；false 就執行 else 之後程式區塊的程式敘述。例如：學生成績以 60 分區分為是否及格的 if/else 條件敘述，如下所示：

```
if ( grade >= 60 ) {
    System.out.println(" 成績及格 !" + grade);
}
else {
    System.out.println(" 成績不及格 !" + grade);
}
```

　　上述程式碼因為成績有排它性，60 分以上是及格分數，60 分以下是不及格，所以只會執行其中一個程式區塊，其流程圖（Ch6_3_1.fpp）如下所示：

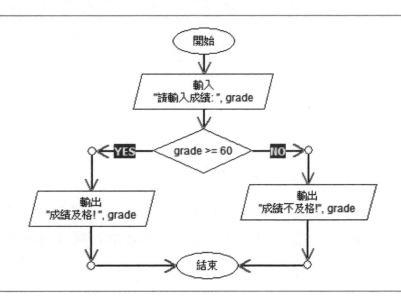

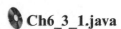

程式範例　　　　　　　　　　　　　　　　　　Ch6_3_1.java

　　在 Java 程式輸入成績變數值後，使用 if/else 條件敘述判斷學生成績是否及格，如下所示：

```
請輸入整數值 => 68
成績及格 !68
```

　　上述執行結果因為輸入成績值是 68 分，所以顯示成績及格；如果成績值小於 60 分，就顯示不及格。

▶程式內容

```
01: /* Java 程式 : Ch6_3_1.java */
02: public class Ch6_3_1 {
03:     // 主程式
04:     public static void main(String[] args) {
05:         int grade;      // 變數宣告
06:         java.util.Scanner sc =
07:                 new java.util.Scanner(System.in);
08:         System.out.print("請輸入整數值 => ");
09:         grade = sc.nextInt(); // 取得成績值
10:         if ( grade >= 60 ) { // if/else 條件敘述
11:             System.out.println("成績及格 !" + grade);
12:         }
13:         else {
14:             System.out.println("成績不及格 !" + grade);
15:         }
16:     }
17: }
```

▶程式說明

- 第 6~9 行：輸入成績值。
- 第 10~15 行：if/else 條件敘述判斷變數值，如果條件成立，就執行第 11 行顯示字串內容，反之，執行第 14 行的程式碼。

在比較程式範例 Ch6_2_1.java 和 Ch6_3_1.java 後，讀者可以看出 if/else 條件敘述是二選一條件，一個 if/else 條件可以使用 2 個互補 if 條件來取代，如下所示：

```
if ( grade >= 60 ) {
    System.out.println("成績及格 !" + grade);
}
if ( grade < 60 ) {
    System.out.println("成績不及格 !" + grade);
}
```

上述 2 個 if 條件敘述的條件運算式為互補條件，所以 2 個 if 條件判斷和本節程式範例完全相同。不過，因為需要 2 次比較，執行效率會比 if/else 的一次比較來得差。

6-3-2　?: 條件運算子

Java 可以使用條件運算子「?:」在指定敘述以條件來指定變數值，其基本語法如下所示：

```
變數 = ( 條件運算式 ) ? 變數值1 : 變數值2;
```

上述指定敘述的「=」號右邊是條件運算式，其功能如同 if/else 條件，使用「?」符號代替 if，「:」符號代替 else，如果條件成立，就將變數指定成變數值1；否則就是變數值2。例如：12/24 制的時間轉換運算式，如下所示：

```
hour = (hour >= 12) ? hour-12 : hour;
```

上述程式碼使用條件敘述運算子指定變數 hour 的值，如果條件為 true（即不等於 0），hour 變數值為 hour-12；false（等於 0）就是 hour。流程圖與上一節 if/else 相似，筆者就不重複說明。

程式範例　　　　　　　　　　　　　　Ch6_3_2.java

在 Java 程式輸入小時數後，使用「?:」條件運算式判斷時間是上午還是下午，並且將 24 小時制改為 12 小時制，如下所示：

```
請輸入整數值 => 20
目前時間為：8P
```

上述執行結果輸入的時間是 24 小時制的 20，所以顯示為下午 8 點的 12 小時制。

▶程式內容

```
01: /* Java 程式：Ch6_3_2.java */
02: public class Ch6_3_2 {
03:     // 主程式
04:     public static void main(String[] args) {
05:         char m;   // 變數宣告
06:         int hour;
07:         java.util.Scanner sc =
08:                 new java.util.Scanner(System.in);
09:         System.out.print(" 請輸入整數值 => ");
```

```
10:        hour = sc.nextInt(); // 取得小時數
11:        m = (hour >= 12) ? 'P' : 'A'; // 條件運算子
12:        hour = (hour >= 12) ? hour-12 : hour;
13:        System.out.println("目前時間為: " + hour + m);
14:    }
15: }
```

▶ **程式說明**

- 第 5~6 行：宣告 char 和整數變數 hour。
- 第 7~10 行：輸入小時數。
- 第 11 行：條件運算子判斷時間是 12 小時制的上午或下午。
- 第 12 行：條件運算子判斷變數值後，將 24 小時制改為 12 小時制。

6-4　案例研究：判斷遊樂場門票

　　為了完整說明 Java 程式的開發過程，筆者準備使用一些案例研究來實作第 2-1 節程式設計的基本步驟。在本節案例研究是 if/else 二選一條件敘述的應用，可以判斷購買哪種遊樂場門票。

步驟一：定義問題

📚 問題描述

　　遊樂場門票是使用身高決定購買半票或全票，身高超過 120 公分購買全票；小於 120 公分購買半票，請建立判斷門票種類的 Java 程式，只需輸入身高，就可以判斷需要購買半票或全票。

📚 定義問題

　　從問題描述可以看出輸入值是身高；輸出是顯示購買半票或全票。

步驟二：擬定解題演算法

📚 解題構思

　　因為需要購買半票或全票的門檻是 120 公分，輸入的身高值不是超過就是少於，所以將集合分成二種互斥群組，使用的是二選一條件敘述。

解題演算法

依據解題構思找出的解題方法，我們可以寫出演算法步驟，如下所示：

Step 1：輸入或指定身高變數 height 值。
Step 2：判斷身高變數 height 是否超過 120 公分：
　　　　(1) 超過，顯示購買全票。
　　　　(2) 沒有超過，顯示購買半票。

請依據上述分析結果的步驟繪出流程圖（Ch6_4.fpp），如下圖所示：

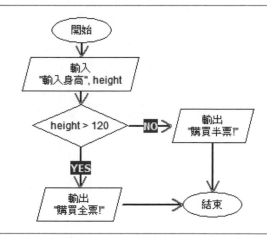

上述流程圖的判斷條件是 height > 120，成立 YES 顯示購買全票；否則 NO 購買半票。

步驟三：撰寫程式碼

當條件敘述是排它的兩種情況，只能二選一時，我們可以使用 if/else 二選一條件敘述建立條件判斷的程式碼。

將流程圖轉換成 Java 程式碼

從前述流程圖可以看出，在輸入和取得使用者輸入的身高變數 height 後，使用 if/else 條件敘述以身高決定購買半票或全票，如下所示：

```
if ( height > 120 ) {
    System.out.println(" 購買全票!");
}
else {
    System.out.println (" 購買半票!");
}
```

上述程式碼是將流程圖的決策符號轉換成 if/else 條件敘述，因為身高有排它性，不是超過 120 公分；就是低於 120 公分，可以依互斥條件來顯示購買全票或半票。

▶ **程式內容：Ch6_4.java**

```
01: /* Java 程式: Ch6_4.java */
02: public class Ch6_4 {
03:     // 主程式
04:     public static void main(String[] args) {
05:         int height;    // 變數宣告
06:         java.util.Scanner sc =
07:                 new java.util.Scanner(System.in);
08:         System.out.print("請輸入整數值 => ");
09:         height = sc.nextInt(); // 取得身高值
10:         if ( height > 120 ) {
11:             System.out.println("購買全票!");
12:         }
13:         else {
14:             System.out.println("購買半票!");
15:         }
16:     }
17: }
```

▶ **程式說明**

- 第 6~9 行：輸入整數的身高值。
- 第 10~15 行：if/else 條件敘述判斷身高，可以顯示購買全票或半票。

步驟四：測試執行與除錯

現在，我們可以執行與除錯 Java 程式。程式是判斷遊樂場門票種類的小程式，在輸入身高值後，使用 if/else 條件敘述判斷需要購買全票或半票，如下所示：

```
請輸入整數值 => 175
購買全票!
```

因為輸入參觀者的身高是 175，所以顯示購買全票。如果輸入 100，可以看到顯示購買半票，如下所示：

```
請輸入整數值 => 100
購買半票!
```

6-5　多選一條件敘述

在日常生活中的多選一條件判斷也十分常見，我們常常需要決定牛排需幾分熟、中午準備享用哪一種便當，和去超商購買哪一種茶飲料等。

多選一條件敘述可以依照多個條件判斷來決定執行多個程式區塊中的哪一個，Java 有兩種寫法來建立多選一條件敘述。

6-5-1　if/else/if 多選一條件敘述

第一種多選一條件敘述是 if/else 條件擴充的條件敘述，只需重複使用 if/else 條件建立 if/else/if 條件敘述，即可建立多選一條件敘述，其基本語法如下所示：

```
if ( 條件運算式 1 ) {
    程式敘述 1;    // 條件運算式 1 成立執行的程式碼
    程式敘述 2;    // 否則執行 else if 程式敘述
    ......
    程式敘述 n;
}
else if ( 條件運算式 2 ) {
        程式敘述 1;    // 條件運算式 2 成立執行的程式碼
        程式敘述 2;
        ......
        程式敘述 n;
    }
```

如果 if 的條件運算式 1 為 true，就執行 if 至 else 之間的程式區塊的程式敘述；false 就執行 else if 之後的下一個條件運算式的判斷。例如：使用 if/else/if 多選一條件敘述建立成績範圍檢查的條件判斷，如下所示：

```
if ( grade >= 80 ) {
    System.out.println(" 甲等 !");
}
else if ( grade >= 70 ) {
        System.out.println(" 乙等 !");
    }
    else if ( grade >= 60 ) {
            System.out.println(" 丙等 !");
        }
        else {
            System.out.println(" 丁等 !");
        }
```

上述 if/else/if 條件是一種巢狀條件，從上而下如同階梯一般，一次判斷一個 if 條件，如果為 true，就執行程式區塊，和結束整個多選一條件敘述；如果為 false，就重複使用 if/else 條件再進行下一次判斷，其流程圖（Ch6_5_1.fpp）如下圖所示：

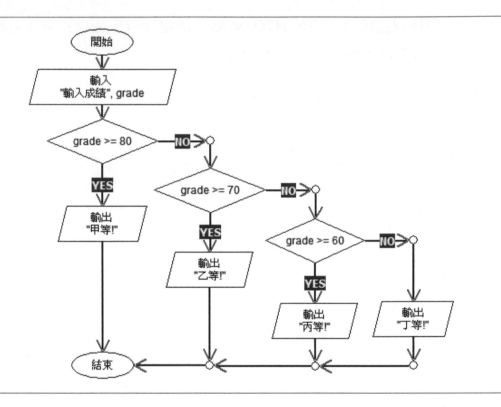

上述流程圖的判斷條件依序是 grade >= 80、grade >= 70 和 grade >= 60。

程式範例　　　　　　　　　　　　　　　　　　　　　　🔘 Ch6_5_1.java

在 Java 程式建立判斷學生成績等級的程式，在輸入成績值後，可以判斷成績是甲等、乙等、丙等或丁等，如下所示：

```
請輸入整數值 => 75
乙等！
```

上述執行結果因為輸入成績值 75，所以顯示成績是乙等。

▶程式內容

```
01: /* Java 程式: Ch6_5_1.java */
02: public class Ch6_5_1 {
03:    // 主程式
04:    public static void main(String[] args) {
05:        int grade;    // 變數宣告
06:        java.util.Scanner sc =
07:               new java.util.Scanner(System.in);
08:        System.out.print("請輸入整數值 => ");
09:        grade = sc.nextInt(); // 取得成績值
10:        // if/else/if 多選一條件敘述
11:        if ( grade >= 80 ) {
12:            System.out.println("甲等!");
13:        }
14:        else if ( grade >= 70 ) {
15:            System.out.println("乙等!");
16:        }
17:        else if ( grade >= 60 ) {
18:            System.out.println("丙等!");
19:        }
20:        else {
21:            System.out.println("丁等!");
22:        }
23:    }
24: }
```

▶程式說明

- 第 6~9 行：輸入整數的成績值。
- 第 11~22 行：if/else/if 條件敘述，使用輸入成績來判斷成績是甲等、乙等、丙等或丁等。

6-5-2 switch 多選一條件敘述

在 if/else/if 多選一條件敘述擁有多個條件判斷，當擁有 4、5 個或更多條件時，if/else/if 條件很容易產生混淆且很難閱讀，所以 Java 提供 switch 多選一條件敘述來簡化 if/else/if 多選一條件敘述。

Java 的 switch 多選一條件敘述結構，類似第 6-3-1 節最後改為數個互補的 if 條件，只需依照符合條件，就可以執行不同程式區塊的程式碼，其基本語法如下所示：

```
switch ( 運算式 ) {
    case 常數值 1:        // 如果運算式值等於常數值 1
        程式敘述 1~n;      // 執行 break 敘述前的程式碼
        break;
    case 常數值 2:        // 如果運算式值等於常數值 2
        程式敘述 1~n;      // 執行 break 敘述前的程式碼
        break;
    ......
    case 常數值 n:        // 如果運算式值等於常數值 n
        程式敘述 1~n;      // 執行 break 敘述前的程式碼
        break;
    default:              // 如果運算式值沒有符合的常數值
        程式敘述 1~n;      // 執行之後的程式碼
}
```

上述 switch 條件只擁有一個運算式，每一個 case 條件的比較相當於「==」運算子，如果符合，就執行 break 敘述前的程式碼，每一個條件需要使用 break 敘述來跳出 switch 條件敘述。

最後 default 敘述並非必要元素，這是一個例外條件，如果 case 條件都沒有符合，就執行 default 之後的程式敘述。switch 條件敘述的注意事項，如下所示：

▶ switch 條件只支援「==」運算子，並不支援其他關係運算子，每一個 case 條件是一個「==」運算子。

▶ 在同一 switch 條件敘述中，每一個 case 條件的常數值不能相同。

例如：使用 switch 條件判斷 GPA 成績轉換的分數範圍，如下所示：

```
switch ( GPA ) {
    case 'A':
      System.out.println(" 成績範圍超過 80 分 ");
      break;
    case 'B':
      System.out.println(" 成績範圍 70~79 分 ");
      break;
    case 'C':
      System.out.println(" 成績範圍 60~69 分 ");
      break;
    default:
      System.out.println(" 不及格 ");
      break;
}
```

　　上述程式碼比較使用者輸入的 GPA 成績值 'A'、'B' 或 'C'，以便顯示不同的成績範圍，在流程圖（Ch6_5_2.fpp）是使用 ASCII 碼值 65、66 和 67 來代表 A、B 和 C，如下圖所示：

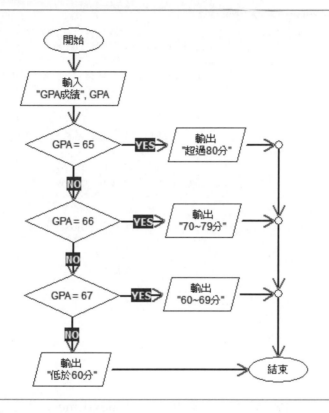

程式範例　　　　　　　　　　　　　　　　　　　　　　　　　　　 🄲 **Ch6_5_2.java**

　　在 Java 程式輸入 GPA 成績後，使用 switch 條件敘述判斷成績來顯示分數的範圍，如下所示：

```
請輸入 GPA=> C
成績範圍 60~69 分
```

　　上述執行結果因為輸入的 GPA 值是字元 C，所以顯示分數的範圍是 60~69 分。

▶ 程式內容

```
01: /* Java 程式: Ch6_5_2.java */
02: public class Ch6_5_2 {
03:    // 主程式
04:    public static void main(String[] args) {
05:       char GPA;    // 變數宣告
06:       java.util.Scanner sc =
07:              new java.util.Scanner(System.in);
08:       System.out.print(" 請輸入 GPA=> ");
09:       GPA = sc.nextLine().charAt(0); // 取得 GPA 成績
10:       // switch 多選一條件敘述
11:       switch ( GPA ) {
12:          case 'A':
13:              System.out.println(" 成績範圍超過 80 分 ");
14:              break;
15:          case 'B':
16:              System.out.println(" 成績範圍 70~79 分 ");
17:              break;
18:          case 'C':
19:              System.out.println(" 成績範圍 60~69 分 ");
20:              break;
21:          default:
22:              System.out.println(" 不及格 ");
23:              break;
24:       }
25:    }
26: }
```

▶ 程式說明

- 第 6~9 行：輸入 GPA 字元，在第 9 行呼叫 nextLine() 方法取得輸入字串，再呼叫 charAt(0) 方法取出字串的第 1 個字元。
- 第 11~24 行：switch 條件敘述判斷輸入的 GPA 成績，可以顯示不同成績範圍的訊息文字。

6-6 巢狀條件敘述

在條件敘述中如果擁有其他條件敘述，如同大盒子中的小盒子，此種程式結構稱為「巢狀條件敘述」，例如：在 if/else 和 switch 條件敘述中可以擁有其他 if/else 或 switch 條件敘述。

對於 if/else 的巢狀條件敘述，因為有多組成對的 if/else 條件敘述，if 與 else 的配對問題需要十分注意，不然有可能造成完全不同的執行結果。

6-6-1　if/else 巢狀條件敘述

在 if/else 條件敘述的程式區塊可以擁有其他 if/else 條件敘述。例如：使用巢狀條件敘述判斷 3 個變數中，哪一個變數值最大，如下所示：

```
if (a > b && a > c) {
    System.out.println(" 變數 a 最大 !");
}
else {
    if (b > c) {
        System.out.println(" 變數 b 最大 !");
    }
    else {
        System.out.println(" 變數 c 最大 !");
    }
}
```

上述 if/else 條件敘述的 else 程式區塊擁有另一個 if/else 條件敘述，首先判斷變數 a 是否是最大，如果不是，再判斷變數 b 和 c 中哪一個值最大，其流程圖（Ch6_6_1.fpp）如下所示：

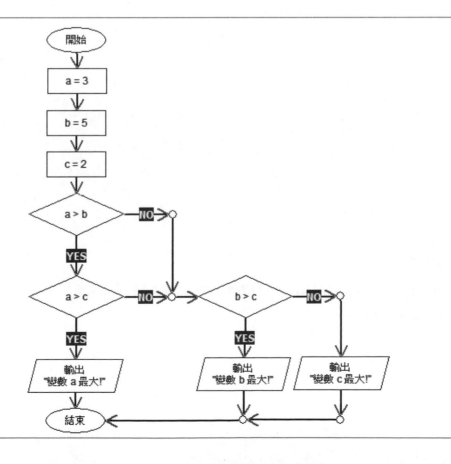

上述圖例因為 fChart 工具的決策符號只支援單一條件，繪製複合條件 a > b && a > c 需要同時使用 2 個決策符號，即最左邊垂直的 2 個決策符號。

程式範例　　　　　　　　　　　　　　　　　　　　**Ch6_6_1.java**

在 Java 程式使用巢狀條件敘述判斷 3 個變數值 a、b 和 c 中，哪一個變數值是最大的，如下所示：

```
變數 b 最大！
```

▶ **程式內容**

```
01: /* Java 程式：Ch6_6_1.java */
02: public class Ch6_6_1 {
03:     // 主程式
04:     public static void main(String[] args) {
05:         int a = 3;  // 變數宣告
06:         int b = 5;
07:         int c = 2;
08:         // if/else 巢狀條件敘述
09:         if (a > b && a > c) {
10:             System.out.println(" 變數 a 最大！");
11:         }
12:         else {
13:             if (b > c) {
14:                 System.out.println(" 變數 b 最大！");
15:             } else {
16:                 System.out.println(" 變數 c 最大！");
17:             }
18:         }
19:     }
20: }
```

▶ **程式說明**

● 第 9~18 行：使用 if/else 巢狀條件敘述判斷變數 a、b 和 c 的值，可以判斷哪一個變數值最大。

6-6-2　switch 和 if/else 巢狀條件敘述

在 switch 多選一條件敘述的每一個 case 條件，也可以是另一個 switch 或 if/else 條件，我們可以結合 switch 和 if/else 條件敘述來建立巢狀條件敘述，如下所示：

```
switch ( choice ) {
  case 1: if ( grade >= 80 )
             System.out.println(" 學生成績 :A");
          else if ( grade >= 70 )
                 System.out.println(" 學生成績 :B");
              else if ( grade >= 60 )
              ......
          break;
  case 2: if ( grade >= 60)
             System.out.println(" 成績及格 !");
          else
             System.out.println(" 成績不及格 !");
          break;
  case 3: grade += 10;
          System.out.println(" 加分後成績 : " + grade);
          break;
  ......
  default:  System.out.println(" 輸入成績 : " + grade);
           break;
}
```

程式範例　　　　　　　　　　　　　　　　　　　　**Ch6_6_2.java**

在 Java 程式輸入成績後，可以顯示一個選單，然後使用 switch 條件敘述判斷使用者的選擇，以便顯示轉換的 GPA 成績、判斷是否及格和加減分來調整成績，如下所示：

```
請輸入成績 => 78
[1] GPA 成績
[2] 是否及格
[3] 成績加分
[4] 成績扣分
==> 1
學生成績 :B
```

上述執行結果輸入成績 78 後，選功能 1，可以顯示 GPA 成績為 B。

▶程式內容

```
01: /* Java 程式 : Ch6_6_2.java */
02: public class Ch6_6_2 {
03:    // 主程式
04:    public static void main(String[] args) {
05:       int choice, grade;  // 變數宣告
06:       java.util.Scanner sc =
07:             new java.util.Scanner(System.in);
08:       System.out.print(" 請輸入成績 => ");
09:       grade = sc.nextInt(); // 取得成績
10:       // 顯示文字模式的選單
11:       System.out.print("[1]GPA 成績 \n[2] 是否及格 \n");
12:       System.out.print("[3] 成績加分 \n[4] 成績扣分 \n==> ");
13:       choice = sc.nextInt(); // 讀入選項
14:       // switch 條件敘述
15:       switch ( choice ) {
16:          case 1: if ( grade >= 80 )
17:                     System.out.println(" 學生成績 :A");
18:                  else if ( grade >= 70 )
19:                     System.out.println(" 學生成績 :B");
20:                  else if ( grade >= 60 )
21:                     System.out.println(" 學生成績 :C");
22:                  else
23:                     System.out.println(" 學生成績 :D");
24:                  break;
25:          case 2: if ( grade >= 60 )
26:                     System.out.println(" 成績及格 !");
27:                  else
28:                     System.out.println(" 成績不及格 !");
29:                  break;
30:          case 3: grade += 10;
31:                  System.out.println(" 加分後成績 : " + grade);
32:                  break;
33:          case 4: grade -= 10;
34:                  System.out.println(" 扣分後成績 : " + grade);
35:                  break;
36:          default:  System.out.println(" 輸入成績 : " + grade);
37:                  break;
38:       }
39:    }
40: }
```

▶ **程式說明**

- 第 15~38 行：switch 條件敘述判斷使用者的選擇來執行所需的功能。
- 第 16~23 行：case 條件是另一個 if/else/if 多選一條件敘述，可以將輸入成績轉換成 GPA 成績。
- 第 25~28 行：case 條件是另一個 if/else 二選一條件敘述，可以判斷成績是否及格。

6-6-3　if 與 else 的配對問題

對於多層 if/else 巢狀條件敘述來說，因為有多組成對 if/else 條件敘述，如果沒有使用大括號標示程式區塊，if 與 else 關鍵字的配對問題就需十分注意，不然有可能造成完全不同的執行結果。

☷ if 與 else 關鍵字的配對原則

if 與 else 關鍵字的配對原則很簡單，如果沒有大括號，else 關鍵字是和它最近的上一個 if 關鍵字來配對，例如：刪除第 6-5-1 節 if/else if 多選一條件敘述的左右大括號，如下所示：

```
if ( grade >= 80 )
    System.out.println(" 甲等 !");
else if ( grade >= 70 )
        System.out.println(" 乙等 !");
    else if ( grade >= 60 )
            System.out.println(" 丙等 !");
        else
            System.out.println(" 丁等 !");
```

上述程式碼顯示 if 和 else 之間的配對，因為有縮排，我們很容易可以看出哪一個 else 關鍵字配哪一個 if 關鍵字。

☷ if 與 else 關鍵字的配對與大括號

如果 if/else 條件都沒有左右大括號，其配對原則如前所述，若在 if 和 else 關鍵字之間有大括號的巢狀條件敘述，此時，有沒有使用大括號會有完全不同的執行結果，如下表所示：

沒有左右大括號	有左右大括號
| ```
if (value >= 0)
    if (value <=5)
        System.out.println("0~5 之間 !");
    else
        System.out.println(" 大於 5!");
``` | ```
if (value >= 0) {
    if (value <=5)
        System.out.println("0~5 之間 !");
}
else
    System.out.println(" 小於 0!");
``` |

上述表格左邊沒有大括號，所以 else 關鍵字是與最近的 if 關鍵字配對，在巢狀條件敘述的外層是 if 條件敘述；內層是 if/else 條件敘述。右邊的巢狀條件敘述有使用大括號標示程式區塊，所以 else 關鍵字是和第 1 個 if 關鍵字配對，巢狀條件敘述的外層是 if/else 條件敘述，在 if 和 else 之間有內層的 if 條件敘述。

如果變數 value 的值是 5，左邊和右邊都顯示 "0~5 之間 !"；如果值是 6，左邊顯示 " 大於 5!"，右邊什麼都不會顯示。請注意！在建立多層 if/else 巢狀條件敘述時，請務必再次檢視 if 和 else 關鍵字的配對是否有誤，或直接在每一層加上程式區塊的大括號來避免配對產生錯誤。

程式範例   💿 Ch6_6_3.java

在 Java 程式建立兩個巢狀條件敘述，一個有大括號；一個沒有，可以測試 if 與 else 的配對問題，如下所示：

```
請輸入整數值 => 5
0~5 之間 !
0~5 之間 !
```

上述執行結果是輸入 5，所以是否有大括號的執行結果都相同；如果輸入 6，可以看到只顯示一個訊息文字，如下所示：

```
請輸入整數值 => 6
大於 5!
```

▶ 程式內容

```
01: /* Java 程式：Ch6_6_3.java */
02: public class Ch6_6_3 {
03:     // 主程式
```

```
04:     public static void main(String[] args) {
05:         int value;  // 變數宣告
06:         java.util.Scanner sc =
07:                 new java.util.Scanner(System.in);
08:         System.out.print(" 請輸入整數值 => ");
09:         value = sc.nextInt(); // 取得整數
10:         // 沒有大括號的巢狀條件敘述
11:         if (value >= 0)
12:             if (value <=5)
13:                 System.out.println("0~5 之間 !");
14:             else
15:                 System.out.println(" 大於 5!");
16:         // 有大括號的巢狀條件敘述
17:         if (value >= 0) {
18:             if (value <=5)
19:                 System.out.println("0~5 之間 !");
20:         }
21:         else
22:             System.out.println(" 小於 0!");
23:     }
24: }
```

▶ **程式說明**

- 第 11~15 行：在 if 條件敘述之中擁有 if/else 的巢狀條件敘述，而且沒有使用大括號。

- 第 17~22 行：在 if/else 條件敘述之中擁有 if 的巢狀條件敘述，在外層有使用大括號。

6-7　案例研究：判斷猜測數字大小

　　本節案例研究是巢狀條件敘述的應用，可以判斷使用者輸入的數字太大、太小或猜中，它就是第 7 章猜數字遊戲的數字判斷部分。

步驟一：定義問題

問題描述

　　請建立 Java 程式判斷猜測數字的大小，程式可以讓使用者輸入 1~100 之間整數的數字，然後顯示猜測的數字是太大、太小或猜中。

🕮 定義問題

　　從問題描述可以看出輸入是 1~100 之間的數字，輸出是太大、太小或猜中。

步驟二：擬定解題演算法

🕮 解題構思

　　在取得輸入的猜測值後，我們需要使用條件敘述檢查是否猜中，如果沒有猜中，還需要使用另一個條件敘述判斷是太大或太小，所以，在第一層條件中還擁有另一層條件，使用的是巢狀條件敘述。

🕮 解題演算法

　　依據解題構思找出的解題方法，我們可以寫出演算法的步驟，如下所示：

```
Step 1：輸入猜測變數 guess。
Step 2：判斷是否 guess==target：
        (1) 成立，顯示猜中。
        (2) 不成立，再執行 guess > target 比較：
            (a) 成立，顯示太大。
            (b) 不成立，顯示太小。
```

　　請依據上述分析結果的步驟繪出流程圖（Ch6_7.fpp），如下圖所示：

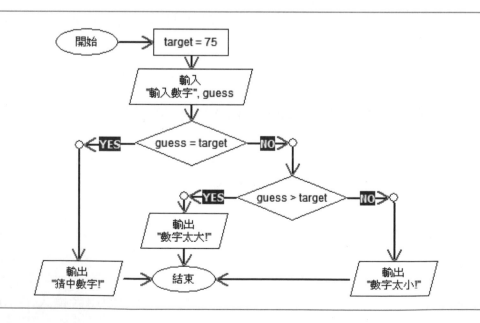

　　上述流程圖的判斷條件有兩層，第一層是 guess = target（即 Java 語言的 guess == target），第二層是 guess > target。

步驟三：撰寫程式碼

　　Java 的條件敘述可以有很多層，在 if/else 條件敘述的程式區塊中，可以擁有另一個 if/else 條件敘述。

📘 將流程圖轉換成 Java 程式碼

　　從前述流程圖可以看出，在 if/else 條件敘述的第 2 個程式區塊擁有另一個 if/else 條件敘述，可以判斷數字太大或太小，如下所示：

```java
if ( guess == target ) {
    System.out.println("猜中數字!");
}
else {
    if ( guess > target ) {
        System.out.println("數字太大!");
    }
    else {
        System.out.println("數字太小!");
    }
}
```

　　上述第 1 層 if/else 條件判斷是否猜中（流程圖的第 1 個決策符號），如果沒有猜中，就使用第 2 層 if/else 條件敘述來判斷數字太大或太小（流程圖的第 2 個決策符號）。

▶ 程式內容：Ch6_7.java

```java
01: /* Java 程式: Ch6_7.java */
02: public class Ch6_7 {
03:    // 主程式
04:    public static void main(String[] args) {
05:       int guess;   // 變數宣告
06:       int target = 75;
07:       java.util.Scanner sc =
08:             new java.util.Scanner(System.in);
09:       System.out.print("請輸入猜測值 => ");
10:       guess = sc.nextInt(); // 取得整數
11:       if ( guess == target ) {
```

```
12:            System.out.println(" 猜中數字 !");
13:        }
14:        else {
15:            if ( guess > target ) {
16:                System.out.println(" 數字太大 !");
17:            }
18:            else {
19:                System.out.println(" 數字太小 !");
20:            }
21:        }
22:    }
23: }
```

▶ **程式說明**

- 第 7~10 行：取得使用者輸入的猜測數字。
- 第 11~21 行：第一層 if/else 條件敘述是判斷是否猜中數字。
- 第 15~20 行：第二層 if/else 條件敘述是判斷太大或太小。

　　因為 if/else/if 條件敘述的條件是互補的，我們可以改為互補條件的數個 if 條件來取代，如下所示：

```
if ( guess == target )
   System.out.println(" 猜中數字 !");
if ( guess > target )
   System.out.println(" 數字太大 !");
if ( guess < target )
   System.out.println(" 數字太小 !");
```

　　上述 3 個 if 條件敘述的條件運算式是互補的，其功能和本節程式範例完全相同。

步驟四：測試執行與除錯

　　現在，我們可以執行與除錯 Java 程式。此程式可以判斷猜測數字是太大、太小或猜中，在輸入數字後，使用巢狀條件判斷數字太大、太小或猜中數字，如下所示：

```
請輸入猜測值 => 90
數字太大 !
```

在輸入猜測數字 90 後，可以看到顯示猜測數字太大。如果輸入 50，顯示猜測數字太小，如下所示：

```
請輸入猜測值 => 50
數字太小！
```

如果輸入 75，可以看到猜中數字，如下所示：

```
請輸入猜測值 => 75
猜中數字！
```

學習評量

6-1 程式區塊

1. 請問什麼是程式區塊？

2. 請舉例說明如何使用程式區塊隱藏 Java 語言的變數宣告？

6-2 if 敘述與關係邏輯運算子

3. 請寫出下列 Java 語言條件運算式的值為 true 或 false，如下所示：

   (1) `6 != 5`
   (2) `5 == 2 || 5 > 3`
   (3) `!(6 < 5)`
   (4) `10 > 5 && 8 < 5`
   (5) `(2 > 9 ) || ( 3 < 8 )`
   (6) `(( 9 % 4 ) > 2) && (8 < 3)`
   (7) `!((1 != 2) || (5 - 4))`
   (8) `! 50 > 60 && 10 > 5`

4. 請寫出下列 Java 語言條件運算式的值為 true 或 false，如下所示：

   (1) `2 + 3 == 5`
   (2) `36 < 6 * 6`
   (3) `8 + 1 >= 3 * 3`
   (4) `2 + 1 == (3 + 9) / 4`
   (5) `12 <= 2 + 3 * 2`
   (6) `2 * 2 + 5 != (2 + 1) * 3`
   (7) `5 == 5`
   (8) `4 != 2`
   (9) `10 >= 2 && 5 == 5`

5. 如果變數 x = 5、y = 6 和 z = 2，請問下列哪些 if 條件為 true；哪些為 false，如下所示：

   ```
   if ( x == 4 )
   if ( y >= 5 )
   if ( x != y - z )
   if ( z = 1 )
   if ( y )
   ```

學習評量

6. 如果 A=-1; B=0; C=1;，請寫出下列條件和邏輯運算式的值，如下所示：

```
A > B && C > B
A < B || C < B
( B - C ) == ( B - A )
( A - B ) != ( B - C )
```

7. 請寫出 Java 語言的 if 條件敘述，只有在變數 s 等於 6 時才顯示 " 變數 值等於 6" 的訊息文字。

8. 請寫出 if 條件敘述判斷年齡大於 18 歲是成人，但不是年長者，即年齡 不超過 65 歲。

9. 請寫出 2 個 if 條件敘述，y 的初值為 10，第 1 個是當 x 值範圍在 18~65 之間時，將變數 x 的值指定給變數 y，第 2 個是當 y 值等於 10 時， 將 y 值加 150。

10. 請寫出下列 Java 程式片段的輸出結果，如下所示：

(1)
```
i = 5; j = 0;
if ( i == 5) j = 5;
if ( i = 3) j = 2;
System.out.println("j= " + j);
```

(2)
```
int depth = 10 ;
if ( depth >= 10 ) {
    System.out.print(" 危險 : ");
    System.out.println(" 水太深 .\n");
}
```

11. 請啟動 fChart 繪出判斷輸入年齡（age）是否成年的流程圖，年齡大於 等於 18 顯示 "已經成年 !"，然後完成判斷是否成年的 Java 程式碼片段， 如下所示：

```
if (_____) {
    _____;
}
```

12. 目前商店正在周年慶折扣，消費者消費滿 1000 元有 8 折折扣，請建立 Java 程式輸入消費額為 900、2500 和 3300 元時的付款金額？

學習評量

13. 請建立 Java 程式輸入一個整數 num，可以判斷輸入整數是奇數或偶數？

14. 請設計 Java 程式輸入 1 個字元，可以分別判斷字元是 0-9 數字，字元是 a-z,A-Z 英文字母。

6-3 二選一條件敘述

15. Java 語言條件運算子「?:」相當於是 _____ 條件敘述。在 Java 程式如果需要建立條件敘述判斷成績及格或不及格，使用 _____ 條件敘述是最佳的選擇。

16. 請寫出下列 Java 程式片段的執行結果，如下所示：

```
x = 7; y = 5; z = 4;
if (x > y) {
    if (y > z) System.out.println("x= " + x);
}
else {
    System.out.println("y= " + y);
}
System.out.println("z= " + z);
```

17. 請寫出 Java 程式片段執行結果的變數 x 的值為何，如下所示：

```
x = 0;  y = 2;
if (x > y) {
    x = x + 2;
}
else {
    x = x + 1;
}
x = x + y;
```

18. 請寫出下列 Java 程式片段的輸出結果，如下所示：

```
int sum = 8 + 1 + 2 + 7;
if ( sum < 20 ) System.out.print(" 太小 \n");
else            System.out.printl(" 太大 \n");
```

19. 請啟動 fChart 繪出判斷輸入數字（num）是否大於 0 的流程圖，大於 0 顯示 " 數字大於 0!"，反之顯示 " 數字小於等於 0!"。

學習評量

20. 請繼續習題 19，完成判斷數字是否大於 0 的 Java 程式碼，如下所示：

```
if _____ {
    System.out.println("_____");
}
else {
    System.out.println("_____");
}
```

21. 如果年齡大於等於 20，顯示 " 擁有投票權 "；小於 20 顯示 " 沒有投票權 "，請完成下列 Java 程式片段，如下所示：

```
if _____
    System.out.print(" 擁有投票權 \n");
_____
_____
```

22. 便利商店每小時薪水超過 110 元是高時薪，請寫出條件判斷的 Java 程式碼，當超過時，顯示 " 高時薪 " 訊息文字；否則顯示 " 低時薪 "。

23. 請寫出 if 條件敘述，當 x 值的範圍是在 1~20 之間時，將變數 x 的值指定給變數 y，否則 y 的值為 50。

24. 請建立 Java 程式輸入整數的體重（weight），如果體重大於 80 公斤，顯示 " 體重過重 !" 訊息文字；否則顯示 " 體重正常 "。

25. 請建立 Java 程式輸入整數的體重（weight）和身高（height），如果體重大於 80 公斤且身高小於 170，顯示 " 體重過重 !" 訊息文字；否則顯示 " 體重正常 "。

26. 請建立 Java 程式輸入月份天數判斷是大月或小月，天數等於 31 天是大月；反之是小月。

27. 請撰寫 Java 程式來計算網路購物的運費，基本物流處理費 199：1~5 公斤，每公斤 50 元；超過 5 公斤，每一公斤為 30 元。分別輸入購物重量為 3.5、10、25 公斤，請計算和顯示購物所需的運費＋物流處理費？

28. 請建立 Java 程式計算計程車的車資，只需輸入里程數就可以計算車資，里程數在 1500 公尺內是 80 元，每多跑 500 公尺加 5 元；如果不足 500 公尺以 500 公尺計。

29. 請將習題 24 改用條件運算子來建立 Java 程式。

學習評量

30. 請將習題 25 改用條件運算子來建立 Java 程式。

6-5　多選一條件敘述

31. 在 Java 程式如果需要依不同年齡範圍決定門票是半票、全票或敬老票，Java 語言的 ＿＿＿＿＿ 條件敘述是最佳選擇。

32. 請寫出下列 Java 程式片段執行結果的變數 y 值，如下所示：

```java
x = 15; y = 0;
if (x < 10)        y = 1;
else if (x < 20)  y = 2;
else if (x > 30)  y = 3;
else              y = 4;
System.out.println("y= " + y);
```

33. 請問執行下列 Java 程式片段後，變數 A 和 B 的值為何（參考 fChart 流程圖專案：Ch6_8a.fpp），如下所示：

```java
A = 5; B = 10;
if (A % 2 == 0) {
    A = A + 1;
}
else If (B % 2 == 0) {
    B = B + 2;
}
else {
    A = A + 2;
    B = B + 1;
}
```

34. 請問執行下列 Java 程式片段後，變數 A 和 B 的值為何（參考 fChart 流程圖專案：Ch6_8b.fpp），如下所示：

```java
A = 3;
switch (A) {
    case 1 : B = A:
    case 3 : B = A * A;
    case 5 : B = A * A * A;
}
```

學習評量

35. 請建立 Java 程式的百貨公司打折程式，輸入消費金額後，超過 2000
元打 7 折；超過 5000 元打 6 折；超過 10000 元打 55 折，可以顯示打
折後的金額。

36. 請建立 Java 程式使用 if/else/if 多選一條件敘述檢查動物園的門票，120
公分以下免費；120~150 公分半價；150 公分以上為全票。

37. 請建立 Java 程式輸入月份（1~12），可以判斷月份所屬季節（3-5 月
是春季，6-8 月是夏季，9-11 月是秋季，12-2 月是冬季）。

38. 請繼續習題 36，將 if/else/if 多選一條件敘述改為互補條件的數個 if 條
件來取代。

6-6　巢狀條件敘述

39. 請將下列巢狀 if 條件敘述改為單一 if 條件敘述，此時的條件是使用邏
輯運算子連接多個條件，如下所示：

```java
if ( height > 20 ) {
    if ( width >= 50 )
        System.out.print("尺寸不合 !\n");
}
```

40. 年齡（age）小於等於 12 歲稱為兒童；小於 20 歲稱為青少年；大於等
於 20 歲稱為成年人，請完成下列 Java 程式碼，依年齡判斷屬於哪一
個年齡層，如下所示：

```java
if (age <= _____) {
    System.out.print(_____);
}
else {
    if (_____) {
        System.out.print("青少年 \n");
    }
    else {
        System.out.print(_____)___
    }
}
```

Chapter

7

迴圈結構

7-1 for 計數迴圈

Java的for迴圈可以重複執行程式區塊固定次數,稱為「計數迴圈」(counting loop),在實務上,如果已經明確知道迴圈會執行幾次時,稱為「明確重複」(definite repetition),就是使用 for 計數迴圈來實作。

說明

本章 Java 程式範例是位在「Ch07」目錄 IntelliJ IDEA 的 Java 專案,請啟動 IntelliJ IDEA,開啟位在「Java8\Ch07」目錄的專案,就可以測試執行本章的 Java 程式範例,如下圖所示:

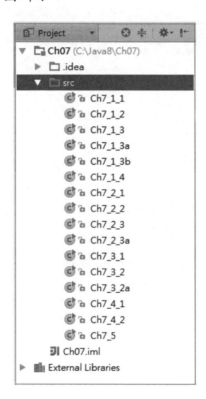

for 迴圈的語法

在 for 迴圈程式敘述本身擁有計數器變數,或稱為控制變數(control variable),計數器變數每次增加或減少一個固定值,直到到達迴圈結束條件為止,其基本語法如下所示:

```
for ( 初始計數器變數 ; 結束條件 ; 計數器變數更新 ) {
    程式敘述 1;
    程式敘述 2;
    ……
    程式敘述 n;
}
```

上述語法是使用 for 關鍵字開始，之後是括號，然後接著程式區塊的左右大括號。如果 for 迴圈只執行一行程式碼，如同條件敘述，我們可以省略左右大括號，如下所示：

```
for ( 初始計數器變數 ; 結束條件 ; 計數器變數更新 )
    程式敘述 ;
```

上述 for 迴圈只執行 1 行程式碼，請注意！在迴圈「)」右括號之後不可加上「;」分號，如果有「;」分號，並不會有錯誤，for 迴圈仍然會執行，只是不會執行任何程式碼，因為迴圈根本沒有程式碼，只是一個空迴圈。

for 迴圈的執行次數是從括號初始計數器變數的值開始，執行計數器變數更新到結束條件為止。在括號中至少有 3 個運算式，第 1 個和第 3 個運算式是指定敘述或函數呼叫，中間第 2 個運算式是結束迴圈的條件運算式。

7-1-1　遞增的 for 計數迴圈

遞增的 for 計數迴圈是使用計數器變數來控制迴圈的執行，從一個值逐次增量執行到另一個值為止。例如：計算 1 加到變數 max 的總和，每次增加 1，如下所示：

```
for ( i = 1; i <= max; i++ ) {
    System.out.print("|" + i + "|");
    sum += i;
}
```

上述迴圈可以計算從 1 加到 max 的總和，加總運算式是 sum += i;。for 迴圈括號部分的詳細說明，如下所示：

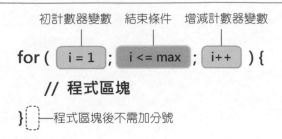

在上述 for 迴圈的括號中使用「;」符號分成三個部分,如下所示:

▶ i = 1:這部分是第 1 次進入 for 迴圈時執行的程式碼,通常是用來初始計數器變數 i 的值。

▶ i <= max:此部分是迴圈的結束條件,每次執行 for 迴圈前都會檢查一次,以便決定是否繼續執行迴圈,以此例是當 i > max 條件成立時結束迴圈執行,當 i <= max 成立時,就繼續執行下一次迴圈。

▶ i++:此部分是在每執行完 1 次 for 迴圈程式區塊後執行,可以更改計數器變數的值來逐漸接近結束條件,i++ 是遞增 1(也可以是遞減 1 或增減其他固定值),變數 i 的值每執行完 1 次迴圈就遞增 1,變數值依序從 1、2、3、4、…、至 max,共可執行 max 次迴圈。

遞增 for 計數迴圈的流程圖(Ch7_1_1.fpp),如下圖所示:

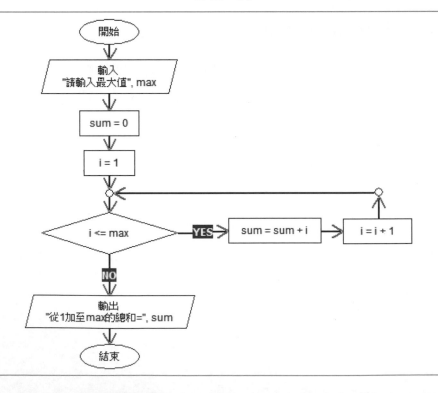

上述流程圖條件是 i <= max，條件成立執行迴圈；不成立結束迴圈執行。請注意！ fChart 繪出的流程圖沒有區分是否是計數迴圈，實務上，我們會繪成水平方向的迴圈來表示是計數迴圈；垂直方向是第 7-2 節的條件迴圈。

程式範例 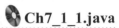 Ch7_1_1.java

在 Java 程式輸入變數 max 的值後，使用遞增 for 計數迴圈計算 1 加到 max 的總和，如下所示：

```
請輸入最大值 => 10
|1||2||3||4||5||6||7||8||9||10| ==>從 1 加到 10 的總和 =55
```

上述執行結果可以看到輸入最大值 10 後，使用遞增 for 計數迴圈計算 1 加到 10 的總和。

▶ 程式內容

```
01: /* 程式範例：Ch7_1_1.java */
02: public class Ch7_1_1 {
03:     // 主程式
04:     public static void main(String[] args) {
05:         int i, max, sum = 0; // 變數宣告
06:         java.util.Scanner sc =
07:                 new java.util.Scanner(System.in);
08:         System.out.print("請輸入最大值 => ");
09:         max = sc.nextInt(); // 取得最大值
10:         // for 遞增迴圈敘述
11:         for ( i = 1; i <= max; i++ ) {
12:             System.out.print("|" + i + "|");
13:             sum += i;
14:         }
15:         System.out.println(" ==>從 1 加到 " + max + " 的總和 =" + sum);
16:     }
17: }
```

▶ 程式說明

▶ **第 11~14 行**：for 遞增迴圈計算 1 加到 max 的總和，計數器為 i++，例如：使用 for 遞增迴圈從 1 加至 10 每次執行迴圈的變數值變化，如下表所示：

變數 i 值	變數 sum 值	計算 sum += i 後的 sum 值
1	0	1
2	1	3
3	3	6
4	6	10
5	10	15
6	15	21
7	21	28
8	28	36
9	36	45
10	45	55

7-1-2 遞減的 for 計數迴圈

遞減的 for 計數迴圈和遞增 for 計數迴圈相反，for 迴圈是從 max 到 1，計數器是使用 i-- 表示每次遞減 1，如下所示：

```
for ( i = max; i >= 1; i-- ) {
    System.out.print("|" + i + "|");
    sum += i;
}
```

上述迴圈因為增量是遞減，所以從 max 加到 1 計算其總和。遞減 for 計數迴圈的流程圖（Ch7_1_2.fpp），如右圖所示：

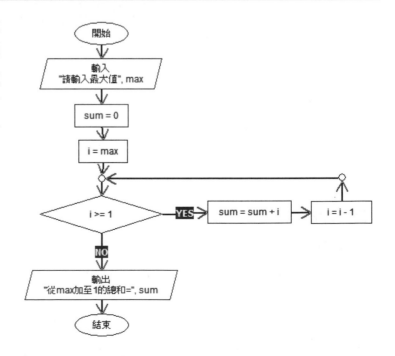

上述流程圖條件是 i >= 1，條件成立執行迴圈；不成立結束迴圈的執行。

在 for 迴圈括號的第一和第三部分都允許同時指定多個變數初值、呼叫函數或更新多個計數器變數，如果有多個運算式、初值和函數呼叫，請分別使用「,」逗號分隔，如下所示：

```
for ( i = max, j = 1, sum = 0; i >= 1;
                    i--, j++, System.out.print("\n") ) {
    System.out.print("|" + i + "-" + j + "|");
    sum += i;
    sum += j;
}
```

上述迴圈的變數 i 是從 max 到 1；變數 j 是從 1 到 max，同時初始變數 sum，最後使用 System.out.print() 方法換行來顯示變數 i 和 j 的值。

程式範例　　　　　　　　　　　　　　　　　　　　　　　Ch7_1_2.java

在 Java 程式輸入變數 max 值後，使用遞減 for 計數迴圈計算 max 加到 1 的總和，同時在 for 迴圈語法的括號初始和更新變數值，如下所示：

```
請輸入最大值 => 10
|10||9||8||7||6||5||4||3||2||1| ==> 從 10 加到 1 的總和 =55
|10-1|
|9-2|
|8-3|
|7-4|
|6-5|
|5-6|
|4-7|
|3-8|
|2-9|
|1-10|
 ==> 總和 =110
```

上述執行結果可以看到輸入最大值 10 後，使用遞減 for 計數迴圈計算 10 加到 1 的總和，下方顯示 for 迴圈初始和更新變數值，分別是從 1 到 10 和 10 到 1，所以總和是 55 + 55 = 110。

▶ 程式內容

```
01: /* 程式範例：Ch7_1_2.java */
02: public class Ch7_1_2 {
03:     // 主程式
04:     public static void main(String[] args) {
05:         int i, j, max, sum = 0; // 變數宣告
06:         java.util.Scanner sc =
07:                 new java.util.Scanner(System.in);
08:         System.out.print("請輸入最大值 => ");
09:         max = sc.nextInt(); // 取得最大值
10:         // for 遞減迴圈敘述
11:         for ( i = max; i >= 1; i-- ) {
12:             System.out.print("|" + i + "|");
13:             sum += i;
14:         }
15:         System.out.println(" ==>從 " + max + " 加到 1 的總和 =" + sum);
16:         // 在 for 迴圈語法初始和更新變數值
17:         for ( i = max, j = 1, sum = 0; i >= 1;
18:               i--, j++, System.out.print("\n") ) {
19:             System.out.print("|" + i + "-" + j + "|");
20:             sum += i;
21:             sum += j;
22:         }
23:         System.out.println(" ==>總和 =" + sum);
24:     }
25: }
```

▶ 程式說明

▶ 第 11~14 行：for 迴圈計算 max 加到 1，計數器為 i--。例如：使用 for 遞減迴圈從 10 加至 1 每次執行迴圈的變數值變化，如下表所示：

變數 i 值	變數 sum 值	計算 sum += i 後的 sum 值
10	0	10
9	10	19
8	19	27
7	27	34
6	34	40
5	40	45
4	45	49
3	49	52
2	52	54
1	54	55

● 第17~22行：在 for 迴圈同時使用 2 個計數器變數 i 和 j，一為遞增；一為遞減，和在 for 迴圈第 1 部分初始 sum 變數值，第 3 部分使用 System.out.print() 方法來換行。

7-1-3　for 計數迴圈的應用

　　for 計數迴圈的用途很多，對於需要固定量遞增或遞減的重複計算問題，都可以使用 for 計數迴圈來實作。

攝氏 - 華氏溫度對照表

　　我們可以使用 for 計數迴圈遞增溫度來建立攝氏 - 華氏溫度對照表，攝氏轉華氏溫度的公式，如下所示：

```
f = (9.0 * c) / 5.0 + 32.0;
```

　　在 Java 程式只需使用上述公式加上 for 迴圈，就可以從攝氏溫度 100 到 300，每次增加 20 度來顯示溫度對照表。其流程圖和 for 迴圈程式碼，如下表所示：

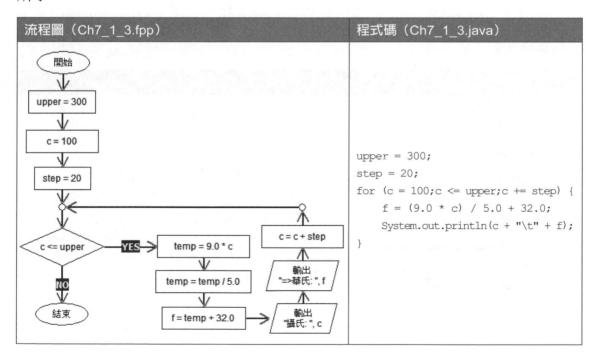

流程圖（Ch7_1_3.fpp）	程式碼（Ch7_1_3.java）

	``upper = 300;
	step = 20;
	for (c = 100;c <= upper;c += step) {
	    f = (9.0 * c) / 5.0 + 32.0;
	    System.out.println(c + "\t" + f);
	}```

階層函數 n!

數學階層函數 n! 的定義，如下所示：

$$n! \begin{cases} 1 & n=0 \\ n*(n-1)*(n-2)*...*1 & n>0 \end{cases}$$

上述是階層函數 n! 的定義，如果 n=0 時是 1，否則計算 n*(n-1)*(n-2)*…*1 的值。現在我們準備計算 4! 的值，從上述階層函數 n! 的定義，因為 n>0，所以使用 n! 定義的第二條計算階層函數 4! 的值，如下所示：

```
4! = 4*3*2*1 = 24
```

上述運算式的數值是從 4 到 1 依序縮小，依序計算 1!、2!、3! 和 4! 共計算四次，所以可以使用 for 迴圈計算階層函數值，如下所示：

```
1! = 1
2! = 2*1! = 2*1
3! = 3*2! = 3*2*1
4! = 4*3! = 4*3*2*1
```

依據上述運算過程，可以繪出計算最大階層數 maxLevel 的流程圖和 for 迴圈程式碼，如下表所示：

流程圖 （Ch7_1_3a.fpp）	程式碼 （Ch7_1_3a.java）

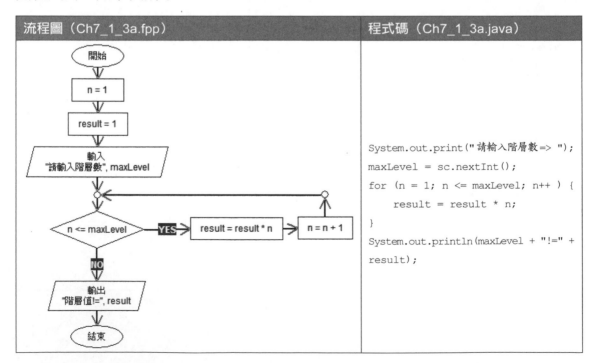	```
	System.out.print("請輸入階層數=> ");
	maxLevel = sc.nextInt();
	for (n = 1; n <= maxLevel; n++) {
	    result = result * n;
	}
	System.out.println(maxLevel + "!=" +
	result);
	``

本利和計算程式

在 Java 程式計算 1 萬元 5 年複利 12% 的本利和，因為固定 5 年，所以使用 for 迴圈計算複利的本利和，每一年利息的計算公式，如下所示：

> 年息 ＝ 本金 ＊ 年利率

依據上述公式，可以繪出流程圖和撰寫 for 迴圈的程式碼，如下表所示：

流程圖（Ch7_1_3b.fpp）	程式碼（Ch7_1_3b.java）

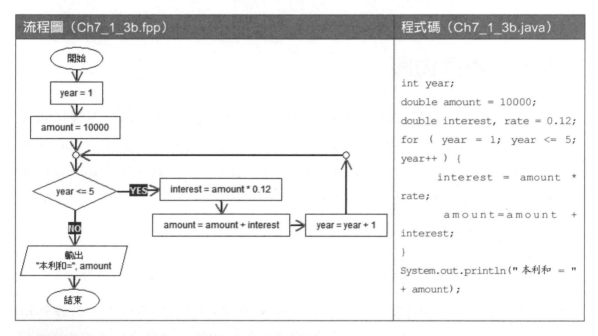	`int year;`
	`double amount = 10000;`
	`double interest, rate = 0.12;`
	`for ( year = 1; year <= 5; year++ ) {`
	`    interest = amount * rate;`
	`    amount=amount + interest;`
	`}`
	`System.out.println(" 本利和 = " + amount);`

7-1-4　for 迴圈計數器變數的增量

雖然，最常使用的 for 迴圈是遞增或遞減增量 1，即 ++ 或 --，但在實務上，我們只需使用加減運算來指定不同增量，例如：i += 2；i -= 2 等，就可以建立更多變化的 for 迴圈（程式範例：Ch7_1_4.java），如下表所示：

範例	說明
for (i = 100; i >= 1; i--) { … }	增量是 -1，計數器變數值是從 100 到 1 的遞減迴圈，即 100、99、98、...、3、2、1

for (i = 2; i <= 100; i += 2) {
　sum = sum + i;
}
	從 2 加到 100 的偶數和，即 2+4+6+8+...+98+100

for (i = 3; i >= 20; i = i - 2) { … }	增量是 -2，並不會進入計數迴圈，因為第 1 次判斷的計數器變數就小於 20

範例	說明
for (i = 2; i <= 17; i += 3) { ... }	增量是 3，計數器變數值是從 2 到 17 的遞增迴圈，即 2、5、8、11、14、17
for (i = 17; i <= 2; i += 3) { ... }	增量是 3，並不會進入計數迴圈，因為第 1 次判斷的計數器變數就大於 2
for (i = 44; i >= 11; i = i -11) { ... }	增量是 -11，計數器變數值是從 44 到 11 的遞減迴圈，即 44、33、22、11

7-2 條件迴圈

條件迴圈是使用警示值條件控制迴圈的執行，迴圈會重複執行至警示值條件成立時結束，所以並不知道迴圈會執行幾次，稱為「不明確重複」（indefinite repetition）。當我們在流程圖繪出重複結構時，如果迴圈執行次數未定，就是使用本節 while 或 do/while 條件迴圈來實作。

條件迴圈的種類

Java 的條件迴圈依測試結束條件的位置不同可以分為兩種，如下所示：

▶ **前測式 while 迴圈敘述**：迴圈是在開始測試迴圈的結束條件，當條件持續成立時，就重複執行程式區塊或單行程式敘述，直至條件不成立為止。

▶ **後測式 do/while 迴圈敘述**：迴圈是在結尾測試迴圈的結束條件，如果條件成立才執行下一次迴圈，而且持續執行到條件不成立為止，因為是在結尾測試，所以迴圈至少會執行 1 次。

在本節使用的程式範例是修改自第 7-1-3 節，讀者可以比較其差異來了解何種情況使用 for 計數迴圈；何時使用 while 和 do/while 條件迴圈，並且在第 7-2-3 節說明如何將 for 迴圈改成 while 迴圈，也就是建立 while 迴圈版的計數迴圈。

7-2-1　前測式 while 迴圈敘述

前測式 while 迴圈敘述不同於 for 迴圈，我們需要在程式區塊自行處理條件值的更改，while 迴圈是在程式區塊的開頭檢查結束條件，如果條件為 true 才允許進入迴圈執行，如果一直為 true，就持續重複執行迴圈，直到條件 false 為止，其基本語法如下所示：

```
while ( 結束條件 ) {
    程式敘述 1;
    程式敘述 2;
    ......
    程式敘述 n;
}
```

上述語法是使用 while 關鍵字開始，之後是括號的結束條件，然後接著左右大括號的程式區塊，因為是程式區塊，所以在右大括號之後不需「;」分號。如果 while 迴圈只執行一行程式碼，可以省略左右大括號。

while 迴圈的執行次數是直到結束條件為 false 為止，請注意！在程式區塊中一定有程式敘述用來更改條件值到達結束條件，以便結束迴圈執行，不然，就會造成無窮迴圈，迴圈永遠不會結束。

例如：計算階層函數 n! 值大於輸入值的最小 n 值和 n! 值，因為迴圈執行次數需視使用者輸入的最大值而定，所以，計算階層函數值的迴圈執行次數未定，我們是使用警示值條件迴圈來執行計算，而不是第 7-1-1 節的 for 計數迴圈，如下所示：

```
while ( result <= maxValue ) {
    result = result * n;
    n = n + 1;
}
n = n - 1;
```

上述變數 n 和 result 的初值為 1，while 迴圈的變數 n 是從 1、2、3、4.... 相乘計算階層函數值是否大於 maxValue，當條件成立結束迴圈，因為最後一次迴圈已經將 n 加 1，所以迴圈結束後的 n 值需減 1，其流程圖（Ch7_2_1.fpp）如下圖所示：

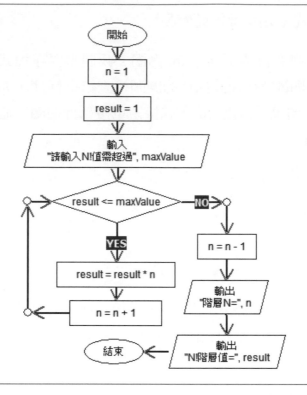

說明

while 迴圈和下一節的 do/while 迴圈因為沒有預設計數器變數，如果程式區塊沒有任何程式敘述可以將 while 結束條件變成 false，就會持續 true 造成無窮迴圈，不會停止重複結構的執行（詳見第 7-3-2 節的說明），讀者在使用時請務必小心！

程式範例 　　　　　　　　　　　　　　　　　　　 Ch7_2_1.java

在 Java 程式輸入一個數值後，可以計算階層函數 n! 值大於此值的最小 n 值和 n! 值，如下所示：

```
請輸入 N! 階層值需超過 => 100
5!= 120
```

▶ 程式內容

```
01: /* 程式範例 : Ch7_2_1.java */
02: public class Ch7_2_1 {
03:     // 主程式
04:     public static void main(String[] args) {
05:         int maxValue;  // 變數宣告
06:         int n = 1;
07:         int result = 1;
08:         java.util.Scanner sc =
09:                 new java.util.Scanner(System.in);
10:         System.out.print("請輸入N!階層值需超過=> ");
11:         maxValue = sc.nextInt(); // 取得最大階層值
12:         // while 迴圈敘述
13:         while (result <= maxValue){
14:             result = result * n;
15:             n = n + 1;  // while 迴圈的計數器
16:         }
17:         n = n - 1;
18:         System.out.println(n + "!= " + result);
19:     }
20: }
```

▶ 程式說明

- 第 13~16 行：while 迴圈計算階層函數 n! 的值，在第 14 行計算各階層的值，第 15 行將計數器變數 n 加一，迴圈的結束條件是階層函數值大於輸入值 maxValue，改變變數 n 的值，可以讓計算結果逐次到達結束條件，此變數的功能如同 for 迴圈的計數器變數，用來控制迴圈的執行。

- 第 17 行：因為在 while 迴圈的最後一次已經將 n 加 1，所以需將它減 1，才是最小 n! 的 n 值。

7-2-2 後測式 do/while 迴圈敘述

後測式 do/while 和 while 迴圈的主要差異是在迴圈結尾檢查結束條件，因為會先執行程式區塊的程式碼後才測試條件，所以 do/while 迴圈的程式區塊至少會執行一次，其基本語法如下所示：

```
do {
    程式敘述 1;
    程式敘述 2;
    ......
    程式敘述 n;
} while ( 結束條件 );
```

上述語法是使用 do 關鍵字開始，之後是左右大括號的程式區塊，然後接著 while 關鍵字和括號的結束條件，請注意！因爲是程式敘述，所以在括號後需加上「;」分號。

如果 do/while 迴圈只執行一行程式碼，我們可以省略左右大括號。在實務上，並不建議省略左右大括號，因爲很容易和 while 迴圈產生混淆，因爲最後 while 關鍵字如果沒有之前的右大括號，就像是一個空的 while 迴圈。

do/while 迴圈的執行次數是持續執行，直到結束條件爲 false 爲止。例如：使用 do/while 迴圈計算本金 1 萬元，複利 12%，我們需要存幾年本利和才會超過 2 萬元，如下所示：

```
year = 0;
amount = 10000;
rate = 0.12;
do {
    interest = amount * rate;
    amount = amount + interest;
    year = year + 1;
} while ( amount < 20000 );
```

上述 do/while 迴圈在第 1 次執行時是直到迴圈結尾才檢查 while 條件是否爲 true，如爲 true 就繼續執行下一次迴圈；false 結束迴圈的執行，其流程圖（Ch7_2_2.fpp）如右圖所示：

右述流程圖條件 amount < 20000 是迴圈的進入條件（開始執行第 2 次迴圈），當條件 true 時進入迴圈，變數 year 單純只是計算迴圈共執行幾次，即所需年數，每執行一次就加 1（因爲 year 變數的初值爲 0，所以不像第 7-2-1 節需要在結束迴圈後減 1），直到 amount >= 20000 成立爲止。

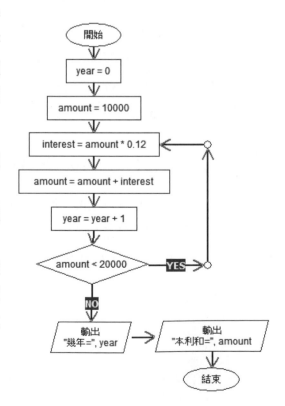

程式範例　　　　　　　　　　　　　　　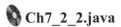Ch7_2_2.java

　　在 Java 程式使用 do/while 迴圈計算 1 萬元複利 12% 時，我們需要存幾年本利和才會超過 2 萬元，如下所示：

```
7 年 本利和 = 22106.814074060796
```

▶ **程式內容**

```
01: /* 程式範例: Ch7_2_2.java */
02: public class Ch7_2_2 {
03:    // 主程式
04:    public static void main(String[] args) {
05:        int year = 0;       // 變數宣告
06:        double amount = 10000;
07:        double interest, rate = 0.12;
08:        // 計算本利和的 do/while 迴圈
09:        do {
10:            interest = amount * rate;
11:            amount = amount + interest;
12:            year = year + 1;
13:        } while ( amount < 20000 );
14:        System.out.println(year + " 年 本利和 = " + amount);
15:    }
16: }
```

▶ **程式說明**

- 第 9~13 行：do/while 迴圈計算複利的本利和，在第 10~11 行計算利息和本利和，第 12 行將所需年數加一，while 迴圈的結束條件是 amount >= 20000。

7-2-3　將 for 計數迴圈改成 while 迴圈

　　Java 的 for 計數迴圈可以說是一種特殊版本的 while 迴圈，我們可以輕易將 for 迴圈改成 while 迴圈的版本，也就是使用 while 迴圈來實作計數迴圈。

　　因為 while 迴圈不像 for 迴圈程式敘述本身擁有計數器變數，我們需要自行在 while 程式區塊處理計數器變數值的增減來到達迴圈的結束條件，其執行流程如下所示：

Step 1 ▶ 在進入 while 迴圈之前需要自行指定計數器變數的初值。

Step 2▸ 在 while 迴圈判斷結束條件是否成立，如為 true，就繼續執行迴圈的程式區塊；不成立 false 時，結束迴圈的執行。

Step 3▸ 在迴圈程式區塊需要自行使用程式碼增減計數器變數值，然後回到 Step 2 測試是否繼續執行迴圈。

◈ 原始 for 迴圈

在第 7-1-3 節是使用 for 迴圈顯示溫度對照表，我們準備將此 for 迴圈改為 while 迴圈，如下所示：

```
upper = 300;
step = 20;
for ( c = 100; c <= upper; c += step ) {
    f = (9.0 * c) / 5.0 + 32.0;
    System.out.println(c + "\t" + f);
}
```

◈ 將 for 迴圈改為 while 迴圈

在 for 迴圈括號第二部分的 c <= upper 終止條件就是 while 迴圈的結束條件，更新計數器變數 c 是 while 迴圈的計數器變數，如下所示：

```
c = 100;   // 指定初值
upper = 300;
step = 20;
while ( c <= upper ) {   // 結束條件
    f = (9.0 * c) / 5.0 + 32.0;
    System.out.println(c + "\t" + f);
    c += step;   // 增減計數器變數值
}
```

上述程式碼使用變數 c 作為計數器變數，每次增加 step 變數值的量，攝氏溫度是從 100~300，然後使用 while 迴圈計算轉換後的華氏溫度。for 迴圈與 while 迴圈的轉換說明圖例，如下圖所示：

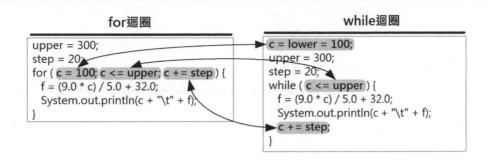

for迴圈	while迴圈

```
upper = 300;
step = 20;
for ( c = 100; c <= upper; c += step ) {
    f = (9.0 * c) / 5.0 + 32.0;
    System.out.println(c + "\t" + f);
}
```

```
c = lower = 100;
upper = 300;
step = 20;
while ( c <= upper ) {
    f = (9.0 * c) / 5.0 + 32.0;
    System.out.println(c + "\t" + f);
    c += step;
}
```

程式範例

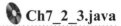 **Ch7_2_3.java**

　　這個 Java 程式是修改自 Ch7_1_3.java，改用 while 迴圈計算攝氏轉成華氏溫度的轉換表，如下所示：

```
攝氏     華氏
100     212.0
120     248.0
140     284.0
160     320.0
180     356.0
200     392.0
220     428.0
240     464.0
260     500.0
280     536.0
300     572.0
```

▶ 程式內容

```
01: /* 程式範例：Ch7_2_3.java */
02: public class Ch7_2_3 {
03:     // 主程式
04:     public static void main(String[] args) {
05:         int upper, step, c; // 變數宣告
06:         double f;
07:         c - 100;    // 指定初值
08:         upper = 300;
09:         step = 20;
10:         System.out.println(" 攝氏 \t 華氏 ");
11:         while ( c <= upper ) {    // 結束條件
12:             f = (9.0 * c) / 5.0 + 32.0;
```

```
13:              System.out.println(c + "\t" + f);
14:              c += step;   // 增減計數器變數值
15:           }
16:       }
17: }
```

▶ **程式說明**

- 第 7~9 行：初始變數值，第 9 行是初始計數器變數值的增量。
- 第 11~15 行：在 while 迴圈計算和顯示溫度轉換表，每次增加 20 度，在第 14 行更新計數器變數 c。

　　while 和 do/while 迴圈只需初始計數器變數和在迴圈程式區塊自行維護計數器變數的增減，就可以實作 for 計數迴圈的功能（程式範例：Ch7_2_3a.java），如下表所示：

範例	說明

sum = 0; i = 1;
while (i < 10) {
　sum += i;
　i = i + 1;
}
	計數器變數 i 的初值是 1；增量是 1（i = i + 1），可以計算 1+2+3+...+9 的值，因為條件是 < 10，所以只到 9

sum = 0; i = 3;
while (i <= 12) {
　sum += i;
　i = i + 3;
}
	計數器變數 i 的初值是 3；增量是 3，可以計算 3+6+9+12 的值，當 i 值為 15 時結束迴圈

sum = 0; i = 2;
do {
　sum += i;
　i = i + 2;
} while (i > 6);
	計數器變數 i 的初值是 2；增量是 2，第 1 次執行的條件就不成立，但是，因為是後測式迴圈，所以仍會執行 1 次，sum 的值為 2

sum = 0; i = 2;
do {
　sum += i;
　i = i + 2;
} while (i <= 6);
	計數器變數 i 的初值是 2；增量是 2，條件是直到 i > 6 為止，可以計算 2+4+6 的值，因為是後測式迴圈，所以直到 i = 8 時才結束迴圈

7-3　巢狀迴圈與無窮迴圈

　　巢狀迴圈是在迴圈中擁有其他迴圈，例如：在 for 迴圈擁有 for、while 和 do/while 迴圈；在 while 迴圈之中擁有 for、while 和 do/while 迴圈等。

7-3-1　巢狀迴圈

　　Java 的巢狀迴圈可以有二或二層以上，例如：在 for 迴圈中擁有 while 迴圈，如下所示：

```
for ( i = 1; i <= 9; i++ ) {
    j = 1;
    while ( j <= 9 ) {
        System.out.print(i +"*" + j + "=" + i*j);
        j++;
    }
}
```

　　上述迴圈共有兩層，第一層 for 迴圈執行 9 次，第二層 while 迴圈也是執行 9 次，兩層迴圈共執行 81 次，其執行過程的變數值，如下表所示：

第一層迴圈的 i 值	第二層迴圈的 j 值									離開迴圈的 i 值
1	1	2	3	4	5	6	7	8	9	1
2	1	2	3	4	5	6	7	8	9	2
3	1	2	3	4	5	6	7	8	9	3
············										
9	1	2	3	4	5	6	7	8	9	9

　　上述表格的每一列代表執行一次第一層迴圈，共有 9 次。第一次迴圈的變數 i 為 1，第二層迴圈的每 1 個儲存格代表執行一次迴圈，共 9 次，j 的值為 1~9，離開第二層迴圈後的變數 i 仍然為 1，依序執行第一層迴圈，i 的值為 2~9，而且每次 j 都會執行 9 次，所以共執行 81 次。其流程圖（Ch7_3_1.fpp）如下圖所示：

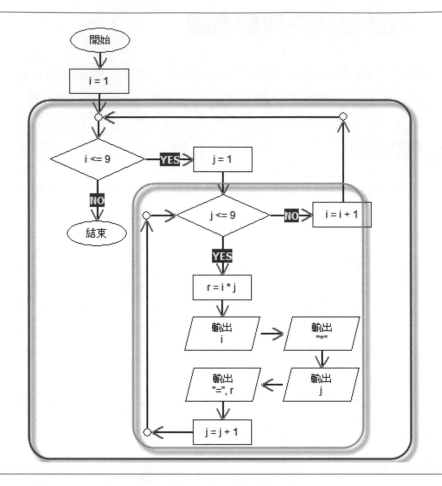

上述流程圖 i <= 9 決策符號建立的是外層迴圈的結束條件；j <= 9 決策符號建立的是內層迴圈的結束條件。

程式範例    **Ch7_3_1.java**

在 Java 程式使用 for 和 while 兩層巢狀迴圈顯示九九乘法表，如下所示：

```
1*1=1 1*2=2 1*3=3 1*4=4 1*5=5 1*6=6 1*7=7 1*8=8 1*9=9
2*1=2 2*2=4 2*3=6 2*4=8 2*5=10 2*6=12 2*7=14 2*8=16 2*9=18
3*1=3 3*2=6 3*3=9 3*4=12 3*5=15 3*6=18 3*7=21 3*8=24 3*9=27
4*1=4 4*2=8 4*3=12 4*4=16 4*5=20 4*6=24 4*7=28 4*8=32 4*9=36
5*1=5 5*2=10 5*3=15 5*4=20 5*5=25 5*6=30 5*7=35 5*8=40 5*9=45
6*1=6 6*2=12 6*3=18 6*4=24 6*5=30 6*6=36 6*7=42 6*8=48 6*9=54
7*1=7 7*2=14 7*3=21 7*4=28 7*5=35 7*6=42 7*7=49 7*8=56 7*9=63
8*1=8 8*2=16 8*3=24 8*4=32 8*5=40 8*6=48 8*7=56 8*8=64 8*9=72
9*1=9 9*2=18 9*3=27 9*4=36 9*5=45 9*6=54 9*7=63 9*8=72 9*9=81
```

▶ 程式內容

```
01: /* 程式範例: Ch7_3_1.java */
02: public class Ch7_3_1 {
03:     // 主程式
04:     public static void main(String[] args) {
05:         int i, j;    // 變數宣告
06:         // 巢狀迴圈
07:         for ( i = 1; i <= 9; i++ ) { // 第一層迴圈
08:             j = 1;
09:             while ( j <= 9 ) {        // 第二層迴圈
10:                 System.out.print(i + "*" + j + "=" + i*j + " ");
11:                 j++;
12:             }
13:             System.out.print("\n");
14:         }
15:     }
16: }
```

▶ 程式說明

- 第 7~14 行：兩層巢狀迴圈的第一層 for 迴圈。
- 第 9~12 行：第二層 while 迴圈，在第 10 行使用第一層的 i 和第二層的 j 變數值顯示和計算九九乘法表的值。

　　在上述第一層 for 迴圈的計數器變數 i 值為 1 時，第二層 while 迴圈的變數 j 為 1 到 9，可以顯示執行結果，如下所示：

```
1*1=1
1*2=2
...
1*9=9
```

　　當第一層迴圈執行第二次時，i 值為 2，第二層迴圈仍然為 1 到 9，此時顯示的執行結果，如下所示：

```
2*1=2
2*2=4
...
2*9=18
```

　　繼續第一層迴圈，i 值依序為 3 到 9，就可以建立完整的九九乘法表。

7-3-2 無窮迴圈

無窮迴圈（endless loops）是指迴圈不會結束，它會無止境的一直重複執行迴圈的程式區塊。

⬆ for 無窮迴圈

for 迴圈括號內的 3 個運算式如果都是空的，如下所示：

```
for( ; ; ) {
    ......
}
```

上述 for 迴圈因為沒有結束條件，預設為 true，for 迴圈會持續重複執行，永遠不會跳出 for 迴圈，這是一個無窮迴圈。

⬆ while 無窮迴圈

while 或 do/while 無窮迴圈通常都是因為計數器變數或結束條件出了問題。例如：修改自第 7-2-1 節的 while 迴圈，輸入 maxValue 值是 100（程式範例：Ch7_3_2.java），如下所示：

```
result = 1;
n = 1;
while (result <= maxValue) {
    result = result * n;
    System.out.println("n = " + n);
}
```

上述 while 迴圈的程式區塊少了 n = n + 1;，所以 n 值永遠為 1，result 的計算結果也是 1，永遠不會大於輸入值 maxValue，造成無窮迴圈，IntelliJ IDEA 是按【Run】標籤左邊第 2 個紅色停止鈕來停止執行。

⬆ do/while 無窮迴圈

如果是警示值結束條件出了問題，一樣也會造成無窮迴圈，例如：修改自第 7-2-2 節的 do/while 迴圈（程式範例：Ch7_3_2a.java），如下所示：

```
int year = 0;
double amount = 10000;
double interest, rate = 0.12;
do {
    interest = amount * rate;
    amount = amount + interest;
    System.out.println("amount = " + amount);
    year = year + 1;
} while ( amount > 2000 );
```

上述 while 結束條件永遠為 true（amount 一定大於 2000），所以造成無窮迴圈不會結束。

7-4　中斷與繼續迴圈

Java 共提供 return、break 和 continue 三種敘述來跳出迴圈，return 可以跳出函數，break 和 continue 可以中斷和繼續迴圈的執行，也就是跳出迴圈。

7-4-1　break 敘述

Java 的 break 敘述有兩個用途：一是中止 switch 條件的 case 敘述，另一個用途是強迫終止 for、while 和 do/while 迴圈的執行。

雖然迴圈敘述可以在開頭或結尾測試結束條件，但有時我們需要在迴圈中測試結束條件，break 敘述就是使用在迴圈中的條件測試，如同 switch 條件敘述使用 break 敘述跳出程式區塊一般，如下所示：

```
do {
    System.out.print("|" + i + "|");
    i++;
    if ( i > 5 ) break;
} while ( true );
```

上述 do/while 迴圈是一個無窮迴圈，在迴圈中使用 if 條件敘述進行測試，當 i > 5 時就執行 break 敘述跳出迴圈，它是跳至 do/while 之後的程式敘述，可以顯示數字 1 到 5，其流程圖（Ch7_4_1.fpp）如下圖所示：

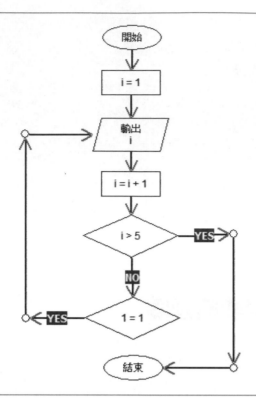

上述流程圖的 1 = 1 決策符號（即 Java 語言的 1 == 1）條件為 true，所以建立的是無窮迴圈，迴圈是使用 i > 5 決策符號跳出迴圈，即 Java 語言的 break 敘述。

程式範例　　　　　　　　　　　　　　　　　　　　　🖸 **Ch7_4_1.java**

在 Java 程式使用 do/while 迴圈配合 break 敘述只顯示數字 1 到 5，如下所示：

```
|1||2||3||4||5|
```

▶程式內容

```
01: /* 程式範例: Ch7_4_1.java */
02: public class Ch7_4_1 {
03:     // 主程式
04:     public static void main(String[] args) {
05:         int i = 1;    // 變數宣告
06:         do {
07:             System.out.print("|" + i + "|");
08:             i++;
09:             if ( i > 5 ) break; // 跳出迴圈
10:         } while ( true );
```

```
11:          System.out.print("\n");
12:      }
13: }
```

▶ 程式說明

- 第 6~10 行：do/while 迴圈是無窮迴圈，因為結束條件永遠為 true。
- 第 9 行：if 條件敘述使用 break 敘述跳出迴圈執行第 11 行程式碼。

7-4-2　continue 敘述

在迴圈的執行過程中，相對於第 7-4-1 節使用 break 敘述跳出迴圈；continue 敘述可以馬上繼續執行下一次迴圈，而不執行程式區塊中位在 continue 敘述之後的程式碼，如果使用在 for 迴圈，一樣會更新計數器變數，如下所示：

```
for ( i = 1; i <= 6; i++ ) {
    if ( (i % 2) == 1 )
        continue;
    System.out.print("|" + i + "|");
}
```

上述程式碼的 if 條件敘述是當計數器變數 i 為奇數時，就使用 continue 敘述馬上繼續執行下一次迴圈，而不執行之後的 System.out.print() 方法，即馬上更新計數器變數 i 加 1 後，從頭開始執行 for 迴圈，所以迴圈只會顯示 1 到 6 的偶數，其流程圖（Ch7_4_2.fpp）如下圖所示：

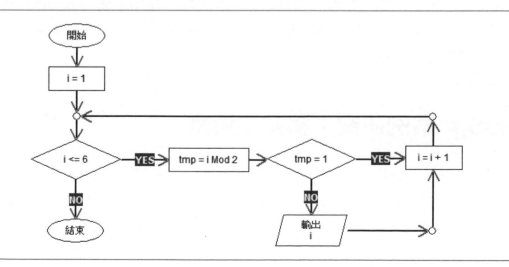

上述 fChart 流程圖的 Mod 運算子是 Java 語言的「%」運算子。

程式範例 　　　　　　　　　　　　　　　　🅞 **Ch7_4_2.java**

在 Java 程式使用 for 迴圈配合 continue 敘述只顯示 1 到 6 中的偶數，如下所示：

```
|2||4||6|
```

▶ **程式內容**

```
01: /* 程式範例: Ch7_4_2.java */
02: public class Ch7_4_2 {
03:     // 主程式
04:     public static void main(String[] args) {
05:         int i = 1;   // 變數宣告
06:         for ( i = 1; i <= 6; i++ ) {
07:             // 繼續迴圈
08:             if ( (i % 2) == 1 ) continue;
09:             System.out.print("|" + i + "|");
10:         }
11:         System.out.print("\n");
12:     }
13: }
```

▶ **程式說明**

- 第 6~10 行：for 計數迴圈是從 1 到 6。
- 第 8 行：if 條件敘述檢查是否為奇數，如果是，就馬上使用 continue 敘述執行下一次迴圈，即將計數器變數 i 的值加 1 後，開始從頭執行第 6 行，而不會執行第 9 行的程式碼。

7-5　案例研究：猜數字遊戲

Java 在 for、while 和 do/while 迴圈中，可以搭配使用 if/else 或 switch 條件敘述執行條件判斷和 break 敘述跳出迴圈。例如：擴充第 6-7 節的案例研究，使用 do/while 迴圈和 break 敘述建立猜數字遊戲，直到猜中數字才跳出迴圈結束遊戲。

步驟一：定義問題

📚 問題描述

請建立 Java 程式的猜數字遊戲，使用亂數取得 1~100 間的整數，當使用者輸入整數的數字後，就會顯示數字太大或太小，直到使用者猜中數字才結束程式的執行。

📚 定義問題

從問題描述可以看出重複輸入的是 1~100 之間的數字，輸出是太大、太小或猜中，程式直到猜中數字才結束程式的執行。

步驟二：擬定解題演算法

📚 解題構思

在取得輸入的猜測值後，可以使用條件敘述檢查是否猜中，如果沒有猜中，再使用另一個條件敘述判斷太大或太小，因為第一層條件中還擁有另一層條件，所以是使用巢狀條件敘述。

因為數字需要猜很多次，而且並不知有多少次，所以程式是使用無窮迴圈進行遊戲，直到猜中數字才中斷迴圈的執行。

📚 解題演算法

依據解題構思找出的解題方法，我們可以寫出演算法的步驟，如下所示：

```
Step 1：使用迴圈進行猜數字遊戲。
       (1) 輸入猜測變數 guess。
       (2) 判斷是否 guess==arget：
           A. 成立，顯示猜中後跳出迴圈至 Step 2。
           B. 不成立，判斷是否 guess > target：
               (a) 成立，顯示太大後繼續迴圈。
               (b) 不成立，顯示太小後繼續迴圈。
Step 2：顯示猜中數字後，結束程式。
```

請依據上述分析結果的步驟繪出流程圖（Ch7_5.fpp），如下圖所示：

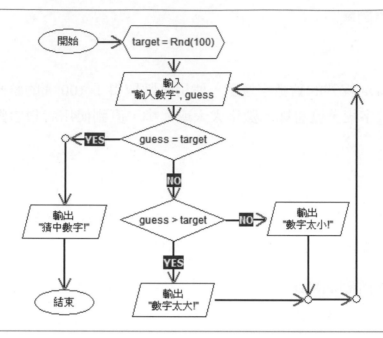

上述流程圖呼叫 Rnd() 函數取得 1~100 之間的亂數值後，開始進行遊戲，迴圈開頭和結束都沒有終止條件，所以是無窮迴圈，我們是在中間使用 guess = target（即 Java 語言的 guess == target）條件判斷是否中斷迴圈，遊戲可以進行到猜中數字結束迴圈為止。

步驟三：撰寫程式碼

Java 的 do/while 無窮迴圈可以使用 break 敘述中斷迴圈的執行。在 if/else 條件敘述判斷是否猜中的程式區塊中，擁有另一個 if/else 條件敘述判斷輸入數字是太大或太小。

🖙 將流程圖轉換成 Java 程式碼

從前述流程圖可以看出，首先需要取得欲猜測值的亂數值，在 Java 是使用 Math 類別的方法來取得亂數值，如下所示：

```
target = (int)(Math.random()*100 + 1);
```

上述程式碼呼叫 Math.random() 方法取得亂數值，再乘以 100 取得 0~99 範圍的亂數值，加 1 就是 1~100，然後將它的型態轉換成整數，進一步說明請參閱第 8 章。在 do/while 無窮迴圈擁有 if/else 巢狀條件敘述，如下所示：

```
do {    // 無窮迴圈
    System.out.print(" 請輸入猜測值 => ");
    guess = sc.nextInt(); // 取得整數
    if ( guess == target ) {
        break;    // 跳出迴圈
    }
    else {
        if ( guess > target )
            System.out.println(" 數字太大 !");
        else
            System.out.println(" 數字太小 !");
    }
} while ( true );
```

　　上述 if/else 條件敘述的第 1 個程式區塊是猜中數字，使用 break 敘述跳出迴圈，在第 2 個程式區塊擁有另一個 if/else 條件敘述，可以判斷數字太大或太小。

▶程式內容：Ch7_5.java

```
01: /* 程式範例 : Ch7_5.java */
02: public class Ch7_5 {
03:     // 主程式
04:     public static void main(String[] args) {
05:         int target, guess;   // 變數宣告
06:         java.util.Scanner sc =
07:                 new java.util.Scanner(System.in);
08:         target = (int)(Math.random()*100 + 1); // 產生1~100
09:         // do while 迴圈敘述
10:         do {    // 無窮迴圈
11:             System.out.print(" 請輸入猜測值 => ");
12:             guess = sc.nextInt(); // 取得整數
13:             if ( guess == target ) {
14:                 break;    // 跳出迴圈
15:             }
16:             else {
17:                 if ( guess > target )
18:                     System.out.println(" 數字太大 !");
19:                 else
20:                     System.out.println(" 數字太小 !");
21:             }
22:         } while ( true );
23:         System.out.println(" 猜中數字 : " + target);
24:     }
25: }
```

▶ **程式說明**

- 第 8 行：取得 1~100 之間的亂數值。
- 第 10~22 行：do/while 無窮迴圈在第 11~12 行取得使用者輸入的數字，第 13~21 行的 if/else 條件敘述判斷是否猜中數字，如果猜中，使用 break 敘述跳出迴圈，在第 17~20 行的 if/else 條件敘述判斷猜測的數字是太大或太小。

步驟四：測試執行與除錯

現在，我們可以執行與除錯 Java 程式。此程式是簡單的猜數字遊戲，在輸入數字後，可以顯示數字太大或太小，直到猜中數字為止，如下所示：

```
請輸入猜測值 => 50
數字太小！
請輸入猜測值 => 75
數字太小！
請輸入猜測值 => 90
數字太大！
請輸入猜測值 => 85
數字太大！
請輸入猜測值 => 78
數字太小！
請輸入猜測值 => 82
數字太小！
請輸入猜測值 => 83
猜中數字：83
```

上述執行結果是猜數字遊戲的執行過程，可以看到最後猜中數字為 83。

學習評量

7-1　for 計數迴圈

1. for (i = 1; i <= 10; i+=2) total+=i; 迴圈計算結果的 total 值是 _____。

2. for(i = 1; i <= 10; i+= 3) 迴圈共會執行 _____ 次。

3. 請寫出下列 for 迴圈的執行結果，如下所示：

```
(1) for ( a = 0; a < 100; a++);
    System.out.print(a);
(2) for (c = 2; c < 10; c+=3 )
    System.out.print(c);
(3) for (x = 0; x < 10; x++) {
      for (y = 5; y > 0; y--)
          System.out.print("X");
      System.out.println();
    }
```

4. 請寫出下列 Java 程式片段的輸出結果，如下所示：

```
(1) int c;
    for ( c = 65; c < 91; c++ )
        System.out.print(c);
(2) int x, y;
    for ( x = 0; x < 10; x++, System.out.print("\n") )
        for ( y = 0; y < 10; y++ )
            System.out.print("X");
(3) int total = 0;
    for (i = 1; i <= 10; i++) {
        if ((i % 2) != 0) {
            total += i;
            System.out.println(i);
        }
        else {
            total--;
        }
    }
    System.out.println(" 總和： " + total);
```

5. 請指出下列 for 迴圈程式片段的錯誤，如下所示：

```
int x;
for ( x = 1; x <= 10; x++ );
    System.out.println(x);
```

學習評量

6. 請寫出下列 for 迴圈程式片段的輸出結果,如下所示:

```java
int total = 0;
for (i = 1; i <= 10; i++) {
    if ((i % 2) == 0) {
        total += i;
        System.out.println(i);
    }
    else  total--;
}
System.out.println(total);
```

7. 請撰寫 Java 程式執行從 1 到 100 的迴圈,但只顯示 40~67 之間的奇數,和計算其總和。

8. 請建立 Java 程式依序顯示 1~20 的數值和其平方,每一數值成一行,如下所示:

```
1    1
2    4
3    9
.........
```

9. 請建立 Java 程式使用 for 迴圈從 3 到 120 顯示 3 的倍數,例如:3、6、9、12、15、18、21…。

10. 請建立 Java 程式使用 for 迴圈從 1 到 100 之間,顯示可以同時被 3 和 9 整除的所有整數,並且計算其總和。

11. 請建立 Java 程式輸入正整數後,顯示其所有因數的清單,例如:輸入 12 顯示 1、2、3、4、6、12。

12. 請使用 for 迴圈計算下列數學運算式的值,如下所示:

1+1/2+1/3+1/4~+1/n   n=67

1*1+2*2+3*3~+n*n   n=34

13. 完美數(perfect number)是指一個整數剛好是其所有因數的和,例如:6=1+2+3,所以 6 是完美數,請試著撰寫 Java 程式找出 1~500 之間的完美數。

學習評量

7-2　條件迴圈

14. Java 語言的 _____ 迴圈是在結尾進行條件檢查，這種迴圈可以保證執行 _____ 次。

15. 請寫出下列 Java 程式片段執行結果輸出的值，如下所示：

(1)
```
t = 0; i = 1;
while (i <= 50) {
    t = t + i;
    i = i + 1;
}
t = t + i;
System.out.println(t);
```

(2)
```
int n = 1;
while (n <= 64) {
    n = 2*n;
    System.out.println(n);
}
```

16. 請使用圖例說明如何將 for 迴圈改為 while 迴圈？

17. 請試著使用 while 迴圈建立計數迴圈，可以顯示 1~50 之間的偶數，和計算其總和。

18. 請建立 Java 程式使用 while 迴圈計算複利的本利和，在輸入金額後，計算 5 年複利 12% 的本利和。

19. 請建立 Java 程式輸入繩索長度，例如：100 後，使用 while 迴圈計算繩索需要對折幾次才會小於 20 公分？

20. 請建立 Java 程式使用 while 迴圈顯示費氏數列：1、1、2、3、5、8、13，除第 1 和第 2 個數字為 1 外，每一個數字都是前 2 個數字的和。

21. 請建立 Java 程式使用 while 迴圈來解雞兔同籠問題，目前只知道在籠子中共有 40 隻雞或兔，總共有 100 隻腳，請問雞兔各有多少隻？

學習評量

22. 請建立 Java 程式，使用 while 迴圈顯示星號的三角形，如下圖所示：

    ```
    *
    **
    ***
    ****
    *****
    ```

23. 微波爐建議的加熱時間是當加熱 2 項食物時，增加 50% 的加熱時間；
    3 項時就需一倍的加熱時間。請設計 Java 程式使用 while 迴圈計算當
    加熱 1 個包子需時 30 秒；加熱 2、3、4、5、6 個包子的建議時間？

24. 請建立 Java 程式輸入正整數 n 後，使用 do/while 迴圈計算 1+3+5+7+…
    +n 的總和。

25. 請建立 Java 程式輸入最大值 max_value 後，使用 do/while 迴圈計算
    2+4+6+…+n 總和大於等於 max_value 值的最小 n 值。

7-3 巢狀迴圈與無窮迴圈

26. 請使用 for、while 或 do/while 迴圈的各種不同組合建立兩層巢狀迴圈
    顯示九九乘法表。

27. 請指出下列 while 迴圈程式片斷的錯誤，如下所示：

    ```java
    int c = 0;
    while ( c <= 65 ) {
        System.out.print(c);
    }
    ```

28. 請建立 Java 程式使用巢狀迴圈顯示下列的數字三角形，如下所示：

    ```
    1
    22
    333
    4444
    55555
    ```

29. 請建立 Java 程式使用巢狀迴圈顯示下列的數字三角形，如下所示：

    ```
    1
    12
    123
    1234
    12345
    ```

學習評量

7-4 中斷與繼續迴圈

30. Java 語言可以使用 _____ 敘述中斷 for、while 和 do/while 迴圈的執行，在 for、while 和 do/while 迴圈的執行過程中，可以使用 _____ 敘述馬上繼續執行下一次迴圈。

31. 請建立 Java 程式使用 break 敘述計算使用者輸入所有數值的平均值，使用者可以持續輸入數值直到負值，就顯示不含最後負值的平均值。

32. 請建立 Java 程式輸入 4 個整數值後，計算輸入值的乘積，如果輸入值是 0，就跳過此數字，只乘不為 0 的輸入值。

33. 請建立 Java 程式使用 continue 敘述找出 1~100 之間，所有可以被 2 和 3 整除，但不被 12 整除的數字清單。

綜合練習

37. 請試著依據 fChart 流程圖來執行流程後，寫出變數 a 的值（fChart 流程圖專案：Ch7_7a.fpp）和試著寫出 Java 程式，如下圖所示：

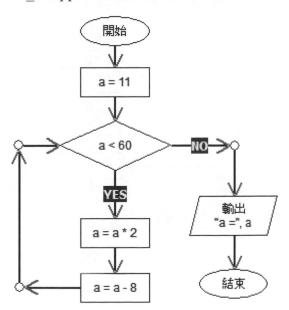

38. 請試著依據 fChart 流程圖來執行流程後，寫出變數 j 的值（fChart 流程圖專案：Ch7_7b.fpp）和試著寫出 Java 程式，如下圖所示：

學習評量

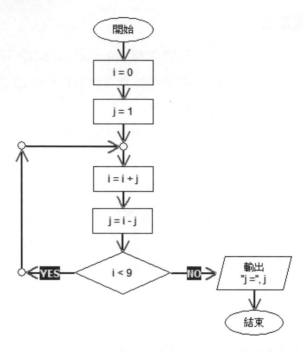

39. 請試著依據 fChart 流程圖來執行流程後,寫出變數 B 的值(fChart 流程圖專案:Ch7_7c.fpp)和試著寫出 Java 程式,如下圖所示:

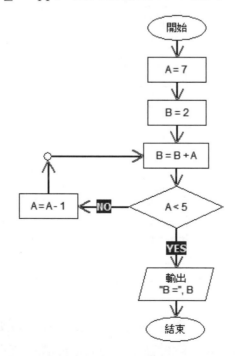

學習評量

40. 請試著依據 fChart 流程圖來執行流程後，寫出變數 A 的值（fChart 流程圖專案：Ch7_7d.fpp）和試著寫出 Java 程式，如下圖所示：

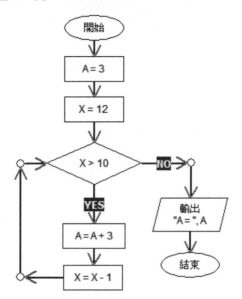

Chapter

類別方法──函數

本章學習目標

8-1 程序與函數的基礎

「程序」（subroutines 或 procedures）是一個擁有特定功能的獨立程式單元，可以讓我們重複使用之前已經建立的程序，而不用每次都重複撰寫相同功能的程式碼。一般來說，程式語言會將獨立程式單元分爲程序和函數二種，程序沒有傳回值；如果有傳回值稱爲「函數」（functions）。

說明

本章 Java 程式範例是位在「Ch08」目錄 IntelliJ IDEA 的 Java 專案，請啓動 IntelliJ IDEA，開啓位在「Java8\Ch08」目錄的專案，就可以測試執行本章的 Java 程式範例，如下圖所示：

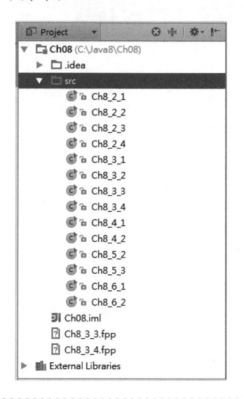

在程式中執行程序，就是將流程控制轉移至程序來繼續的執行，稱爲「程序呼叫」（subroutines call）。事實上，我們並不需要了解程序實作的程式碼，也不想知道其細節，程序如同是一個「黑盒子」（black box），只要告訴我們如何使用黑盒子的「使用介面」（interface）即可，如下圖所示：

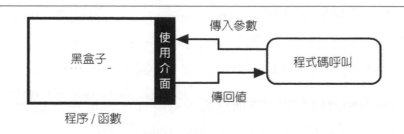

　　上述使用介面是呼叫程序的對口單位，可以傳入參數和取得傳回值。使用介面就是程序和外部溝通的管道，一個對外的邊界。程序真正的內容是隱藏在使用介面之後，「實作」（implementation）就是在撰寫程序的程式碼。

　　一般來說，程序的「語法」（syntactic）是說明程序需要傳入何種資料型態的「參數」（parameters）和傳回值，「語意」（semantic）是描述程序可以做什麼事？在撰寫程序時，我們需要了解程序的語法規則；呼叫程序時需要了解程序的語意規則，如此才能夠正確的呼叫程序。

8-2　建立類別方法

　　Java 是一種物件導向程式語言，程序與函數是一種類別成員，稱為「方法」（methods）。

8-2-1　建立 Java 的類別方法

　　方法（methods）分為兩種：一種是屬於類別的「類別方法」（class methods），另一種是物件的「實例方法」（instance methods）。在本章說明的是類別方法，相當於其他程式語言的程序和函數，實例方法的說明請參閱＜第 11 章：類別與物件＞。

📚 建立類別方法

　　Java 類別方法是由方法名稱和程式區塊組成，其語法如下所示：

```
存取特性子 static 傳回值型態 方法名稱 ( 參數列 ) {
    ......
    程式敘述 ;
    ......
}
```

上述方法是「靜態方法」（static method），因為使用 static「修飾子」（modifiers）。在最前面是「存取特性子」（access specifier），也可稱為存取修飾子，常用的修飾子有：public 和 private，其說明如下所示：

▶ public：方法可以在程式任何地方進行呼叫，甚至是其他類別。

▶ private：方法只能在同一類別內進行呼叫。

例如：一個沒有傳回值和參數列的 printTriangle() 方法，可以顯示一個字元三角形，如下所示：

```
private static void drawTriangle() {
   int i, j;
   for ( i = 1; i <= 5; i++ ) {
      for ( j = 1; j <= i; j++ )
         System.out.print("*");
      System.out.print("\n");
   }
}
```

上述方法的傳回值型態為 void，表示沒有傳回值，方法名稱是 drawTriangle，括號內是傳入的參數列，因為方法沒有參數所以是空括號，在「{」和「}」括號之中是方法的程式區塊，使用兩層巢狀迴圈顯示星號字元的三角形。

呼叫類別方法

在 Java 程式碼呼叫類別方法是使用類別和方法名稱，其語法如下所示：

```
方法名稱 ( 參數列 );
類別名稱 . 方法名稱 ( 參數列 );
```

因為 drawTriangle() 方法沒有傳回值和參數列，所以呼叫方法只需使用方法名稱加上空括號即可，如下所示：

```
drawTriangle();
```

上述方法呼叫因為是在同一類別，所以可以省略類別名稱。如果在其他類別呼叫此類別方法，例如：public 修飾子的 sumOne2Ten() 方法，其呼叫程式碼，如下所示：

```
Ch8_2_1.sumOne2Ten();
```

上述 Ch8_2_1 是類別名稱，使用「.」運算子呼叫類別方法 sumOne2Ten()。

程式範例　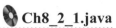 **Ch8_2_1.java**

在 Java 程式建立 2 個類別方法，一個是從 1 加到 10，這是改寫第 7 章迴圈的程式區塊，其執行結果可以顯示星號三角形和 1 加到 10 的總和 15，如下所示：

```
*
**
***
****
*****
|1|2|3|4|5|6|7|8|9|10
總和：55
```

▶程式內容

```
01: /* Java 程式：Ch8_2_1.java */
02: public class Ch8_2_1 {
03:     // 類別方法：顯示星號三角形
04:     private static void drawTriangle() {
05:         int i, j;   // 變數宣告
06:         // for 巢狀迴圈
07:         for ( i = 1; i <= 5; i++ ) {
08:             for ( j = 1; j <= i; j++ )
09:                 System.out.print("*");
10:             System.out.print("\n");
11:         }
12:     }
13:     // 類別方法：計算 1 加到 10 的總和
14:     public static void sumOne2Ten() {
15:         int i, sum = 0;;   // 變數宣告
16:         // for 迴圈敘述
17:         for ( i = 1; i <= 10; i++ ) {
18:             System.out.print("|" + i);
19:             sum += i;
20:         }
21:         System.out.println("\n 總和：" + sum);
22:     }
23:     // 主程式
24:     public static void main(String[] args) {
25:         // 類別方法的呼叫
26:         drawTriangle();
```

```
27:        // 另一種類別方法的呼叫
28:        Ch8_2_1.sumOne2Ten();
29:    }
30: }
```

▶ 程式說明

- 第 4~12 行：private 類別方法，使用巢狀迴圈顯示星號三角形。
- 第 14~22 行：public 類別方法，程式區塊是第 7 章迴圈的 1 加到 10，可以說明如何將程式區塊改頭換面成為方法。
- 第 26 行：呼叫 drawTriangle() 方法。
- 第 28 行：指明類別名稱，以類別名稱呼叫 sumOne2Ten() 方法。

類別方法的執行過程

　　Java 是如何執行類別方法，以本節範例為例，程式是在 main() 主程式的第 26 行呼叫 drawTriangle() 方法，此時程式碼執行順序就跳到 drawTriangle() 方法的第 4 行，在執行完第 12 行後返回呼叫點，如下圖所示：

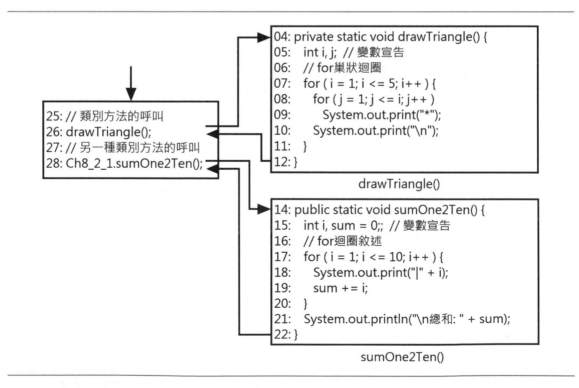

```
04: private static void drawTriangle() {
05:    int i, j; // 變數宣告
06:    // for巢狀迴圈
07:    for ( i = 1; i <= 5; i++ ) {
08:       for ( j = 1; j <= i; j++ )
09:          System.out.print("*");
10:       System.out.print("\n");
11:    }
12: }
```
drawTriangle()

```
25: // 類別方法的呼叫
26: drawTriangle();
27: // 另一種類別方法的呼叫
28: Ch8_2_1.sumOne2Ten();
```

```
14: public static void sumOne2Ten() {
15:    int i, sum = 0;; // 變數宣告
16:    // for迴圈敘述
17:    for ( i = 1; i <= 10; i++ ) {
18:       System.out.print("|" + i);
19:       sum += i;
20:    }
21:    System.out.println("\n總和: " + sum);
22: }
```
sumOne2Ten()

　　然後繼續執行程式，在第 28 行呼叫 sumOne2Ten() 方法，程式碼跳到此方法的第 14 行，在執行完第 22 行返回呼叫點即完成程式執行。很明顯的！方法只是更改程式碼的執行順序，在呼叫點跳到方法來執行（保留狀態），在執行完後，回到程式的呼叫點（回存狀態後）繼續執行其他程式碼。

8-2-2　類別方法的參數傳遞

　　Java 方法的參數列是資訊傳遞的機制，可以讓我們從外面將資訊送入方法的黑盒子，所以，參數列就是方法的使用介面。如果方法擁有參數列，在呼叫方法時，可以傳入不同參數值來產生不同的執行結果。例如：擁有 2 個參數的 sumN2N() 方法，如下所示：

```
static void sumN2N(int start, int end) {
   int i, sum = 0;
   for ( i = start; i <= end; i++ ) {
      System.out.print("|" + i);
      sum += i;
   }
   System.out.print("\n"+ start + " 到 " + end);
   System.out.println(" 的總和：" + sum);
}
```

　　上述 sumN2N() 方法可以計算參數範圍的總和，其定義的參數稱為「正式參數」（formal parameters）或「假的參數」（dummy parameters）。正式參數是識別字，其角色如同變數，需要指定資料型態，並且可以在方法的程式區塊中使用，如果參數不只一個，請使用「,」符號分隔。

　　Java 方法如果擁有參數列，在呼叫時就需要加上傳入的參數值，如下所示：

```
sumN2N(1, max);
```

　　上述方法呼叫的參數稱為「實際參數」（actual parameters），此為參數值，例如：1，也可以是運算式，例如：max 變數，其運算結果的值需要和正式參數定義的資料型態相同，而且在方法的每一個正式參數對應一個同型態的實際參數。

程式範例

在 Java 程式建立 2 個類別方法擁有參數列，第 1 個方法可以轉換溫度，第 2 個方法計算從 n 加到 n 的總和，如下所示：

```
請輸入攝氏溫度 => 30
請輸入最大值 => 15
攝氏    華氏
30.0   86.0
|1|2|3|4|5|6|7|8|9|10|11|12|13|14|15
1 到 15 的總和：120
|6|7|8|9|10
6 到 10 的總和：40
```

上述執行結果輸入溫度 30 和最大值 15 後，可以顯示轉換成華氏的溫度，然後計算 1 加到 15 和 6 加到 10 的總和是 120 和 40。

▶ 程式內容

```
01: /* Java 程式：Ch8_2_2.java */
02: public class Ch8_2_2 {
03:     // 類別方法：轉換溫度
04:     static void convertTemp(double c) {
05:         double f;   // 變數宣告
06:         System.out.println("攝氏 \t 華氏");
07:         f = (9.0 * c) / 5.0 + 32.0;
08:         System.out.println(c + "\t" + f);
09:     }
10:     // 類別方法：計算 N 到 N 的數字總和
11:     static void sumN2N(int start, int end) {
12:         int i, sum = 0;   // 變數宣告
13:         // for 迴圈敘述
14:         for ( i = start; i <= end; i++ ) {
15:             System.out.print("|" + i);
16:             sum += i;
17:         }
18:         System.out.print("\n"+ start + " 到 " + end);
19:         System.out.println(" 的總和：" + sum);
20:     }
21:     // 主程式
22:     public static void main(String[] args) {
23:         java.util.Scanner sc = // 建立 Scanner 物件
24:                 new java.util.Scanner(System.in);
25:         System.out.print(" 請輸入攝氏溫度 => ");
```

```
26:          double c = sc.nextDouble(); // 取得溫度
27:          System.out.print(" 請輸入最大值 => ");
28:          int max = sc.nextInt(); // 取得最大值
29:          convertTemp(c);    // 類別方法的呼叫
30:          sumN2N(1, max);
31:          Ch8_2_2.sumN2N(6, 10);
32:      }
33: }
```

▶ **程式說明**

- 第 4~9 行：convertTemp() 類別方法擁有 1 個參數，因為沒有使用 public 或 private，表示是預設存取方式，可以在同一「套件」（package）存取，而不能在其他套件存取，詳細的套件說明請參閱第 15 章。
- 第 11~20 行：sumN2N() 類別方法擁有 2 個參數，程式區塊的迴圈可以從第 1 個參數加到第 2 個參數。
- 第 23~28 行：建立 Scanner 物件取得使用者輸入的溫度變數 c 和最大值變數 max。
- 第 29 行：呼叫 convertTemp() 方法需要 1 個參數，可以顯示從攝氏轉換成的華氏溫度。
- 第 30~31 行：使用不同參數呼叫 2 次 sumN2N() 方法，可以得到不同的執行結果。

8-2-3　類別方法的傳回值

Java 方法的傳回值型態如果不是 void，而是其他資料型態像是 int 或 char 等，就表示方法有傳回值，這種擁有傳回值的類別方法稱為函數（functions）。

在 Java 方法的程式區塊是使用 return 關鍵字來回傳一個值。傳回值型態需要與方法宣告的傳回值型態相同，例如：轉換溫度的 convertTemp() 方法是一個擁有傳回值的方法，如下所示：

```
static double convertTemp(double c) {
    return (9.0 * c) / 5.0 + 32.0;
}
```

上述 convertTemp() 方法的傳回值型態為 double，可以計算傳入參數 c 的華氏溫度，在程式區塊是使用 return 關鍵字傳回方法的執行結果。

當 Java 方法擁有傳回值時，呼叫方法就需要使用指定敘述來取得回傳值，如下所示：

```
f = convertTemp(30.0);
```

上述變數 f 可以取得方法的回傳值，而且變數 f 的資料型態需要與方法傳回值的資料型態相符。

程式範例 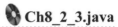 **Ch8_2_3.java**

在 Java 程式建立計算區間整數總和與溫度轉換的 2 個函數方法，如下所示：

```
請輸入攝氏溫度 => 30.0
請輸入開始值 => 5
請輸入結束值 => 15
5 加到 15 的總和 :110
30.0 度 C=86.0 度 F
```

上述執行結果輸入溫度和範圍值後，可以計算 5 到 15 的總和為 110，下方是攝氏 30.0 度轉換成華氏溫度的值 86.0。

▶ **程式內容**

```java
01: /* Java 程式 : Ch8_2_3.java */
02: public class Ch8_2_3 {
03:    // 類別方法 : 溫度轉換
04:    static double convertTemp(double c) {
05:        return (9.0 * c) / 5.0 + 32.0;
06:    }
07:    // 類別方法 : 計算 N 到 N 的數字總和
08:    static int sumN2N(int start, int end) {
09:        int i, sum = 0;  // 變數宣告
10:        // for 迴圈敘述
11:        for ( i = start; i <= end; i++ )
12:            sum += i;
13:        return sum;
14:    }
15:    // 主程式
16:    public static void main(String[] args) {
17:        java.util.Scanner sc = // 建立 Scanner 物件
18:                new java.util.Scanner(System.in);
19:        System.out.print(" 請輸入攝氏溫度 => ");
```

```
20:        double c = sc.nextDouble(); // 取得溫度
21:        System.out.print("請輸入開始值 => ");
22:        int s = sc.nextInt(); // 取得開始值
23:        System.out.print("請輸入結束值 => ");
24:        int e = sc.nextInt(); // 取得結束值
25:        // 類別方法的呼叫
26:        int total = sumN2N(s, e);
27:        System.out.println(s+" 加到 "+e+" 的總和 :"+total);
28:        double f = convertTemp(c);
29:        System.out.println(c + " 度 C=" + f + " 度 F");
30:    }
31: }
```

▶ **程式說明**

- 第 4~6 行：convertTemp() 類別方法傳回值的資料型態為 double，在第 5 行使用 return 關鍵字傳回溫度轉換的結果。
- 第 8~14 行：sumN2N() 類別方法傳回值的資料型態為 int，在第 13 行的 return 關鍵字傳回方法的執行結果。
- 第 17~24 行：建立 Scanner 物件取得使用者輸入的溫度變數 c 和範圍變數 s 與 e。
- 第 26 行：呼叫 sumN2N() 方法，並且將回傳值指定給變數 total。
- 第 28 行：呼叫 convertTemp() 方法。

8-2-4　傳值或傳址參數

Java 方法傳入的參數有兩種參數傳遞方式，其說明如下表所示：

傳遞方式	說明
傳值呼叫（call by value）	將變數的值傳入方法，方法需要另外配置記憶體儲存參數值，所以不會變更呼叫變數的值
傳址呼叫（call by reference）	將變數實際儲存的記憶體位址傳入，如果在方法變更參數值，也會同時變動原呼叫的變數值

Java 傳址呼叫參數主要是指「物件實例」（object instance）。而且，方法參數依不同資料型態有不同的傳遞方式，如下表所示：

資料型態	方式	說明
int、char 和 double 等基本資料型態	傳值	基本資料型態的參數傳遞是使用傳值方式
String 物件	傳值	不論是否使用 new 運算字建立字串物件都是傳值，因為字串物件並不能更改字串內容
Array 陣列	傳址	Java 陣列是一種物件，其參數傳遞方式是傳址方式

上表陣列和 String 物件的詳細說明請參閱＜第 9 章：陣列與字串＞，在本節只是用來說明方法的參數傳遞方式。

程式範例　　　　　　　　　　　　　　　　　　　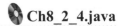　**Ch8_2_4.java**

在 Java 程式建立 2 個類別方法 funcA() 和 funcB()，可以測試各種資料型態參數的傳遞方式，如下所示：

```
呼叫 funcA 前：1-true
在 funcA 為 :2-false
呼叫 funcA 後：1-true
呼叫 funcB 前：2- 陳允傑
在 funcB 為 : 150- 江小魚
呼叫 funcB 後：150- 陳允傑
```

上述執行結果可以看到 funcA() 方法的整數和布林型態參數，其呼叫前後並沒有改變。funcB() 方法的參數是陣列和 String 字串物件，呼叫前後的陣列元素已經改變；String 物件沒有改變。

▶ 程式內容

```
01: /* Java 程式：Ch8_2_4.java */
02: public class Ch8_2_4 {
03:     // 類別方法：integer 和 boolean 型態參數為傳值
04:     static void funcA(int c, boolean b) {
05:         c++;
06:         b = false;
07:         System.out.println(" 在 funcA 為 :"+c+"-"+b);
08:     }
09:     // 類別方法：陣列與字串物件參數為傳址
10:     static void funcB(int temp[], String a) {
11:         temp[1] = 150;
12:         a = " 江小魚 ";
```

```
13:         System.out.println(" 在 funcB 為 : "+temp[1]+"-"+a);
14:     }
15:     // 主程式
16:     public static void main(String[] args) {
17:         // 變數宣告
18:         int c = 1;                 // 數字
19:         boolean b = true;          // 布林
20:         String str = " 陳允傑 ";    // 字串
21:         int arr[] = { 1, 2, 3 }; // 陣列
22:         System.out.println(" 呼叫 funcA 前 : "+c+"-"+b);
23:         // 呼叫類別方法
24:         funcA(c, b);
25:         System.out.println(" 呼叫 funcA 後 : "+c+"-"+b);
26:         System.out.println(" 呼叫 funcB 前 : "+arr[1]+"-"+str);
27:         // 呼叫類別方法
28:         funcB(arr, str);
29:         System.out.println(" 呼叫 funcB 後 : "+arr[1]+"-"+str);
30:     }
31: }
```

▶ **程式說明**

- 第 4~8 行：funcA() 類別方法測試整數和布林基本資料型態的參數傳遞，在第 5~6 行更改參數值。
- 第 10~14 行：funcB() 類別方法測試陣列和 String 物件的參數傳遞，在第 11 行更改陣列索引 1 的值，第 12 行更改 String 物件的值。
- 第 18~21 行：宣告各種資料型態的變數，和指定初值。
- 第 24 和 28 行：分別呼叫 funcA() 和 funcB() 方法。

8-3　類別方法的應用範例

在說明 Java 類別方法後，這一節筆者準備介紹更多方法的應用範例，也就是一些數學運算上常用的數學函數。

8-3-1　絕對值函數

絕對值（absolute value）一定是正整數，如果是負整數，就加上負號改為正整數，如為正整數，就不用處理。絕對值函數 abs() 的參數 n 如果小於 0 時，就傳回 -n；否則傳回 n，我們是使用 if/else 條件敘述建立此函數，如下所示：

```
if ( n < 0 )
    return -n;
else
    return n;
```

程式範例

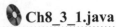 **Ch8_3_1.java**

在 Java 程式建立 abs() 方法傳回參數的絕對值,如下所示:

```
請輸入整數 ==> -5
abs(-5) = 5
```

上述執行結果如果輸入的整數是負值,就傳回加上負號的正整數。

▶ 程式內容

```
01: /* Java 程式 : Ch8_3_1.java */
02: public class Ch8_3_1 {
03:     // 類別方法 : 計算絕對值
04:     static int abs(int n) {
05:         if ( n < 0 )
06:             return -n;
07:         else
08:             return n;
09:     }
10:     // 主程式
11:     public static void main(String[] args) {
12:         int number;  // 變數宣告
13:         java.util.Scanner sc = // 建立 Scanner 物件
14:                 new java.util.Scanner(System.in);
15:         System.out.print(" 請輸入整數 ==> ");
16:         number = sc.nextInt();  // 取得值
17:         // 類別方法呼叫
18:         System.out.println("abs(" + number + ") = " + abs(number));
19:     }
20: }
```

▶ 程式說明

- 第 4~9 行:abs() 方法是在第 5~8 行的 if/else 條件敘述判斷參數是否小於 0, 如果是,在第 6 行傳回 -n;否則在第 8 行傳回 n。

- 第 16~18 行:在第 16 行輸入整數後,第 18 行呼叫 abs() 函數,可以顯示輸 入整數的絕對值。

8-3-2　次方函數

Java 沒有提供指數運算子來計算 X^n 值，例如：5^3 是 5*5*5 = 125，我們可以自行建立次方函數 power() 來提供指數運算子。power(base, n) 方法可以計算參數 $base^n$ 的運算結果，它是使用 for 迴圈重複乘以 base 參數 n 次來計算值，如下所示：

```
for( i = 1; i <= n; i++ )
    result *= base;
```

程式範例　　　　　　　　　　　　　　　　　　　　　　　　🔵 Ch8_3_2.java

在 Java 程式建立 power() 方法傳回 $base^n$ 的計算結果，如下所示：

```
請輸入底數 ==> 5
請輸入指數 ==> 3
5^3=125
```

上述執行結果輸入 base 值的底數和 n 指數後，可以顯示 power() 方法的執行結果。

▶ 程式內容

```
01: /* Java 程式：Ch8_3_2.java */
02: public class Ch8_3_2 {
03:     // 類別方法：計算次方值
04:     static int power(int base, int n) {
05:         int i;    // 變數宣告
06:         int result = 1;
07:         for( i = 1; i <= n; i++ )
08:             result *= base;
09:         return result;
10:     }
11:     // 主程式
12:     public static void main(String[] args) {
13:         int base, n;  // 變數宣告
14:         java.util.Scanner sc = // 建立 Scanner 物件
15:                 new java.util.Scanner(System.in);
16:         System.out.print("請輸入底數 ==> ");
17:         base = sc.nextInt();  // 取得底數值
18:         System.out.print("請輸入指數 ==> ");
```

```
19:        n = sc.nextInt();   // 取得指數值
20:        // 類別方法呼叫
21:        System.out.println(base + "^" + n + "=" + power(base, n));
22:    }
23: }
```

▶ **程式說明**

- 第 4~10 行：power() 方法是在第 7~8 行 for 迴圈計算 base^n 的結果。
- 第 14~19 行：輸入底數和指數。
- 第 21 行：呼叫 power() 方法來顯示 base^n 的計算結果。

8-3-3 閏年判斷函數

閏年判斷方法是以西元年份最後 2 位作為判斷條件，其判斷規則如下所示：

▶ **西元年份最後 2 位為 00**：被 400 整除為閏年；否則不是閏年。

▶ **西元年份最後 2 位不是 00**：被 4 整除為閏年；否則不是閏年。

閏年判斷的流程圖（Ch8_3_3.fpp），如下圖所示：

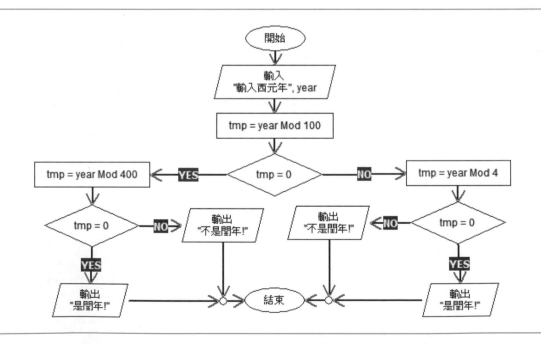

上述流程圖的 Mod 運算子就是 Java 語言的 % 餘數運算子。

程式範例

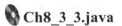 **Ch8_3_3.java**

在 Java 程式建立 is_leap_year() 方法判斷參數年份是否是閏年，如下所示：

```
請輸入四位數年份 ==> 2012
2012 年是閏年
```

上述執行結果輸入年份 2012，可以顯示此年份是閏年；如果輸入 2014，就會顯示此年份不是閏年。

▶程式內容

```
01: /* Java 程式：Ch8_3_3.java */
02: public class Ch8_3_3 {
03:     // 類別方法：判斷是否是閏年
04:     static boolean is_leap_year(int year) {
05:         if (year % 100 == 0) {     // 最後 2 位為 00
06:             if (year % 400 == 0)   // 被 400 整除
07:                 return true;       // 是
08:             else
09:                 return false;      // 不是
10:         } else { // 最後 2 位不是 00
11:             if (year % 4 == 0)     // 被 4 整除
12:                 return true;       // 是
13:             else
14:                 return false;      // 不是
15:         }
16:     }
17:     // 主程式
18:     public static void main(String[] args) {
19:         int year;  // 變數宣告
20:         java.util.Scanner sc = // 建立 Scanner 物件
21:                 new java.util.Scanner(System.in);
22:         System.out.print("請輸入四位數年份 ==> ");
23:         year = sc.nextInt();  // 取得年份
24:         // 類別方法呼叫
25:         if (is_leap_year(year))
26:             System.out.println(year + "年是閏年");
27:         else
28:             System.out.println(year + "年不是閏年");
29:     }
30: }
```

▶ 程式說明

- 第 4~16 行：is_leap_year() 函數是在第 5~15 行的 if/else 條件敘述判斷年份的最後 2 位是否是 00，如果是，第 6~9 行的 if/else 條件敘述判斷是否可以被 400 整除，否則，在第 11~14 行的 if/else 條件敘述判斷是否可以被 4 整除。
- 第 20~23 行：輸入四位數的年份。
- 第 25~28 行：if/else 條件敘述呼叫 is_leap_year() 函數判斷是否是閏年，如果是，執行第 26 行；否則執行第 28 行。

8-3-4 質數測試函數

　　質數（prime）是一個正整數，除了本身和 1 外沒有任何其他因數。例如：2、3、5 和 7 是質數。判斷 num 是否為質數，在 Java 程式只需使用迴圈從 2 至 num-1 來除除看，如果都不能整除，就表示 num 是質數。質數判斷程式的流程圖（Ch8_3_4.fpp），如下圖所示：

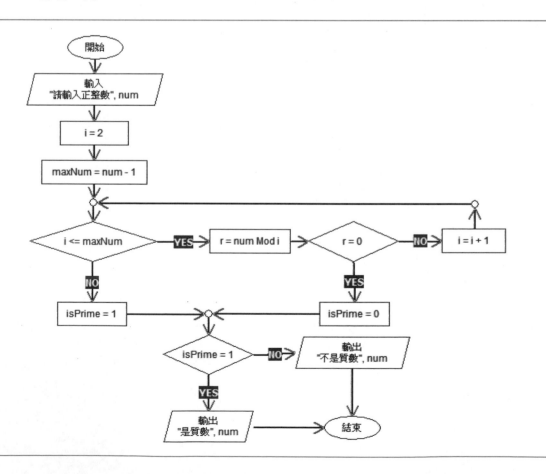

上述流程圖的 Mod 運算子就是 Java 語言的 % 餘數運算子。

程式範例 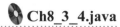 **Ch8_3_4.java**

在 Java 程式建立 is_prime() 方法判斷參數的整數是否是質數，如下所示：

```
請輸入整數 ==> 13
13 是質數
```

上述執行結果輸入整數值後，可以顯示整數是否是質數。

▶ **程式內容**

```java
01: /* Java 程式：Ch8_3_4.java */
02: public class Ch8_3_4 {
03:     // 類別方法：判斷是否是質數
04:     static boolean is_prime(int num) {
05:         int i;
06:         for (i = 2; i <= num - 1; i++)
07:             if (num % i == 0)   // 被 i 整除
08:                 return false;   // 不是
09:         return true;            // 是
10:     }
11:     // 主程式
12:     public static void main(String[] args) {
13:         int num;  // 變數宣告
14:         java.util.Scanner sc = // 建立 Scanner 物件
15:                 new java.util.Scanner(System.in);
16:         System.out.print("請輸入整數 ==> ");
17:         num = sc.nextInt();  // 取得整數值
18:         // 類別方法呼叫
19:         if (is_prime(num))
20:             System.out.println(num + " 是質數 ");
21:         else
22:             System.out.println(num + " 不是質數 ");
23:     }
24: }
```

▶ **程式說明**

- 第 4~10 行：is_prime() 方法是在第 6~8 行的 for 迴圈從 2 開始至 num-1 一一除以計數器變數 i，第 7~8 行的 if 條件敘述判斷是否可整除，如果都不能整除，表示 num 是質數。

- 第 14~17 行：輸入需判斷是否是質數的整數。
- 第 19~22 行：if/else 條件敘述呼叫 is_prime() 方法判斷是否是質數，如果是，執行第 20 行；否則執行第 22 行。

8-4　類別變數和變數範圍

Java 類別除了包含類別方法外，還可以有宣告成 static 的變數，此種變數是屬於類別的變數，我們可以將它視為其他程式語言所謂的「全域變數」（global variables）。

如果是在方法內程式區塊宣告的變數，稱為「區域變數」（local variables）。

8-4-1　Java 的類別變數

在 Java 類別宣告的成員變數是一種類別成員，當使用 static 修飾子時，成員變數就屬於類別本身，稱為「類別變數」（class variables）。

Java 類別變數是當類別第一次建立時，就配置變數的記憶體空間，直到類別不存在為止。類別變數在類別中的所有方法都可以存取其值，其宣告的位置是位在其他方法之外，如下所示：

```
public class Ch8_4_1 {
    static int no = 1;   // 類別變數
    ......
}
```

上述程式碼使用 static 關鍵字宣告整數類別變數 no，存取修飾子 public 和 private 一樣可以使用在類別變數。如果沒有使用 private，表示類別變數可以被其他類別存取，請注意！如果在其他類別存取時，需要指名類別名稱，如下所示：

```
Ch8_4_1.no
```

Java 成員變數在宣告後，就算沒有指定初值，也會擁有預設初值，數值型態為 0，boolean 型態為 false，char 型態為 Unicode 的 0，如果是物件，其預設值為 null。

程式範例 　　　　　　　　　　　　　Ch8_4_1.java

在 Java 程式宣告類別變數 no 後，分別在主程式 main() 和類別方法 funcA() 更改變數值，如下所示：

```
類別變數初值：1
呼叫 funcA 前：2
呼叫 funcA 後：3
```

上述執行結果可以看到類別變數的初值為 1，在 main() 主程式改為 2 後，在 funcA() 方法改為 3。

▶ **程式內容**

```java
01: /* Java 程式：Ch8_4_1.java */
02: public class Ch8_4_1 {
03:     // 類別變數宣告
04:     static int no = 1;
05:     // 類別方法
06:     static void funcA() {
07:         no = 3;     // 指定類別變數值
08:     }
09:     // 主程式
10:     public static void main(String[] args) {
11:         System.out.println("類別變數初值：" + no);
12:         no = 2;    // 指定類別變數值
13:         System.out.println("呼叫 funcA 前：" + no);
14:         funcA();  // 呼叫類別方法
15:         System.out.println("呼叫 funcA 後：" + no);
16:     }
17: }
```

▶ **程式說明**

- 第 4 行：宣告類別變數 no 且指定初值為 1。
- 第 6~8 行：類別方法 funcA() 在第 7 行指定類別變數值為 3。
- 第 12 行：在主程式 main() 指定類別變數值為 2。
- 第 14 行：呼叫 funcA() 方法。

8-4-2 Java 的變數範圍

Java 變數分為類別的成員變數、「方法參數」（method parameters）和區域變數。「變數範圍」（scope）可以影響變數值的存取，即決定有哪些程式碼可以存取此變數。Java 變數範圍的說明，如下所示：

▶ **區域變數範圍**（local variable scope）：在方法內宣告的變數，只能在宣告程式碼後的程式碼使用（不包括宣告前），在方法之外的程式碼並無法存取此變數。

▶ **方法參數範圍**（method parameter scope）：傳入方法的參數變數範圍是整個方法的程式區塊，在方法之外的程式碼無法存取。

▶ **成員變數範圍**（member variable scope）：不論是 static 的類別變數或沒有宣告 static（此為物件的實例變數，詳見第 11 章），整個類別的程式碼都可以存取此變數。

筆者已經將上述變數範圍整理成圖形，如下圖所示：

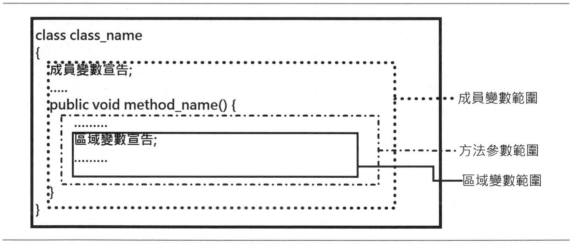

| 程式範例 |  Ch8_4_2.java |

在 Java 程式建立 3 個類別方法 funcA()、funcB() 和 funcC()，可以測試各種 Java 變數的範圍，如下所示：

```
呼叫 funcA 前 : 1 - 2.0
funcA 變數宣告前 : 1 - 2.0
funcA 變數宣告後 : 3 - 4.0
呼叫 funcA 後 : 1 - 2.0
呼叫 funcB 前 : 1 - 2.0
funcB 參數設定前 : 5 - 6.0
funcB 參數設定後 : 3 - 4.0
呼叫 funcB 後 : 1 - 2.0
呼叫 funcC 前 : 1 - 2.0
呼叫 funcC 後 : 3 - 4.0
```

上述執行結果可以看到 funcA() 的 2 個變數，宣告前的類別變數值為 1 和 2.0，在宣告後成為 3 和 4.0，因為顯示的是區域變數值。

在 funcB() 傳入的參數值為 5 和 6.0，3 和 4.0 是設定後的參數值。最後 funcC() 指定類別變數的值，所以在呼叫後類別變數成為 3 和 4.0。

▶ **程式內容**

```java
01: /* Java 程式 : Ch8_4_2.java */
02: public class Ch8_4_2 {
03:     // 類別變數宣告
04:     static int a = 1;
05:     static double b = 2.0;
06:     // 類別方法 : 區域變數的範圍
07:     static void funcA() {
08:         System.out.println("funcA 變數宣告前 : "+a+" - "+b);
09:         // 區域變數宣告
10:         int a = 3;
11:         double b = 4.0;
12:         System.out.println("funcA 變數宣告後 : "+a+" - "+b);
13:     }
14:     // 類別方法 : 方法參數的範圍
15:     static void funcB(int a, double b) {
16:         System.out.println("funcB 參數設定前 : "+a+" - "+b);
17:         a = 3;   // 設定參數變數
18:         b = 4.0; // 設定參數變數
19:         System.out.println("funcB 參數設定後 : "+a+" - "+b);
```

```
20:      }
21:      // 類別方法：類別變數的範圍
22:      static void funcC() {
23:          a = 3;   // 設定類別變數
24:          b = 4.0; // 設定類別變數
25:      }
26:      // 主程式
27:      public static void main(String[] args) {
28:          System.out.println(" 呼叫 funcA 前： "+a+" - "+b);
29:          funcA();          // 呼叫類別方法
30:          System.out.println(" 呼叫 funcA 後： "+a+" - "+b);
31:          System.out.println(" 呼叫 funcB 前： "+a+" - "+b);
32:          funcB(5, 6.0);   // 呼叫類別方法
33:          System.out.println(" 呼叫 funcB 後： "+a+" - "+b);
34:          System.out.println(" 呼叫 funcC 前： "+a+" - "+b);
35:          funcC();          // 呼叫類別方法
36:          System.out.println(" 呼叫 funcC 後： "+a+" - "+b);
37:      }
38: }
```

▶ **程式說明**

- 第 4~5 行：宣告 int 和 double 的類別變數且指定初值。
- 第 7~13 行：funcA() 類別方法測試區域變數的範圍，在第 10~11 行宣告區域變數。
- 第 15~20 行：funcB() 類別方法測試方法參數的範圍，在第 17~18 行更改參數值。
- 第 22~25 行：funcC() 類別方法測試成員 / 類別變數的範圍，在第 23~24 行更改類別變數值。
- 第 29、32 和 35 行：分別呼叫 funcA()、funcB() 和 funcC() 方法。

8-5　遞迴程式設計

「遞迴」（recursive）是程式設計的一個重要觀念。「遞迴函數」（recursive functions）在 Java 稱為「遞迴方法」（recursive methods），可以讓程式碼變得很簡潔，但是設計遞迴方法需要很小心，不然很容易掉入無窮方法呼叫的陷阱。

8-5-1 遞迴方法的基礎

遞迴是由上而下分析方法的一種特殊情況，使用遞迴觀念建立的方法稱為遞迴方法，其基本定義如下所示：

一個問題的內涵是由本身所定義的話，稱之為遞迴。

因為遞迴問題在分析時，其子問題本身和原來問題擁有相同的特性，只是範圍改變，範圍逐漸縮小到終止條件，所以可以歸納出遞迴方法的兩個特性，如下所示：

- ▶ 遞迴方法在每次呼叫時，都可以使問題範圍逐漸縮小。
- ▶ 遞迴方法需要擁有終止條件，以便結束遞迴方法的執行。

8-5-2 階層函數

遞迴函數最常見的應用是數學階層函數 n!，其定義請參閱第 7-1-3 節。例如：計算 4! 的值，從定義 n>0，我們可以計算階層函數 4! 的值：4!=4*3*2*1=24，因為階層函數擁有遞迴特性，可以將 4! 的計算分解成子問題，如下所示：

```
4!=4*(4-1)!=4*3!
```

現在，3! 的計算成為一個新的子問題，必須先計算出 3! 值後，才能處理上述的乘法。同理將子問題 3! 繼續分解，如下所示：

```
3! = 3*(3-1)! = 3*2!
2! = 2*(2-1)! = 2*1!
1! = 1*(1-1)! = 1*0! = 1*1 = 1
```

最後在知道 1! 的值後，接著就可以計算出 2!~4! 的值，如下所示：

```
2! = 2*(2-1)! = 2*1! = 2
3! = 3*(3-1)! = 3*2! = 3*2 = 6
4! = 4*(4-1)! = 4*3! = 4*6 = 24
```

上述階層函數的子問題是一個階層函數，只是範圍改變逐漸縮小到一個終止條件。以階層函數為例是 n=0。等到到達終止條件，階層函數值就計算出來。

在 Java 程式建立遞迴方法的階層函數，輸入階層數可以計算階層函數的值，如下所示：

```
請輸入階層數 ==>  4
4!=24
請輸入階層數 ==>  5
5!=120
請輸入階層數 ==>  -1
```

上述執行結果只需輸入階層數，可以顯示階層計算的結果，例如：4! 的值為 24；5! 的值是 120，輸入 -1 結束程式執行。

▶ **程式內容**

```
01: /* Java 程式 : Ch8_5_2.java */
02: public class Ch8_5_2 {
03:     // 類別方法 : 計算 n! 的值
04:     static int factorial(int n) {
05:         if ( n == 1 )  // 終止條件
06:             return 1;
07:         else
08:             return n * factorial(n-1);
09:     }
10:     // 主程式
11:     public static void main(String[] args) {
12:         int level = -1;  // 變數宣告
13:         java.util.Scanner sc = // 建立 Scanner 物件
14:                 new java.util.Scanner(System.in);
15:         do {
16:             System.out.print(" 請輸入階層數 ==> ");
17:             level = sc.nextInt();  // 取得階層數
18:             if ( level > 0 )        // 類別方法的呼叫
19:                 System.out.println(level + "!=" + factorial(level));
20:         } while( level != -1 );
21:     }
22: }
```

▶ **程式說明**

- 第 4~9 行：階層函數的 factorial() 遞迴方法，在第 5 行是遞迴的終止條件，第 8 行在遞迴方法中呼叫自己本身，只是參數範圍縮小 1。

- 第 16~17 行：讀取使用者輸入的階層數。
- 第 18~19 行：if 條件敘述判斷輸入值是否大於 0，如果是，就呼叫 factorial()
  遞迴方法。

  例如：factorial(5) 遞迴方法的呼叫過程，如下圖所示：

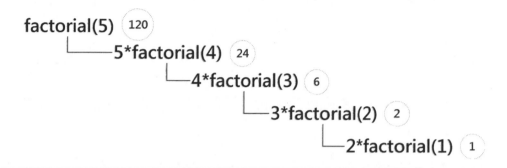

  上述圖例是遞迴方法每一層的方法呼叫，直到 factorial(1)=1，傳回 2*1=2，
即 factorial(2)，然後繼續回傳 3*2=6 直到 120，虛線的小圓圈值是傳回值。

8-5-3　費式數列

費式數列是除了前 2 個值外，之後數列的值都是前 2 個值的和，如下所示：

$$
fib(n) \begin{cases} 1 & n=1, 2 \\ \\ fib(n-1)+fib(n-2) & n>=3 \end{cases}
$$

例如：計算 fib(4) 的值，從上述定義 n>=3，我們是使用 fib(n) 定義的第 2
條來計算費式數列的值，如下所示：

```
fib(4)=fib(4-1)+fib(4-2)=fib(3)+fib(2)
```

上述 fib(2)=1，fib(3) 可以再次套用公式，使用第 2 個定義，如下所示：

```
fib(3)=fib(3-1)+fib(3-2)=fib(2)+fib(1)=2
```

現在，我們可以計算出 fib(4) 的值，如下所示：

```
fib(4)=fib(3)+fib(2)=2+1=3
```

因為 fib() 方法本身擁有遞迴特性，它是前 2 個值相加的結果，所以，每執行一次就縮小 2 和 1，直到 fib(1) 和 fib(2) 為止，我們可以建立 fib() 遞迴方法來計算費式數列的值。

程式範例　　　　　　　　　　　　　　　　Ch8_5_3.java

在 Java 程式輸入費氏數列的級數後，呼叫 fib() 遞迴方法顯示費氏數列該級數的值，如下所示：

```
請輸入費氏數列的級數 ==> 1
fib(1) = 1
請輸入費氏數列的級數 ==> 2
fib(2) = 1
請輸入費氏數列的級數 ==> 3
fib(3) = 2
請輸入費氏數列的級數 ==> 4
fib(4) = 3
請輸入費氏數列的級數 ==> 5
fib(5) = 5
請輸入費氏數列的級數 ==> 6
fib(6) = 8
請輸入費氏數列的級數 ==> 7
fib(7) = 13
請輸入費氏數列的級數 ==> 8
fib(8) = 21
請輸入費氏數列的級數 ==> -1
```

上述執行結果可以看到費氏數列的值是前 2 個費氏數列的和（從 3 開始），輸入 -1 結束程式執行。

▶ 程式內容

```
01: /* Java 程式 : Ch8_5_3.java */
02: public class Ch8_5_3 {
03:     // 類別方法 : 計算費氏數列的值
04:     static int fib(int n) {
05:         if ( n == 0 || n == 1 )  // 終止條件
```

```
06:         return n;
07:     else
08:         return fib(n - 1) + fib(n - 2);
09:     }
10:     // 主程式
11:     public static void main(String[] args) {
12:         int number;   // 變數宣告
13:         int result;
14:         java.util.Scanner sc = // 建立 Scanner 物件
15:                 new java.util.Scanner(System.in);
16:         do {
17:             System.out.print(" 請輸入費氏數列的級數 ==> ");
18:             number = sc.nextInt();   // 取得級數
19:             if (number >= 0 ) {
20:                 result = fib(number); // 類別方法的呼叫
21:                 System.out.println("fib(" + number + ") = " + result);
22:             }
23:         } while( number != -1 );
24:     }
25: }
```

▶ 程式說明

- 第 4~9 行：費氏數列的 fib() 遞迴方法，在第 5~8 行的 if/else 條件敘述是遞迴的終止條件，第 8 行在遞迴方法呼叫自己本身，但是參數範圍分別縮小 1 和 2，即 n-1 和 n-2。

- 第 17~18 行：輸入費氏數列的級數。

- 第 19~22 行：if 條件敘述判斷輸入值是否大於等於 0，如果是，在第 20 行呼叫 fib() 遞迴方法，第 21 行顯示結果。

例如：fib(5) 遞迴方法的呼叫過程，如下圖所示：

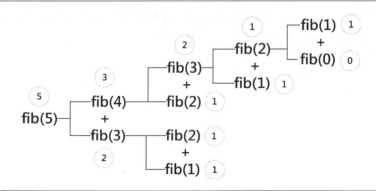

上述圖例是遞迴方法每一層的方法呼叫，直到 fib(1)+fib(0)=1+0=1，即 fib(2)=1，最後 fib(5)=3+2=5，虛線的小圓圈值是傳回值。

8-6 Math 數學類別的類別方法

在 Java API 的 Math 類別提供數學常數和各種數學函數的類別方法，可以讓我們在 Java 程式碼使用亂數、計算最大值、最小值、三角和指數等數學函數。因爲這些函數都是 Math 類別的類別方法，所以在呼叫方法時需要指明類別 Math。

8-6-1 計算亂數、最大和最小值

Math 類別的方法可以計算亂數、最大值和最小值。相關方法的說明，如下表所示：

方法	說明
int max(int, int) long max(long, long) double max(double, double) float max(float, float)	傳回 2 個 int、long、double、float 參數中的最大值
int min(int, int) long min(long, long) double min(double, double) float min(float, float)	傳回 2 個 int、long、double、float 參數中的最小值
double random() float random()	傳回亂數值，其範圍爲 0.0~1.0
int round(double) long round(double)	將 double 參數值四捨五入後傳回整數值

程式範例  **Ch8_6_1.java**

在 Java 程式取得 2 個數值的最大和最小值,並且計算數值的四捨五入和取得指定範圍的亂數值,如下所示:

```
最大值max(34, 78): 78
最小值min(34, 78): 34
四捨五入 round(34.567):35
四捨五入 round(34.467):34
亂數 random(): 0.4171377632495211
0-10 亂數: 9
1-100 亂數: 66
```

上述執行結果可以看到使用 Math 類別方法取得的最大值、最小值、四捨五入和亂數值。

▶ **程式內容**

```
01: /* Java 程式: Ch8_6_1.java */
02: public class Ch8_6_1 {
03:     // 主程式
04:     public static void main(String[] args) {
05:         // 最大值和最小值
06:         System.out.print(" 最大值max(34, 78): ");
07:         System.out.println(Math.max(34,78));
08:         System.out.print(" 最小值min(34, 78): ");
09:         System.out.println(Math.min(34,78));
10:         System.out.print(" 四捨五入 round(34.567):");
11:         System.out.println(Math.round(34.567));
12:         System.out.print(" 四捨五入 round(34.467):");
13:         System.out.println(Math.round(34.467));
14:         System.out.print(" 亂數 random(): ");
15:         System.out.println(Math.random());
16:         // 0-10 的亂數
17:         int no = (int)(Math.random()*10);
18:         System.out.println("0-10 亂數: " + no);
19:         // 1-100 的亂數
20:         no = (int)(Math.random()*100 + 1);
21:         System.out.println("1-100 亂數: " + no);
22:     }
23: }
```

▶ 程式說明

- 第 6~9 行：取得最大和最小值。
- 第 10~13 行：使用 Math.round() 方法計算四捨五入的值。
- 第 15 行：顯示亂數值。
- 第 17 和 20 行：取得 0~10 和 1~100 整數值的亂數，使用 (int) 強迫將亂數值的型態轉換成 int。

8-6-2 Math 類別的數學常數和方法

Math 類別提供 2 個常用的數學常數，其說明如下表所示：

常數	說明
E	自然數 e=2.718281828459045
PI	圓周率 π =3.141592653589793

在 Math 類別提供各種三角函數（trigonometric）、指數（exponential）和對數（logarithmic）方法。相關方法說明如下表所示：

方法	說明
int abs(int) long abs(long) double abs(double) float abs(float)	傳回絕對值
double acos(double)	反餘弦函數
double asin(double)	反正弦函數
double atan(double)	反正切函數
double atan2(double1, double2)	參數 double1/double2 的反正切函數值
double ceil(double)	傳回 double 值大於或等於參數的最小 double 整數
double cos(double)	餘弦函數
double exp(double)	自然數的指數 e^x
double floor(double)	傳回 double 值大於或等於參數的最小 double 整數
double log(double)	自然對數
double pow(double, double)	傳回第 1 個參數為底，第 2 個參數的次方值
double rint(double)	傳回最接近參數的 double 整數值
double sin(double)	正弦函數

方法	說明
double sqrt(double)	傳回參數的平方根
double tan(double)	正切函數
double toDegrees(double)	傳回參數轉換成的角度（degree）
double toRadians(double)	傳回參數轉換成的弳度（radian）

上表三角函數的參數是弳度，並不是角度。如果是角度，請使用 toRadians() 方法先轉換成弳度。

程式範例 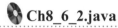 **Ch8_6_2.java**

在 Java 程式顯示 Math 類別常數和測試各種數學函數的計算結果，如下所示：

```
E: 2.718281828459045
PI: 3.141592653589793
測試值 no: -19.536
abs(no): 19.536
ceil(no): -19.0
floor(no): -20.0
rint(no): -20.0
測試值 x/y: 13.536/3.57
exp(x): 756153.7443288052
log(x): 2.6053528028638673
pow(x,y): 10950.161743418537
sqrt(x): 3.679130332021414
測試值 deg/rad: 60.0/1.0471975511965976
sin(rad): 0.8660254037844386
cos(rad): 0.5000000000000001
tan(rad): 1.7320508075688767
```

上述執行結果可以看到 Math 類別的常數、絕對值、最大和最接近的整數值、指數、對數和三角函數值。

▶ **程式內容**

```
01: /* Java 程式：Ch8_6_2.java */
02: public class Ch8_6_2 {
03:     // 主程式
04:     public static void main(String[] args) {
05:         // 顯示數學常數
```

```
06:          System.out.println("E: " + Math.E);
07:          System.out.println("PI: " + Math.PI);
08:          // 數學函數
09:          double no = -19.536;
10:          System.out.println(" 測試值no: "+no);
11:          System.out.println("abs(no): "+Math.abs(no));
12:          System.out.println("ceil(no): "+Math.ceil(no));
13:          System.out.println("floor(no): "+Math.floor(no));
14:          System.out.println("rint(no): "+Math.rint(no));
15:          // 指數和對數函數
16:          double x = 13.536;
17:          double y = 3.57;
18:          System.out.println(" 測試值x/y: " + x + "/" +y);
19:          System.out.println("exp(x): " + Math.exp(x));
20:          System.out.println("log(x): " + Math.log(x));
21:          System.out.println("pow(x,y): " + Math.pow(x,y));
22:          System.out.println("sqrt(x): " + Math.sqrt(x));
23:          // 三角函數
24:          double deg = 60.0;
25:          double rad = Math.toRadians(deg);
26:          System.out.println(" 測試值deg/rad: "+deg+"/"+rad);
27:          System.out.println("sin(rad): " + Math.sin(rad));
28:          System.out.println("cos(rad): " + Math.cos(rad));
29:          System.out.println("tan(rad): " + Math.tan(rad));
30:      }
31: }
```

▶ 程式說明

- 第 6~7 行：顯示數學常數 E 和 PI。
- 第 11~14 行：基本數學函數。
- 第 19~22 行：計算指數和對數。
- 第 27~29 行：三角函數。

學習評量

8-1 程序與函數的基礎

1. 請問什麼是程序與函數？

2. 請使用圖例說明什麼是程序與函數的黑盒子？

3. 請問程序的「語法」和「語意」是什麼？

8-2 建立類別方法

4. 請問 Java 方法（methods）分為哪兩種？方法如果有傳回值，在程式區塊是使用 _____ 程式敘述來傳回值。

5. Java 方法 sum() 如果沒有傳回值，其傳回資料型態是 _____。如果有整數傳回值，請完成下列方法宣告，如下所示：

```
static _____ sum(double c) {    }
```

6. 如果在其他類別呼叫 Test 類別的 public 方法 sumOne2Ten()，其呼叫程式碼為 _____。

7. 請試著寫出名為 void myName() 方法，在主程式 main() 呼叫 myName() 方法，可以顯示讀者的姓名字串。

8. 請寫出下列方法的傳回值型態，如下所示：

```
static int printErrorMsg(int err_no) {}
static double readRecord(int recNo, int size) {}
static void printMsg() {}
```

9. 請說明方法的「正式參數」（formal parameters）和「實際參數」（actual parameters）是什麼？其差異為何？

10. 請在 Java 程式建立 void printStars(int a) 方法，方法傳入顯示幾行的 int 參數，可以顯示使用「*」星號建立的正三角形圖形（提示：需要使用三層巢狀迴圈），如下圖所示：

```
      *
     * *
    * * *
   * * * *
  * * * * *
 * * * * * *
* * * * * * *
```

學習評量

11. 請指出下列 abs() 方法的哪些行程式碼是錯誤的,如下所示:

```
1: static int abs(int n) ; {
2:  if ( n < 0 ) { (-n) };
3.  else return (n);
4: }
```

12. 請試著撰寫 Java 方法 double cube(double a),可以傳回參數值的三次方, 例如:參數值 3,就是傳回 3*3*3。

13. 請試著撰寫 Java 方法 int square(int a),可以傳回參數值的平方,例如: 參數值 2,就是傳回 2*2。

14. 請建立 Java 程式撰寫 2 個方法 int func1(int a, int b) 和 double func2(int a, int b),方法都擁有 2 個整數參數,func1() 方法當參數 1 大於參數 2 時, 傳回 2 個參數相乘的結果,否則是相加結果;func2() 方法傳回參數 1 除以參數 2 的相除結果,如果參數 2 為 0,傳回 -1。

15. 請簡單說明 Java 方法的傳值或傳址參數傳遞?

16. 請寫出下列 Java 程式碼的執行結果,如下所示:

```
static void swap(int x, int y) {
    int temp = x;
    x = y;
    y = temp;
}
public static void main(String[] args) {
    int a = 4, b = 2;
    swap(a, b);
    System.out.printf(a + ":" + b);
}
```

8-3 類別方法的應用範例

17. 請在 Java 程式建立 int getMax(int a, int b, int c) 方法傳入 3 個 int 參 數,可以傳回參數中的最大值;int sum(int a, int b, int c, int d) 和 double average(int a, int b, int c, int d) 方法都有 4 個參數,可以計算參數成績 資料的總分與平均。

學習評量

18. 請在 Java 程式建立 double bill(int a) 方法,可以計算 Internet 連線費用,前 50 小時,每分鐘 0.3 元;超過 50 小時,每分鐘 0.2 元。

19. 在 Java 程式建立匯率換算方法 double rateExchange(int c, double r),參數 c 和 r 分別是台幣金額(amount)和匯率(rate),可以傳回台幣兌換成的美金金額。

20. 計算體脂肪 BMI 值的公式是 W/(H*H), H 是身高(公尺),W 是體重(公斤),請建立 double bmi(double w, double h) 方法計算 BMI 值,參數是身高和體重。

21. 費式數列(Fibonacci)是第一個和第二個數字為 1,$F_0=F_1=1$,其他是前兩個數字的和 $F_n=F_{n-1}+F_{n-2}$,n>=2,請設計 int fibonacci(int n) 方法顯示費式數列,參數是顯示數字的個數。

22. 請建立 int repeatSum(int b, int p) 方法,可以計算第 1 個參數為底加上第 2 個參數次數的和,例如:repeatSum(3, 5) 方法是 3+3+3+3+3 共加 5 次 3 的和。

8-4 類別變數和變數範圍

23. 請問什麼是 Java 類別變數?如何在 Java 類別宣告類別變數?

24. 請舉例或繪圖說明 Java 變數範圍的區域變數、方法參數和成員變數範圍?

25. 請寫出下列 Java 程式碼的執行結果,如下所示:

```java
public static void main(String[] args) {
    int a = 2, b = 2;
    System.out.println(a + " " + b);
        int a = 10;
        System.out.println(a + " " + b);
    }
    System.out.println(a + " " + b);
}
```

學習評量

8-5 遞迴程式設計

26. 請問什麼是遞迴程式設計？

27. 請寫出下列遞迴方法 printMoney(6) 的執行結果，如下所示：

```java
static void printMoney(int level) {
    if (level == 0) {
        System.out.print("$");
    }
    else {
        System.out.print("<");
        printMoney(level-1);
        System.out.print(">");
    }
}
```

28. 請設計 Java 遞迴方法來計算 X^n 的值，例如：5^7、8^5 等。

29. 請寫出遞迴方法 sum(int x)，可以計算 1 到參數值的和，例如：sum(5)，就計算 5+4+3+2+1。

30. 現在有一個遞迴版本的最大公因數（greater common divisor），如下所示：

```java
static int gcd(int a, int b) {
    int c;
    if ((c = a % b) == 0) return b;
    else return gcd(b, c);
}
```

請建立 Java 程式測試上述遞迴方法，並且試著改寫成迴圈版本的 gcd() 方法。

31. 在整數 A 與 B 中，假設：A>=0 且 B>0，mod() 方法的規則如下：.

```
mod(A, B) = A，if A < B
mod(A, B) = mod(A-B, B )，if A >= B
```

請建立 Java 的 mod() 遞迴方法計算 mod(2, 5) 和 mod(17, 5) 的值？

32. 請建立遞迴方法 num()，並且計算 num(5)、num(10) 的值，其定義如下
    所示：
    ```
    num(1) = 1，if X == 1
    num(X) = num(X-1) + 2X - 1，if X > 1
    ```

8-6　Math 數學類別的類別方法

33. 請問什麼是 Math 類別？呼叫 Math 類別 sqrt() 方法的 Java 程式碼是
    ＿＿＿＿＿＿＿＿＿＿ 。

34. 請寫出 Java 程式碼產生 1-50 的亂數值。Math 類別的三角函數參數是
    弳度，並不是角度。如果是角度，需要使用 ＿＿＿＿＿＿＿＿ 方法先轉換
    成弳度。

Chapter

陣列與字串

9-1 陣列的基礎

「陣列」（arrays）是 Java 參考資料型態的 Array 物件，當我們需要一組變數儲存相關資料時，可以考量是否使用陣列來儲存所需資料。

說明

本章 Java 程式範例是位在「Ch09」目錄 IntelliJ IDEA 的 Java 專案，請啟動 IntelliJ IDEA，開啟位在「Java8\Ch09」目錄的專案，就可以測試執行本章的 Java 程式範例，如下圖所示：

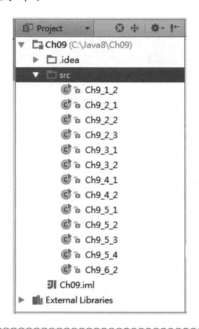

9-1-1 認識陣列

陣列是一種程式語言的基本資料結構，一種循序性資料結構。日常生活中最常見的範例是一排信箱，如下圖所示：

上述圖例是社區住家的一排信箱，郵差依信箱號碼投遞郵件；住戶依信箱號碼取出郵件。陣列是將 Java 資料型態的變數集合起來，使用一個名稱代表，然後以索引值來存取元素，每一個元素相當於是一個變數，如下圖所示：

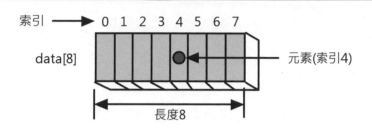

上述圖例的 data[8] 陣列是一種固定長度結構，每一個元素是 Java 基本或參數資料型態，請注意！陣列大小在編譯階段已經決定，並不能隨意更改。

在陣列中的每一個「陣列元素」（array elements）是使用「索引」（index）存取，索引值是從 0 開始到陣列長度減 1，即 0~7。

9-1-2　為什麼使用陣列

在 Java 程式為什麼需要使用陣列，而不直接使用多個相同資料型態的變數？筆者準備使用一個程式範例來說明。例如：在 Java 程式分別使用變數和陣列計算 5 次測驗的總分和平均，各次考試成績如下表所示：

測驗編號	成績
1	71
2	83
3	67
4	49
5	59

程式範例   🔘 **Ch9_1_2.java**

在 Java 程式分別使用變數和陣列計算上表小考成績的總分與平均，如下所示：

```
變數計算 5 次成績的總分：329.0
5 次成績的平均：65.8
陣列計算 5 次成績的總分：329.0
5 次成績的平均：65.8
```

上述執行結果可以看到 5 次總分與平均，在上方是使用變數儲存成績；下方是使用陣列儲存成績。

▶ **程式內容**

```java
01: /* 程式範例：Ch9_1_2.java */
02: public class Ch9_1_2 {
03:     // 主程式
04:     public static void main(String[] args) {
05:         // 宣告各次成績的變數
06:         int i,t1=71,t2=83,t3=67,t4=49,t5=59;
07:         int[] t = { 71, 83, 67, 49, 59 };
08:         double sum, average;           // 總分與平均
09:         sum = t1 + t2 + t3 + t4 + t5; // 計算總分
10:         average = sum / 5.0;           // 計算平均
11:         System.out.println(" 變數計算 5 次成績的總分：" + sum);
12:         System.out.println("5 次成績的平均：" + average);
13:         for ( sum=0, i=0; i < 5; i++ )/* 計算總分 */
14:             sum += t[i];
15:         average = sum / 5.0;              /* 計算平均 */
16:         System.out.println(" 陣列計算 5 次成績的總分：" + sum);
17:         System.out.println("5 次成績的平均：" + average);
18:     }
19: }
```

▶ **程式說明**

- 第 6 行：宣告儲存成績的 5 個變數和指定初值。
- 第 7 行：宣告 5 個元素的一維陣列和指定陣列元素的初值，陣列宣告的詳細說明請參閱第 9-2-2 節。
- 第 9~10 行：使用變數分別計算總分和平均。
- 第 13~15 行：使用 for 迴圈計算一維陣列的總分，然後計算平均。

現在，讓我們進一步檢視程式範例 Ch9_1_2.java，程式是使用 2 種方法儲存成績資料，其說明如下所示：

▶ **使用多個變數儲存成績**：此方法的擴充性很差，如果小考次數改變，增加成為 10、50、100 次或減少為 3 次，程式都需大幅修改計算總分部分的程式碼。

▶ **使用一維陣列儲存成績**：這種方法擁有較佳的擴充性，當小考次數更改時，只需更改陣列尺寸，同樣可以使用 for 迴圈計算成績，更改迴圈次數即可適用 100 或 200 次的成績計算，而不用寫出冗長的加法運算式。

9-2　一維陣列

「一維陣列」（one-dimensional arrays）是一種最基本的陣列結構，只有一個索引值，類似現實生活中公寓或大樓的單排信箱，可以使用信箱號碼取出指定門牌的信件。

9-2-1　宣告一維陣列

Java 陣列是 Array 物件，我們需要使用 new 運算子建立 Array 物件，其基本語法如下所示：

```
陣列型態 [] 陣列名稱 = new 陣列型態 [ 整數常數 ];
```

上述語法宣告一維陣列，因為只有一個「[]」（一個「[]」表示一維；二維是 2 個），因為陣列是同一種資料型態的變數集合，如同基本資料型態的宣告，陣列型態是陣列元素的資料型態（例如：int 整數陣列、float 浮點數陣列或 char 字元陣列等），陣列名稱是一個識別字，命名方式與變數相同，在等號右邊是使用 new 運算子建立 Array 物件的陣列，在方括號中的整數常數是陣列尺寸，即陣列擁有多少個元素。

📚 宣告一維陣列

我們可以使用 Java 程式碼宣告一維陣列，例如：宣告一維整數陣列 grades[] 儲存學生成績，如下所示：

```
int[] grades = new int[4];    // 宣告整數陣列儲存 4 個元素
```

上述程式碼宣告 int 資料型態的陣列，陣列名稱是 grades，整數常數 4 表示陣列有 4 個元素。當執行 Java 程式時，配置給陣列的記憶體空間圖例，如下圖所示：

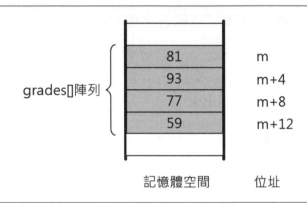

上述圖例的 grades[] 陣列是儲存在一段連續記憶體空間，假設：開始位址是 m，每一個 int 型態的陣列元素佔 4 個位元組，從最低記憶體位址開始，第 1 個元素是 m~m+3 位元組；第 2 個是 m+4~m+7，以此類推，陣列共佔用 4 * 4 = 16 個位元組。

同樣方式，我們可以宣告浮點數陣列和字元陣列，如下所示：

```
float[] sales = new float[5];    // 宣告 float 浮點數陣列儲存 5 個元素
char[] name = new char[10];      // 宣告 char 字元陣列儲存 10 個元素
```

存取陣列元素

Java 語言可以使用指定敘述存取陣列元素值，陣列索引值是從 0 開始，例如：使用指定敘述指定陣列元素值，如下所示：

```
grades[0] = 81;
grades[1] = 93;
grades[2] = 77;
grades[3] = 59;
```

上述程式碼指定陣列元素值，4 個陣列元素的圖例，如下圖所示：

| grades[0]=81 | grades[1]=93 | grades[2]=77 | grades[3]=59 |

因為每一個陣列元素是一個變數，我們一樣可以在運算式取得陣列元素值來進行運算，如下所示：

```
// 陣列元素的加法運算
total = grades[0] + grades[1] + grades[2] + grades[3];
```

上述程式碼是陣列元素相加的算術運算式。

程式範例

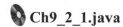 **Ch9_2_1.java**

在 Java 程式宣告 int 整數一維陣列儲存學生成績後，使用加法運算式計算成績總分和平均，如下所示：

```
成績 1: 81
成績 2: 93
成績 3: 77
成績 4: 59
成績總分：310
成績平均：77.5
```

▶ 程式內容

```
01: /* 程式範例: Ch9_2_1.java */
02: public class Ch9_2_1 {
03:    // 主程式
04:    public static void main(String[] args) {
05:       int total = 0;    // 宣告變數
06:       int[] grades = new int[4];    // 宣告 int 陣列
07:       grades[0] = 81;   // 指定陣列值
08:       grades[1] = 93;
09:       grades[2] = 77;
10:       grades[3] = 59;
11:       System.out.println("成績 1: " + grades[0]);   // 顯示陣列值
12:       System.out.println("成績 2: " + grades[1]);
13:       System.out.println("成績 3: " + grades[2]);
14:       System.out.println("成績 4: " + grades[3]);
```

```
15:        total = grades[0]+grades[1]+grades[2]+grades[3];
16:        System.out.println(" 成績總分 : " + total);
17:        System.out.println(" 成績平均 : " + total/4.0);
18:    }
19: }
```

▶ 程式說明

- 第 6 行：宣告 int 陣列 grades[]。
- 第 7~10 行：使用指定敘述指定 grades[] 陣列的元素值。
- 第 11~17 行：顯示 grades[] 陣列元素值，在第 15 行計算成績總分，第 17 行計算和顯示平均。

9-2-2 一維陣列的初值

Java 陣列可以在宣告時指定陣列初值，其基本語法如下所示：

```
陣列型態 [ ]  陣列名稱 = { 常數值 , 常數值 , … };
```

上述語法宣告一維陣列，陣列是使用「=」等號指定陣列元素的初值，陣列值是使用大括號括起的常數值清單，以「,」逗號分隔，一個值對應一個元素，陣列的元素數就是之後大括號中的初值數。例如：宣告整數一維陣列儲存籃球 4 節比賽得分，如下所示：

```
int[] scores = { 23, 32, 16, 22 };    // 宣告 scores 陣列和指定初值
```

上述程式碼宣告 int 資料型態的陣列，陣列名稱為 scores，在「=」等號後使用大括號指定陣列元素的初值，陣列尺寸就是初值的元素個數，以此例共有 4 個陣列元素，如下圖所示：

| scores[0]=23 | scores[1]=32 | scores[2]=16 | scores[3]=22 |

程式範例 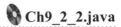 Ch9_2_2.java

在 Java 程式宣告 int 資料型態的一維陣列儲存籃球比賽的 4 節得分，然後使用加法運算式計算比賽總分和各節的平均得分，如下所示：

```
籃球比賽總分：93
平均各節分數：23.25
```

▶ 程式內容

```java
01: /* 程式範例：Ch9_2_2.java */
02: public class Ch9_2_2 {
03:     // 主程式
04:     public static void main(String[] args) {
05:         int total;   // 宣告變數
06:         // 建立 int 陣列
07:         int[] scores = { 23, 32, 16, 22 };
08:         // 計算籃球比賽 4 節的總分
09:         total = scores[0]+scores[1]+scores[2]+scores[3];
10:         System.out.println("籃球比賽總分：" + total);
11:         System.out.println("平均各節分數：" + total/4.0);
12:     }
13: }
```

▶ 程式說明

- 第 7 行：宣告 int 陣列 scores[] 和指定陣列初值。
- 第 9~11 行：計算與顯示總得分和各節平均得分。

9-2-3 使用迴圈存取一維陣列

在之前的程式範例是使用加法運算式計算陣列元素的總和，因為陣列是使用索引值來循序存取元素，我們可以改用 for 迴圈走訪整個陣列元素來計算總和，或輸入陣列元素值。

陣列元素的輸入與輸出

基本上，陣列元素值和其他變數相同，我們也可以輸入陣列元素值，如下所示：

```
// 使用 for 迴圈輸入陣列元素值
for ( i = 0; i < LENGTH; i++ ) {
    System.out.print(" 請輸入第 "+(i+1)+" 季的業績 => ");
    sales[i] = sc.nextDouble(); // 取得浮點數
}
```

上述 for 迴圈的執行次數是陣列元素個數，可以輸入常數 LENGTH 個數的元素值，常數宣告如下所示：

```
final int LENGTH = 4;      // 宣告常數
```

陣列是使用上述常數值來宣告陣列尺寸，如下所示：

```
// 宣告浮點數陣列來儲存 LENGTH 個元素
double[] sales = new double[LENGTH];
```

實務上，我們只需在編譯前更改 LENGTH 常數值，就可以同時更改陣列大小和迴圈次數，而不用一一修改多處程式碼。

使用 for 迴圈走訪陣列

for 迴圈只需配合陣列索引值就可以一一走訪陣列元素。例如：使用 for 迴圈計算陣列元素總和，如下所示：

```
// 使用 for 迴圈走訪陣列
for ( i = 0; i < LENGTH; i++ ) {
    amount += sales[i];
}
```

上述程式碼使用陣列索引值取得每一個陣列元素值，計數器變數 i 的值是索引值，可以將陣列元素值一一取出來相加。

程式範例   Ch9_2_3.java

在 Java 程式宣告 float 型態的一維陣列儲存 4 季的業績資料，當使用 for 迴圈輸入陣列元素值後，計算業績總和與平均業績，如下所示：

```
請輸入第 1 季的業績 => 145.6
請輸入第 2 季的業績 => 178.9
請輸入第 3 季的業績 => 197.3
```

```
請輸入第 4 季的業績 => 156.7
sales[0] = 145.6
sales[1] = 178.9
sales[2] = 197.3
sales[3] = 156.7
業績總和：678.5
業績平均：169.625
```

▶ 程式內容

```java
01: /* 程式範例：Ch9_2_3.java */
02: public class Ch9_2_3 {
03:     // 主程式
04:     public static void main(String[] args) {
05:         int i;                    // 宣告變數
06:         final int LENGTH = 4; // 宣告常數
07:         double average, amount = 0.0;
08:         java.util.Scanner sc =
09:                 new java.util.Scanner(System.in);
10:         double[] sales = new double[LENGTH];   // 宣告 double 陣列
11:         // 使用 for 迴圈輸入陣列元素值
12:         for ( i = 0; i < LENGTH; i++ ) {
13:             System.out.print("請輸入第 "+(i+1)+" 季的業績 => ");
14:             sales[i] = sc.nextDouble(); // 取得浮點數
15:         }
16:         // 使用 for 迴圈計算業績總和
17:         for ( i = 0; i < LENGTH; i++ ) {
18:             amount += sales[i];
19:             System.out.println("sales[" + i + "] = " + sales[i]);
20:         }
21:         average = amount / LENGTH;   // 計算平均
22:         System.out.println("業績總和：" + amount);
23:         System.out.println("業績平均：" + average);
24:     }
25: }
```

▶ 程式說明

- 第 6 行：宣告陣列大小 LENGTH 常數。
- 第 12~15 行：使用 for 迴圈讀取 4 個陣列元素值的業績資料。
- 第 17~20 行：使用 for 迴圈顯示和計算 sales[] 陣列元素的總和。
- 第 21 行：計算 sales[] 陣列元素的平均值。
- 第 22~23 行：顯示業績的總和和平均。

9-3 / 二維與多維陣列

多維陣列是指「二維陣列」（two-dimensional arrays）以上維度的陣列（含二維），屬於一維陣列的擴充，如果將一維陣列想像成一度空間的線；二維陣列是二度空間的平面。

在日常生活中，二維陣列的應用非常廣泛，只要屬於平面的各式表格，都可以轉換成二維陣列，例如：月曆、功課表等。如果繼續擴充二維陣列，我們還可以建立三維、四維等更多維陣列，如下圖所示：

功課表

	一	二	三	四	五
1		2		2	
2	1	4	1	4	1
3	5		5		5
4					
5	3		3		3
6					

課程名稱	課程代碼
計算機概論	1
離散數學	2
資料結構	3
資料庫理論	4
上機實習	5

9-3-1 二維陣列的宣告與初值

Java 的二維陣列是一維陣列的擴充，因為 Array 物件可以包含其他 Array 物件，我們也可以使用 for 迴圈建立二維陣列的物件。

二維陣列的宣告

一維陣列可以儲存學生一門課程的成績，如果使用二維陣列，我們可以同時儲存多門課程的成績，例如：一班 3 位學生的成績資料，包含每位學生的計算機概論和程式設計二門課程成績，我們準備宣告二維陣列來儲存，如下所示：

```
int[][] grades = new int[3][];
for ( i = 0; i < grades.length; i++)
   grades[i] = new int[2];
```

上述程式碼先建立 3 個元素的 Array 物件 grades，接著使用 for 迴圈將每個陣列元素分別建立成擁有 2 個元素的 Array 物件，這是一個 3×2 二維陣列。

🔖 二維陣列的初值

二維陣列的初值也是使用「=」等號指定陣列元素的初值，其基本語法如下所示：

```
陣列型態 [][]　陣列名稱 = { { 第 1 列的初值 },
                         { 第 2 列的初值 },
                         ......,
                         { 第 n 列的初值 } };
```

上述語法宣告二維陣列和指定元素初值，因為是二維，所以是 [][] 共 2 個方括號，陣列值是大括號括起的多個一維陣列的初值，即每一列的初值，每一列是一維陣列的初值，即使用「,」逗號分隔的一維陣列元素。

例如：宣告 3×2 二維陣列 grades[][] 和指定初值，如下所示：

```
int[][] grades = {{ 74, 56 },    // 宣告二維陣列和指定初值
                  { 37, 68 },
                  { 33, 83 } };
```

上述程式碼指定二維陣列的初值，大括號共有 2 層，在外層大括號中是每一列元素清單的 3 個內層大括號，每一列有 2 行元素，陣列的第一維有 3 列，每一列是一個一維陣列 {74, 56}、{37, 68} 和 {33, 83}，即 3 個一維陣列的二門課程成績，每一個一維陣列擁有二個元素（2 行），共有 3*2 = 6 個元素，如下圖所示：

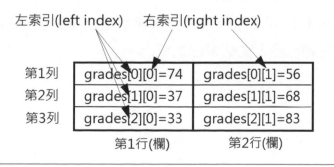

上述二維陣列擁有 2 個索引，左索引（left index）指出元素所在列；右索引（right index）指出元素所在行（或稱欄），使用 2 個索引可以存取指定儲存格的二維陣列元素。

使用指定敘述初始二維陣列

二維陣列除了在宣告陣列同時指定初值外，也可以先宣告二維陣列，再使用指定敘述指定二維陣列的每一個元素值，如下所示：

```
grades[0][0] = 74;
grades[0][1] = 56;
grades[1][0] = 37;
grades[1][1] = 68;
grades[2][0] = 33;
grades[2][1] = 83;
```

上述程式碼指定二維陣列的元素值。

程式範例 Ch9_3_1.java

在 Java 程式建立 3×2 二維陣列，第一維索引值（列）是學號，第二維索引值（行）是 2 科成績，如果輸入學號在索引值範圍內，就計算此位學生各科成績的總分和平均，如下所示：

```
請輸入學號0~2 ==> 0
成績：74
成績：56
學號：0 的總分：130
平均成績：65.0
```

上述執行結果輸入 0~2 的學號，可以顯示指定學生的各科成績、總分和平均，如果學號不在範圍內，就結束程式執行。

程式內容

```
01: /* 程式範例：Ch9_3_1.java */
02: public class Ch9_3_1 {
03:     // 主程式
04:     public static void main(String[] args) {
05:         int i, id, sum;   // 宣告變數
```

```
06:        double average;
07:        java.util.Scanner sc =
08:               new java.util.Scanner(System.in);
09:        // 建立 int 的二維陣列
10:        int[][] grades = {{ 74, 56 },
11:                          { 37, 68 },
12:                          { 33, 83 } };
13:        System.out.print("請輸入學號 0~2 ==> ");
14:        id = sc.nextInt(); // 取得整數
15:        /* 檢查索引是否在範圍內 */
16:        if ( id >= 0 && id <= 2 ) {
17:           /* 使用迴圈顯示陣列值和計算平均 */
18:           for ( sum = 0, i = 0; i < 2; i++) {
19:              sum += grades[id][i];
20:              System.out.println("成績: " + grades[id][i]);
21:           }
22:           System.out.println("學號: " + id + "的總分: " + sum);
23:           average = sum / 2.0;
24:           System.out.println("平均成績: " + average);
25:        }
26:     }
27: }
```

▶ **程式說明**

- 第 10~12 行：宣告 int 型態二維陣列 grades[][] 和指定陣列元素初值。
- 第 13~14 行：輸入學號，即二維陣列中第一維的索引（列）。
- 第 16~25 行：使用 if 條件檢查索引值是否位在陣列索引範圍內，即 0~2。
- 第 18~21 行：因為已經知道二維陣列中第一維索引（左索引，即列），每一列是一個一維陣列（尺寸是行數），我們可以使用 for 迴圈計算 grades[id][i] 陣列元素的總分。

9-3-2　矩陣相加 ── 巢狀迴圈走訪二維陣列

二維陣列相當於是多個一維陣列的組合，一個 for 迴圈可以走訪一維陣列元素，以此類推，2 層 for 巢狀迴圈可以存取二維陣列。

在數學上，二維陣列最常使用在「矩陣」（matrices）處理，矩陣類似二維陣列，一個 m×n 矩陣表示這個矩陣擁有 m 列（rows）和 n 行（columns），或稱為列和欄，如下所示：

	第1行	第2行	第3行
第1列	6	2	0
第2列	1	0	3
第3列	6	4	2
第4列	1	4	7

上述圖例是 4×3 矩陣，m 和 n 是矩陣的「維度」（dimensions）。矩陣相加是將相同位置的元素直接相加，如下所示：

$$\begin{bmatrix} 1 & 3 & 5 \\ 7 & 9 & 2 \\ 4 & 6 & 8 \end{bmatrix} + \begin{bmatrix} 2 & 4 & 6 \\ 8 & 1 & 3 \\ 5 & 7 & 9 \end{bmatrix} = \begin{bmatrix} 3 & 7 & 11 \\ 15 & 10 & 5 \\ 9 & 13 & 17 \end{bmatrix}$$

例如：使用 for 巢狀迴圈計算二維陣列的矩陣相加，如下所示：

```
for ( i=0; i < ROW; i++) {   // 第1層 for 迴圈
    for ( j=0; j < COL; j++) {   // 第2層 for 迴圈
        C[i][j] = A[i][j] + B[i][j];   // 矩陣元素相加
        System.out.print(C[i][j] + " ");
    }
    System.out.print("\n");   // 換行
}
```

上述第一層 for 迴圈是第一維索引值；第二層 for 迴圈是第二維索引值，當將相同位置的二維陣列 A[][] 和 B[][] 的元素相加後指定給二維陣列 C[][]，最後二維陣列 C[][] 的內容就是矩陣相加的結果。

程式範例　　　　　　　　　　　　　　　　　Ch9_3_2.java

在 Java 程式建立 3 個 3×3 二維陣列的矩陣 A 和 B 後，計算和顯示二個矩陣相加結果的二維陣列 C[][]，如下所示：

```
3 7 11
15 10 5
9 13 17
```

▶ **程式內容**

```
01: /* 程式範例：Ch9_3_2.java */
02: public class Ch9_3_2 {
03:     // 主程式
04:     public static void main(String[] args) {
05:         int i, j;  // 宣告變數
06:         // 建立 3 個 int 的二維陣列
07:         int[][] A = {{1, 3, 5}, {7, 9, 2}, {4, 6, 8}};
08:         int[][] B = {{2, 4, 6}, {8, 1, 3}, {5, 7, 9}};
09:         int[][] C = new int[3][3];
10:         // 矩陣相加和顯示二維陣列的元素值
11:         for ( i=0; i < 3; i++) {
12:             for ( j=0; j < 3; j++) {
13:                 C[i][j] = A[i][j] + B[i][j];
14:                 System.out.print(C[i][j] + " ");
15:             }
16:             System.out.print("\n");
17:         }
18:     }
19: }
```

▶ **程式說明**

● 第 7~9 行：宣告 3 個 int 二維陣列 A[][]、B[][] 和 C[][]，前 2 個有指定陣列初值，即前述矩陣內容。

● 第 11~17 行：外層 for 迴圈是走訪每一列。

● 第 12~15 行：內層 for 迴圈走訪每一列的一維陣列，在第 13 行計算矩陣相同位置元素的和，第 14 行顯示計算結果的元素。

9-4　在方法使用陣列參數

　　Java 陣列一樣可以作為方法參數（或稱為引數），基本資料型態的變數和陣列元素預設使用傳值呼叫；整個陣列的參數是傳址呼叫，不過，我們只能更改陣列的指定元素，並不能更改整個陣列。

9-4-1　一維陣列的參數傳遞

　　當 Java 方法的參數是一維陣列時，就是直接將陣列傳入方法，如下所示：

```
static void minElement(int[] eles) { // 一維陣列的參數
    ......
}
```

上述 minElement() 方法的參數是一維陣列,因為陣列是傳址呼叫,如果在方法中的程式碼更改陣列元素值,也會同時更改呼叫傳入的陣列元素值,在方法中可以使用 Arrray 物件的 length 屬性取得陣列尺寸,如下所示:

```
for ( i = 0; i < eles.length; i++ ) {
    ......
}
```

程式範例   Ch9_4_1.java

在 Java 程式建立 minElement() 方法從傳入的一維陣列中,找出最小值的元素,將它和第 1 個元素交換,當執行 minElement() 方法後,陣列的第 1 個元素是最小值,如下所示:

```
呼叫函數前: [0:81] [1:13] [2:27] [3:39] [4:69]
呼叫函數後: [0:13] [1:81] [2:27] [3:39] [4:69]
陣列最小值: 13
```

上述執行結果可以看到呼叫方法後的陣列元素已經改變,第 1 個元素是陣列最小值。

▶ 程式內容

```
01: /* 程式範例: Ch9_4_1.java */
02: public class Ch9_4_1 {
03:     // 類別方法: 找出陣列的最小值
04:     static void minElement(int[] eles) {
05:         int i, minValue = 100, index = -1;  // 變數宣告
06:         // 使用 for 迴圈找尋最小值
07:         for ( i = 0; i < eles.length; i++ ) {
08:             if ( eles[i] < minValue ) {
09:                 minValue = eles[i]; // 目前最小值
10:                 index = i;
11:             }
12:         } // 與第一個陣列元素交換
13:         eles[index] = eles[0];
14:         eles[0] = minValue;
15:     }
```

```
16:     // 主程式
17:     public static void main(String[] args) {
18:         int i;
19:         int[] data = { 81,13,27,39,69 }; // 宣告變數
20:         System.out.print(" 呼叫函數前：");
21:         for ( i=0; i < data.length; i++)    // 使用迴圈顯示陣列值
22:             System.out.print("[" + i + ":" + data[i] + "] ");
23:         minElement(data); // 呼叫類別方法
24:         System.out.print("\n 呼叫函數後：");
25:         for ( i=0; i < data.length; i++)    // 使用迴圈顯示陣列值
26:             System.out.print("[" + i + ":" + data[i] + "] ");
27:         System.out.println("\n 陣列最小值：" + data[0]);
28:     }
29: }
```

▶ **程式說明**

- 第 4~15 行： minElement() 方法是在第 7~12 行的 for 迴圈找出陣列最小值，利用第 13~14 行的程式碼和陣列第 1 個元素交換。
- 第 19 行：宣告 int 一維陣列 data[] 和指定陣列元素的初值。
- 第 23 行：呼叫 minElement() 方法，參數是一維陣列 data[]。
- 第 27 行：顯示陣列最小元素，即第 1 個陣列元素值。

9-4-2　二維陣列的參數傳遞

Java 方法的參數也可以是二維陣列，如下所示：

```
static void maxGrades(int[][] data) { // 二維陣列的參數
    ......
}
```

上述參數是二維陣列，在方法中的巢狀迴圈可以使用 length 屬性來取得二維陣列的尺寸，如下所示：

```
for ( i = 0; i < data.length; i++ )
        for ( j = 0; j < data[i].length; j++ )
    ......
```

上述第 1 層是使用 data.length 屬性取得有幾列；data[i].length 取得每一列有幾個元素。

程式範例

在 Java 程式使用二維陣列儲存 3 班各 5 名學生的成績資料後，建立 maxGrades() 方法從傳入的二維陣列元素中找出最大值，即成績最好的學生資料，如下所示：

```
班級編號：1
學生編號：4
學生成績：92
```

▶ 程式內容

```java
01: /* 程式範例：Ch9_4_2.java */
02: public class Ch9_4_2 {
03:     // 類別方法：找出二維陣列中成績最高
04:     static void maxGrades(int[][] data) {
05:         // 變數宣告
06:         int i, j, maxValue = 0, lIndex = -1, rIndex = -1;
07:         // 巢狀迴圈找尋最大值
08:         for ( i = 0; i < data.length; i++ )
09:             for ( j = 0; j < data[i].length; j++ )
10:                 if ( data[i][j] > maxValue ) {
11:                     maxValue = data[i][j]; // 目前最大值
12:                     lIndex = i;
13:                     rIndex = j;
14:                 }
15:         // 顯示成績最高的學生資料
16:         System.out.println(" 班級編號： " + lIndex);
17:         System.out.println(" 學生編號： " + rIndex);
18:         System.out.println(" 學生成績： " + data[lIndex][rIndex]);
19:     }
20:     // 主程式
21:     public static void main(String[] args) {
22:         // 宣告二維陣列
23:         int[][] grades = {{ 74, 56, 33, 65, 89 },
24:                           { 37, 68, 44, 78, 92 },
25:                           { 33, 83, 77, 66, 88 }};
26:         maxGrades(grades);   // 呼叫類別方法
27:     }
28: }
```

▶ 程式說明

- 第 4~19 行：maxGrades() 方法是在第 8~14 行的巢狀 for 迴圈找出陣列最大值，第 16~18 行顯示最大陣列元素值的索引和值。
- 第 23~25 行：宣告 int 二維陣列 grades[][] 和指定陣列元素的初值。
- 第 26 行：呼叫 maxGrades() 方法，參數為二維陣列 grades[][]。

9-5　陣列的應用 —— 搜尋與排序

　　「排序」（sorting）和「搜尋」（searching）是計算機科學資料結構與演算法的範疇。事實上，電腦有相當多的執行時間都是在處理資料排序和搜尋，排序和搜尋實際應用在資料庫系統、編譯器和作業系統之中。

　　排序工作是將一些資料依照特定原則排列成遞增或遞減順序。搜尋是在資料中找出是否存在與特定值相同的資料，搜尋值稱為「鍵值」（key），如果資料存在，就進行後續資料處理。例如：查尋電話簿是為了找朋友的電話號碼，然後與他聯絡；在書局找書也是為了找到後買回家閱讀。

9-5-1　泡沫排序法

　　在常見排序法中，最出名的排序法是「泡沫排序法」（bubble sort，或稱氣泡排序法），因為這種排序法的名稱好記且簡單，可以將較小鍵值逐漸移到陣列開始；較大鍵值慢慢浮向陣列最後，鍵值如同水缸中的泡沫，慢慢往上浮，故稱為泡沫排序法。

　　泡沫排序法是使用交換方式進行排序。例如：使用泡沫排序法排列樸克牌，就是將牌攤開放在桌上排成一列，將鄰接兩張牌的點數鍵值進行比較，如果兩張牌沒有照順序排列就交換，直到牌都排到正確位置為止。

　　筆者準備使用整數陣列 data[] 說明排序過程，比較方式是以數值大小的順序為鍵值，其排序過程如下表所示：

執行過程	data[0]	data[1]	data[2]	data[3]	data[4]	data[5]	比較	交換
初始狀態	11	12	10	15	1	2		
1	11	12	10	15	1	2	0和1	不交換
2	11	10	12	15	1	2	1和2	交換1和2
3	11	10	12	15	1	2	2和3	不交換
4	11	10	12	1	15	2	3和4	交換3和4
5	11	10	12	1	2	15	4和5	交換4和5

上表只有走訪一次一維陣列 data[] 的排序過程，依序比較陣列索引值 0 和 1、1 和 2、2 和 3、3 和 4，最後比較 4 和 5，陣列中的最大值 15 會一步步往陣列結尾移動，在完成第 1 次走訪後，陣列索引 5 是最大值 15。

接著縮小一個元素，只走訪陣列 data[0] 到 data[4] 進行比較和交換，可以找到第 2 大值，依序處理，即可完成整個整數陣列的排序。

程式範例 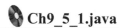 **Ch9_5_1.java**

在 Java 程式使用泡沫排序法排序 int 整數一維陣列，如下所示：

```
排序結果：[1][2][10][11][12][15]
```

上述執行結果可以看到排序後的陣列元素，已經從小到大排列。

▶ **程式內容**

```
01: /* 程式範例：Ch9_5_1.java */
02: public class Ch9_5_1 {
03:     // 類別方法：泡沫排序法
04:     static void bubble(int[] data) {
05:         int i, j, temp;  /* 變數宣告 */
06:         for ( j = data.length; j > 1; j-- ) { // 第一層迴圈
07:             for ( i = 0; i < j-1; i++ ) { // 第二層迴圈
08:                 // 比較相鄰的陣列元素
09:                 if ( data[i+1] < data[i] ) {
10:                     temp = data[i+1]; // 交換兩元素
11:                     data[i+1] = data[i];
12:                     data[i] = temp;
13:                 }
14:             }
```

```
15:          }
16:      }
17:      // 主程式
18:      public static void main(String[] args) {
19:          int k;   // 宣告變數
20:          int[] data = {11,12,10,15,1,2};
21:          bubble(data); // 呼叫排序方法
22:          System.out.print("排序結果：");
23:          for ( k = 0; k < data.length; k++ ) {
24:              System.out.print("[" + data[k] + "]");
25:          }
26:          System.out.print("\n");
27:      }
28: }
```

▶程式說明

- 第 4~16 行：bubble() 函數是使用二層 for 迴圈執行排序，第一層迴圈的範圍每次縮小一個元素，第二層迴圈只排序 0~j-1 個元素，因為每執行一次第一層迴圈，陣列最後一個元素就是最大值，所以下一次迴圈就不用再排序最後一個元素。

- 第 9~13 行：if 條件判斷陣列元素大小，如果下一個元素比較小，在第 10~12 行交換 2 個陣列元素。

- 第 20 行：宣告陣列 data[] 和指定陣列初值。

- 第 21 行：呼叫 bubble() 方法執行排序。

9-5-2　線性搜尋法

「線性搜尋法」（sequential search）是從陣列第 1 個元素開始走訪整個陣列，從頭開始一個一個比較元素是否是搜尋值，因為需要走訪整個陣列，陣列資料是否排序就沒有什麼關係。例如：一個整數陣列 data[]，如下表所示：

0	1	2	3	4	5	6	7	8	9	10
9	25	33	74	90	15	1	8	42	66	81

在上述陣列搜尋整數 90 的鍵值，程式需要從陣列索引值 0 開始比較，在經過索引值 1、2 和 3 後，才在索引值 4 找到整數 90，共比較 5 次。同理，搜尋整

數 4 的鍵值，需要從索引值 0 一直找到 10，才能夠確定鍵值是否存在，結果比較 11 次發現鍵值 4 不存在。

因為需要走訪整個陣列，所以陣列資料是否有排序就無所謂，如下所示：

```
for ( i = 0; i < data.length; i++ ) { // 走訪一維陣列
    if ( data[i] == target ) { // 是否找到鍵值
        return i;
    }
}
```

上述 for 迴圈走訪整個一維陣列，和使用 if 條件判斷是否搜尋到指定的鍵值。

程式範例
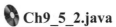 **Ch9_5_2.java**

在 Java 程式輸入整數後，使用線性搜尋法搜尋陣列是否有此元素值，如下所示：

```
原始陣列：[9][25][33][74][90][15][1][8][42][66][81]
請輸入搜尋值 => 1
搜尋到值：1-6
```

上述執行結果可以看到原始陣列元素，在輸入搜尋值後，顯示搜尋結果。

▶ **程式內容**

```
01: /* 程式範例：Ch9_5_2.java */
02: public class Ch9_5_2 {
03:     // 類別方法：線性搜尋法
04:     static int sequential(int[] data, int target) {
05:         int i;      // 變數宣告
06:         for ( i = 0; i < data.length; i++ ) { // 搜尋迴圈
07:             // 比較是否是目標值
08:             if ( data[i] == target ) {
09:                 return i;
10:             }
11:         }
12:         return -1;
13:     }
14:     // 主程式
15:     public static void main(String[] args) {
16:         // 宣告變數
17:         int[] data = {9,25,33,74,90,15,1,8,42,66,81};
18:         int i, index, target;
```

```
19:        java.util.Scanner sc =
20:              new java.util.Scanner(System.in);
21:        System.out.print("原始陣列 : ");
22:        for ( i = 0; i < data.length; i++ )
23:            System.out.print("[" + data[i] + "]");
24:        System.out.print("\n 請輸入搜尋值 => ");
25:        target = sc.nextInt(); // 取得整數
26:        // 呼叫搜尋方法
27:        index = sequential(data, target);
28:        if (index != -1) {
29:            System.out.println("搜尋到值: " + target + "-" + index);
30:        }
31:        else {
32:            System.out.println("沒有搜尋到值: " + target);
33:        }
34:    }
35: }
```

▶ **程式說明**

- 第 4~13 行：sequential() 方法是使用 for 迴圈執行搜尋，在第 8~10 行的 if 條件比較陣列元素。
- 第 17 行：宣告陣列 data[] 和指定陣列初值。
- 第 24~25 行：輸入搜尋值。
- 第 27~33 行：呼叫 sequential() 方法執行搜尋後，在第 28~33 行的 if/else 條件顯示搜尋結果。

9-5-3　二元搜尋法

「二元搜尋法」（binary search）是一種分割資料搜尋方法，被搜尋的資料需要是已經排序好的資料。二元搜尋法的操作是先檢查排序資料的中間元素，如果與鍵值相等就找到；如果小於鍵值，表示資料位在前半段，否則位在後半段，然後繼續分割成二段資料來重複上述操作，直到找到，或已經沒有資料可以分割為止。

例如：陣列的上下範圍分別是 low 和 high，中間元素的索引值是 (low + high)/2。在執行二元搜尋時的比較分成三種情況，如下所示：

▶ **搜尋鍵值小於陣列的中間元素**：鍵值在資料陣列的前半部。

▶ **搜尋鍵值大於陣列的中間元素**：鍵值在資料陣列的後半部。

▶ **搜尋鍵值等於陣列的中間元素**：找到搜尋的鍵值。

例如：有一個已經排序好的整數陣列 data[]，如下表所示：

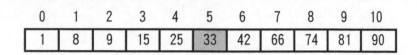

在上述陣列找尋整數 81 的鍵值，第一步和陣列中間元素索引值 (0+10)/2 = 5 的值 33 比較，因為 81 大於 33，所以搜尋陣列的後半段，如下表所示：

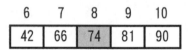

上述搜尋範圍已經縮小剩下後半段，此時中間元素是索引值 (6+10)/2 = 8，其值為 74。因為 81 仍然大於 74，所以繼續搜尋後半段，如下表所示：

再度計算中間元素索引值 (9+10)/2 = 9，可以找到搜尋值 81。

程式範例   Ch9_5_3.java

在 Java 程式使用二元搜尋法搜尋已經排序好的一維陣列，如下所示：

```
原始陣列：[1][8][9][15][25][33][42][66][74][81][90]
請輸入搜尋值 => 81
搜尋到值：81-9
```

上述執行結果可以看到原始陣列元素，在輸入搜尋值後，顯示搜尋結果。

▌程式內容

```
01: /* 程式範例：Ch9_5_3.java */
02: public class Ch9_5_3 {
03:     // 類別方法：二元搜尋法
04:     static int binary(int[] data, int t) {
05:         int l = 0, n = data.length - 1, m, index = -1;
06:         while ( l <= n ) {
07:             m = (l + n) / 2;      // 計算中間索引
08:             if ( data[m] > t ){ // 在前半部
09:                 n = m - 1;  // 重設範圍為前半部
10:             } // 在後半部
11:             else if ( data[m] < t ) {
12:                 l = m + 1;  // 重設範圍為後半部
13:             }
14:             else {
15:                 index = m;  // 找到鍵值
16:                 break;          // 跳出迴圈
17:             }
18:         }
19:         return index;
20:     }
21:     // 主程式
22:     public static void main(String[] args) {
23:         // 宣告變數
24:         int[] data = {1,8,9,15,25,33,42,66,74,81,90};
25:         int i, index, target;
26:         java.util.Scanner sc =
27:                 new java.util.Scanner(System.in);
28:         System.out.print("原始陣列：");
29:         for ( i = 0; i < data.length; i++ )
30:             System.out.print("[" + data[i] + "]");
31:         System.out.print("\n 請輸入搜尋值 => ");
32:         target = sc.nextInt(); // 取得整數
33:         // 呼叫搜尋方法
34:         index = binary(data, target);
35:         if (index != -1) {
36:             System.out.println("搜尋到值：" + target + "-" + index);
37:         }
38:         else {
39:             System.out.println("沒有搜尋到值：" + target);
40:         }
41:     }
42: }
```

▶ 程式說明

- 第 4~20 行：binary() 方法是使用第 6~18 行的 while 迴圈執行二元搜尋，在第 7 行取得中間值的陣列索引。
- 第 8~17 行：if/else 條件判斷鍵值是在陣列的前半部分或後半部分，如果在前半部分，在第 9 行縮小搜尋範圍為前半部，第 11~17 行的 if/else 條件判斷是否是在後半部分，如果是，在第 12 行縮小搜尋範圍為後半部後，重複搜尋，直到第 15 行找到鍵值為止。
- 第 34 行：呼叫二元搜尋法 binary() 方法找尋陣列中的鍵值。

9-5-4　遞迴二元搜尋法

在第 9-5-3 節的二元搜尋法是迴圈的非遞迴版本，事實上，二元搜尋法的資料分割就是逐步縮小範圍至前半部或後半部，符合遞迴特性，我們可以使用遞迴方法來建立二元搜尋法。

程式範例　　　　　　　　　　　　　　　　　　　　　Ch9_5_4.java

在 Java 程式使用二元搜尋法搜尋已經排序好的陣列資料，此二元搜尋法是一個遞迴方法，如下所示：

```
原始陣列：[12][13][24][35][44][67][78][98]
請輸入搜尋值 => 67
搜尋到值：67-5
```

上述執行結果可以看到原始陣列元素，在輸入搜尋值後，顯示搜尋結果。

▶ 程式內容

```
01: /* 程式範例：Ch9_5_4.java */
02: public class Ch9_5_4 {
03:     // 類別方法：二元搜尋法
04:     static int binary(int[] data, int low, int high, int t) {
05:         int middle; // 宣告變數
06:         if (low > high) return -1; // 終止條件
07:         else {  // 取得中間索引
08:             middle = (low + high) / 2;
09:             if ( t == data[middle] ) // 找到
10:                 return middle;   // 傳回索引值
```

```
11:            else if ( t < data[middle] )// 前半部分
12:                return binary(data, low, middle-1, t);
13:            else    // 後半部分
14:                return binary(data, middle+1, high, t);
15:        }
16:    }
17:    // 主程式
18:    public static void main(String[] args) {
19:        // 宣告變數
20:        int[] data = {12, 13, 24, 35, 44, 67, 78, 98};
21:        int i, index, target;
22:        java.util.Scanner sc =
23:                new java.util.Scanner(System.in);
24:        System.out.print("原始陣列: ");
25:        for ( i = 0; i < data.length; i++ )
26:            System.out.print("[" + data[i] + "]");
27:        System.out.print("\n 請輸入搜尋值 => ");
28:        target = sc.nextInt(); // 取得整數
29:        // 呼叫搜尋方法
30:        index = binary(data, 0, data.length-1, target);
31:        if (index != -1) {
32:            System.out.println("搜尋到值: " + target + "-" + index);
33:        }
34:        else {
35:            System.out.println("沒有搜尋到值: " + target);
36:        }
37:    }
38: }
```

▶程式說明

- 第 4~16 行：binary() 方法是一個遞迴方法，在第 6 行是終止條件，第 8 行取得中間值的陣列索引。

- 第 9~14 行：if/else 條件檢查是否找到鍵值，如果沒有找到，在第 12 行和第 14 行遞迴呼叫且縮小搜尋範圍，第 12 行是前半部分；第 14 行是後半部分。

- 第 30 行：呼叫二元搜尋法 binary() 方法找尋陣列中的鍵值。

9-6 Java 的字串類別

Java 字串是一個 String 物件,不過,在宣告上和其他基本資料型態並沒有不同,String 類別如同資料型態,可以建立字串變數。

9-6-1 Java 字串是一種參考資料型態

Java 字串是 String 物件,屬於一種參考資料型態,所以字串內容不能更改,也就是說,一旦建立字串後,就無法改變其值,我們只能重新指定成新的字串文字值或另一個字串變數,如下所示:

```
String str = "Java 程式設計";
str = "ASP.NET 網頁設計";
```

上述程式碼建立字串 str 且指定初值後,使用指定敘述再更改成其他字串值,程式碼好像改變字串內容,事實上並沒有,如下圖所示:

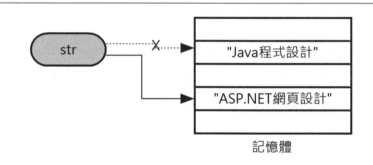

上述圖例的變數 str 是 String 物件,因為是參考資料型態,所以指定敘述指定的字串內容,只是重新指向另一個字串文字值的位址,並不是取代原來的字串內容,它是一種唯讀字串。

9-6-2 字串處理

Java 可以直接使用字串文字值(一組字元集合使用「"」雙引號括起)來建立字串物件,如下所示:

```
String str = "Java 程式設計";  // 使用文字值建立字串
```

　　上述程式碼將 String 類別當作資料型態來建立 str 字串物件，並且指定字串內容。此外，Java 還提供數種 String 物件建構子來建立 String 物件（此為初始物件方法，其使用方式和 Java 方法相似），如下所示：

```
// 使用建構子建立字串
str2 = new String(" 程式語言的程式設計 ");
```

　　上述程式碼使用 new 運算子呼叫類別的建構子方法，其參數是字串文字值，我們是使用字串文字值來建立 String 物件。String 類別的建構子說明，如下表所示：

建構子	說明
String()	建立空字串
String(String)	使用「"」括起的字串或其他字串物件 String 來建立字串物件
String(char[])	使用字元陣列建立字串物件
String(byte[])	使用位元組陣列建立字串物件

字串長度與大小寫轉換

　　String 物件提供方法可以取得字串長度和進行英文字串的大小寫轉換，其相關方法的說明如下表所示：

方法	說明
int length()	取得字串長度，傳回字串擁有多少個字元或中文字
String toLowerCase()	將字串的英文字母轉換成小寫字母
String toUpperCase()	將字串的英文字母轉換成大寫字母

子字串與字元搜尋

　　String 物件提供多種字元或子字串的搜尋方法，可以在字串中搜尋所需字元或子字串。相關字元搜尋方法的說明，如下表所示：

方法	說明
int indexOf(char)	傳回第 1 次搜尋到字元的索引位置，沒有找到傳回 -1
int lastIndexOf(char)	傳回反向從最後 1 個字元開始搜尋到字元的索引位置，沒有找到傳回 -1
int indexOf(char, int)	傳回第 1 次搜尋到字元的索引位置，沒有找到傳回 -1，傳入的參數 char 是搜尋的字元，int 是開始搜尋的索引位置
int lastIndexOf(char, int)	如同上一個 indexOf() 方法，不過是從尾搜尋到頭的反向搜尋

String 物件相關子字串搜尋方法的說明，如下表所示：

方法	說明
int indexOf(String)	傳回第 1 次搜尋到字串的索引位置，沒有找到傳回 -1
int lastIndexOf(String)	傳回反向從最後 1 個字元開始搜尋到字串的索引位置，沒有找到傳回 -1
int indexOf(String, int)	傳回第 1 次搜尋到字串的索引位置，沒有找到傳回 -1，傳入的參數 String 是搜尋的字串，int 為開始搜尋的索引位置
int lastIndexOf(String, int)	如同上一個 indexOf() 方法，不過是從尾搜尋到頭的反向搜尋

上表的傳回和參數索引位置是從 0 開始。

子字串和字元處理

String 物件提供方法取代和取出字串中所需的字元和子字串。其相關方法的說明，如下表所示：

方法	說明
char charAt(int)	取得參數 int 索引位置的字元
String substring(int)	從參數 int 開始取出剩下字元的字串
String substring(int, int)	取出第 1 個參數 int 到第 2 個參數 int 之間的子字串
String replace(char, char)	將字串中找到的第 1 個參數 char 取代成為第 2 個參數 char
String concat(String)	將參數 String 字串新增到 String 物件的字串之後
String trim()	刪除字串前後的空白字元

上表 concat() 方法如果使用在指定敘述，如下所示：

```
String str0 = str1.concat(str2);
```

上述程式碼相當於 str0 = str1 + str2。

字串比較

String 物件的字串可以一個字元一個字元比較字元的內碼值，直到分出大小為止。其相關方法的說明，如下表所示：

方法	說明
int compareTo(String)	比較 2 個字串內容，傳回值是整數，0 表示相等，<0 表示參數的字串比較大，>0 表示參數的字串比較小
int compareToIgnoreCase(String)	忽略大小寫，比較 2 個字串的內容
boolean equals(Object)	比較 2 個字串是否相等，傳回值 true 表示相等；false 表示不相等，參數不一定是字串物件，也可以使用在其他物件
boolean equalsIgnorCase(String)	忽略大小寫，比較 2 個字串內容是否相等
boolean endsWith(String)	比較字串的結尾是否是參數的字串，傳回值 true 表示是；false 表示否
boolean startsWith(String)	比較字串的開始是否是參數的字串，傳回值 true 表示是；false 表示否

程式範例

 **Ch9_6_2.java**

在 Java 程式使用多種建構子來建立字串物件後，使用 String 物件的方法來執行大小寫轉換、搜尋、取出子字串和字串比較等字串處理，其執行結果可以看到各種字串處理的結果，如下所示：

```
str 字串 :" JAVA "
str1 字串 :" Java "
str2 字串 :"程式語言的程式設計"
str3 字串 :"How to use computer!"
str4 字串 :"use"
str1 長度 :6/str2 長度 :9
轉小寫 : java / 轉大寫 : JAVA
英 - 字元 indexOf('a', 2): 2
英 - 字元 lastIndexOf('b',2): -1
中 - 字串 indexOf(" 語言 "): 2
中 - 字串 lastIndexOf(" 語言 "):2
英文 str1.charAt(4): v
中文 str2.substring(2, 6): 語言的程
取代 - 英 str1.replace('a','b'): Jbvb
刪除空白字元 str1.trim(): Java
連接 str1.concat(str2):  Java 程式語言的程式設計
比較 str 與 str1 字串 : -32
比較 str 與 str1 字串 - 不分大小寫 : 0
str 與 str1 字串是否相等 : false
str 與 str1 是否相等 - 不分大小寫 : true
str4 的結尾是否為 "s": false
str4 的字頭是否為 "u": true
```

▶程式內容

```
01: /* 程式範例：Ch9_6_2.java */
02: public class Ch9_6_2 {
03:     // 主程式
04:     public static void main(String[] args) {
05:         // 陣列宣告
06:         char[] charArr = { ' ', 'J', 'a', 'v', 'a', ' ' };
07:         String str = " JAVA "; // 使用 String 類別宣告字串
08:         // 使用建構子建立字串物件
09:         String str1, str2, str3, str4;
10:         str1 = new String(charArr);   // 使用字元陣列
11:         str2 = new String("程式語言的程式設計");
12:         str3 = new String("How to use computer!");
13:         str4 = "use";
14:         System.out.println("str 字串 :\"" + str + "\"");
15:         System.out.println("str1 字串 :\"" + str1 + "\"");
16:         System.out.println("str2 字串 :\"" + str2 + "\"");
17:         System.out.println("str3 字串 :\"" + str3 + "\"");
18:         System.out.println("str4 字串 :\"" + str4 + "\"");
19:         // 顯示字串長度和大小寫轉換
20:         System.out.print("str1 長度 :"+str1.length());
21:         System.out.println("/str2 長度 :"+str2.length());
22:         System.out.print(" 轉小寫 :"+str1.toLowerCase());
23:         System.out.println("/ 轉大寫 :"+str1.toUpperCase());
24:         // 搜尋字元和子字串
25:         System.out.print(" 英 - 字元 indexOf(\'a\', 2): ");
26:         System.out.println(str1.indexOf('a', 2));
27:         System.out.print(" 英 - 字元 lastIndexOf(\'b\',2): ");
28:         System.out.println(str1.lastIndexOf('b', 2));
29:         System.out.print(" 中 - 字串 indexOf(\"語言\"): ");
30:         System.out.println(str2.indexOf("語言"));
31:         System.out.print(" 中 - 字串 lastIndexOf(\"語言\"):");
32:         System.out.println(str2.lastIndexOf("語言"));
33:         // 子字串和字元的處理
34:         System.out.print(" 英文 str1.charAt(4): ");
35:         System.out.println(str1.charAt(3));
36:         System.out.print(" 中文 str2.substring(2, 6): ");
37:         System.out.println(str2.substring(2, 6));
38:         System.out.print(" 取代 - 英 str1.replace('a','b'):");
39:         System.out.println(str1.replace('a','b'));
40:         System.out.print(" 刪除空白字元 str1.trim(): ");
41:         System.out.println(str1.trim());
42:         String str0 = str1.concat(str2); // 連接兩字串
43:         System.out.println(" 連接 str1.concat(str2): "+str0);
44:         // 顯示字串 str 和 str1 的比較結果
45:         System.out.print(" 比較 str 與 str1 字串 : ");
```

```
46:          System.out.println(str.compareTo(str1));
47:          System.out.print(" 比較 str 與 str1 字串 - 不分大小寫： ");
48:          System.out.println(str.compareToIgnoreCase(str1));
49:          // 字串 str 與 str1 是否相等
50:          System.out.print("str 與 str1 字串是否相等： ");
51:          System.out.println(str.equals(str1));
52:          System.out.print("str 與 str1 是否相等 - 不分大小寫： ");
53:          System.out.println(str.equalsIgnoreCase(str1));
54:          // 檢查字串的字頭和字尾
55:          System.out.print("str4 的結尾是否為 \"s\"： ");
56:          System.out.println(str4.endsWith("s"));
57:          System.out.print("str4 的字頭是否為 \"u\"： ");
58:          System.out.println(str4.startsWith("u"));
59:      }
60: }
```

▶ **程式說明**

- 第 10~12 行：使用建構子建立 String 字串物件。
- 第 20~23 行：顯示字串長度和大小寫轉換。
- 第 25~32 行：搜尋字元和子字串。
- 第 34~43 行：取出字元與子字串、取代字元、刪除空白字元和連接字串等。
- 第 46~58 行：字串比較。

學習評量

9-1 陣列的基礎

1. 請使用圖例說明什麼是陣列結構？

2. Java 陣列是一種 _____ 物件，陣列索引值是從 _____ 開始。

3. 在使用 Java 語言宣告 n 個元素的一維陣列後，請問陣列第 1 個元素的索引值是 _____；最後 1 個元素的索引值是 _____。

4. 為什麼我們需要在 Java 程式使用陣列，而不使用一堆變數？

9-2 一維陣列

5. Java 語言存取陣列 test[] 第 1 個元素的程式碼是 _____。int[] data = new int[14]; 陣列的最後 1 個元素索引值是 _____。存取 int[] a = new int[15]; 陣列第 8 個元素的程式碼是 _____。

6. 請分別寫出下列 Java 一維陣列宣告，各擁有幾個陣列元素，如下所示：

```
(a) int[] data = {89, 34, 78, 45};
(b) int[] grade = new int[5];
(c) int[] arr = {1, 2, 3, 4, 5, 6};
```

7. 請使用 Java 宣告大小為 100 個元素的 short 整數陣列 scores[]，如下所示：

```
short[] scores = new short[100];
```

假設上述陣列的記憶體開始位置是 1000，請回答下列問題，如下所示：

• short 整數佔用的記憶體是 _____ 個位元組。

• scores[10] 的記憶體開始位置。

• scores[35] 的記憶體開始位置。

8. 請寫出宣告 float 浮點數一維陣列 myArray 的程式碼，元素有 10 個。

9. 請試著寫出下列陣列宣告和初值的 Java 程式碼，如下所示：

• 宣告 5 個元素的 int 一維陣列 arr，陣列元素初值依序是 2, 3, 1, 5, 8。

• 宣告 10 個元素的 int 一維陣列 data 和所有元素初值為 20。

• 指定下列陣列元素的初值依序為 1~44（使用 for 迴圈指定元素初值），如下所示：

```
int[] data = new int[44];
```

10. 請寫出下列 Java 程式碼片段的執行結果，如下所示：

    (1) ```java
        int[] arr = { 1, 3, 5, 7 };
        System.out.println(arr[0] + arr[2]);
        ```
    (2) ```java
        int[] arr = { 2, 4, 6, 8 };
        arr[0] = 13;
        arr[3] = arr[1];
        System.out.println(arr[0] + arr[2] + arr[3]);
        ```

11. 請指出下列 Java 程式碼片段的錯誤，如下所示：

    ```java
    int[] data = new int[10];
    int i = 1;
    for ( i = 1; i <= 10; i++ )
        data[i] = 99;
    ```

12. 請建立 Java 程式宣告 10 個元素的一維陣列，在初始元素值為索引值後，計算陣列元素的總和與平均。

13. 請建立 Java 程式宣告 int 整數一維陣列 grades[]，在輸入 4 筆學生成績資料：95、85、76、56 後，計算成績總分和平均。

14. 請建立 Java 程式讓使用者輸入 6 個範圍 1~500 的數字，程式是使用一維陣列儲存 6 個數字，可以找出和顯示其中最大的數字和索引值。

9-3 二維與多維陣列

15. 請問 Java 語言如何宣告多維陣列？

16. 請寫出下列 Java 二維陣列宣告共有幾個元素，如下所示：

    ```java
    int[][] cost = {{ 74, 56 }, { 37, 68 }, { 33, 83 } };
    ```

17. 請說明下列程式碼片段的目的，如下所示：

    ```java
    double[][] days = new double[365][];
    for ( i = 0; i < days.length; i++)
        days[i] = new double[24];
    ```

18. 請建立整數 int 二維陣列 array（尺寸 12×10），和指定元素初值為 0 的程式碼。

學習評量

19. 請指出下列 Java 程式碼片段的錯誤，如下所示：

(1)
```java
int i, j;
int[][] data = new int[10][];
for ( i = 0; i < data.length; i++)
    data[i] = new int[3];
for ( i = 0; i < 3; i++ )
  for ( j = 0; j < 10; j++ )
     data[i][j] = 0;
```

(2)
```java
int i, j;
int[][] data = new int[3][];
for ( i = 0; i < data.length; i++)
    data[i] = new int[10];
for ( i = 0; i <= 3; i++ )
  for ( j = 0; j <= 10; j++ )
     data[i][j] = i+j;
```

20. 在第 9-3 節的二維陣列範例是一張功課表，請使用二維陣列儲存功課表，然後計算上課總時數。

21. 請修改程式範例 Ch9_3_2.java，改為 4×3 矩陣，可以計算 2 個 4×3 矩陣相加的結果。

9-4 在方法使用陣列參數

22. 請說明下列 cat() 方法的程式碼用途，如下所示：
```java
static String cat(String[] str) {
    if (str == null) return null;
    String result = "";
    for (int i = 0; i < str.length; i++)
        result = result + str[i];
    return result;
}
```

23. 請建立 arrayMax() 和 arrayMin() 方法傳入整數陣列，傳回值是陣列元素的最大值和最小值，Java 程式可以讓使用者輸入 5 個範圍 1~1000 的數字，在存入陣列後，找出陣列元素的最大值和最小值。

學習評量

24 請建立 Java 語言的 reverse() 方法，可以將陣列元素反轉，第 1 個元素成為最後 1 個元素；最後 1 個元素成為第 1 個元素。

25. 請試著撰寫 numCount() 方法，參數是一維整數陣列，可以分別找出陣列中奇數和偶數個數，和顯示出來。

26. 請試著撰寫 average() 方法，參數是二維整數陣列，可以計算二維陣列中各元素的平均，方法傳回 double 型態的平均值。

27 請建立 addMatrix() 矩陣相加方法，擁有 3 個二維陣列參數，可以將前 2 個二維陣列參數相加後，指定給第 3 個參數陣列。

9-5 陣列的應用 – 搜尋與排序

28. 請舉例說明什麼是搜尋？什麼是排序？

29. 請建立字元 char 資料型態的陣列，然後建立泡沫排序法函數。

30. 請建立字元 char 資料型態的陣列，然後建立線性和二元搜尋函數。

9-6 Java 的字串類別

31. 請說明什麼是 Java 語言的字串？ Java 字串是 _____ 物件。

32. String 物件的 _____ 方法可以將字串的英文字母轉換成小寫字母，我們可以使用 _____ 方法取得字串長度。

33. 請指出下列 Java 字串宣告和指定敘述的程式碼中，哪一個是正確的？

```
char *str = "hello";
char *str = "hello";  str = "books";
String str;  str = "hello";
string str;  strcpy(str, "hello");
```

34. 請問下列 Java 程式片段執行結果顯示的內容為何，如下所示：

```
String str1 = "This is a book."
String str2 = "That is a pen."
if ( str1.startsWith("This") && str2.startsWith("This") )
  System.out.println(str1.length());
else
  System.out.println(str2.length());
```

第三篇

Java物件導向程式設計

Java 8 程式語言學習手冊

Chapter

10

物件導向程式開發

10-1 抽象資料型態

物件導向程式設計的精神是資料抽象化，透過抽象資料型態來建立電腦與真實世界之間的橋樑，描述和模擬真實世界的實體東西，所以，物件導向程式設計就是一種抽象資料型態程式設計。

筆者準備從抽象化開始，說明傳統程式設計方法將操作和資料分開思考；物件導向程式設計是將資料和操作一起思考。

10-1-1 抽象化 —— 塑模

程式設計的目的是解決問題，也就是將現實生活中的眞實問題轉換成電腦程式，讓電腦執行程式幫助我們解決問題。抽象化的過程是找出問題模型，稱爲「塑模」（modeling），如下圖所示：

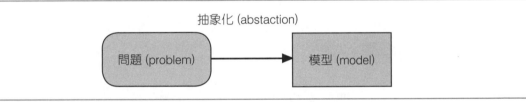

上述圖例使用抽象觀點來檢視問題，以便建立問題模型，將問題轉換成模型的方式稱爲「抽象化」（abstraction），其主要的目的是定義問題的二個屬性，如下所示：

▶ **資料**（data）：問題影響的資料。
▶ **操作**（operators）：問題產生的操作。

例如：個人基本資料問題可以抽象化成 Person 模型，資料部分是：姓名、地址和電話號碼，操作部分是：指定和取得客戶的姓名、地址和電話號碼。

10-1-2 抽象資料型態

「資料抽象化」（data abstraction）是一種方法將基本資料型態的變數組合成複合資料（compound data），然後使用相關函數來處理複合資料，以便隱藏實際複合資料的儲存方式。

「抽象資料型態」（abstract data type，ADT）就是使用資料抽象化的方法建立的自訂資料型態，抽象資料型態包含資料和相關操作，將資料和處理資料的操作一起思考，結合在一起，操作是對外使用介面，如下圖所示：

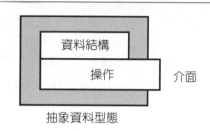

抽象資料型態

上述圖例是抽象資料型態的結構，操作介面可以存取資料結構的資料。物件導向程式語言的抽象資料型態，在 Java 語言是「類別」（class），強調使用抽象資料型態描述和模擬真實世界的各種實體，實體是一個東西。

在第 10-1-1 節我們可以將個人基本資料問題抽象化成 Person 模型，模擬真實世界的「人」實體，內含姓名 name、地址 address 和電話號碼 phone 等資料，setPerson() 指定個人資料，getName()、getAddress() 和 getPhone() 取出個人資料的操作。Person 抽象資料型態如下圖所示：

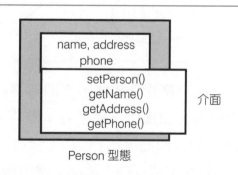

Person 型態

以 Java 語言來說，上述 Person 型態就是 Person 類別，程式可以使用 Person 類別建立多個 Person 實例（instances），實例是一個物件。我們可以使用 Person 類別來模擬真實世界的人，例如：朋友、同事或客戶等。

10-1-3 抽象資料型態與物件導向

物件導向程式設計的精神是資料抽象化的抽象資料型態,物件歸類成抽象資料型態的類別。所以,物件導向技術是將問題的資料屬性和資料本身的相關操作一起思考,不考量其他資料或不相關操作,以便建立一個個完善定義的物件(objects)。

例如:將繪出房屋圖形看成是一個堆積木遊戲,房屋是使用一個個積木堆出的圖形,重點是在組成房屋元件的資料抽象化,即房屋是由房頂、窗戶、門和外框等物件組成,如下圖所示:

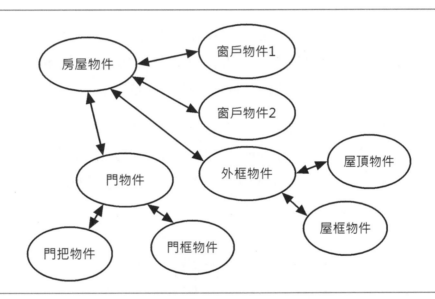

上述圖例的房屋是由一個一個物件組成,不同於傳統程式設計將資料和操作分開思考,在物件的資料需要和操作一起思考,物件包含資料和處理此資料的相關操作。例如:門把物件包含門把尺寸、色彩等資料,再加上繪出門把操作;窗戶物件包含窗戶尺寸、色彩和位置資料,再加上繪出窗戶操作。

整個房屋是由門、窗戶和外框物件組成,門是由門把和門框組成,外框是由屋頂和屋框組成,我們除了定義物件外,就是找出物件之間的關係,在物件之間是使用訊息來溝通。

物件導向程式設計是在模擬真實世界,以便找出解決問題所需的物件集合和其關係,在物件之間是使用訊息建立關係,透過物件集合之間的通力合作來解決程式問題,如下所示:

> 程式 = 物件 + 訊息

如同車輛是由成千上萬個零件所組裝而成，物件導向程式設計可以視為是一項組裝工作，將眾多現成或改進的物件結合起來。

所以，物件導向技術更貼近人類的思維，每一個物件是一個零件，如同「軟體 IC」（software IC），只需選擇不同 IC 就可以裝配出不同規格的主機板，選用適當的軟體 IC，就可以輕鬆完成應用程式的開發。

例如：現在有一項工作需要繪出一幢別墅，我們可以直接利用上述範例中現成的房屋零件，在擴充各物件的功能後，輕鬆組合出一幢別墅，這種擴充就是物件導向的「繼承」（inheritance）觀念。

10-2　物件導向的應用程式開發

物件導向的應用程式開發是一種思考程式問題上的革命，讓我們完全以不同於傳統應用程式開發的方式來思考問題。

10-2-1　傳統的應用程式開發

傳統的應用程式開發是將資料和操作分開來思考，著重於如何找出解決問題的程序或函數。例如：一家銀行的客戶甲擁有帳戶 A 和 B 兩個帳戶，客戶甲在查詢帳戶 A 的餘額後，從帳戶 A 提出 1000 元，然後將 1000 元存入帳戶 B。傳統應用程式開發建立的模型，如下圖所示：

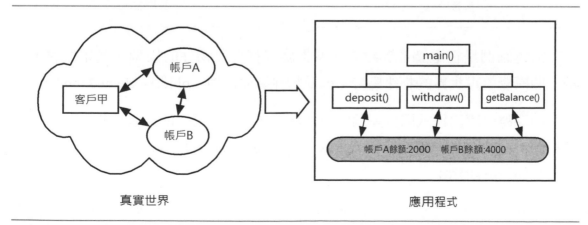

上述圖例的左邊是真實世界中，參與的物件和其關係，右邊是經過結構化分析和設計（structured analysis/design）後建立的應用程式模型。

應用程式模型是解決問題所需的程序與函數，包含：存款的 deposit() 函數、提款的 withdraw() 函數和查詢餘額的 getBalance() 函數。

在主程式 main() 是一序列的函數呼叫，首先呼叫 getBalance() 函數查詢帳戶 A 的餘額，參數是帳戶資料，然後呼叫 withdraw() 函數從帳戶 A 提出 1000 元後，呼叫 deposit() 函數將 1000 元存入帳戶 B。

10-2-2 物件導向的應用程式開發

物件導向的應用程式開發是將資料和操作一起思考，其主要工作是找出參與物件和物件之間的關係，並且透過這些物件的通力合作來解決問題。

例如：針對上一節相同的銀行存提款問題，使用物件導向應用程式開發建立的模型，如下圖所示：

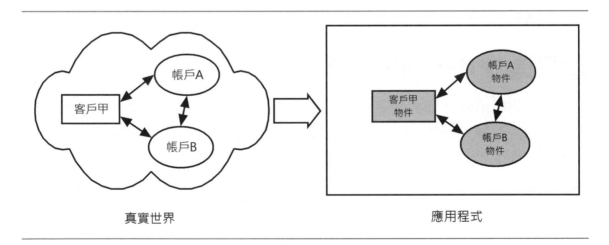

真實世界　　　　　　　　　　　　　　　　應用程式

上述圖例是在電腦系統建立一個對應真實世界物件的模型，簡單的說，這是一個模擬真實世界的物件集合，稱為物件導向模型（object-oriented model）。

物件導向應用程式開發因為將資料和操作一起思考，所以帳戶物件除了餘額資料外，還包含處理帳戶餘額的相關方法：getBalance()、withdraw() 和 deposit() 方法，如下圖所示：

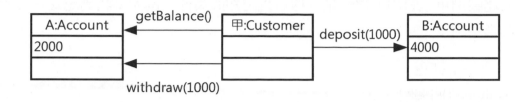

在上述圖例的客戶甲物件，先送出訊息給帳戶 A 物件，請求執行 getBalance() 方法取得帳戶餘額 2000 元，然後再送出訊息給帳戶 A 物件，執行 withdraw() 方法提款 1000 元，所以目前餘額為 1000 元，最後送出訊息給帳戶 B 物件執行 deposit() 方法存入 1000 元，帳戶 B 物件的餘額更新成 5000 元。

物件導向應用程式是物件集合，將合作物件視為節點，訊息是邊線來連接成類似網路圖形的物件結構。在物件之間使用訊息進行溝通，物件本身維持自己的狀態（更新帳戶餘額），和擁有獨一無二的物件識別（物件甲、A 和 B 等）。

10-3　物件導向的思維

物件導向技術源於 1960 年代的 Simula 程式語言，它是 Simulation Language 的簡稱，這是一種模擬語言，希望使用電腦程式來模擬真實世界的各種處理過程。

物件導向的思維就是我們現實生活的思維方式，人類自然的思考方式，其實各位讀者早已知道，而且一直使用它來思考問題。

10-3-1　物件的基礎

物件的英文是 object，在此筆者討論的是現實生活中的物件，不是指程式中的物件，物件的英文原意有物體、東西、對象和目的。所以，物件不見得是一種看得到或摸得到的實體，可能只是一個概念，一種我們可以認知的東西，如右圖所示：

上述圖例可以看出，物件是一種可以認知的東西。例如：我們認知一輛車，是因為聯想到：

▶ 車子是紅色。
▶ 車子有四個門。
▶ 車子有四個輪胎。

上述車輛是車的概念，人類在自然思考時，就會自動將車輛分解成整體（車輛）和部分（門和輪胎）之間的關係，我們認知的可能是一輛真正的車，也可能只是一輛模型車，或只是車子圖形。而且，很重要的是：不同的人，對於物件的認知也會不同，如下圖所示：

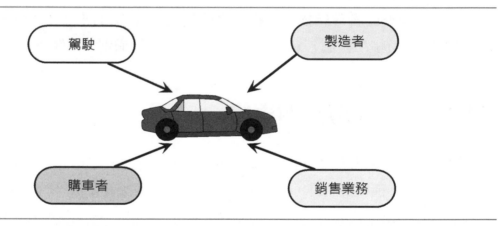

上述圖例中，銷售業務認知的車輛是廠牌、車型、排氣量和車價；駕駛是油量、車速、向前、倒車和停止。雖然都是車子，因為不同人的認知不同，所以有不同的意義。例如：駕駛認知的車輛是生財工具；購車者可能是炫耀工具或交通工具；製造者是產品；業務是商品。

請注意！物件並不限於看得到的實體事物，概念也是一種物件，只要是我們可以認知的都是物件。例如：訂購、開會和旅行等事件也是物件。

10-3-2　識別物件

物件導向思維的另一個重點是如何從描述問題識別出物件，以便建立問題模型。我們需要從問題描述中盡可能找出所有可能的物件，然後從這些物件過濾出可以用來解決問題的物件。

從問題中識別出物件

筆者已經整理出幾個方法幫助程式設計者找出問題中的可能物件，如下所示：

▶ 問題是否有【具體事物】，例如：人、書、電腦和車子等。

▶ 問題是否有【事件】，例如：訂購商品、借書、參加會議和旅遊等。

▶ 問題是否有【角色】或【組織成員】，例如：員工、客戶和售貨員等。

▶ 問題是否有【位置】、【地方】或【結構】，例如：座標、圖書館、圓、三角形和長方形等。

▶ 如果我們可以使用英文句子來描述問題，以文法來分析句子中的【名詞】或【名詞子句】，這些都是可能的物件。

使用特徵來過濾物件

等到從問題描述找出所有可能物件後，接著可以使用六種特徵來進一步過濾可能的物件，以便找出問題包含的真正物件，如下所示：

▶ **保留資訊**（retained information）：物件需要能夠保留資訊，所以物件一定擁有一些屬性，即資料。

▶ **需要提供服務**（needed service）：物件需要能夠提供服務，例如：更改屬性的操作。

▶ **共通屬性**（common attributes）：所有出現的物件都擁有共通屬性。

▶ **共通操作**（common operators）：所有出現的物件都擁有共通操作。

▶ **本質的需求**（essential requirements）：擁有其他外部實體物件，需要取得其他物件的資訊。例如：Order 訂單物件需要取得 Customer 客戶物件的【地址】屬性。

▶ **多重屬性**（multiple attributes）：物件擁有的屬性並非只屬於它，它可能是擴充物件的屬性。例如：Vehicle 是車輛，Car 和 Truck 是一種擴充功能的車輛（即繼承），它們都擁有【所有者】屬性。

說明

關於上述六種特徵的進一步說明，請參閱 Prentice Hall 出版，Peter Coad 和 Edward Yourdon 所著《Object Oriented Analysis, second Edition》一書。

10-3-3 物件導向的抽象化 — 建立類別

當我們成功從問題描述識別出物件後，接下來，筆者準備換一種方式從觀念（concepts）和現象（phenomena）角度來說明物件和類別之間的關係，以便幫助讀者將物件抽象化成類別（class）。

現象與觀念

現象（phenomena）是真實世界中，在指定問題範圍內，可以認知出的物件。例如：紅色汽車、白色貨車和銀色休旅車等。

觀念（concepts）是描述現象的共通特性，排除詳細部分。例如：紅色汽車、白色貨車和銀色休旅車是一種陸上交通工具的車輛。觀念基本上擁有三種特性，如下所示：

▶ **名稱（name）**：用來區別其他觀念的名稱。
▶ **目的（purpose）**：描述現象需要符合什麼特性，才能成為觀念的成員。
▶ **成員（member）**：哪些現象屬於觀念的成員。

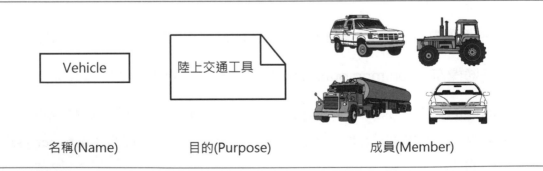

名稱(Name)　　　　目的(Purpose)　　　　成員(Member)

上述圖例的 Vehicle 是觀念名稱，其目的是陸上交通工具，可以看到汽車、貨車、堆高機和休旅車都屬於觀念的成員。

建立類別

　　物件導向技術的抽象化（abstraction）是從物件抽出共通部分的特徵，排除詳細部分。以現象和觀念來說，就是將現象分類成觀念；以物件導向技術來說，就是將物件抽象化成類別（class）。

　　例如：紅色汽車、白色貨車和銀色休旅車抽象化成陸上交通工具的車輛後，進一步抽象化成交通工具，如下圖所示：

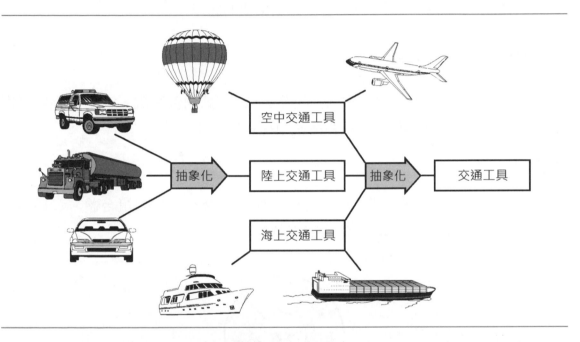

　　上述圖例可以看出：各種車輛抽象化成陸上交通工具；輪船和貨輪抽象化成海上交通工具；熱汽球和飛機抽象化成空中交通工具，最後抽象化成交通工具。

　　當我們將問題識別出的物件抽象化成類別後，就可以找出類別之間的關係。事實上，建立類別不是一件說到就可以馬上做到的事，這也是初學物件導向程式設計者遇到的最大瓶頸。在這一節是提供給初學者一個方向，以便學習物件導向程式設計時，可以更進一步了解類別和物件之間的差異。

10-4 物件導向技術的三大觀念

物件導向技術有三大重要的觀念：物件、訊息和類別，其簡單說明如下所示：

▶ **物件**：提供資料和處理資料程序（Java 語言是方法）的封裝（即將它們包起來）。

▶ **訊息**：在物件之間的溝通方式，可以建立互動和支援多形。

▶ **類別**：物件的分類，可以實作類別架構的繼承。

10-4-1 物件觀念

物件（object）是物件導向技術的關鍵，以程式角度來說，它是電腦用來模擬現實生活的東西或事件，也是組成應用程式的元件。

認識物件

物件是資料與相關處理資料的程序和函數結合在一起的組合體。資料是變數，程序和函數在 Java 稱為方法，如下圖所示：

上述圖例的方法是對外的使用介面，將資料和相關方法的實作程式碼都包裹隱藏起來，稱為「封裝」（encapsulation）。對於程式設計者來說，我們不用考慮物件內部方法的程式碼是如何撰寫，只需要知道物件提供什麼介面和如何使用它。

因為開車不需要了解車子為什會發動？換擋的變速箱有多少個齒輪才能夠正確執行換擋操作？車子是一個物件，唯一要做的是學習如何開好車。同理，沒有什麼人了解電視是如何收到訊號，但是，我們知道打開電源，更換頻道就可以看到影像。

物件的三種特性

物件導向技術的物件是對應現實生活的實體或事件，擁有三種特性，如下所示：

▶ **狀態（state）**：物件所有「屬性」（attributes）目前的狀態值，屬性是用來儲存物件的狀態，可以簡單的只是 1 個布林值變數，也可能是另一個物件。例如：車子的車型、排氣量、色彩和自排或手排等屬性，以程式來說，也就是資料部分的變數。

▶ **行為（behavior）**：行為是物件可見部分提供的服務，也就是塑模所抽象化的操作，可以做什麼事？Java 語言是使用方法實作行為，例如：車子可以發動、停車、加速和換擋等。

▶ **識別字（identity）**：每一個物件都擁有獨一無二的識別字來識別不同的物件，如同物件的身分證字號。在 Java 語言是使用物件參考（reference）作為物件識別字，它就是物件實際儲存的記憶體位址，詳細的說明請參閱＜第 11-2-1 節：類別與物件＞。

物件的範例

物件可以模擬真實生活的東西，例如：Car1 物件模擬一輛 1800cc 紅色四門的 Sentra 車子。Car1 是物件的識別字，使用 Car1 識別字就可以在眾多模擬其他車輛的 Car2、Car3、Car4…物件中，識別出指定的車輛物件。Car1 物件的屬性和行為，如下所示：

▶ **屬性**：車型（type）、排氣量 (cc)、色彩 (color)、幾門 (door)。
▶ **行為**：發動（starting）、停車（parking）、加速（speeding）、換檔（shift）。

當我們使用 Car1 物件模擬車輛時，就是使用變數儲存屬性目前的狀態值，同時建立方法來模擬行為，如下所示：

▶ **狀態**：type=Sentra、cc=1800、color=red、door=4。
▶ **方法**：starting()、parking()、speeding()、shift()。

最後，Car1 物件的圖例，如下圖所示：

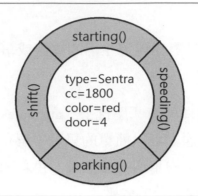

複合物件

「複合物件」（composite object）是指物件的屬性是另一個物件，例如：上述 Car1 物件 door 是整數的車門數，如果是車門 Door 物件時，Car1 物件就是複合物件。

10-4-2 訊息觀念

物件是用來模擬現實生活的東西，但是現實生活的東西彼此之間會互動。例如：學生要求成績（學生與成績物件）、約同學看電影（同學與同學物件）和學生彈鋼琴（學生與鋼琴物件）等互動。所以，我們建立的物件之間也需要互動，使用的是訊息（messages）。

認識訊息

物件是使用訊息來模擬彼此之間的互動，它是物件之間的溝通橋樑，可以啟動另一個物件來執行指定的行為。例如：Student 學生物件需要查詢成績，因為學生成績是儲存在 StudentStatus 物件，Student 物件可以送一個訊息給 StudentStatus 物件，告訴它需要查詢學生成績，如右圖所示：

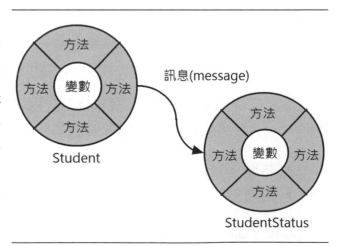

上述訊息是從 Student 物件的發送物件（sender）送到 StudentStatus 接收物件（receiver），訊息內容是一個命令，要求執行指定方法 query() 和加上參數。例如：查詢學生姓名 name 成績的訊息提供 3 種資訊：接收物件、方法和參數，如下所示：

```
Smalltalk：StudentStatus query:joe
C++/Java：StudentStatus.query(joe);
```

上述訊息的「:」符號前是指使用的物件導向程式語言，之後才是真正的訊息內容，指出接收物件是 StudentStatus，要求執行的方法是 query()，其參數是 joe。

在接收物件接到訊息後，就會執行指定方法，然後將回應訊息送回給發送物件（也可能沒有回應），稱為「傳回值」（return value），即查詢結果的學生成績，如下圖所示：

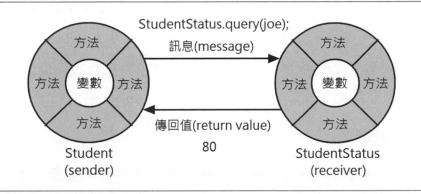

上述圖例在送出訊息後，可以得到回應訊息 80 的學生成績。所以，當使用多個物件模擬現實生活時，在物件之間是使用訊息來溝通，以便模擬物件之間的互動來完成指定工作。

以程式語言的角度來說，物件導向應用程式是一個物件集合，在集合中的物件使用訊息來溝通，以便通力合作來解決程式問題。

循序操作

物件送出的訊息，有可能在接收物件執行方法後就產生回應訊息，也有可能是觸發另一個訊息，操作會繼續送出一系列訊息給其他物件，以便依序執行各物件的指定方法來完成整個操作，稱為「循序操作」（sequential operation）。

例如：學生平均成績的查詢是送訊息到 Teacher 物件執行 average() 方法，Teacher 物件將觸發另一個訊息到 StudentStatus 物件查詢學生的三科成績，如下圖所示：

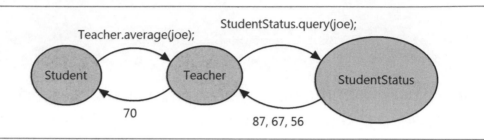

上述圖例的 Student 物件送出訊息到 Teacher 物件，方法 average() 可以取得學生的平均成績。不過，在計算平均前，Teacher 物件需要先取得學生成績，所以送出訊息到 StudentStatus 物件，query() 方法可以取得學生三科的成績，回應訊息是三科成績：87,67,56。最後，Teacher 物件在取得成績計算平均後，就會送出回應訊息的平均成績：70。

Student 物件送出的訊息是一種循序操作，需要等到其他訊息都執行完畢後，才能取得回應訊息的結果。

名稱再用：過載

在程序式程式設計的程序或函數名稱是識別字，如同變數一般，需要與其他程序或函數有不同的名稱。例如：分別取得 2 個和 3 個參數最大值的函數，我們需要建立 2 個不同名稱的函數 maxTwo(a1, a2) 和 maxThree(a1, a2, a3)。

對於物件導向技術來說，物件是依接收訊息來執行方法，訊息內容有三種資訊，只需一些差異就足以讓物件辨識出是不同方法，所以，方法同名也沒有關係。例如：執行 Utility 物件的 max() 方法的訊息，如下所示：

```
Utility.max(23, 45);
Utility.max(23, 45, 87);
Utility.max('a', 'z');
```

上述訊息的方法名稱相同，但是參數個數不同或型態不同，對於接收物件來說，已經足以從訊息判斷出是執行同名的不同方法，這種名稱再用稱為「過載」（overload），也稱為重載。

🐾 名稱再用：多形

「多形」（polymorphism）是另一種名稱再用，針對同一個訊息，不同物件有不同的反應，也就是同一名稱擁有不同操作。因為在人類思維中，對於同一種工作，就算對象不同，也會使用同名操作，如下圖所示：

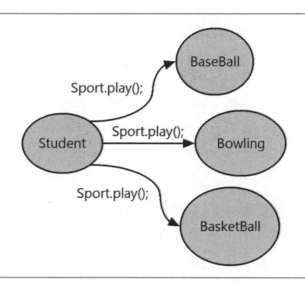

上述圖例的 BaseBall（棒球）、Bowling（保齡球）和 BasketBall（籃球）都是 Sport（運動）類別繼承的子類別，繼承的觀念將在下一節說明，在此我們可以先將 BaseBall、Bowling 和 BasketBall 物件都視為是同一種 Sport 物件的球類運動，而且都擁有 play() 方法實作打球操作。

當使用 Java 程式模擬學生打球時，對於 Student 學生物件來說，都是送出相同的 Sport.play(); 訊息，表示打球。因為「動態連結」（dynamic binding）機制，在執行階段才決定訊息真正的接收物件，以此例，在執行時真正送出的 3 個訊息，如下所示：

```
BaseBall.paly();
Bowling.play();
BasketBall.play();
```

上述訊息是在執行時才決定 Sport 代表的物件為：BaseBall、Bowling 或 BasketBall。所以，雖然程式碼送出的是相同的訊息，不過，等到執行階段就會決定接收物件是哪一個物件，可以是打棒球、打保齡球或打籃球。

對於人類來說，上述運動都是打球 Sport.play();，雖然都是 play() 方法，但是實際接收物件不同，所以執行不同操作，這種觀念稱為多形，或稱為同名異式。

因為多形屬於物件導向中最複雜的觀念，在第 13 章筆者將使用多個實例來進一步說明多形觀念。

10-4-3　類別觀念

類別（class）是一種分類，將擁有相同特性的物件集合歸類成同一類別。所以，類別就是物件的藍圖，可以用來建立物件。

認識類別

在第 10-4-1 節我們模擬不同車輛的 Car1、Car2、Car3、Car4…物件，因為物件擁有相同的屬性和行為，只是狀態不同，所以，這些物件都屬於同一類，可以建立名為 Car 的範本來建立這些物件。如同工廠依照藍圖製造車輛，此範本就是類別，屬於同一類別的物件即該類別的「實例」（instance），也稱為副本。

類別也可以想像成是扮演的角色。例如：模擬教室上課，在同一間教室有 30 人，1 位是老師，其他是學生。如果每一個人是一個物件，30 個物件可以進一步分類成屬於 Teacher 類別和 Student 類別的物件集合，也就是扮演老師的物件，和扮演學生的物件。

類別是物件的藍圖

類別是一種抽象資料型態，其目的是用來建立物件，使用類別建立的物件稱為類別的實例（instance）。例如：使用 Student 類別建立 29 位 Student 物件，這些物件和類別擁有相同的屬性和行為，只是狀態值不同，即物件變數值不同。例如：一位學生的姓名 name 是【陳會安】；一位是【江小魚】，如下圖所示：

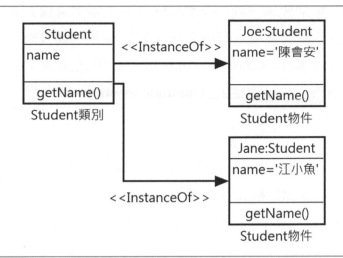

上述圖例的 Student 類別建立 2 個 Student 物件實例，類別如同是一張藍圖，同一藍圖可以依樣畫葫蘆，建立多個物件，然後使用這些物件來模擬真實世界的互動。

📚 類別架構：繼承

在前面的例子中，學生和老師都是人，換言之，我們可以先定義 Person 類別來模擬人類，然後擴充 Person 類別建立 Student 和 Teacher 類別來分別模擬學生和老師，稱為「繼承」（inheritance），如下圖所示：

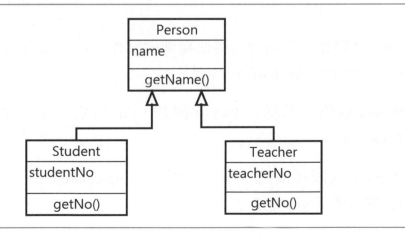

上述 Student 和 Teacher 類別是繼承自 Person 類別。Student 和 Teacher 類別為繼承類別的「子類別」（subclass）或「延伸類別」（derived class），繼承的 Person 類別稱為「父類別」（superclass）或「基礎類別」（base class）。

　　如果有多個子類別繼承自同一父類別，每一子類別稱爲「兄弟類別」（sibling classes）。繼承的子類別也可以有很多層，如果將整個類別關係的樹狀結構都繪出來，稱爲「類別架構」（class hierarchy）。如果父類別不只一個，即同時繼承多個父類別，稱爲「多重繼承」（multiple inheritance）。

📚 類別關聯性

　　類別關聯性（relationships）是指不同類別之間的關係。例如：繼承是一種 Is-a 類別關聯性，在 UML 稱爲「一般關係」（generalization）。另外還有一種稱爲「成品和零件」（whole-part）的類別關聯性，即 Part-of 和 Has-a 關係，如下圖所示：

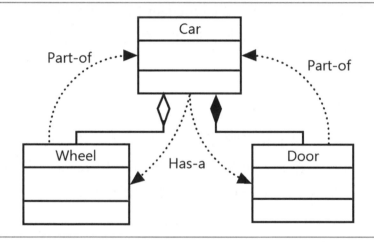

- ▶ **Part-of 關係**：指類別是其他類別的零件，以上圖爲例，Wheel 車輪和 Door 車門是 Car 車類別的零件。

- ▶ **Has-a 關係**：相反於 Part-of 關係，Car 類別 Has-a（擁有）Wheel 和 Door 類別。

　　UML 的上述關係稱爲「聚合關係」（aggregation），或另一種更強調 Whole-part 關係的「組成關係」（composition）。

　　Car 類別因爲和 Wheel 和 Door 類別擁有成品和零件（whole-part）的類別關聯性，當我們使用 Car 類別建立 Car1 物件時，就會內含屬性是另一個 Wheel1 和 Door1 物件，換句話說，Car1 物件是一種複合物件。

抽象類別

「抽象類別」（abstract class）是一種不能完全代表物件的類別，抽象類別不能用來建立物件實例，它擁有眾多類別的共同部分，主要的目的是作為其他類別的父類別。例如：哺乳類動物的分類，如下圖所示：

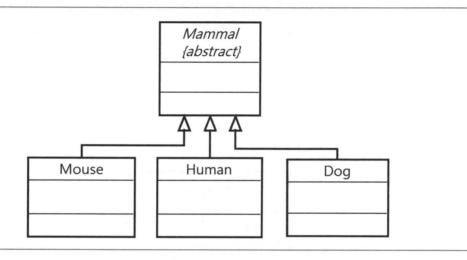

上述類別架構的父類別是哺乳類（mammal），Mouse、Human 和 Dog 類別是繼承自 Mammal 類別，因為老鼠、人和狗都屬於哺乳類動物，我們可以使用 Mouse、Human 和 Dog 類別建立模擬老鼠、人和狗的物件。

但是，沒有任何動物叫哺乳類，所以不會建立模擬哺乳類的物件，這個類別只是描述哺乳類動物的共同特徵，以便其他屬於哺乳類的動物繼承此物件，所以，Mammal 類別就是一個抽象類別。

10-5　UML 類別圖與物件圖

UML（Unified Modeling Language）中文稱為塑模語言，UML 的出現是三位 OO 理論大師：Grady Booch、James Rumbaugh 和 Ivar Jacobson（通稱 3 Amigo）提倡，三人本來都各自提出物件導向方法論（即 OOA 和 OOD 設計方法）和使用專屬的表示符號。

UML 統一三人表示方法的符號，在 1997 年 1 月 UML 正式產生，目前 UML 已經是 OMG（Object Management Group）組織的標準。如同繪製電子元件、工程機械圖的標準符號，UML 是程式語言的標準符號，如此程式分析者和程式設計者終於擁有溝通的符號語言。

10-5-1　類別圖示

UML 類別圖是用來描述系統靜態結構的類別和類別關係，類別和物件使用相同的符號圖形，或稱為「圖示」（icon），其差異只在名稱部分物件需要標示藍圖的類別。

UML 類別圖的圖示是使用長方形標示，由上而下分成三個部分：名稱、屬性和操作，如下圖所示：

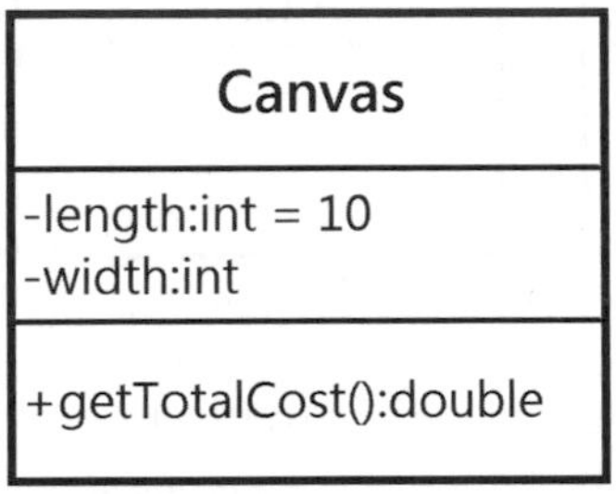

Canvas
-length:int = 10 -width:int
+getTotalCost():double

類別名稱

在類別圖示上方是類別名稱，以此例是 Canvas。

屬性清單

在類別圖示中間部分是屬性清單，每一個屬性為一列，其基本語法如下所示：

```
屬性名稱：資料型態 = 初值
```

上述語法在「:」號前是屬性名稱；之後是資料型態，如果屬性有初值，在「=」等號後可以指定初值。在屬性前可以加上存取修飾子，如下表所示：

修飾子	說明
+	public
-	private

上表修飾子指明屬性是 public 或 private 屬性，詳細說明請參閱＜第 11-2-2 節：成員變數的存取＞。

方法清單

在類別圖示下方是操作，即 Java 語言的方法，其基本語法如下所示：

```
方法名稱（參數列）：傳回資料型態
```

上述語法在「:」號前是方法名稱和位在括號中的參數列，之後是傳回值的資料型態，如果沒有傳回值，可以省略。方法參數列可以只列出資料型態，或變數名稱，例如：calTotal() 方法，如下所示：

```
calTotal(int)
calTotal(amount:int)
```

在方法前可以加上存取修飾子，如下表所示：

修飾子	說明
+	public
-	private
#	protected

10-5-2　類別關係

類別關係是指類別之間的關係或類別架構，UML 一般關係是類別架構，其他類別關係之間的強度，如下所示：

```
Dependency < Association < Aggregation < Composition
```

上述類別關係是指 Dependency 相依關係最弱，然後逐步增強至 Composition 組成關係，所以 Composition 是最強的類別關係。

結合關係

UML 結合關係（association）是一種靜態類別關係，依類別扮演的角色不同，分成幾種結合關係，如下所示：

▶ **結合關係**（associations）：地位相等的二個類別，相互知道另一個類別存在的結合關係，即類別扮演的角色。UML 是使用實線表示此關係，例如：Customer 客戶和 Order 訂單類別，Customer 知道有什麼訂單；Order 知道屬於哪一位客戶，如下圖所示：

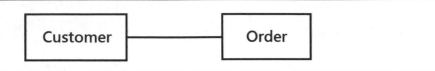

▶ **可導覽的結合關係**（navigable associations）：擁有方向性的結合關係，箭頭表示導覽方向，Client 知道 Server 存在，但是 Server 並不知道 Client，如下圖所示：

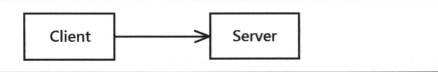

▶ **類別的相依關係**（dependency）：指類別的設計與實作需要依賴其他類別，這是一種非常弱的結合關係，使用帶箭頭的虛線表示相依關係，例如：Client 類別的方法參數或傳回值使用 Server 類別的物件，如下圖所示：

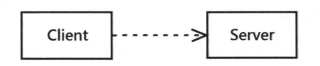

▶ **一對多的類別關係**（multiplicity）：指出結合關係是 1 對多個類別，例如：公司擁有 1 或多個員工，在連接線兩端上方可以標示參與的類別數，如下圖所示：

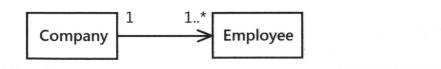

上述圖例的類別數符號可以是一對一、一對多和多對多，如下表所示：

類別數符號	說明
1	只有一個
* 或 0..*	表示 0 到多
1..*	表示至少 1，到多
3..5	指出範圍，以此例是 3 到 5

一般關係

一般關係（generalization）是繼承關係，使用空箭頭的實線指出其父類別，如下圖所示：

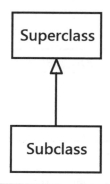

聚合關係

聚合關係（aggregation）是一種關係較強的結合關係，擁有成品和零件（Whole-Part）關係，使用空菱形的實線從零件指向成品，在此的零件是一種通用零件，如下圖所示：

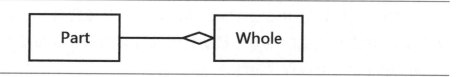

UML 聚合關係最強的類別關係是「組成關係」（composition），這是一種專屬零件，使用實心菱形的實線從零件指向成品，如下圖所示：

組成關係和聚合關係的差異，如下所示：

▶ 組成關係的零件只會使用在單一成品。

▶ 如果成品不存在，組成關係的零件也不會存在，所以，組成關係的零件不能單獨存在。

10-5-3 物件圖示

物件圖示類似類別圖示，在物件名稱需加上底線，「:」號之後是類別名稱。在下方是目前屬性值，前方是屬性名稱，「:」號後是屬性的資料型態，在等號後是屬性值，如下圖所示：

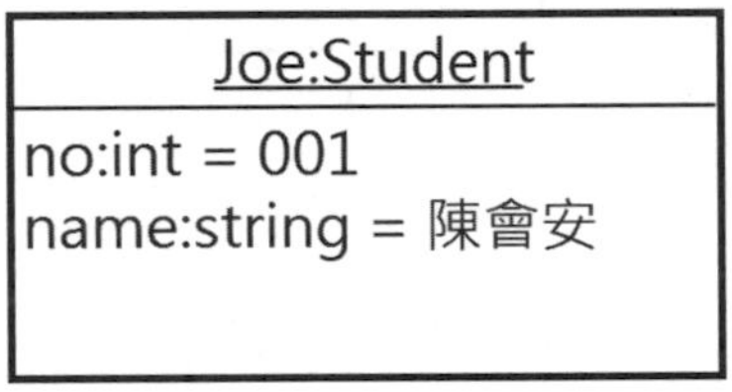

Joe:Student
no:int = 001 name:string = 陳會安

上述圖例的物件名稱是物件識別字，可以判斷是同一類別的不同物件，在 Java 語言是物件變數名稱。類別關係的各種連接線也一樣可以使用在物件圖示，用來標示物件之間的關係。

10-6 NClass 類別圖設計工具

NClass 是繪製第 10-5 節 UML 類別圖的一套免費設計工具，而且可以自動產生 Java 類別程式碼的原型，幫助我們學習第 11~13 章 Java 類別、類別關係和介面的 Java 物件導向程式設計。

10-6-1 認識 NClass

NClass 是使用微軟 C# 語言開發，在 Windows 作業系統需要 .NET Framework 4.0 以上版本才能執行，對於非 Windows 作業系統，請使用最新版本 Mono 來執行。

NClass 簡介

　　NClass 是一套免費和開放原始碼（open source）的 UML 設計工具，完整支援 Java 和 C# 語言的類別圖繪製，能夠自動產生 Java 或 C# 的類別程式碼原型。NClass 的使用介面簡單且人性化，幾乎不需使用手冊（真的沒有），就可以快速上手來繪製類別圖，再加上筆者已經繁體中文化使用介面，在使用上更不會有語言障礙。

　　NClass 的主要目的是提供簡單且功能強大的類別設計工具，可以使用非常直覺化的方式來繪製類別圖，其繪製的高品質類別圖，並不輸 Visual Studio 或其他商業工具。NClass 的主要特點，如下所示：

> ▶ 完整支援 C#、Java 語言和各語言專屬的元素。

> ▶ 簡單且容易使用的操作介面，能夠自動產生程式碼。

> ▶ 行內類別編輯器提供句法剖析工具，可以幫助我們快速編輯類別。

> ▶ 反向工程可以直接從 .NET 組件（assemblies）產生類別。

> ▶ 自訂圖形樣式，能夠列印和儲存成圖檔。

> ▶ 支援多語言使用介面，和使用 Mono 支援非 Windows 作業系統。

安裝和啟動 NClass

　　NClass 並不需要安裝，只需將相關程式檔案複製至指定資料夾，例如：「C:\NClass」資料夾，就可以使用【NClass.bat】來啟動 NClass 設計工具，其步驟如下所示：

Step 1▶ 請開啟 NClass 設計工具所在的「C:\NClass」資料夾，如下圖所示：

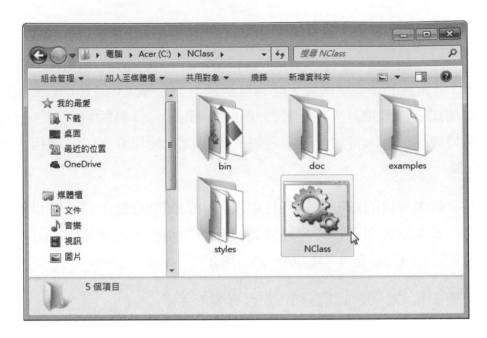

Step 2 ▶ 按二下【NClass.bat】啓動 NClass，預設使用全螢幕來執行。

10-6-2 新增專案建立 Java 類別圖

NClass 主要功能是繪製第 10-5 節的 UML 類別圖，我們可以針對 Java 或 C# 語言來繪製專屬語言的類別圖。

步驟一：新增專案和 Java 類別圖

在 NClass 建立 Java 類別圖的第一步是新增專案，其步驟如下所示：

Step 1 ▶ 請啓動 NClass 設計工具，執行「檔案 > 新增 > 專案」指令，如下圖所示：

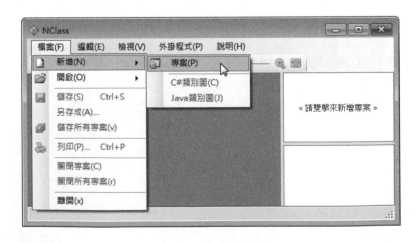

Step 2 ▶ 在右邊可以看到新增專案，請輸入專案標題名稱【BankProject】，如下圖所示：

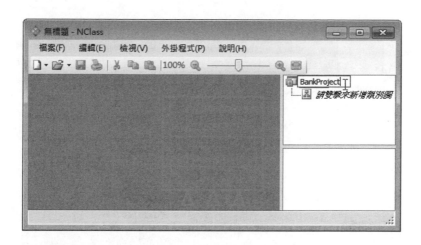

Step 3 ▶ 執行「檔案 > 新增 >Java 類別圖」指令新增 Java 類別圖（在右邊專案雙擊預設新增 C# 類別圖），然後輸入類別圖名稱【BankDiagram】，如下圖所示：

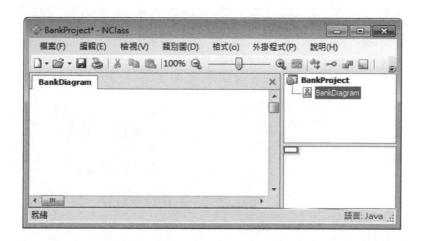

上述 NClass 使用介面的左邊標籤頁是類別圖的繪圖區域，右邊分成上下兩個部分，上方是專案結構（可管理多專案，和同一專案的多個類別圖模型）；下方是類別圖導覽，即縮小類別圖。

步驟二：新增類別圖示

我們已經在 NClass 建立 Java 類別圖，接著，就可以新增類別圖示，請繼續上面的步驟，如下所示：

Step 1 ▶ 請執行「類別圖 > 新增 > 類別」指令，可以新增類別圖和輸入類別名稱【Account】，在輸入後請按 Enter 鍵，如下圖所示：

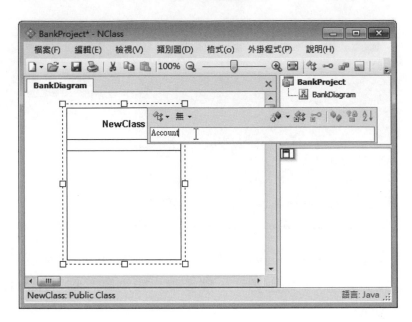

Step 2 ▶ 在類別圖旁是行內類別編輯器，在上方的前 2 個按鈕是存取修飾子和類別種類，後方第 1 個按鈕可以新增欄位、方法和建構子，以此例執行【新增欄位】指令（即新增屬性），如下圖所示：

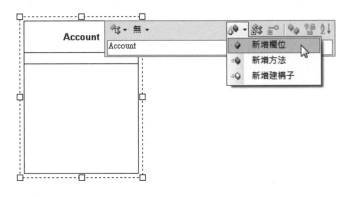

Step 3 ▶ 在輸入屬性 balance 後，按 Enter 鍵新增屬性。

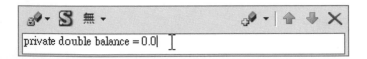

Step 4▶ 請執行【新增方法】指令,可以輸入 withdraw() 方法來新增方法,如下圖所示:

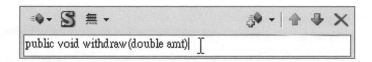

Step 5▶ 按 Enter 鍵新增方法,可以看到目前 Account 類別已經新增 1 個屬性和 1 個方法,如下圖所示:

Account
- balance: double = 0.0
+ withdraw(amt: double) : void

Step 6▶ 同樣步驟,在按二下 Account 類別圖示後,就可以新增 deposit() 和 getBalance() 共 2 個方法,如下圖所示:

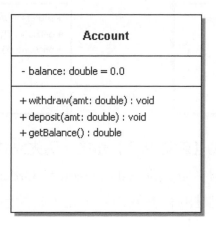

Step 7▶ 請執行「檔案 > 儲存專案 BankProject」指令儲存成專案檔,副檔名是 .ncp。

在本節建立的類別圖示就是第 10-2-2 節的 Account 類別。

10-6-3 建立類別關係

如果模型是多類別的類別圖，我們可以在 NClass 上方工具列新增類別之間的類別關係，如下圖所示：

上述工具列的前 4 個按鈕分別是新增類別、介面、列舉和註解，之後按鈕是建立類別關係，依序是新增結合、組成、聚合、繼承、實現、相依、巢狀和關聯註解。

筆者準備從啟動 NClass 開啟專案開始，建立 2 個類別之間的結合關係（雙向），其步驟如下所示：

Step 1 請啟動 NClass 執行「檔案 > 開啟 > 開啟檔案」指令，開啟位在「Java8\ Ch10\CompanyProject.ncp」路徑的專案，可以看到 Salesperson 和 Order 類別圖示，如下圖所示：

Salesperson
- salesNo: String - name: String
+ setOrder(myOrder: Order) : void + printSalesperson() : void

Order
- orderNo: String - status: boolean
+ setPerson(myPerson: Salesperson) : void + getNo() : String + printOrder() : void

Step 2 按上方工具列的【新增結合】鈕後，請先點選 Salesperson 類別，然後點選 Order 類別，可以從 Salesperson 至 Order 建立可導覽的結合關係（預設是有方向性的結合關係），如下圖所示：

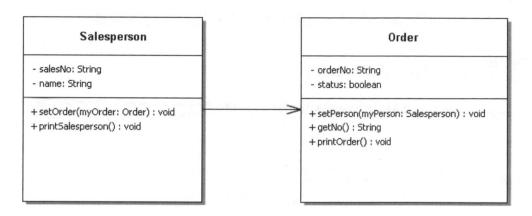

Step 3 ▶ 選取連接線，當實線成為虛線，請在連接線上執行【右】鍵快顯功能
表的「方向 > 雙向性」指令，更改結合關係的方向性。

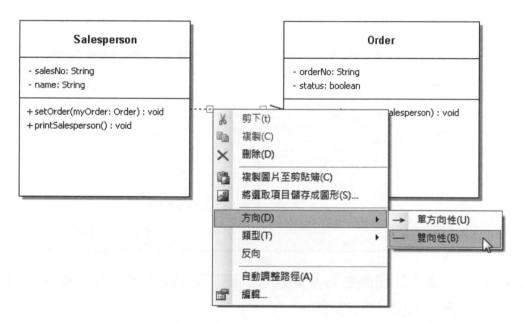

Step 4 ▶ 可以看到結合關係改成沒有箭頭的結合關係，如下圖所示：

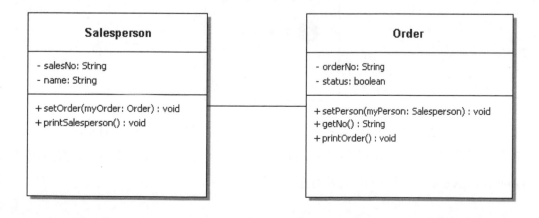

上述 UML 類別圖是第 11-4-1 節類別結合關係的範例類別圖。

10-6-4 自動產生 Java 程式碼

對於在 NClass 繪製的 Java 類別圖，我們可以自動產生 Java 程式碼，其步驟如下所示：

Step 1 請啟動 NClass 設計工具開啟「Java8\Ch10\CompanyProject.ncp」專案，可以看到 Salesperson 和 Order 類別的結合關係。

Step 2 執行「類別圖 > 產生原始碼」指令，在「產生原始程式碼」對話方塊按【瀏覽】鈕選擇目的路徑「Java8\Ch10」，和取消勾選【在方法丟出 '未實作' 例外】，如下圖所示：

Step 3 按【產生】鈕產生 Java 類別程式碼，可以看到成功產生程式碼的訊息視窗，請按【確定】鈕。

Java 程式碼預設產生在同專案名稱目錄下，且同類別圖名稱的目錄之下，每一個類別圖示產生一個同名 .java 程式碼檔案，例如：Salesperson 類別產生的 Salesperson.java 類別檔，如下圖所示：

Salesperson - 記事本

檔案(F)　編輯(E)　格式(O)　檢視(V)　說明(H)

```
package CompanyProject.SalesDiagram;

import java.io.*;
import java.util.*;

public class Salesperson {

        private String salesNo;
        private String name;

        public void setOrder(Order myOrder) {

        }

        public void printSalesperson() {

        }

}
```

學習評量

10-1 抽象資料型態

1. 請說明什麼是抽象化？

2. 抽象化的目的是定義問題的：＿＿＿＿＿＿ 和 ＿＿＿＿＿＿ 屬性。

3. 請舉例說明抽象資料型態。

4. 請問抽象資料型態和物件導向之間有何關係？

5. 請將個人基本資料抽象化成為 Person 模型，模型包含哪些資料和哪些操作，然後建立 Person 抽象資料型態？

10-2 物件導向的應用程式開發

6. 請簡單說明物件導向的應用程式開發和傳統應用程式開發的差異。

10-3 物件導向的思維

7. 現在有一台電視，請問銷售者認知的電視是＿＿＿＿＿，電腦操作者認知的是＿＿＿＿＿＿，廠商認知的電視是＿＿＿＿＿。

8. 請問下列哪些是物件？哪些是屬性？

   5 公尺、真善美、員工數、鐘錶、15 公斤、訂購和旅行、血型
   電腦、書、白色、蘋果、電話、圖書館、狗、車子、MP3 播放器

9. 請問什麼是現象與觀念？物件導向技術的抽象化為何？

10. 在牌桌上玩 21 點（BlackJack）的共有一位發牌者（Dealer），3 位玩家（Player）玩一副牌（Cards），請識別 21 點遊戲中的物件？

11. 電子鬧鐘是使用 LCD 螢幕顯示時間，提供鬧鈴功能和貪睡裝置，可以調整時間和設定鬧鈴時間。請以電子鬧鐘為例，識別出有哪些物件和類別？

10-4 物件導向技術的三大觀念

12. 請簡單說明物件導向技術的三個重要觀念。

13. 請說明什麼是過載和多形的觀念。

14. 請說明什麼是類別和實例的觀念，其目的為何？並試著舉例說明？

學習評量

15. 請寫出下列類別繼承架構中的父類別、子類別和兄弟類別，如下圖所示：

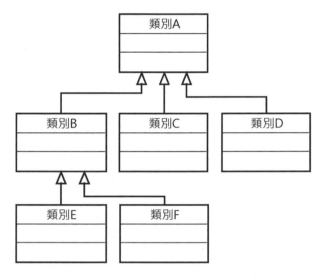

- 類別 A 的子類別 _____，類別 B 的子類別 _____。
- 類別 B 的兄弟類別 _____，類別 E 的兄弟類別 _____。
- 類別 F 的父類別 _____。

16. 請說明什麼是類別關聯性 Is-a、Part-of 和 Has-a？什麼是抽象類別？

17. Tool 物件的 max() 方法是過載方法，參數分別有 2、3 和 4 個整數，和 2 個浮點數，請寫出執行各過載方法的訊息？

10-5 UML 類別圖與物件圖

18. 請說明 UML 類別關係的一般、相依、組成和聚合關係？類別關係的強度？

19. 請簡單說明組成關係和聚合關係之間的差異？

20. 請試著手繪 UML 類別圖來表示習題 5 的抽象資料型態，並且將它建立成 Person 類別？

10-6 NClass 類別圖設計工具

21. 請問什麼是 NClass 工具？

22. 請繼續習題20，改用NClass工具建立類別圖，和產生 Java 類別程式碼。

Chapter

11

類別與物件

11-1 物件導向程式語言

物件導向程式設計（object-oriented programming，OOP）是指使用物件導向程式語言設計程式。不過，並不是所有高階程式語言都是物件導向程式語言，Java 就是一種物件導向程式語言。

說明

本章 Java 程式範例是位在「Ch11」目錄 IntelliJ IDEA 的 Java 專案，請啓動 IntelliJ IDEA，開啓位在「Java8\Ch11」目錄的專案，就可以測試執行本章的 Java 程式範例。不過，因爲同一程式檔案擁有多個類別，請展開檔案後，點選指定類別來開啓程式碼編輯標籤。

請注意！因爲 IntelliJ IDEA 同一專案的 Java 類別不允許同名，所以本章同名類別會加上字尾編號來區分，例如：Student01~05。

11-1-1 物件導向程式語言的種類

物件導向程式語言的精神是物件，但支援物件的程式語言並不一定是物件導向程式語言，可能只是一種物件基礎程式語言，如下所示：

▶ **物件基礎程式語言**（object-based languages）：提供資料抽象化和物件觀念。例如：VB 6，不過，VB.NET 和 .NET 的 Visual Basic 語言是一種物件導向程式語言。

▶ **物件導向程式語言**（object-oriented languages）：支援封裝、繼承和多形觀念，詳細說明請參閱＜第 11-1-2 節：物件導向程式語言＞。

最早的物件導向程式語言是 Simula，這是 1960 年代末期 Norweigian Computing Center 開發的程式語言，接著是 1970 年代由 Xerox Palo Alto 研發中心開發的 Smalltalk 語言，中生代比較重要的物件導向程式語言就是 Java 和 C++ 語言。

新生代的物件導向程式語言當屬微軟 .NET Framework 技術支援的程式語言 C# 和 Visual Basic，這幾種程式語言都是物件導向程式語言。

11-1-2　物件導向程式語言

物件導向程式語言（object-oriented languages）需要支援三種特性：封裝、繼承和多形。

封裝

封裝（encapsulation）是將資料和處理資料的程序與函數組合起來建立物件。在 Java 語言定義物件是使用類別（class），內含屬性和方法，屬於一種抽象資料型態，它就是替程式語言定義新的資料型態。

繼承

繼承（inheritance）是物件的再利用，當定義好一個類別後，其他類別可以繼承這個類別的資料和方法，並且新增或取代繼承物件的資料和方法。

多形

多形（polymorphism）是物件導向最複雜的特性，類別如果需要處理各種不同資料型態，並不需要針對不同資料型態建立不同類別，可以直接繼承基礎類別，建立同名方法來處理不同資料型態，因為方法名稱相同，只是程式碼不同，也稱為「同名異式」。

11-2　Java 的類別與物件

Java 類別是一個藍圖，我們可以在程式碼使用類別建立物件，更正確的說，是沒有宣告成 static 的部分，才是物件原型。它是一種使用者自訂的資料型態。

物件使用變數儲存狀態稱為「屬性」（property）或「實例變數」（instance variables）。各種行為的程序和函數，在 Java 稱為方法（methods）。

11-2-1　類別與物件

Java 類別宣告是物件原型宣告，在類別宣告可以分成兩個部分，如下表所示：

部分	說明
成員資料（data member）	物件的資料部分，屬於基本資料型態的變數、常數或其他物件的「成員變數」（member variables）
成員方法（method member）	物件操作部分的程序與函數，也就是 Java 方法

宣告類別

在 Java 需要宣告類別，才能建立物件，其宣告語法如下所示：

```
class 類別名稱 {    // 類別宣告開始
    資料型態 成員變數；
    .........
    存取敘述修飾子 傳回值型態 成員方法（ 參數列 ）{
        程式敘述；
    }
    ......
}    // 類別宣告結束
```

上述類別宣告和和 Java 程式架構相同，因為 Java 程式就是一個擁有 main()
方法的類別。我們可以使用相同架構建立獨立的類別檔，只是沒有 main() 方法，
不過，為了方便說明，在本章程式範例是將類別和擁有主程式的測試類別建立
在同一 Java 程式碼檔案。

類別是定義新資料型態來建立物件。使用類別建立物件稱為類別的「實例」
（instances）。在物件的變數稱為「實例變數」（instance variables）；程序或
函數稱為「實例方法」（instance methods）。

同一類別可以當作藍圖建立無數個物件（視記憶體空間而定），每一個物
件都屬於類別的實例，實例就是一個物件。例如：學生資料的 Student 類別宣告，
如下所示：

```
class Student {   // 類別宣告開始
    public String name;    // 成員變數
    public String address;
    public int age;
    public void printNameCard() {   // 成員方法
        System.out.println("姓名：" + name);
        System.out.println("地址：" + address);
        System.out.println("年齡：" + age);
```

```
        System.out.println("--------------------");
    }
}  // 類別宣告結束
```

Student
+ name : String + address : String + age : int
+ printNameCard() : void

　　上述 Student 的 UML 類別圖包含成員變數 name、address、age 和成員方法 printNameCard()，「+」是 public 存取修飾子，詳細說明請參閱＜第 11-2-2 節：成員變數的存取＞。請注意！在類別宣告沒有使用 static 修飾子的成員。

宣告物件變數

　　在宣告類別後，Java 程式可以將類別當作全新資料型態，直接使用類別名稱來宣告物件變數，如下所示：

```
Student joe, jane, current;  // 宣告 3 個物件變數
```

　　上述程式碼宣告 Student 類別的變數 joe、jane 和 current，稱為物件變數。Java 物件變數的內容是物件「參考」（reference）的指標，所謂建立物件只是配置一塊記憶體空間來儲存物件內容，類別宣告的物件變數儲存的是這塊記憶體位址，告訴程式如何找到此物件，如下圖所示：

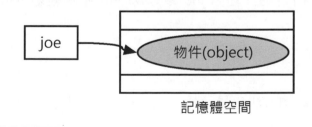

記憶體空間

上述圖例 Student 類別宣告物件變數 joe 是指向記憶體空間物件儲存的位址，其內容是物件識別字（identity）。目前我們只有宣告物件變數，尚未眞正建立物件。

建立物件實例

在 Java 建立物件是使用 new 運算子依照類別範本來建立物件，可以傳回指向此物件的參考指標，此過程稱爲「實體化」（instantiation），即將類別實體化成物件實例，如下所示：

```
joe = new Student();   // 建立 Student 物件實例 joe
```

上述程式碼建立 Student 類別的物件實例，物件變數 joe 的值不是物件本身，而是參考到此物件的指標。

存取實例變數

在建立物件後，Java 程式可以存取物件的實例變數，其語法如下所示：

```
物件變數名稱 . 實例變數
```

上述物件是使用「.」運算子存取實例變數值，請注意！我們只能存取宣告成 public 修飾子的成員變數和方法。以 Student 類別建立的 joe 物件爲例，如下所示：

```
joe.name = "陳會安";      // 指定實例變數 name 的值
joe.address = "新北市";   // 指定實例變數 address 的值
joe.age = 37;            // 指定實例變數 age 的值
```

上述指定敘述指定物件變數 joe 參考物件的實例變數 name、address 和 age 的值。

呼叫實例方法

Java 程式呼叫實例方法也是使用「.」運算子，其語法如下所示：

```
物件變數名稱 . 實例方法
```

以 Student 類別建立的 joe 物件爲例，如下所示：

```
joe.printNameCard();  // 呼叫實例方法 printNameCard()
```

上述程式碼呼叫物件變數 joe 參考物件的 printNameCard() 實例方法。因為同一 Java 類別可以建立多個物件實例，而且每一個物件都可以呼叫自己的實例方法，因為它們是送出不同訊息來呼叫方法，如下圖所示：

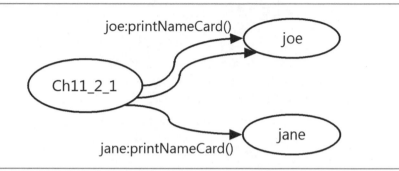

上述 Ch11_2_1 類別的物件擁有主程式 main() 方法，可以控制 Java 程式的執行，共送出 3 個訊息執行 printNameCard() 方法，因為物件變數 current 是指向 joe 物件，所以共送給 joe 物件 2 個訊息；jane 物件 1 個訊息。

程式範例　　　　　　　　　　　　　　　　　Ch11_2_1.java

在 Java 程式建立 Student 類別宣告後，建立數個物件的學生資料，最後將物件資料都顯示出來，如下所示：

```
姓名：陳會安
地址：新北市
年齡：37
--------------------
姓名：江小魚
地址：台北市
年齡：30
--------------------
姓名：陳會安
地址：新北市
年齡：37
-------------------- _
```

上述執行結果顯示 3 筆學生資料，即 joe、jane 和 current 物件，joe 和 current 物件變數參考同一物件，所以顯示資料相同。

▶ 程式內容

```
01: /* 程式範例：Ch11_2_1.java */
02: class Student {  // Student 類別宣告
03:    // 成員變數
04:    public String name;    // 姓名
05:    public String address;// 地址
06:    public int age;        // 年齡
07:    // 成員方法：顯示學生名牌資料
08:    public void printNameCard() {
09:       System.out.println("姓名：" + name);
10:       System.out.println("地址：" + address);
11:       System.out.println("年齡：" + age);
12:       System.out.println("--------------------");
13:    }
14: }
15: // 主程式類別
16: public class Ch11_2_1 {
17:    // 主程式
18:    public static void main(String[] args) {
19:       // 宣告 Student 類別型態的變數
20:       Student joe, jane, current, empty;
21:       // 建立物件實例
22:       joe = new Student();
23:       jane = new Student();
24:       current = joe;
25:       empty = null;   // 指定成 null 參考
26:       joe.name = "陳會安";   // 設定 joe 物件的變數
27:       joe.address = "新北市";
28:       joe.age = 37;
29:       jane.name = "江小魚"; // 設定 jane 物件的變數
30:       jane.address = "台北市";
31:       jane.age = 30;
32:       joe.printNameCard();  // 呼叫物件的方法
33:       jane.printNameCard();
34:       current.printNameCard();
35:    }
36: }
```

▶ 程式說明

- 第 2~14 行：Student 類別宣告，包含 3 個變數和 1 個方法 printNameCard() 顯示學生名牌的資料。

- 第 20 行：使用 Student 類別宣告 4 個物件變數 joe、jane、current 和 empty。

- 第 22~23 行：使用 new 運算子建立物件，分別將 joe 和 jane 物件變數指定為 物件參考的指標。

- 第 24 行：將 current 指向 joe，表示 2 個物件變數參考同一物件。
- 第 25 行：將 empty 指向 null。

說明

類別宣告的物件變數如果參考的不是物件，我們稱為「無效參考」（null reference），在 Java 語言是使用指定敘述指定成 null。

- 第 26~28 和 29~31 行：分別指定 joe 和 jane 物件變數的實例變數值。
- 第 32~34 行：呼叫物件的實例方法 printNameCard()。

在執行 Ch11_2_1.java 的 Java 程式後，電腦記憶體空間的內容如下圖所示：

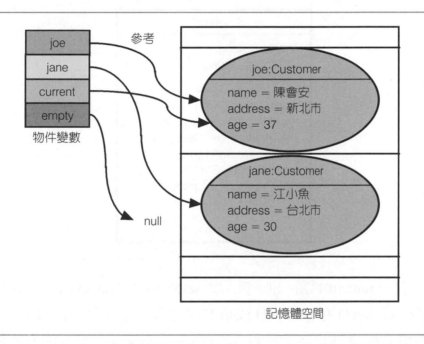

上述圖例可以看出 joe 和 current 物件變數參考同一物件，因為當一個物件變數指定成其他物件變數時，只有參考指標複製，物件本身仍然只有一個，並不會複製。

11-2-2　成員變數的存取

在 Java 類別宣告的成員變數或方法可以使用 private 和 public 兩種存取修飾子來指定存取方式，其說明如下所示：

▶ private 修飾子：成員變數或方法只能在類別本身呼叫或存取。

▶ public 修飾子：成員變數或方法是類別的對外使用介面，可以讓其他類別的程式碼呼叫此物件的實例方法或存取實例變數。

⛁ 存取方法

在第 11-2-1 節 Student 類別的成員變數和方法是宣告成 public，為了隱藏物件的資料成員，我們可以將成員變數宣告成 private，透過宣告成 public 的成員方法進行存取，稱為「存取方法」（accessor methods）。例如：Student01 類別的 UML 類別圖，如下圖所示：

```
┌─────────────────────────────┐
│          Student01          │
├─────────────────────────────┤
│ - name : String             │
│ - address : String          │
│ - age : int                 │
├─────────────────────────────┤
│ + printNameCard() : void    │
│ + setName(n : String) : void│
│ + setAddress(a : String) : void│
│ + setAge(v : int) : void    │
│ + getName() : String        │
│ + getAddress() : String     │
│ + getAge() : int            │
└─────────────────────────────┘
```

在 上 述 Student01 類 別 新 增 setName()、getName()、setAddress()、getAddress()、setAge() 和 getAge() 成員方法存取學生資料。源於 C++ 語言，存取方法的習慣名稱是將設定資料的方法以 set 字頭開始；讀取的方法使用 get 字頭。

一般來說，在 UML 類別圖並不需要列出類別的存取方法，不過，為了方便說明，在本書的類別圖大都會完整列出存取方法。

⛁ 資訊隱藏

現在，Student01 類別的成員變數擁有完整存取介面，所以，成員變數的名稱與型態是什麼？已經不重要了！資料本身已經被類別完整的封裝和隱藏起來。

我們只需知道類別存取方法的使用介面，就可以處理類別的成員變數，這就是「資訊隱藏」（information hiding）。

程式範例  **Ch11_2_2.java**

這個 Java 程式是修改第 11-2-1 節的 Student 類別成為 Student01，並且將成員變數宣告改成 private 後，新增成員方法來存取學生資料，如下所示：

```
姓名：江小魚
地址：台北市
年齡：30
-------------------
[姓名]：陳會安
[地址]：新北市
[年齡]：37
```

上述執行結果依序顯示 jane 和 joe 物件變數的資料，其中 joe 的資料是使用存取方法取得資料後的顯示結果，所以格式與 jane 不同。

▶ 程式內容

```
01: /* 程式範例：Ch11_2_2.java */
02: class Student01 {   // Student01 類別宣告
03:    // 成員變數
04:    private String name;    // 姓名
05:    private String address;// 地址
06:    private int age;        // 年齡
07:    // 成員方法：顯示學生名牌資料
08:    public void printNameCard() {
09:        System.out.println("姓名：" + name);
10:        System.out.println("地址：" + address);
11:        System.out.println("年齡：" + age);
12:        System.out.println("-------------------");
13:    }
14:    // 成員方法：設定姓名資料
15:    public void setName(String n){ name = n; }
16:    // 成員方法：設定地址資料
17:    public void setAddress(String a){ address = a; }
18:    // 成員方法：設定年齡資料
19:    public void setAge(int v) { age = v; }
20:    // 成員方法：傳回姓名
21:    public String getName(){ return name; }
22:    // 成員方法：傳回地址
```

```
23:     public String getAddress(){ return address; }
24:     // 成員方法：傳回年齡
25:     public int getAge(){ return age; }
26: }
27: // 主程式類別
28: public class Ch11_2_2 {
29:     // 主程式
30:     public static void main(String[] args) {
31:         // 宣告 Student01 物件變數且建立物件
32:         Student01 joe = new Student01();
33:         Student01 jane = new Student01();
34:         joe.setName("陳會安");   // 呼叫方法設定 joe 資料
35:         joe.setAddress("台北縣");
36:         joe.setAge(37);
37:         jane.setName("江小魚"); // 呼叫方法設定 jane 資料
38:         jane.setAddress("台北市");
39:         jane.setAge(30);
40:         jane.printNameCard();    // 呼叫方法顯示學生資料
41:         // 取得學生資料
42:         String name = joe.getName();
43:         String address = joe.getAddress();
44:         int age = joe.getAge();
45:         // 顯示學生資料
46:         System.out.println("[姓名]: " + name);
47:         System.out.println("[地址]: " + address);
48:         System.out.println("[年齡]: " + age);
49:     }
50: }
```

▶ 程式說明

- 第 2~26 行：Student01 類別宣告，包含 3 個宣告成 private 的變數和 7 個方法 printNameCard()、setName()、setAddress()，setAge()、getName()、getAddress() 和 getAge()。

- 第 15~19 行：以 set 字頭開始設定資料的成員方法

- 第 21~25 行：使用 get 字頭開始讀取資料的成員方法。

- 第 32~33 行：使用 Student01 類別宣告 2 個物件變數 joe 和 jane，使用 new 運算子建立物件。

- 第 34~39 行：分別使用 setName()、setAddress() 和 setAge() 方法設定學生資料。

- 第 40 行：呼叫物件方法 printNameCard() 顯示學生資料。

- 第 42~48 行：在呼叫物件方法取得學生姓名、地址和年齡資料後，使用不同 於 printNameCard() 方法的格式來顯示學生資料。

11-2-3　成員方法的使用

　　Java 類別的成員方法宣告成 public，表示該方法是物件的使用介面。但是有一些方法，本來就只準備提供給類別本身使用，所以宣告成 private 即可，這種方法稱為「工具方法」（utility methods）。

　　例如：在 Student02 類別新增 validAge() 的工具方法檢查年齡範圍，其 UML 類別圖如下圖所示：

```
┌─────────────────────────────────┐
│           Student02             │
├─────────────────────────────────┤
│ - name : String                 │
│ - address : String              │
│ - age : int                     │
├─────────────────────────────────┤
│ + printNameCard() : void        │
│ + setName(n : String) : void    │
│ + setAddress(a : String) : void │
│ + setAge(v : int) : boolean     │
│ + getName() : String            │
│ + getAddress() : String         │
│ + getAge() : int                │
│ - validAge(a : int) : boolean   │
└─────────────────────────────────┘
```

　　在上述 Student02 類別的最後，新增 private 存取修飾子的 validAge() 成員方法，可以檢查學生年齡是否大於 20，小於 50。

程式範例　　　　　　　　　　　　　　　　　　　　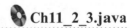 Ch11_2_3.java

　　這個 Java 程式是修改第 11-2-2 節的 Student01 類別成為 Student02 類別，新增 validAge() 方法檢查年齡範圍，這是宣告成 private 的工具方法，如下所示：

```
姓名 ： 陳允傑
地址 ： 新北市
年齡 ： 21
-------------------
[ 姓名 ]： 陳允傑
[ 地址 ]： 新北市
[ 年齡 ]： 21
```

上述執行結果顯示 2 筆學生資料，第 1 筆是使用 printNameCard() 方法顯示資料，第 2 筆是使用存取方法讀取資料後，顯示學生資料，所以顯示格式不相同。

▶ 程式內容

```
01: /* 程式範例：Ch11_2_3.java */
02: class Student02 {   // Student02 類別宣告
03:    // 成員變數
04:    private String name;   // 姓名
05:    private String address;// 地址
06:    private int age;       // 年齡
07:    // 成員方法：顯示學生名牌資料
08:    public void printNameCard() {
09:       System.out.println("姓名： " + name);
10:       System.out.println("地址： " + address);
11:       System.out.println("年齡： " + age);
12:       System.out.println("--------------------");
13:    }
14:    // 成員方法：設定姓名資料
15:    public void setName(String n){ name = n; }
16:    // 成員方法：設定地址資料
17:    public void setAddress(String a){ address = a; }
18:    // 成員方法：設定年齡資料
19:    public boolean setAge(int v) {
20:       if ( validAge(v) ) { // 檢查是否合法
21:          age = v;             // 設定年齡
22:          return true;         // 設定成功
23:       }
24:       else return false;    // 設定失敗
25:    }
26:    // 成員方法：傳回姓名
27:    public String getName(){ return name; }
28:    // 成員方法：傳回地址
29:    public String getAddress(){ return address; }
30:    // 成員方法：傳回年齡
31:    public int getAge(){ return age; }
32:    // 成員方法：檢查年齡資料
33:    private boolean validAge(int a) {
34:       // 檢查年齡資料是否在範圍內
35:       if ( a < 20 || a > 50 ) return false;
36:       else  return true;    // 合法的年齡資料
37:    }
38: }
39: // 主程式類別
40: public class Ch11_2_3 {
41:    // 主程式
```

```
42:    public static void main(String[] args) {
43:       int age;     // 變數宣告
44:       String name, address;
45:       // 宣告 Student02 物件變數且建立物件
46:       Student02 joe = new Student02();
47:       joe.setName("陳允傑");    // 呼叫方法設定 joe 資料
48:       joe.setAddress("新北市");
49:       joe.setAge(21);
50:       joe.printNameCard();      // 顯示學生資料
51:       // 取得學生資料
52:       name = joe.getName();
53:       address = joe.getAddress();
54:       age = joe.getAge();
55:       // 顯示學生資料
56:       System.out.println("[姓名]: " + name);
57:       System.out.println("[地址]: " + address);
58:       System.out.println("[年齡]: " + age);
59:    }
60: }
```

▶ 程式說明

- 第 2~38 行：Student02 類別宣告，包含 3 個宣告成 private 的變數和 8 個方法，validAge() 方法宣告成 private。

- 第 19~25 行：setAge() 方法呼叫 validAge() 工具方法檢查年齡範圍是否正確。

- 第 33~37 行：validAge() 工具方法是宣告成 private，可以檢查學生年齡是否大於 20；小於 50。

- 第 46 行：使用 Student02 類別宣告物件變數 joe，同時使用 new 運算子建立物件。

- 第 47~49 行：呼叫 setName()、setAddress() 和 setAge() 方法設定學生資料。

- 第 50 行：呼叫 printNameCard() 方法顯示學生資料。

- 第 52~58 行：呼叫物件 3 個方法取得學生資料後，顯示學生資料。

　　上述程式範例的 validAge() 方法宣告成 private，只提供給類別的 setAge() 方法使用，其他類別並不能呼叫此方法。

　　不只如此，因為 validAge() 方法在每一物件都相同，根本不需要讓每一物件都擁有，類別可以宣告成 static，讓所有物件都呼叫同一 validAge() 方法，詳細類別方法的說明，請參閱第 8 章和＜第 11-6 節：在物件使用類別變數與方法＞。

11-3 類別的建構子

在 11-2 節的程式範例都是建立 Student、Student01 和 Student02 類別的物件後，才呼叫 3 個方法指定學生資料。如果希望在建立物件的同時，能夠初始成員變數值，我們需要使用類別「建構子」（constructor），或稱為建構元、建構方法。

11-3-1 類別的建構子

Java 語言的基本資料型態在宣告變數時就會配置所需的記憶體空間，不過，類別型態的變數不會自動建立物件。如果類別沒有建構子，在使用 new 運算子建立物件時，只會配置記憶體空間，並不會指定成員變數值。

如果希望類別如同基本資料型態，在宣告時指定變數初值，類別需要使用建構子，建構子是物件初始方法，類別是呼叫此方法來建立物件和指定初值。

物件壽命

基本上，從物件使用 new 運算子建立到物件不再使用的期間，稱為「物件壽命」（object lifetime），Java 語言提供垃圾收集（garbage collection）功能來處理不再使用的物件，所以，程式設計者不用自行處理釋回物件記憶體空間的問題，只需考量類別建構子，所以，Java 語言沒有 C++ 語言的解構子。

類別的建構子

Java 類別的建構子擁有幾個特點，如下所示：

▶ 建構子與類別同名，例如：類別 Student03 的建構子方法名稱是 Student03()。

▶ 建構子沒有傳回值，也不用加上 void。

▶ 建構子支援方法「過載」（overload），建構子過載的詳細說明請參閱＜第 13-3-3 節：過載的建構子＞。簡單的說，類別擁有多個同名建構子，但是，各建構子擁有不同參數型態和個數。

Java 建構子是一種沒有傳回值的方法，其程式碼的撰寫方式和其他成員方法相同。例如：Student03 類別的建構子，如下所示：

```
// Student03 類別的建構子
public Student03(String n, String a, int v) { …… }
```

上述建構子方法名稱和類別同名。在 UML 類別圖的建構子是位在方法清單的開頭，然後在前面加上模板型態（stereotype）<<constructor>>，如下圖所示：

```
┌─────────────────────────────────────────────┐
│                 Student03                     │
├─────────────────────────────────────────────┤
│ - name : String                               │
│ - address : String                            │
│ - age : int                                    │
├─────────────────────────────────────────────┤
│ + <<constructor>>Student03(n : String, a : String, v : int) │
│ + printNameCard() : void                      │
│ + getName() : String                          │
│ + getAddress() : String                       │
│ + getAge() : int                              │
│ - validAge(a : int) : boolean                 │
└─────────────────────────────────────────────┘
```

程式範例  **Ch11_3_1.java**

這個 Java 程式是修改第 11-2-3 節的 Student02 類別成為 Student03 類別，將 set 字頭開始的指定資料方法改成建構子方法，如下所示：

```
姓名：楊過
地址：台中市
年齡：27
--------------------
姓名：小龍女
地址：高雄市
年齡：25
--------------------
```

上述執行結果顯示 2 筆學生資料，Student03 物件是使用建構子來指定成員變數值。

▶ 程式內容

```
01: /* 程式範例：Ch11_3_1.java */
02: class Student03 {   // Student03 類別宣告
03:    // 成員變數
04:    private String name;    // 姓名
05:    private String address;// 地址
06:    private int age;        // 年齡
07:    // 建構子：使用參數設定成員變數初始值
08:    public Student03(String n, String a, int v) {
09:       name = n;              // 設定姓名
10:       address = a;           // 設定地址
11:       if ( validAge(v) ) age = v; // 設定年齡
12:       else                 age = 20; // 年齡初值
13:    }
14:    // 成員方法：顯示學生名牌資料
15:    public void printNameCard() {
16:       System.out.println("姓名：" + name);
17:       System.out.println("地址：" + address);
18:       System.out.println("年齡：" + age);
19:       System.out.println("--------------------");
20:    }
21:    // 成員方法：傳回姓名
22:    public String getName(){ return name; }
23:    // 成員方法：傳回地址
24:    public String getAddress(){ return address; }
25:    // 成員方法：傳回年齡
26:    public int getAge(){ return age; }
27:    // 成員方法：檢查年齡資料
28:    private boolean validAge(int a) {
29:       // 檢查年齡資料是否在範圍內
30:       if ( a < 20 || a > 50 ) return false;
31:       else  return true;    // 合法的年齡資料
32:    }
33: }
34: // 主程式類別
35: public class Ch11_3_1 {
36:    // 主程式
37:    public static void main(String[] args) {
38:       // 宣告 Student03 物件變數且建立物件
39:       Student03 tom = new Student03("楊過",
40:                      "台中市", 27);
41:       Student03 mary = new Student03("小龍女",
42:                      "高雄市", 25);
43:       tom.printNameCard();  // 顯示學生資料
44:       mary.printNameCard();
45:    }
46: }
```

▌**程式說明**

- 第 8~13 行：Student03 類別的同名建構子方法。
- 第 39~42 行：使用建構子方法建立物件和指定成員變數的初值。

11-3-2　使用 this 參考物件本身

　　在類別成員方法和建構子都可以使用 this 關鍵字參考物件本身的成員方法和變數。例如：建構子或方法的參數列與成員變數名稱相同時，可以使用 this 關鍵字指明是存取成員變數，如下所示：

```
// Student04 類別的建構子
public Student04(String name, String address, int age) {
   this.name = name;    // 使用 this 關鍵字
   this.address = address;
   if ( validAge(age) ) this.age = age;
   else                 this.age = 20;
}
```

　　上述 Student04() 建構子方法的參數列有 name、address 和 age 三個參數變數。因為與成員變數同名，所以指定敘述使用 this.name、this.address 和 this.age 指名是指定成員變數值。

▌**程式範例**　　　　　　　　　　　　　　　　　　　　🔵 **Ch11_3_2.java**

　　在 Java 程式的 Student04 類別使用 this 關鍵字在建構子和方法指明使用的是成員變數，而不是建構子參數，如下所示：

```
姓名 : 周傑輪
地址 : 台中市
年齡 : 27
-------------------
姓名 : 李小龍
地址 : 高雄市
年齡 : 26
-------------------
```

　　上述執行結果顯示建構子建立物件的 2 筆學生資料，其中建構子參數和成員變數同名。

▶ 程式內容

```
01: /* 程式範例 : Ch11_3_2.java */
02: class Student04 {   // Student04 類別宣告
03:    // 成員變數
04:    private String name;    // 姓名
05:    private String address;// 地址
06:    private int age;        // 年齡
07:    // 建構子 : 使用參數設定成員變數初始值
08:    public Student04(String name, String address, int age) {
09:       this.name = name;              // 設定姓名
10:       this.address = address;        // 設定地址
11:       if ( validAge(age) ) this.age = age; // 設定年齡
12:       else                 this.age = 20;   // 年齡初值
13:    }
14:    // 成員方法 : 顯示學生名牌資料
15:    public void printNameCard() {
16:       System.out.println(" 姓名 : " + name);
17:       System.out.println(" 地址 : " + address);
18:       System.out.println(" 年齡 : " + age);
19:       System.out.println("-------------------");
20:    }
21:    // 成員方法 : 傳回姓名
22:    public String getName(){ return name; }
23:    // 成員方法 : 傳回地址
24:    public String getAddress(){ return address; }
25:    // 成員方法 : 傳回年齡
26:    public int getAge(){ return this.age; }
27:    // 成員方法 : 檢查年齡資料
28:    private boolean validAge(int age) {
29:       if ( age != this.age ) return true;
30:       // 檢查年齡資料是否在範圍內
31:       if ( age < 20 || age > 50 ) return false;
32:       else  return true;   // 合法的年齡資料
33:    }
34: }
35: // 主程式類別
36: public class Ch11_3_2 {
37:    // 主程式
38:    public static void main(String[] args) {
39:       // 宣告 Student04 物件變數且建立物件
40:       Student04 chao = new Student04(" 周傑輪 ",
41:                        " 台中市 ", 27);
42:       Student04 lee = new Student04(" 李小龍 ",
43:                        " 高雄市 ", 26);
44:       chao.printNameCard();  // 顯示學生資料
45:       lee.printNameCard();
46:    }
47: }
```

▶**程式說明**

- 第 8~13 行：Student04 類別的建構子方法，使用 this 關鍵字取得成員變數值。
- 第 28~33 行：成員方法的參數和成員變數同名，所以使用 this 關鍵字區分是不同的 age 變數。

11-4　類別的關聯性

　　類別關聯性（relationships）是指類別之間擁有的合作關係。在這一節筆者主要說明「二元結合關係」（binary association），即兩個類別之間的關聯性和相依關係（dependency）。

　　在 Java 類別宣告的成員變數除了基本資料型態的變數外，也可以使用參考其他物件的物件變數，即成員物件。類別關聯性是使用成員物件來建立與其他類別之間的關係。

11-4-1　類別的結合關係

　　結合關係（associations）是地位相等的兩個類別，一種相互知道另一個類別存在的關係。我們可以將兩個類別視為扮演不同角色。例如：Salesperson 業務員拿到 Order 訂單，所以業務員知道接到的訂單；Order 訂單需要知道是屬於哪一位業務員的業績，如下圖所示：

Salesperson
- salesNo : String - name : String
+ setOrder(myOrder : Order) : void + printSalesperson() : void

Order
- orderNo : String - status : boolean
+ setPerson(myPerson : Salesperson) : void + getNo() : String + printOrder() : void

　　上述 UML 類別圖的結合關係是使用實線連接，在實務上，成員變數並不需列出建立結合關係的物件變數，即參考到其他物件的 itsOrder 和 itsPerson 物件變數。

在 Java 類別實作結合關係是使用成員物件，也就是參考其他物件的物件變數，其類別宣告如下所示：

```
class Salesperson { // Salesperson 類別宣告
   ......
   private Order itsOrder;  // 參考 Order 物件的物件變數
   ......
}
class Order { // Order 類別宣告
   ......
   private Salesperson itsPerson; // 參考 Person 物件的物件變數
   ......
}
```

上述 Salesperson 類別宣告擁有物件變數 itsOrder 參考 Order 物件；反之，Order 類別擁有 itsPerson 物件變數參考 Salesperson 物件。在 UML 類別圖可以指明類別扮演的角色名稱（role name），如下圖所示：

Salesperson		Order
-salesNo:String -name:String	-itsSalesperson　　　　-itsOrder	-orderNo:String -status:boolean
+setOrder(myOrder:Order):void +printSalesperson():void		+setPerson(myPerson:Salesperson):void +getNo():String +printOrder():void

在上述結合關係連接線的兩端分別指出 Order 是 Salesperson 的訂單 itsOrder；Salesperson 是 Order 的業務員 itsPerson。

程式範例　　　　　　　　　　　　　　　　　　　　　　　 **Ch11_4_1.java**

在 Java 程式建立 Salesperson 和 Order 類別，然後建立兩個類別之間的結合關係，以便顯示訂單資料和訂單所屬的業務員資料，如下所示：

```
編號:2011
狀態:false
所屬業務員:
-> 編號:p101
-> 姓名:陳會安
-> 訂單編號:2011
--------------------
```

上述執行結果顯示訂單 2011 的資料和所屬的業務員資料，可以看到業務員 p101 也顯示相同的訂單編號 2011。

▶ 程式內容

```java
01: /* 程式範例：Ch11_4_1.java */
02: class Salesperson {   // Salesperson 類別宣告
03:     private String salesNo;    // 成員變數
04:     private String name;
05:     private Order itsOrder;
06:     // 建構子：使用參數設定成員變數初始值
07:     public Salesperson(String no, String name) {
08:         salesNo = no;            // 業務編號
09:         this.name = name;        // 設定業務姓名
10:     }
11:     // 成員方法：指定所屬訂單
12:     public void setOrder(Order myOrder) {
13:         itsOrder = myOrder;
14:     }
15:     // 成員方法：顯示業務資料
16:     public void printSalesperson() {
17:         System.out.println("-> 編號:" + salesNo);
18:         System.out.println("-> 姓名:" + name);
19:         System.out.println("-> 訂單編號:"+itsOrder.getNo());
20:     }
21: }
22: class Order {   // Order 類別宣告
23:     private String orderNo;   // 成員變數
24:     private boolean status;    // 目前處理狀態
25:     private Salesperson itsPerson;
26:     // 建構子：使用參數設定成員變數初始值
27:     public Order(String no, boolean s) {
28:         orderNo = no;            // 設定編號
29:         status = s;              // 設定狀態
30:     }
31:     // 成員方法：指定所屬業務
32:     public void setPerson(Salesperson myPerson) {
33:         itsPerson = myPerson;
34:     }
35:     // 成員方法：取得訂單編號
36:     public String getNo() { return orderNo; }
37:     // 成員方法：顯示訂單資料
38:     public void printOrder() {
39:         System.out.println(" 編號:" + orderNo);
40:         System.out.println(" 狀態:" + status);
41:         System.out.println(" 所屬業務員: ");
```

```
42:        itsPerson.printSalesperson();
43:        System.out.println("--------------------");
44:    }
45: }
46: // 主程式類別
47: public class Ch11_4_1 {
48:    // 主程式
49:    public static void main(String[] args) {
50:        // 宣告物件變數且建立物件
51:        Salesperson joe = new Salesperson("p101","陳會安");
52:        Order myOrder = new Order("2011", false);
53:        joe.setOrder(myOrder);   // 指定結合關係
54:        myOrder.setPerson(joe);
55:        myOrder.printOrder();    // 顯示訂單資料
56:    }
57: }
```

▶ 程式說明

- 第 2~21 行：Salesperson 類別宣告，包含 3 個宣告成 private 的變數和 2 個方法，setOrder() 方法指定結合關係，printSalesperson() 方法顯示業務員資料，在第 5 行的物件變數 itsOrder 參考 Order 物件。

- 第 22~45 行：Order 類別宣告，包含 3 個宣告成 private 的變數和 3 個方法，setPerson() 方法指定結合關係，getNo() 方法取得訂單編碼，printOrder() 方法顯示訂單資料。在第 25 行的物件變數 itsPerson 參考 Salesperson 物件。

- 第 51~52 行：使用 Salesperson 和 Order 類別宣告物件變數，同時使用 new 運算子建立物件。

- 第 53~54 行：指定結合關係的類別。

- 第 55 行：顯示訂單資料。

11-4-2 可導覽的結合關係

可導覽的結合關係（navigable associations）是一種有方向性的結合關係。若將第 11-4-1 節的結合關係視為雙向結合關係，則可導覽結合關係是一種單方向性的結合關係。在兩個類別之中，只有其中一個類別可以取得另一個類別，反過來並無法存取。

例如：我們只允許從 Customer 客戶類別查詢 MyOrder 訂單資料，就是一種可導覽的結合關係，如下圖所示：

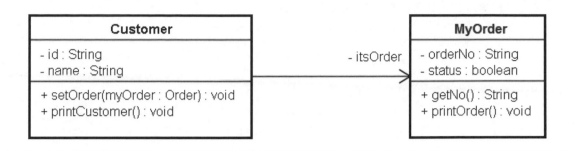

上述類別的結合關係是使用箭頭表示導覽方向。在類別宣告使用物件變數 itsOrder 參考其他物件，其類別宣告如下所示：

```
class Customer { // Customer 類別宣告
    ......
    private MyOrder itsOrder;  // 參考 MyOrder 物件的物件變數
    ......
}
class MyOrder {  // MyOrder 類別宣告
    ......
}
```

程式範例  Ch11_4_2.java

在 Java 程式建立 Customer 和 MyOrder 類別，然後建立 2 個類別之間的可導覽結合關係，可以顯示客戶和所屬的訂單資料，如下所示：

```
ID: A1234
姓名：陳會安
訂單編號：2012
-------------------
-> 編號：2012
-> 狀態：false
```

上述執行結果的上方顯示客戶資料；下方是客戶所屬的訂單資料。

▶ 程式內容

```
01: /* 程式範例：Ch11_4_2.java */
02: class Customer {  // Customer 類別宣告
03:     private String id;  // 成員變數
04:     private String name;
05:     private MyOrder itsOrder;
```

```
06:     // 建構子：使用參數設定成員變數初始值
07:     public Customer(String id, String name) {
08:        this.id = id;             // 設定 ID
09:        this.name = name;          // 設定姓名
10:     }
11:     // 成員方法：指定所屬的訂單
12:     public void setOrder(MyOrder myOrder) {
13:        itsOrder = myOrder;
14:     }
15:     // 成員方法：顯示客戶資料
16:     public void printCustomer() {
17:        System.out.println("ID: " + id);
18:        System.out.println(" 姓名 : " + name);
19:        System.out.println(" 訂單編號 : "+itsOrder.getNo());
20:        System.out.println("--------------------");
21:     }
22: }
23: class MyOrder {    // MyOrder 類別宣告
24:     private String orderNo;  // 成員變數
25:     private boolean status;
26:     // 建構子：使用參數設定成員變數初始值
27:     public MyOrder(String no, boolean s) {
28:        orderNo = no;                // 設定編號
29:        status = s;                  // 設定狀態
30:     }
31:     // 成員方法：取得訂單編號
32:     public String getNo() { return orderNo; }
33:     // 成員方法：顯示訂單資料
34:     public void printOrder() {
35:        System.out.println("-> 編號 : " + orderNo);
36:        System.out.println("-> 狀態 : " + status);
37:     }
38: }
39: // 主程式類別
40: public class Ch11_4_2 {
41:     // 主程式
42:     public static void main(String[] args) {
43:        // 宣告物件變數且建立物件
44:        Customer joe = new Customer("A1234", "陳會安");
45:        MyOrder myOrder = new MyOrder("2012", false);
46:        joe.setOrder(myOrder);   // 指定結合關係
47:        joe.printCustomer();      // 顯示客戶和訂單資料
48:        myOrder.printOrder();
49:     }
50: }
```

▶ **程式說明**

- 第 2~22 行：Customer 類別宣告，包含 3 個宣告成 private 的變數和 2 個方法，setOrder() 方法指定結合關係，printCustomer() 方法顯示客戶資料。在第 5 行的物件變數 itsOrder 參考 MyOrder 物件。
- 第 23~38 行：MyOrder 類別宣告，包含 2 個宣告成 private 的變數和 2 個方法，getNo() 方法取得訂單編碼，printOrder() 方法顯示訂單資料。
- 第 44~45 行：使用 Customer 和 MyOrder 類別宣告物件變數，同時使用 new 運算子建立物件。
- 第 46 行：指定單方向的可導覽結合關係的類別。
- 第 47~48 行：顯示客戶與訂單資料。

11-4-3 一對多的類別關聯性

一對多的類別關聯性是在結合關係上指定一邊的多重性（multiplicity）為 1，另一邊為 1..n 或 0..n，此時的結合關係是 1 個類別對多個類別。常見的範例有：公司擁有多位員工、訂單擁有多個項目，和老師擁有多位學生等類別關聯性。

例如：Order01 訂單擁有 0~5 個 OrderItem 訂單項目的購買商品，此種類別關聯性就是一對多的類別關聯性，如下圖所示：

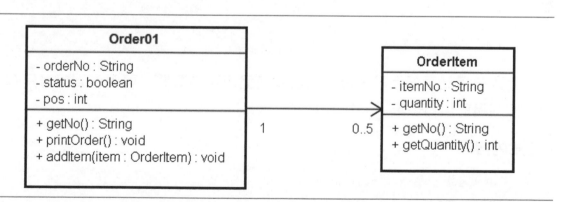

上述類別的結合關係是使用箭頭標示導覽方向，在連接線上方的多重性表示個數，1 表示 1 個類別，4 表示 4 個，0..5 表示 0 到 5 個，1..5 是 1 到 5 個，「*」星號表示無限個，如果使用 0..* 表示 0 到無限個。

Java 類別實作一對多關聯性可以使用物件陣列實作關聯性，其類別宣告如下所示：

```
class Order01 { // Order01 類別宣告
    ……
    // 建立物件陣列
    private OrderItem[] itsItem = new OrderItem[5];
    // 將 OrderItem 物件新增至物件陣列
    public void addItem(OrderItem item) {   }
    ……
}
class OrderItem { // OrderItem 類別宣告
    ……
}
```

上述 Order 類別擁有物件陣列 itsItem[]，元素數是 5 個，addItem() 方法可以將 OrderItem 物件新增到 itsItem[] 物件陣列。

程式範例

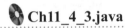 **Ch11_4_3.java**

在 Java 程式宣告 Order01 和 OrderItem 類別後，建立兩個類別間一對多的結合關係，可以顯示訂單資料和訂購商品的詳細資料，如下所示：

```
訂單編號：order001
訂單狀態：false
編號    數量
n001    5
n002    6
n003    8
```

上述執行結果顯示訂單資料和訂購商品項目的清單，可以看到訂單只有一筆，但商品項目有多筆。

▶ 程式內容

```
01: /* 程式範例：Ch11_4_3.java */
02: class Order01 {    // Order01 類別宣告
03:     private String orderNo;  // 成員變數
04:     private boolean status;
05:     private int pos;
06:     private OrderItem[] itsItem = new OrderItem[5];
07:     // 建構子：使用參數設定成員變數初始值
08:     public Order01(String no, boolean s) {
09:         orderNo = no;              // 設定編號
```

```
10:        status = s;              // 設定狀態
11:        pos = 0;                 // 索引初值
12:    }
13:    // 成員方法：新增訂單項目
14:    public void addItem(OrderItem item) {
15:        itsItem[pos] = item;
16:        pos++;
17:    }
18:    // 成員方法：取得訂單編號
19:    public String getNo() { return orderNo; }
20:    // 成員方法：顯示訂單資料
21:    public void printOrder() {
22:        System.out.println("訂單編號：" + orderNo);
23:        System.out.println("訂單狀態：" + status);
24:        // 顯示訂單項目
25:        System.out.println("編號 \t 數量");
26:        for ( int i = 0 ; i < pos; i++ )
27:            System.out.println(itsItem[i].getNo()
28:                    + "\t" + itsItem[i].getQuantity());
29:    }
30: }
31: class OrderItem { // OrderItem類別宣告
32:    private String itemNo;   // 成員變數
33:    private int quantity;
34:    // 建構子：使用參數設定成員變數初始值
35:    public OrderItem(String no, int quantity) {
36:        itemNo = no;                  // 設定項目編號
37:        this.quantity = quantity;     // 設定數量
38:    }
39:    // 成員方法：傳回編號
40:    public String getNo() { return itemNo; }
41:    // 成員方法：傳回數量
42:    public int getQuantity() { return quantity; }
43: }
44: // 主程式類別
45: public class Ch11_4_3 {
46:    // 主程式
47:    public static void main(String[] args) {
48:        // 宣告物件變數且建立物件
49:        Order01 myOrder = new Order01("order001", false);
50:        OrderItem item1 = new OrderItem("n001", 5);
51:        OrderItem item2 = new OrderItem("n002", 6);
52:        OrderItem item3 = new OrderItem("n003", 8);
53:        myOrder.addItem(item1);  // 新增訂單的項目
54:        myOrder.addItem(item2);
55:        myOrder.addItem(item3);
56:        myOrder.printOrder();    // 顯示訂單資料
57:    }
58: }
```

▶ **程式說明**

- 第 2~30 行：Order01 類別宣告，包含 4 個宣告成 private 的變數，在第 6 行是物件陣列 itsItem[]，可以參考多個 OrderItem 物件。addItem() 方法可以新增 OrderItem 物件，getNo() 方法取得訂單編號，printOrder() 方法顯示訂單資料。

- 第 14~17 行：addItem() 方法使用 pos 成員變數記錄下一個可儲存物件的索引值，第 15 行新增 OrderItem 物件，第 16 行將索引值加 1。

- 第 31~43 行：OrderItem 類別宣告，包含 2 個宣告成 private 的變數和 2 個存取方法。

- 第 49~52 行：建立一個 Order01 物件和 3 個 OrderItem 物件。

- 第 53~55 行：新增訂單的購買項目，即 OrderItem 物件。

- 第 56 行：顯示訂單資料。

11-4-4 類別的相依關係

類別的相依關係（dependency）是指類別的設計與實作需要依賴其他類別，這是一種非常弱的結合關係。當類別是相依其他類別時，其他類別的更改將會影響到第 1 個類別。例如：Client 類別的方法參數或傳回值是使用 Server 類別的物件，如下圖所示：

上述圖例使用箭頭虛線表示相依關係，Server 類別不是 Client 類別的成員物件，只是在 Client 類別的成員方法 getX() 和 getY() 使用 Server 物件作為參數。

所以，當 Server 類別更改時，Client 類別也需要跟著修改，Server 類別稱為「獨立類別」（independent class）；Client 類別稱為「相依類別」（dependent class）。

在 Java 程式使用的 String 物件就是 java.lang.String 類別的物件，所以類別使用 String 物件作為方法參數或傳回值時，類別與 String 物件就擁有相依關係。例如：第 11-4-3 節的 UML 類別圖，如下圖所示：

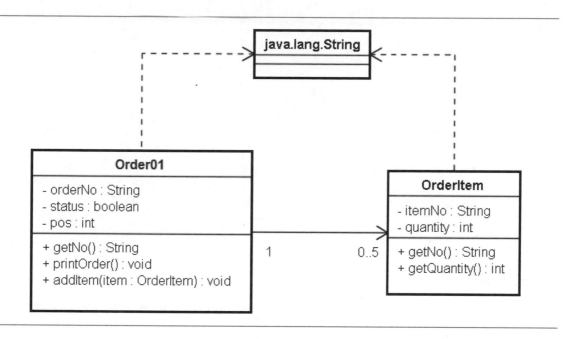

上述圖例 Order01 和 OrderItem 類別的 getNo() 方法，其傳回值是 String 物件，這兩個類別都與 String 類別擁有相依關係。

程式範例  **Ch11_4_4.java**

在 Java 程式建立 Client 和 Server 類別，這兩個類別之間擁有相依關係，如下所示：

```
x= 150
y= 120
```

上述執行結果顯示 Server 物件的成員變數 x 和 y 的值。

▶ 程式內容

```
01: /* 程式範例：Ch11_4_4.java */
02: class Server {    // Server 類別宣告
03:    // 成員變數
04:    public int x = 150;
05:    public int y = 120;
```

```
06: }
07: class Client { // Client 類別宣告
08:     // 成員方法：傳回值
09:     public int getX(Server s) { return s.x; }
10:     public int getY(Server s) { return s.y; }
11: }
12: // 主程式類別
13: public class Ch11_4_4 {
14:     // 主程式
15:     public static void main(String[] args) {
16:         // 宣告物件變數且建立物件
17:         Server server = new Server();
18:         Client client = new Client();
19:         // 顯示變數值
20:         System.out.println("x= " + client.getX(server));
21:         System.out.println("y= " + client.getY(server));
22:     }
23: }
```

▶ **程式說明**

- 第 2~6 行：Server 類別宣告，包含宣告成 public 的變數 x 和 y，其初值分別是 150 和 120。
- 第 7~11 行：Client 類別宣告，擁有 getX() 和 getY() 方法取得參數 Server 物件的成員變數值。
- 第 17~18 行：建立 Server 和 Client 物件。
- 第 20~21 行：顯示 Server 物件的成員變數 x 和 y 的值。

11-5 結合類別

「結合類別」（association class）是一種使用在類別結合關係的中間類別，通常是使用在多對一（many-to-one）或多對多（many-to-many）的結合關係。

例如：一個多對多的結合關係，Order02 訂單擁有很多 Book 的購買圖書，反過來，很多圖書屬於不同訂單，如下圖所示：

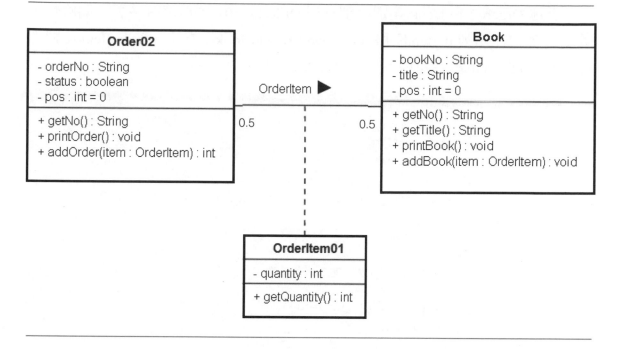

　　上述圖例的 OrderItem01 類別是結合類別，使用虛線連接至上方 Order02 和
Book 類別的結合關係，在結合類別的正上方是結合名稱（association name）。

　　因為多對多相當於兩個多對一，在 Java 程式可以使用物件陣列來實作關聯
性，其類別宣告如下所示：

```java
class Order02 { // Order02 類別宣告
   ......
   // 建立物件陣列
   private OrderItem01[] itsItem = new OrderItem01[5];
   // 將 OrderItem01 物件新增至物件陣列
   public void addOrder(OrderItem01 item) {    }
   ......
}
class Book { // Book 類別宣告
   ......
   // 建立物件陣列
   private OrderItem01[] itsItem = new OrderItem01[5];
   // 將 OrderItem01 物件新增至物件陣列
   public void addBook(OrderItem01 item) {    }
   ......
}
```

上述 Order02 和 Book 類別分別針對 OrderItem01 類別擁有多對一關聯性，所以包含物件陣列 itsItem[] 和 addOrder() 和 addBook() 方法。OrderItem01 類別是多對多關聯性的結合類別，其類別宣告如下所示：

```
class OrderItem01 {  // OrderItem01 類別宣告
   ......
   public Order02 myOrder;
   public Book myBook;
   // 建構子
   public OrderItem01(int quantity,Order02 order,Book book) {
      ......
      myOrder = order;
      myBook = book;
      // 呼叫 addOrder() 方法建立結合關係
      order.addOrder(this);
      // 呼叫 addBook() 方法建立結合關係
      book.addBook(this);
   }
   ......
}
```

上述結合類別擁有物件變數 myOrder 和 myBook，分別建立 Order02 和 Book 類別的一對多結合關係，在建構子呼叫 addOrder() 和 addBook() 方法來建立結合關係。

程式範例 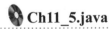 **Ch11_5.java**

在 Java 程式使用 OrderItem01 結合類別，建立 Order02 和 Book 類別的多對多結合關係。因為是多對多，所以可以顯示訂單擁有的圖書清單，或從圖書得知哪些訂單訂購此圖書，如下所示：

```
訂單編號：order001
訂單狀態：false
書號      書名            數量
b001    Java 程式設計  4
b002    C/C++ 程式設計 6
------------------
訂單編號：order002
訂單狀態：false
```

```
書號    書名            數量
b003    PHP 網頁設計    8
b002    C/C++ 程式設計 5
-------------------
書號：b002
書名：C/C++ 程式設計
訂單編號        數量
order001        6
order002        5
-------------------
書號：b003
書名：PHP 網頁設計
訂單編號        數量
order002        8
-------------------
```

上述執行結果上方顯示訂單 order001 和 order002 的狀態和購買的圖書清單；下方反過來，顯示圖書 b002 和 b003 屬於哪些訂單。

▶ 程式內容

```java
01: /* 程式範例：Ch11_5.java */
02: class Order02 {     // Order02 類別宣告
03:     private String orderNo;   // 成員變數
04:     private boolean status;
05:     private int pos = 0;
06:     private OrderItem01[] itsItem = new OrderItem01[5];
07:     // 建構子：使用參數設定成員變數初始值
08:     public Order02(String no, boolean s) {
09:         orderNo = no;   status = s;
10:     }
11:     // 成員方法：新增至訂單項目
12:     public void addOrder(OrderItem01 item) {
13:         itsItem[pos] = item;   pos++;
14:     }
15:     // 成員方法：取得訂單編號
16:     public String getNo() { return orderNo; }
17:     // 成員方法：顯示訂單資料
18:     public void printOrder() {
19:         OrderItem temp;
20:         System.out.println("訂單編號：" + orderNo);
21:         System.out.println("訂單狀態：" + status);
22:         // 顯示訂單項目
23:         System.out.println("書號 \t 書名 \t\t 數量 ");
24:         for ( int i = 0 ; i < pos; i++ )
```

```
25:                System.out.println(itsItem[i].myBook.getNo()
26:                    + "\t" + itsItem[i].myBook.getTitle()
27:                    + "\t" + itsItem[i].getQuantity());
28:    }
29: }
30: class OrderItem01 {   // OrderItem01類別宣告，結合類別
31:    private int quantity;   // 成員變數
32:    public Order02 myOrder;
33:    public Book myBook;
34:    // 建構子：使用參數設定成員資料初始值
35:    public OrderItem(int quantity,Order02 order,Book book) {
36:        this.quantity = quantity;     // 設定數量
37:        myOrder = order;                // 建立結合關係
38:        myBook = book;
39:        order.addOrder(this); // Order 一對多 OrderItem
40:        book.addBook(this);    // Book 一對多 OrderItem
41:    }
42:    // 成員方法：傳回數量
43:    public int getQuantity() { return quantity; }
44: }
45: class Book {   // Book類別宣告
46:    private String bookNo;   // 成員變數
47:    private String title;
48:    private int pos = 0;
49:    private OrderItem01[] itsItem = new OrderItem01[5];
50:    // 建構子：使用參數設定成員變數初始值
51:    public Book(String no, String title) {
52:        bookNo = no; this.title = title;
53:    }
54:    // 成員方法：新增至訂單項目
55:    public void addBook(OrderItem01 item) {
56:        itsItem[pos] = item;  pos++;
57:    }
58:    // 成員方法：取得書號
59:    public String getNo()  { return bookNo; }
60:    // 成員方法：取得書名
61:    public String getTitle()  { return title; }
62:    // 成員方法：顯示圖書銷售資料
63:    public void printBook() {
64:        OrderItem temp;
65:        System.out.println("書號: " + bookNo);
66:        System.out.println("書名: " + title);
67:        // 顯示訂單項目
68:        System.out.println("訂單編號\t數量");
69:        for ( int i = 0 ; i < pos; i++ )
70:            System.out.println(itsItem[i].myOrder.getNo()
71:                + "\t" + itsItem[i].getQuantity());
```

```
72:    }
73: }
74: // 主程式類別
75: public class Ch11_5 {
76:    // 主程式
77:    public static void main(String[] args) {
78:        // 宣告物件變數且建立物件
79:        Order02 order1 = new Order02("order001", false);
80:        Order02 order2 = new Order02("order002", false);
81:        Book book1 = new Book("b001", "Java 程式設計");
82:        Book book2 = new Book("b002", "C/C++ 程式設計");
83:        Book book3 = new Book("b003", "PHP 網頁設計");
84:        // 新增訂單的項目
85:        OrderItem01 item1 = new OrderItem01(4, order1, book1);
86:        OrderItem01 item2 = new OrderItem01(6, order1, book2);
87:        OrderItem01 item3 = new OrderItem01(8, order2, book3);
88:        OrderItem01 item4 = new OrderItem01(5, order2, book2);
89:        order1.printOrder();  // 顯示訂單資料
90:        System.out.println("-------------------");
91:        order2.printOrder();
92:        System.out.println("-------------------");
93:        book2.printBook();
94:        System.out.println("-------------------");
95:        book3.printBook();
96:        System.out.println("-------------------");
97:    }
98: }
```

▶ 程式說明

- 第 2~29 行：Order02 類別宣告，在第 6 行是物件陣列 itsItem[]，參考 OrderItem01 物件，第 12~14 行的 addOrder() 方法存入物件陣列。

- 第 30~44 行：OrderItem01 結合類別宣告，在第 32~33 行的物件變數分別參考 Order02 和 Book 物件。

- 第 45~73 行：Book 類別宣告，在第 49 行是物件陣列 itsItem[]，參考 OrderItem01 物件，第 55~57 行的 addBook() 方法將物件存入物件陣列。

- 第 79~83 行：建立 2 個 Order02 和 3 個 Book 物件。

- 第 85~88 行：建立 4 個 OrderItem01 物件。

- 第 89 和 91 行：顯示 2 張訂單資料和其圖書清單。

- 第 93 和 95 行：顯示 2 本圖書資料和所屬的訂單清單。

11-6 在物件使用類別變數與方法

　　類別宣告如果有宣告成 static 的類別變數和方法，在建立物件時，並不會替每一個物件建立類別的變數和方法，只有不是宣告成 static 的部分才是物件藍圖。

　　類別變數和方法是屬於類別，並不是類別建立的物件，所有物件都是使用同一份類別變數和呼叫同一類別方法。例如：Student05 類別擁有類別變數 teacherNo、count 和類別方法 getStudentCount()，其宣告如下所示：

```
class Student05 { // Student05 類別宣告
    // 類別變數
    public static String teacherNo = "T100";
    private static int count = 0;
    .........
    // 類別方法
    public static int getStudentCount() {
        return count;
    }
    .........
}
```

　　上述類別變數 teacherNo 和 count 記錄指導老師編號和共有多少位學生，類別方法可以傳回學生人數。不論使用 Student05 類別建立多少個 Student05 學生物件，類別變數如同共享變數，類別和所有物件都可以呼叫同一getStudentCount() 方法取得目前的學生數。

說明

　　請注意！在類別方法中只能存取類別變數和方法，並不能存取物件實例的變數和呼叫實例方法，以此例 getStudentCount() 方法可以存取類別變數 count，但不能存取成員變數 stdno、test1、test2 和 test3，也不能呼叫 printStudent() 和 getAverage() 成員方法。

　　在 UML 類別圖的「類別範圍」（class scope）屬性或方法需要加上底線，Student05 類別圖示如下圖所示：

```
                        Student05
   + teacherNo : String = "T100"
   - count : int = 0
   - stdno : int
   - test1 : double
   - test2 : double
   - test3 : double

   + getStudentCount() : int
   - getAverage() : double
   + printStudent() : void
```

程式範例

 **Ch11_6.java**

在 Java 程式建立 Student05 類別，擁有學生學號和成績的成員變數，因為學生人數和指導老師編號是分享資料，所以宣告類別變數來儲存此資料和類別方法，如下所示：

```
老師編號 (Student05): T100
=== 學生資料 ==============
學生學號　: 1
學生成績(1) : 68.0
學生成績(2) : 88.0
學生成績(3) : 56.0
成績平均　: 70.66666666666667
=== 學生資料 ==============
學生學號　: 2
學生成績(1) : 75.0
學生成績(2) : 46.0
學生成績(3) : 90.0
成績平均　: 70.33333333333333
學生人數 (std1): 2
學生人數 (std2): 2
學生人數 (Student05): 2
老師編號 (std1): T102
老師編號 (std2): T102
老師編號 (Student05): T102
```

上述執行結果顯示老師編號的類別變數 teacherNo，在顯示 2 位學生資料後，分別使用 Student05 類別、std1 和 std2 物件呼叫 getStudentCount() 方法顯示學生人數。

因為 teacherNo 是宣告成 public，所以最後使用物件和類別直接修改其值，和顯示修改後的值。

▶ 程式內容

```
01: /* 程式範例：Ch11_6.java */
02: class Student05 {    // Student05 類別宣告
03:     // 類別變數：老師編號
04:     public static String teacherNo = "T100";
05:     // 類別變數：學生人數
06:     private static int count = 0;
07:     private int stdno;
08:     private double test1, test2, test3;
09:     // 建構子：使用參數設定初始值
10:     public Student05(int no,double t1,double t2,double t3) {
11:         stdno = no;
12:         this.test1 = t1;   // 設定成績
13:         this.test2 = t2;
14:         this.test3 = t3;
15:         count++;           // 學生人數加一
16:     }
17:     // 類別方法：傳回學生的個數
18:     public static int getStudentCount() { return count; }
19:     // 成員方法：計算平均
20:     private double getAverage() {
21:         return (test1 + test2 + test3) / 3;
22:     }
23:     // 成員方法：顯示學生資料
24:     public void printStudent() {
25:         // 顯示學生的基本和成績資料
26:         System.out.println("=== 學生資料 =============== ");
27:         System.out.println("學生學號 : " + stdno);
28:         System.out.println("學生成績 (1) : " + test1);
29:         System.out.println("學生成績 (2) : " + test2);
30:         System.out.println("學生成績 (3) : " + test3);
31:         System.out.println("成績平均 : " + getAverage());
32:     }
33: }
34: // 主程式類別
35: public class Ch11_6 {
36:     // 主程式
37:     public static void main(String[] args) {
38:         // 宣告 Student05 類別型態的變數，並且建立物件
39:         Student05 std1 = new Student05(1, 68.0, 88.0, 56.0);
40:         Student05 std2 = new Student05(2, 75.0, 46.0, 90.0);
41:         System.out.println(" 老師編號 (Student): " +
```

```
42:                          Student05.teacherNo);
43:      // 呼叫物件的方法
44:      std1.printStudent();
45:      std2.printStudent();
46:      // 顯示學生人數
47:      System.out.println("學生人數(std1): " +
48:                          std1.getStudentCount());
49:      System.out.println("學生人數(std2): " +
50:                          std2.getStudentCount());
51:      System.out.println("學生人數(Student05): " +
52:                          Student05.getStudentCount());
53:      Student05.teacherNo = "T101";    // 更新老師編號
54:      std1.teacherNo = "T102";
55:      // 顯示老師編號
56:      System.out.println("老師編號(std1): " +
57:                          std1.teacherNo);
58:      System.out.println("老師編號(std2): " +
59:                          std2.teacherNo);
60:      System.out.println("老師編號(Student): " +
61:                          Student05.teacherNo);
62:   }
63: }
```

▶ 程式說明

* 第 2~33 行：Student05 類別宣告，在第 4 和 6 行是類別變數 teacherNo 和 count，其中，teacherNo 宣告成 public，初值為 "T100"；count 初值是 0。

* 第 10~16 行：Student05 類別的建構子，在第 15 行將學生計數的類別變數 count 加一，以記錄學生人數。

* 第 18 行：getStudentCount() 類別方法可以傳回類別變數 count 的值。

* 第 39~40 行：建立 Student05 物件 std1 和 std2。

* 第 41~42 行：顯示類別變數 teacherNo 的初值。

* 第 47~52 行： 分 別 使 用 std1、std2 和 Student05 呼 叫 類 別 方 法 getStudentCount() 顯示學生人數。

* 第 53~54 行：使用 Student05 和 std1 更改類別變數 teacherNo 的值。

* 第 56~61 行：分別使用 std1、std2 和 Student05 顯示類別變數 teacherNo 的值。

　　Java 程式 Ch11_6.java 建立的 UML 類別和物件圖，如下圖所示：

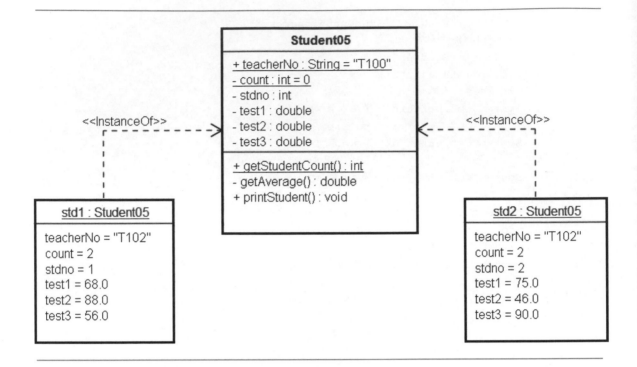

　　上述圖例的虛線表示相依關係（dependency），使用模板型態（stereotype）<<InstanceOf>> 表示是建立物件的相依關係。

　　Student05 類別在建立 std1 和 std2 物件時，類別變數並不會重複建立，只有實例變數會重複建立。事實上，兩個物件存取的類別變數都是相同的類別變數，所以類別變數值完全相同。

學習評量

11-1　物件導向程式語言

1. 請問支援物件的程式語言可以分為：＿＿＿＿＿＿ 和 ＿＿＿＿＿＿ 兩種程式語言。

2. 請說明物件導向程式語言的三種特性？

11-2　Java 的類別與物件

3. 請舉例說明物件與類別之間的關係？

4. 成員變數或方法如果只能在類別本身呼叫或存取是使用 ＿＿＿＿＿ 修飾子來宣告，如果是對外的使用介面是 ＿＿＿＿＿ 修飾子。

5. 請使用 Java 語言寫出 Box 類別宣告的盒子物件，可以計算盒子體積與面積，並且繪出 Box 類別的 UML 類別圖，如下所示：

   • 成員變數：width、height 和 length 儲存寬、高和長。

   • 成員方法與建構子：建構子 Box()、volume() 計算體積、area() 計算面積。

6. 請建立 Java 程式宣告 Time 類別儲存時間資料，這個類別擁有：

   • 成員變數：hour、minute 和 second 儲存小時、分和秒的資料。

   • 成員方法與建構子：建構子 Time()、設定 setXXX() 和取出 getXXX() 時間資料的方法，最後建立 printTime() 方法顯示時間資料，validateTime() 方法可以檢查時間資料。

7. 請依照下列 UML 類別圖新增專案來撰寫 Java 程式碼，並且將書架上的 3 本電腦書建立成 Book 物件，最後顯示每本圖書的資料和平均書價，如下圖所示：

學習評量

Book
- totalPrice : double = 0.0 - bookCounter : int = 0 - code : String - title : String - author : String - price : double
+ <<constructor>> Book(c : String, t : String, a : String, p : double) + printBook() : void + average() : double

11-3 類別的建構子

8. 請問什麼是物件壽命？Test 類別的建構子方法名稱是 ＿＿＿＿＿＿＿。

9. 請簡單說明建構子的目的和用途？其特點為何？

10. 請問 Java 語言 this 關鍵字的用途？並且舉例來說明？

11-4 類別的關聯性

11. 請說明什麼是結合關係、可導覽結合關係和相依關係？

12. 如果一家公司擁有多位員工，這是一種 ＿＿＿＿＿ 類別關聯性。

13. 請建立 Java 程式的可導覽結合關係，在名片資料的 Card 類別擁有指向 PhoneList 類別的成員物件，Card 類別擁有：

    • 成員變數：name、age、phone 和 email 儲存姓名、年齡、電話和電子郵件資料，phone 變數是參考另一 PhoneList 物件。

    • 成員方法：printCard() 方法顯示名片資料。

    PhoneList 類別擁有成員變數：homephone、officephone 和 cellphone 儲存住家、公司和手機電話，最後請繪出 UML 類別圖。

14. 請依照下列 UML 類別圖寫出 Java 程式，然後顯示公司資料和員工清單，如下圖所示：

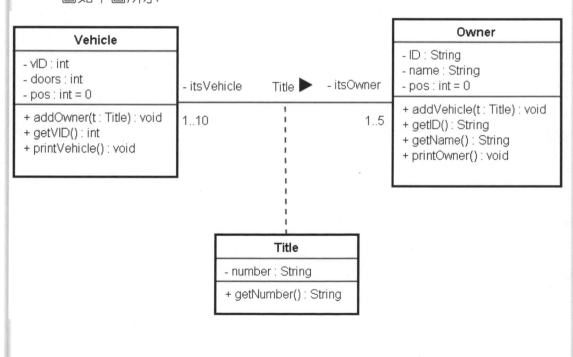

11-5 結合類別

15. 請舉例說明什麼是結合類別，其用途為何？

16. 如果一位擁有者（Owner）擁有多輛車（Vehicle），而且一輛車可以登記給多位擁有者，這是一種 _____ 的結合關係。

17. 請使用結合類別的牌照（Title）實作此關聯性的 Java 程式，UML 類別圖如下圖所示：

學習評量

11-6 在物件使用類別變數與方法

18. 請說明實例變數與方法和類別變數與方法的差異在哪裡？

19. 請修改第 11-2-3 節的 Java 程式範例，將 validAge() 方法改為類別方法，然後重繪 Student 的 UML 類別圖。

20. 在第 11-6 節使用類別變數儲存學生計數，請建立 Counter 的計數類別，並且修改 Ch11_6.java 使用 Counter 類別記錄學生數。Counter 類別擁有：

 • 成員變數：value 儲存計數值。

 • 成員方法：increment() 和 decrement() 分別將計數加一和減一，getCounter() 方法取得目前的計數。

Chapter

12

繼承、介面與抽象類別

12-1 類別的繼承

「繼承」（inheritance）是物件導向程式設計的重要觀念，繼承是宣告類別繼承現存類別的部分或全部的成員變數和方法、新增額外成員變數和方法，或覆寫和隱藏繼承類別的方法或變數。

說明

本章 Java 程式範例是位在「Ch12」目錄 IntelliJ IDEA 的 Java 專案，請啟動 IntelliJ IDEA，開啟位在「Java8\Ch12」目錄的專案，就可以測試執行本章的 Java 程式範例。

請注意！因為 IntelliJ IDEA 同一專案的 Java 類別不允許同名，所以本章同名類別會加上字尾編號來區分，例如：Circle01~03。

12-1-1 類別架構

類別的繼承關係可以讓我們建立類別架構。在 UML 類別關聯性中，繼承稱為一般關係（generalization）。例如：類別 Student 是繼承自類別 Person，其類別架構如下圖所示：

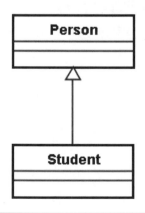

上述 Person 類別是 Student 類別的父類別，反之，Student 類別是 Person 類別的子類別。UML 類別圖的繼承是使用空心的箭頭線來標示兩個類別之間的一般關係。

　　繼承不只可以多個子類別繼承同一個父類別，還可以擁有很多層的繼承，如下圖所示：

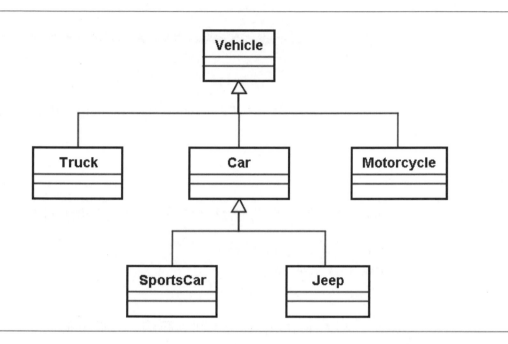

　　上述 Truck、Car 和 Motorcycle 類別是兄弟類別，因為擁有相同的 Vehicle 父類別。當然，我們可以繼續繼承類別 Car，類別 SportsCar 和 Jeep 也是類別 Vehicle 的子類別，不過不是直接繼承的子類別。

說明

　　Java 類別都是繼承自 Object 祖宗類別，Object 是在 java.lang 套件定義的類別（詳細的套件說明請參閱第 15 章），所以，Java 程式碼宣告的類別都是 Object 類別的子類別。

12-1-2　類別的繼承

　　在 Java 宣告繼承的子類別前，我們需要先有一個父類別來繼承。例如：父類別 Person 定義個人基本資料，類別宣告如下所示：

```
class Person {  // 宣告 Person 父類別
   private int id; // 成員變數
   private String name;
```

```
    private double height;
    // 成員方法
    public void setID(int id) {     }
    public void setName(String n) {     }
    public void setHeight(double h) {     }
    public void personInfo() {     }
}
```

上述 Person 類別擁有身分字號 id、姓名 name 和身高 height 的成員變數和存取的成員方法。

繼承語法

Java 是使用 extends 關鍵字宣告類別繼承存在的類別，其語法如下所示：

```
class 子類別名稱 extends 父類別名稱 {
    …… // 額外的成員變數和方法
}
```

上述語法表示擴充父類別的原型宣告。回到範例，人們依據職業分成很多種類：學生（Student）、老師（Teacher）和業務員（Salesperson）等，以學生 Student 子類別的宣告為例，其類別宣告如下所示：

```
class Student extends Person {   // 宣告 Student 子類別
    private int score; // 新增的成員變數
    // 建構子
    public Student(int id,String n,double h,
                      int score) {     }
    // 新增的成員方法
    public void studentInfo() {     }
}
```

上述 Student 子類別是繼承自 Person 父類別，新增成員變數 score 儲存學生成績和成員方法 studentInfo() 顯示學生資料。UML 類別圖如下圖所示：

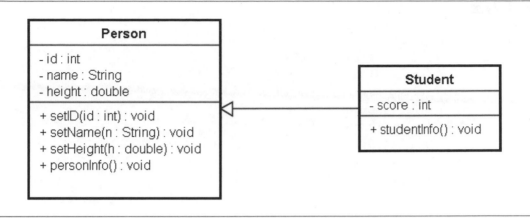

繼承的存取限制

子類別可以繼承父類別的所有成員變數和方法，但是存取時仍然有一些限制，如下所示：

▶ 子類別不能存取父類別宣告成 private 的成員變數和方法。

▶ 父類別的建構子不屬於類別成員，所以子類別不能繼承父類別的建構子，只能呼叫父類別的建構子，詳見＜第 12-1-5 節：使用父類別的建構子＞。

程式範例　　　　　　　　　　　　　　　　　Ch12_1_2.java

在 Java 程式建立 Person 類別後，建立 Student 類別繼承 Person 類別，新增 score 成員變數後，將學生資料都顯示出來，如下所示：

```
[ 學生資料 ]=====
字號：1234
姓名：陳會安
身高：175.0
成績：85
[ 學生資料 ]=====
字號：3456
姓名：江小魚
身高：158.0
成績：65
```

上述執行結果顯示兩位學生資料，這是 Student 類別建立的物件，字號、姓名和身高是繼承自 Person 父類別，成績是新增的成員變數。

▶ 程式內容

```
01: /* 程式範例: Ch12_1_2.java */
02: class Person {   // Person 類別宣告
03:     private int id;          // 身分字號
04:     private String name;     // 姓名
05:     private double height;   // 身高
06:     // 成員方法: 設定身分字號
07:     public void setID(int id) { this.id = id; }
08:     // 成員方法: 設定姓名
09:     public void setName(String n) { name = n; }
10:     // 成員方法: 設定身高
11:     public void setHeight(double h) { height = h; }
12:     // 成員方法: 顯示個人資料
13:     public void personInfo() {
14:         System.out.println("字號: " + id);
15:         System.out.println("姓名: " + name);
16:         System.out.println("身高: " + height);
17:     }
18: }
19: class Student extends Person {   // Student 類別宣告
20:     private int score;       // 成績
21:     // 建構子
22:     public Student(int id,String n,double h, int score) {
23:         setID(id);           // 呼叫父類別的成員方法
24:         setName(n);
25:         setHeight(h);
26:         this.score = score;
27:     }
28:     // 成員方法: 顯示學生資料
29:     public void studentInfo() {
30:         System.out.println("[學生資料]=====");
31:         personInfo();        // 呼叫父類別的成員方法
32:         System.out.println("成績: " + score);
33:     }
34: }
35: // 主程式類別
36: public class Ch12_1_2 {
37:     // 主程式
38:     public static void main(String[] args) {
39:         // 宣告 Student 類別型態的變數, 並且建立物件
40:         Student joe = new Student(1234,"陳會安",175.0,85);
41:         Student jane = new Student(3456,"江小魚",150.0,65);
42:         // 更改身高 - 呼叫繼承的方法
43:         jane.setHeight(158.0);
44:         // 顯示學生資料
45:         joe.studentInfo();
```

```
46:        jane.studentInfo();
47:    }
48: }
```

▶ 程式說明

- 第 2~18 行：Person 類別宣告，包含 3 個變數和 4 個方法。
- 第 19~34 行：Student 類別的建構子，因為 Person 類別的成員變數是宣告成 private，所以不能直接在子類別存取，第 23~25 行是呼叫父類別的成員方法來指定父類別的成員變數值。
- 第 31 行：父類別的 personInfo() 方法宣告成 public，所以在子類別可以直接呼叫此方法。
- 第 40~41 行：使用 Student 類別建立 joe 和 jane 物件。
- 第 43 行：呼叫繼承的 setHeight() 方法更改物件的成員變數值。
- 第 45~46 行：分別呼叫 studentInfo() 方法顯示學生資料。

12-1-3　覆寫和隱藏父類別的方法

　　如果繼承的父類別方法不符合需求，在子類別可以宣告同名、同參數列和傳回值的方法來取代從父類別繼承的方法，稱為「覆寫」（override），或稱為覆蓋。

　　請注意！物件的實例方法不能取代宣告成 static 的類別方法。如果父類別擁有類別方法，在子類別需要宣告同樣的類別方法來取代它，稱為「隱藏」（hide）。

☞ 覆寫和隱藏的差異

　　Java 語言覆寫和隱藏方法的差異，如下表所示：

	父類別的實例方法	父類別的類別方法
子類別的實例方法	覆寫	編譯錯誤
子類別的類別方法	編譯錯誤	隱藏

覆寫和隱藏方法的範例

筆者準備修改上一節範例，建立 Person01 和 Student02 來說明覆寫和隱藏，在父類別 Person01 擁有類別方法和成員方法需要被子類別隱藏和覆寫，其類別宣告如下所示：

```
class Person01 {   // 父類別宣告
   ......
   // 準備隱藏的類別方法
   public static void printClassName() { … }
   ......
   // 準備覆寫的成員方法
   public void personInfo() { … }
}
```

上述 Person01 父類別擁有 printClassName() 類別方法和 personInfo() 成員方法。子類別 Student01 繼承自父類別 Person01，其類別宣告如下所示：

```
class Student01 extends Person01 {   // 子類別宣告
   ......
   // 隱藏父類別的類別方法
   public static void printClassName() { … }
   ......
   // 覆寫父類別的成員方法
   public void personInfo() { … }
}
```

上述子類別擁有與父類別相同名稱的類別和成員方法。當 Java 程式呼叫 Student01 物件的實例和類別方法時，呼叫的是子類別 Student01 的方法，不是父類別 Person01 的方法。在 UML 類別圖示不會特別標示覆寫方法，如下圖所示：

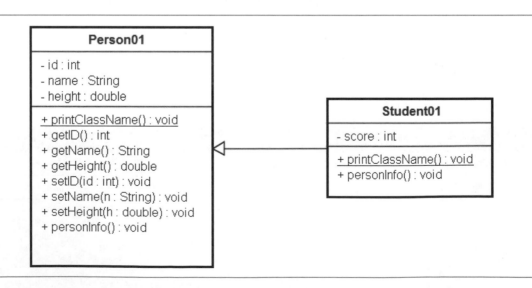

在上述類別架構可以看出在父類別和子類別圖示都擁有同名的類別和成員方法。

程式範例　Ch12_1_3.java

這 個 Java 程 式 是 修 改 Ch12_1_2.java 建 立 父 類 別 Person01 和 子 類 別 Student01 的宣告，在子類別將父類別的方法覆寫和隱藏，如下所示：

```
類別名稱：Student01
[學生資料]=====
字號：2234
姓名：張無忌
身高：185.0
成績：55
```

上述執行結果顯示學生資料，類別名稱是呼叫 Student01 類別隱藏父類別的 printClassName() 類別方法，tom 物件呼叫的方法 personInfo() 也是 Student01 類別，而不是父類別 Person01 的方法。

▶ 程式內容

```java
01: /* 程式範例：Ch12_1_3.java */
02: class Person01 {  // Person01類別宣告
03:     private int id;          // 身分字號
04:     private String name;     // 姓名
05:     private double height;   // 身高
06:     // 類別方法：顯示類別名稱
07:     public static void printClassName() {
08:         System.out.println(" 類別名稱：Person01");
09:     }
10:     // 成員方法：取得身分字號
11:     public int getID() { return id; }
12:     // 成員方法：取得姓名
13:     public String getName() { return name; }
14:     // 成員方法：取得身高
15:     public double getHeight() { return height; }
16:     // 成員方法：設定身分字號
17:     public void setID(int id) { this.id = id; }
18:     // 成員方法：設定姓名
19:     public void setName(String n) { name = n; }
20:     // 成員方法：設定身高
21:     public void setHeight(double h) { height = h; }
```

```
22:      // 成員方法：顯示個人資料
23:      public void personInfo() {
24:          System.out.println("字號：" + id);
25:          System.out.println("姓名：" + name);
26:          System.out.println("身高：" + height);
27:      }
28: }
29: class Student01 extends Person01 {   // Student01 類別宣告
30:      private int score;        // 成績
31:      // 建構子
32:      public Student01(int id,String n,double h, int score) {
33:          setID(id);           // 呼叫父類別的成員方法
34:          setName(n);
35:          setHeight(h);
36:          this.score = score;
37:      }
38:      // 隱藏類別方法：顯示類別名稱
39:      public static void printClassName() {
40:          System.out.println("類別名稱：Student01");
41:      }
42:      // 成員方法：顯示學生資料
43:      public void personInfo() {
44:          System.out.println("[學生資料]=====");
45:          System.out.println("字號：" + getID());
46:          System.out.println("姓名：" + getName());
47:          System.out.println("身高：" + getHeight());
48:          System.out.println("成績：" + score);
49:      }
50: }
51: // 主程式類別
52: public class Ch12_1_3 {
53:      // 主程式
54:      public static void main(String[] args) {
55:          // 宣告 Student01 類別型態的變數，並且建立物件
56:          Student01 tom = new Student01(2234,"張無忌",185.0,55);
57:          // 顯示學生資料
58:          tom.printClassName();
59:          tom.personInfo();
60:      }
61: }
```

▶ **程式說明**

- 第 7~9 行：父類別的類別方法 printClassName()，顯示 Person01。
- 第 23~27 行：父類別的成員方法 personInfo()。
- 第 39~41 行：子類別的類別方法 printClassName()，顯示 Student01。

- 第 43~49 行：子類別的成員方法 personInfo()，顯示內容與父類別的同名方法並不相同。
- 第 56 行：使用 Student01 類別建立 tom 物件。
- 第 58~59 行：分別呼叫 printClassName() 類別方法和 personInfo() 方法來顯示學生資料。

12-1-4　隱藏父類別的成員變數

在子類別除了可以覆寫父類別的成員方法和隱藏類別方法外，子類別也可以隱藏父類別的成員變數，只需變數名稱相同，就算資料型態不同，也一樣可以隱藏父類別的成員變數。

例如：父類別 Person02 的成員變數 id 是宣告成 public 的整數資料型態，其類別宣告如下所示：

```
class Person02 {   // 父類別
   public int id;   // 欲隱藏的成員變數
   ……
}
```

在子類別 Student02 是繼承自父類別 Person02，其類別宣告如下所示：

```
class Student02 extends Person02 {   // 子類別
   private String id;   // 隱藏父類別的成員變數
   ……
}
```

上述子類別 Student02 的成員變數 id 是 private 的字串物件，不是整數 int，原來 public 的 id 成員變數被隱藏起來。UML 類別圖示並不會特別標示隱藏變數，在父類別和子類別都擁有同名但型態和存取修飾子不同的成員變數 id，如下圖所示：

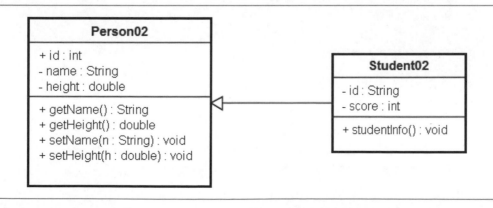

程式範例

在 Java 程式建立 Student02 類別繼承自 Person02 類別，並且將成員變數 id 改為 private 的 String 物件，如下所示：

```
[學生資料]=====
字號： A2255
姓名： 小龍女
身高： 165.0
成績： 65
```

上述執行結果可以看到身分字號顯示的是字串，而不是上一節範例的整數。

▶ 程式內容

```
01: /* 程式範例：Ch12_1_4.java */
02: class Person02 {   // Person02 類別宣告
03:     public int id;           // 身分字號
04:     private String name;      // 姓名
05:     private double height;   // 身高
06:     // 成員方法：取得姓名
07:     public String getName() { return name; }
08:     // 成員方法：取得身高
09:     public double getHeight() { return height; }
10:     // 成員方法：設定姓名
11:     public void setName(String n) { name = n; }
12:     // 成員方法：設定身高
13:     public void setHeight(double h) { height = h; }
14: }
15: class Student02 extends Person02 {   // Student02 類別宣告
16:     private String id;        // 隱藏成員變數
17:     private int score;        // 成績
18:     // 建構子
19:     public Student02(String id,String n,double h,int score) {
20:         setName(n);   // 呼叫父類別的成員方法
21:         setHeight(h);
22:         this.id = id;
23:         this.score = score;
24:     }
25:     // 成員方法：顯示學生資料
26:     public void studentInfo() {
27:         System.out.println("[學生資料]=====");
28:         System.out.println("字號： " + id);
29:         System.out.println("姓名： " + getName());
30:         System.out.println("身高： " + getHeight());
```

```
31:        System.out.println(" 成績： " + score);
32:    }
33: }
34: // 主程式類別
35: public class Ch12_1_4 {
36:    // 主程式
37:    public static void main(String[] args) {
38:        // 宣告 Student02 類別型態的變數，並且建立物件
39:        Student02 mary =
40:                new Student02("A2255"," 小龍女 ",165.0,65);
41:        // 顯示學生資料
42:        mary.studentInfo();
43:    }
44: }
```

▶ **程式說明**

● 第 3 行：父類別的成員變數 id，宣告成 public 資料型態的整數 int。

● 第 16 行：子類別的成員變數 id，宣告成 private 資料型態的字串物件 String。

● 第 39~40 行：使用 Student02 類別建立 mary 物件，建構子的第 1 個參數是字串 "A2255"。

● 第 42 行：呼叫 studentInfo() 方法顯示學生資料。

12-1-5 使用父類別的建構子

Java 子類別不能繼承父類別建構子，只能使用 super 關鍵字呼叫父類別建構子；同理，在子類別覆寫的方法和隱藏的成員變數，也可以使用 super 來呼叫和存取。

例如：在 Person03 父類別擁有建構子，其類別宣告如下所示：

```
class Person03 {  // 父類別
    public static int count = 0;
    public int id;
    public String name;
    public Person03(int id, String name) {   }
    public void personInfo() {   }
}
```

在子類別 Student03 是繼承自父類別 Person03，其類別宣告如下所示：

```
class Student03 extends Person03 {   // 子類別
   private String id;
   private String name;
   private int score;
   public Student03(int id,String n,String no,int score) {
      super(id, n);   // 呼叫父類別的建構子
      .........
   }
   public void personInfo() {
      super.personInfo();   // 呼叫父類別的成員方法
      // 存取父類別的成員變數
      System.out.println(" 姓名（父）: " + super.name);
      System.out.println(" 字號（父）: " + super.id);
      .........
   }
}
```

上述 Student03 子類別的成員變數 id 和 name 隱藏父類別的成員變數成為 private，而且 id 型態改為 String。

在 Student03 類別的建構子是使用 super(id, n) 呼叫父類別的建構子，personInfo() 方法使用 super.personInfo() 呼叫父類別的方法，使用 super.name 和 super.id 取得父類別的成員變數值。

程式範例   Ch12_1_5.java

在 Java 程式建立繼承自 Person03 類別的 Student03 類別宣告，並且使用 super 關鍵字呼叫和存取父類別的方法和成員變數，如下所示：

```
===[ 個人資料 ]=====
姓名（父）: 陳會安
字號（父）: 1234
職業（子）: 學生
學號（子）: S102
學生數: 2
成績: 85
===[ 個人資料 ]=====
姓名（父）: 陳允傑
```

```
字號 ( 父 )：3467
職業 ( 子 )：學生
學號 ( 子 )：S222
學生數：2
成績：75
```

上述執行結果顯示 2 筆學生資料，它是呼叫父類別 personInfo() 方法顯示 [個人資料] 的標題文字。在顯示資料的「(父)」表示是父類別的成員變數值；「(子)」為子類別的成員變數值。

▶ 程式內容

```java
01: /* 程式範例：Ch12_1_5.java */
02: class Person03 {   // Person03 類別宣告
03:     public static int count = 0; // 計算學生數
04:     public int id;               // 身分字號
05:     public String name;          // 姓名
06:     // 建構子
07:     public Person03(int id, String name) {
08:         this.id = id;
09:         this.name = name;
10:         count++;
11:     }
12:     // 成員方法：顯示個人資料
13:     public void personInfo() {
14:         System.out.println("===[ 個人資料 ]=====");
15:     }
16: }
17: class Student03 extends Person03 {   // Student03 類別宣告
18:     private String id;       // 隱藏成員變數
19:     private String name;
20:     private int score;       // 成績
21:     // 建構子
22:     public Student03(int id,String n,String no,int score) {
23:         super(id, n);        // 呼叫父類別的建構子
24:         name = " 學生 ";
25:         this.id = no;
26:         this.score = score;
27:     }
28:     // 成員方法：顯示學生資料
29:     public void personInfo() {
30:         super.personInfo();
31:         System.out.println(" 姓名 ( 父 )：" + super.name);
32:         System.out.println(" 字號 ( 父 )：" + super.id);
33:         System.out.println(" 職業 ( 子 )：" + name);
```

```
34:        System.out.println(" 學號（子）: " + id);
35:        System.out.println(" 學生數: " + count);
36:        System.out.println(" 成績: " + score);
37:    }
38: }
39: // 主程式類別
40: public class Ch12_1_5 {
41:    // 主程式
42:    public static void main(String[] args) {
43:        // 宣告 Student03 類別型態的變數，並且建立物件
44:        Student03 joe = new Student03(1234," 陳會安 ","S102",85);
45:        Student03 tom = new Student03(3467," 陳允傑 ","S222",75);
46:        // 顯示學生資料
47:        joe.personInfo();
48:        tom.personInfo();
49:    }
50: }
```

▶ **程式說明**

- 第 7~11 行：父類別的建構子。
- 第 22~27 行：子類別的建構子，在第 23 行使用 super 呼叫父類別的建構子。
- 第 30 行：使用 super 呼叫父類別的 personInfo() 方法。
- 第 31~32 行：使用 super 存取父類別的成員變數值。
- 第 44~45 行：使用 Student03 類別建立 joe 和 tom 物件。
- 第 47~48 行：分別呼叫 personInfo() 方法顯示學生資料。

12-2 介面

Java 語言不支援多重繼承，只提供「介面」（interface）來建立單一物件多形態和提供多重繼承。在本章準備說明介面的使用和繼承，關於介面的單一物件多形態留在第 13 章和多形一起說明。

12-2-1 介面的基礎

Java 介面可以替類別物件提供共同介面，就算類別之間沒有任何關係（有關係也可以），一樣可以擁有共同介面。

如同網路通訊協定（protocol）建立不同電腦網路系統之間的溝通管道，不管 Windows 或 Unix 作業系統的電腦，只要說 TCP/IP 就可以建立連線。所以，介面是定義不同類別之間的一致行為，也就是一些共同方法。

例如：Car 和 CD 類別擁有共同方法 getPrice() 取得價格，Java 程式可以將共同方法抽出成為 IPrice 介面。如果 Book 類別也需要取得書價，就可以直接實作 IPrice 介面，反過來說，如果類別實作 IPrice 介面，就表示可以取得物件價格，這些類別都擁有相同行為：取得價格。

Java 介面的 UML 類別圖只是在類別名稱上方使用模板型態（stereotype）<<interface>> 指明為介面，介面的連接線類似一般關係的繼承，只是改用虛線連接 IPrice 介面和 Car 類別，如下圖所示：

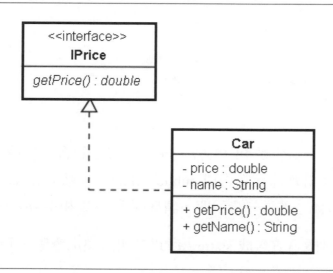

上述 IPrice 介面沒有屬性，在介面方法之前也沒有存取修飾子。IPrice 提供介面給 Car 類別實作，這種類別與介面的關係稱為「具體化關係」（realization）。

12-2-2　介面的建立與使用

Java 介面和類別一樣，都是參考資料型態。介面可以定義類別行為，內含常數和方法宣告，但是沒有實作程式碼（Java 8 可以有實作程式碼，詳見第 17-6-4 節的說明），當類別實作介面時，類別需要實作「所有」介面方法。

介面宣告

Java 介面可以宣告常數和方法，其宣告的方法是一種抽象方法（abstract method），表示只有宣告沒有程式碼，其宣告語法如下所示：

```
public interface 介面名稱 {
    final 資料型態 常數＝值；
    ......
    傳回值型態 介面方法（ 參數列 ）；
    ......
}
```

上述介面使用 interface 關鍵字宣告，類似類別架構，其宣告內容只有常數和抽象方法（表示尚未實作）。public 修飾子表示可以使用在任何類別和套件，如果沒有 public 修飾子，表示只能在同一套件使用。例如：IArea 介面宣告如下所示：

```
interface IArea {  // 宣告 IArea 介面
    final double PI = 3.1415926;
    void area();
}
```

上述介面擁有一個常數 PI 和方法 area()。方法隱含宣告成 public 和 abstract（抽象）修飾子；常數隱含宣告成 public、final（常數）和 static 修飾子，關於 abstract 和 final 修飾子的進一步說明，請參閱第 12-5 和 12-6 節。

因為介面常數隱含宣告成 static，所以，如同類別變數一般，我們可以直接使用介面名稱來取得其值，如下所示：

```
IArea.PI
```

類別實作介面

Java 類別可以實作介面來撰寫介面方法的實作程式碼，其宣告語法如下所示：

```
class 類別名稱 implements 介面名稱1, 介面名稱2 {
    ......
    // 實作的介面方法
}
```

上述類別使用 implements 關鍵字實作介面，如果實作介面不只一個，請使用「,」逗號分隔，在類別宣告需要實作所有介面方法。例如：Circle 類別實作 IArea 介面，其類別宣告如下所示：

```
class Circle implements IArea {  // Circle 類別實作 IArea 介面
   ......
   public void area() {
      System.out.println("圓面積： " + PI*r*r);
   }
}
```

上述 Circle 類別實作 IArea 介面的抽象方法 area()。UML 類別圖如下圖所示：

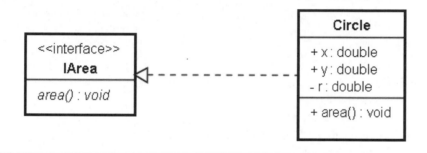

上述 Circle 類別實作 IArea 介面的 area() 方法，在 UML 類別圖只需顯示介面方法清單。

程式範例　　　　　　　　　　　　　　　　　　　　　　🔘 **Ch12_2_2.java**

在 Java 程式建立 IArea 介面後，宣告 Circle 類別實作 IArea 介面來顯示圓形面積和介面常數 PI 的值，如下所示：

```
圓面積： 706.858335
PI 常數： 3.1415926
```

▶ **程式內容**

```
01: /* 程式範例： Ch12_2_2.java */
02: interface IArea {    // IArea 介面宣告
03:    // 常數的宣告
04:    final double PI = 3.1415926;
05:    // 介面方法：計算面積
```

```
06:     void area();
07: }
08: class Circle implements IArea { // Circle 類別宣告
09:     public double x;     // X 座標
10:     public double y;     // y 座標
11:     private double r;    // 半徑
12:     // 建構子
13:     public Circle(double x, double y, double r) {
14:         this.x = x;
15:         this.y = y;
16:         this.r = r;
17:     }
18:     // 實作 IArea 介面的方法 area()
19:     public void area() {
20:         System.out.println(" 圓面積 : " + PI*r*r);
21:     }
22: }
23: // 主程式類別
24: public class Ch12_2_2 {
25:     // 主程式
26:     public static void main(String[] args) {
27:         // 宣告類別型態的變數 , 並且建立物件
28:         Circle c = new Circle(16.0, 15.0, 15.0);
29:         // 呼叫物件的介面方法 area()
30:         c.area();
31:         // 顯示介面的常數值
32:         System.out.println("PI 常數 : " + IArea.PI);
33:     }
34: }
```

▶ **程式說明**

- 第 2~7 行：IArea 介面宣告，包含一個常數和方法。
- 第 8~22 行：Circle 類別宣告是在第 19~21 行實作 IArea 介面方法 area()。
- 第 28 行：使用 Circle 類別建立 Circle 物件 c。
- 第 30 行：呼叫 area() 方法。
- 第 32 行：顯示介面常數 PI 的值。

12-2-3 在類別實作多個介面

同一 Java 類別可以實作多個介面。例如：IArea01 和 IShow 兩個介面宣告，如下所示：

```
interface IArea01 {   // 宣告 IArea01 介面
   final double PI = 3.1415926;
   void area();
}
interface IShow {   // 宣告 IShow 介面
   void show();
}
```

上述 2 個介面各擁有 1 個介面方法。在 Circle01 類別同時實作 IArea01 和 IShow 兩個介面，其類別宣告如下所示：

```
class Circle01 implements IArea01, IShow {   // 實作 2 個介面
   ......
   public void area() {   // 實作介面方法
      ......
   }
   public void show() {   // 實作介面方法
      ......
   }
}
```

上述類別實作 2 個介面共 2 個方法 area() 和 show()。UML 類別圖如下圖所示：

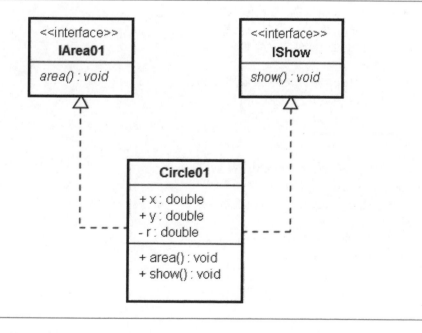

上述 Circle01 類別實作 2 個介面的 area() 和 show() 方法。

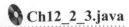

在 Java 程式擁有 2 個介面 IArea01 和 IShow，在宣告 Circle01 類別實作 IArea01 和 IShow 兩個介面後，顯示圓形的相關資料，如下所示：

```
圓面積：706.858335
圓心 X 座標：16.0
圓心 Y 座標：15.0
圓半徑：15.0
```

▶ 程式內容

```
01: /* 程式範例：Ch12_2_3.java */
02: interface IArea01 {  // IArea01 介面宣告
03:     // 常數的宣告
04:     final double PI = 3.1415926;
05:     // 介面方法：計算面積
06:     void area();
07: }
08: interface IShow {  // IShow 介面宣告
09:     // 介面方法：顯示基本資料
10:     void show();
11: }
12: class Circle01 implements IArea01, IShow { // Circle01 類別宣告
13:     public double x;    // X 座標
14:     public double y;    // Y 座標
15:     private double r;   // 半徑
16:     // 建構子
17:     public Circle01(double x, double y, double r) {
18:         this.x = x;
19:         this.y = y;
20:         this.r = r;
21:     }
22:     // 實作 IArea01 介面的方法 area()
23:     public void area() {
24:         System.out.println("圓面積：" + PI*r*r);
25:     }
26:     // 實作 IShow 介面的方法 show()
27:     public void show() {
28:         System.out.println("圓心 X 座標：" + x);
29:         System.out.println("圓心 Y 座標：" + y);
30:         System.out.println("圓半徑：" + r);
31:     }
32: }
33: // 主程式類別
```

```
34: public class Ch12_2_3 {
35:    // 主程式
36:    public static void main(String[] args) {
37:        // 宣告類別型態的變數，並且建立物件
38:        Circle01 c = new Circle01(16.0, 15.0, 15.0);
39:        // 呼叫物件的介面方法 area()
40:        c.area();
41:        // 呼叫物件的介面方法 show()
42:        c.show();
43:    }
44: }
```

▶ **程式說明**

- 第 2~7 和 8~11 行：IArea01 和 IShow 介面宣告。
- 第 12~32 行：Circle01 類別實作 IArea01 和 IShow 介面，在第 23~31 行實作 2 個介面方法 area() 和 show()。
- 第 38 行：使用 Circle01 類別建立 Circle01 物件 c。
- 第 40 和 42 行：分別呼叫 area() 和 show() 方法。

12-2-4 類別架構與介面

在類別架構的類別都可以實作同一介面，我們可以從類別架構中將類別共同方法抽出成為介面，然後讓各類別實作此介面。例如：Vehicle 類別和 Car 子類別都擁有print()方法顯示成員變數，我們可以將print()方法抽出成IPrint介面。UML 類別圖如下圖所示：

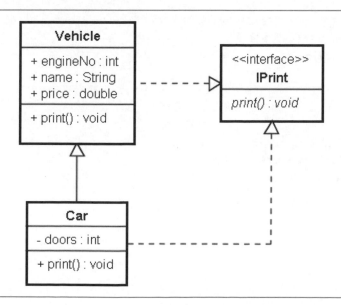

上述 IPrint 介面是獨立在類別架構之外，屬於同一類別架構的類別不只可以實作 IPrint 介面，還可以實作其他介面。如果 Vehicle 類別新增一個 Truck 子類別，新增的 Truck 類別一樣可以實作 IPrint 介面和其他介面。

程式範例　　　　　　　　　　　　　　　　　　🔘 **Ch12_2_4.java**

在 Java 程式的 Car 類別是繼承自 Vehicle 類別，這 2 個類別都實作 IPrint 介面來顯示車輛資料，如下所示：

```
==== 轎車資料 ====
型號：318i
引擎號碼：1234567
價格：160.0
車有幾門：4
==== 轎車資料 ====
型號：TT Coupe
引擎號碼：5678924
價格：200.0
車有幾門：4
```

上述執行結果顯示 2 輛轎車資料，這都是執行 Car 物件的 print() 方法，型號、價格和引擎號碼是執行父類別 Vehicle 的 print() 方法。

▶ **程式內容**

```
01: /* 程式範例：Ch12_2_4.java */
02: interface IPrint {  // IPrint 介面宣告
03:    // 介面方法：顯示基本資料
04:    void print();
05: }
06: class Vehicle implements IPrint { // Vehicle 類別宣告
07:    public int engineNo;    // 引擎號碼
08:    public String name;     // 型號名稱
09:    public double price;    // 價格
10:    // 介面方法：顯示交通工具資料
11:    public void print() {
12:        System.out.println(" 型號： " + name);
13:        System.out.println(" 引擎號碼： " + engineNo);
14:        System.out.println(" 價格： " + price);
15:    }
16: }
17: // Car 類別宣告
```

```
18: class Car extends Vehicle implements IPrint {
19:     private int doors;       // 幾門車
20:     // 建構子
21:     public Car(String name,int n,double price,int doors) {
22:         engineNo = n;
23:         this.name = name;
24:         this.price = price;
25:         this.doors = doors;
26:     }
27:     // 介面方法：顯示轎車資料
28:     public void print() {
29:         System.out.println("==== 轎車資料 ====");
30:         super.print();       // 呼叫父類別的成員方法
31:         System.out.println(" 車有幾門：" + doors);
32:     }
33: }
34: // 主程式類別
35: public class Ch12_2_4 {
36:     // 主程式
37:     public static void main(String[] args) {
38:         // 宣告 Car 類別型態的變數，並且建立物件
39:         Car bmw = new Car("318i",1234567,160.0,4);
40:         Car audi = new Car("TT Coupe", 5678924, 200, 4);
41:         bmw.print();   // 顯示轎車資料
42:         audi.print();
43:     }
44: }
```

▶ 程式說明

- 第 2~5 行：IPrint 介面擁有 print() 方法。
- 第 6~16 行：Vehicle 類別實作 IPrint 介面，在第 11~15 行是實作 print() 方法的程式碼。
- 第 18~33 行：Car 類別繼承 Vehicle 類別且實作 IPrint 介面，在第 28~32 行是實作 print() 方法的程式碼，第 30 行呼叫父類別的 print() 方法。
- 第 39~40 行：使用 Car 類別建立 Car 物件 bmw 和 audi。
- 第 41~42 行：呼叫物件的 print() 方法來顯示轎車資料。

12-3 介面的繼承

　　Java 介面不能隨便新增方法，因為實作介面的類別需要實作所有介面方法（在 Java 8 可以使用預設方法在介面新增方法，其進一步說明請參閱第 17-6-4 節）。如果新增介面的抽象方法，我們需要新增所有實作此介面類別的方法。

　　不過，我們可以使用介面繼承方式來擴充介面，增加介面的抽象方法，其宣告語法如下所示：

```
interface 介面名稱 extends 繼承的介面 {
    …… // 額外的常數和方法
}
```

　　上述宣告的介面繼承其他介面的所有常數和方法。例如：將第 12-2-2 節的 IArea 介面建立成 IArea02，其介面宣告如下所示：

```
interface IShape extends IArea02 {  // IShape 繼承 IArea02 介面
    void perimeter();
}
```

　　上述介面 IShape 繼承自 IArea02 介面，新增 perimeter() 介面方法。UML 類別圖如下圖所示：

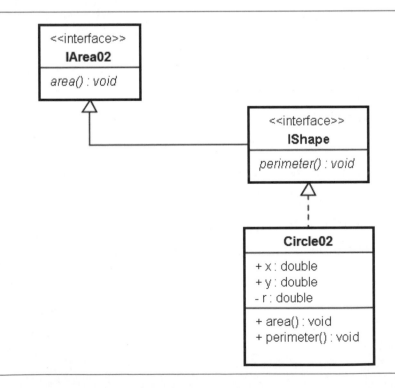

上述 IShape 介面繼承自 IArea02 介面，Circle02 類別實作 IShape 介面，在 Circle02 類別需要實作 area() 和 perimeter() 兩個方法。

程式範例 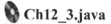 **Ch12_3.java**

這是修改自 Ch12_2_2.java 的 Java 程式，建立 IShape 介面繼承自 IArea02 介面，並且新增計算周長的 perimeter() 方法，如下所示：

```
圓面積： 804.2477056
圓周長： 100.5309632
```

上述執行結果顯示圓形的面積和周長。

▶ **程式內容**

```
01: /* 程式範例：Ch12_3.java */
02: interface IArea02 {    // IArea02 介面宣告
03:     // 常數的宣告
04:     final double PI = 3.1415926;
05:     // 介面方法：計算面積
06:     void area();
07: }
08: // IShape 介面宣告，繼承 IArea02
09: interface IShape extends IArea02 {
10:     // 介面方法：計算周長
11:     void perimeter();
12: }
13: class Circle02 implements IShape { // Circle02 類別宣告
14:     public double x;    // X 座標
15:     public double y;    // y 座標
16:     private double r;   // 半徑
17:     // 建構子
18:     public Circle02(double x, double y, double r) {
19:         this.x = x;
20:         this.y = y;
21:         this.r = r;
22:     }
23:     // 實作 IShape 介面的方法 area()
24:     public void area() {
25:         System.out.println("圓面積： " + PI*r*r);
26:     }
27:     // 實作 IShape 介面的方法 perimeter()
28:     public void perimeter() {
29:         System.out.println("圓周長： " + 2.0*PI*r);
30:     }
31: }
```

```
32: // 主程式類別
33: public class Ch12_3 {
34:     // 主程式
35:     public static void main(String[] args) {
36:         // 宣告類別型態的變數, 並且建立物件
37:         Circle02 c = new Circle02(16.0, 15.0, 16.0);
38:         c.area();          // 呼叫介面方法 area()
39:         c.perimeter();  // 呼叫介面方法 perimeter()
40:     }
41: }
```

▶ **程式說明**

- 第 2~7 行：IArea02 介面宣告。

- 第 9~12 行：繼承自 IArea02 介面的 IShape 介面宣告。

- 第 13~31 行：Circle02 類別實作 IShape 介面，在第 24~26 行實作介面方法 area()，第 28~30 行實作介面方法 perimeter()。

- 第 37 行：使用 Circle02 類別宣告 Circle02 物件 c。

- 第 38 和 39 行：分別呼叫 area() 和 perimeter() 方法。

12-4 介面的多重繼承

多重繼承是指父類別不只一個，Java 類別不支援多重繼承；C++ 語言支援，但是 Java 支援介面的多重繼承。

12-4-1 多重繼承的基礎

「多重繼承」（multiple inheritance）是指同一類別能夠繼承多個父類別，如下圖所示：

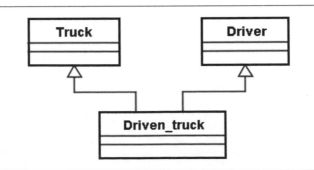

　　上述 Driven_truck 類別繼承自 Truck 和 Driver 兩個類別。對於 Driven_truck
類別來說，擁有兩個父類別，這就是多重繼承。不過，Java 類別不支援多重繼承，
但是擁有相同目的的多重繼承 —— 介面。

12-4-2　介面的多重繼承

Java 介面支援多重繼承，其宣告語法如下所示：

```
interface 介面名稱 extends 繼承的介面1, 繼承的介面2 {
    …… // 額外的常數和方法
}
```

　　上述介面宣告繼承多個介面，各介面是使用「,」逗號分隔。例如：
IShape01 介面繼承自 IArea03 和 IShow01 介面，其介面宣告如下所示：

```
// IShape01 繼承 IArea03 和 IShow01 介面
interface IShape01 extends IArea03, IShow01 {
    void perimeter();
}
```

　　上述介面IShape01是繼承自IArea03和IShow01介面，新增 perimeter() 方法。
UML 類別圖如下圖所示：

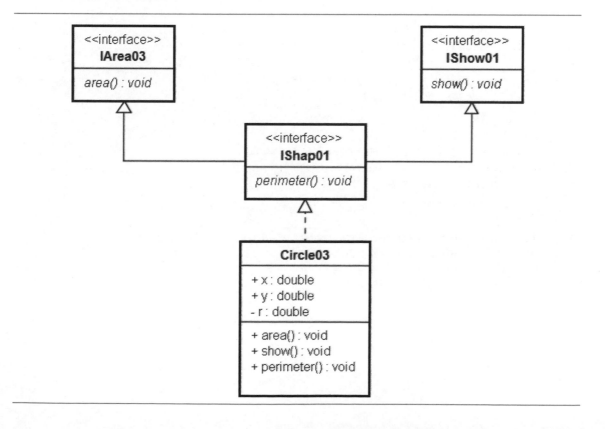

上述 IShape01 介面繼承自兩個父介面，所以，實作 IShape01 介面的類別共需實作 area()、perimeter() 和 show() 三個方法。

程式範例　　　　　　　　　　　　　　　　　🔵 **Ch12_4_2.java**

這是修改自 Ch12_3.java 的 Java 程式，IShape01 介面繼承自 IArea03 和 IShow01 兩個介面，新增計算周長的 perimeter() 方法，如下所示：

```
圓面積：804.2477056
圓周長：100.5309632
圓心 X 座標：16.0
圓心 Y 座標：15.0
圓半徑：16.0
```

上述執行結果顯示圓形的面積、周長和圓形座標等相關資料。

▶ **程式內容**

```
01: /* 程式範例：Ch12_4_2.java */
02: interface IArea03 {  // IArea03 介面宣告
03:     // 常數的宣告
04:     final double PI = 3.1415926;
05:     // 介面方法：計算面積
06:     void area();
07: }
08: interface IShow01 {  // IShow01 介面宣告
09:     // 介面方法：顯示基本資料
10:     void show();
11: }
12: // IShape01 介面宣告，繼承 IArea03 和 IShow01
13: interface IShape01 extends IArea03, IShow01 {
14:     // 介面方法：計算周長
15:     void perimeter();
16: }
17: class Circle03 implements IShape01 { // Circle03 類別宣告
18:     public double x;    // X 座標
19:     public double y;    // y 座標
20:     private double r;   // 半徑
21:     // 建構子
22:     public Circle03(double x, double y, double r) {
23:         this.x = x;
24:         this.y = y;
25:         this.r = r;
26:     }
```

```
27:     // 實作 IShape01 介面的方法 area()
28:     public void area() {
29:         System.out.println(" 圓面積 : " + PI*r*r);
30:     }
31:     // 實作 IShape01 介面的方法 perimeter()
32:     public void perimeter() {
33:         System.out.println(" 圓周長 : " + 2.0*PI*r);
34:     }
35:     // 實作 IShape01 介面的方法 show()
36:     public void show() {
37:         System.out.println(" 圓心 X 座標 : " + x);
38:         System.out.println(" 圓心 Y 座標 : " + y);
39:         System.out.println(" 圓半徑 : " + r);
40:     }
41: }
42: // 主程式類別
43: public class Ch12_4_2 {
44:     // 主程式
45:     public static void main(String[] args) {
46:         // 宣告類別型態的變數，並且建立物件
47:         Circle03 c = new Circle03(16.0, 15.0, 16.0);
48:         c.area();       // 呼叫介面方法 area()
49:         c.perimeter();  // 呼叫介面方法 perimeter()
50:         c.show();       // 呼叫介面方法 show()
51:     }
52: }
```

▶ 程式說明

- 第 2~7 行：IArea03 介面宣告。
- 第 8~11 行：IShow01 介面宣告，擁有 show() 介面方法。
- 第 13~16 行：繼承自 IArea03 和 IShow01 介面的 IShape01 介面宣告。
- 第 17~41 行：Circle03 類別實作 IShape01 介面，在第 28~30 行實作介面方法 area()，第 32~34 行實作介面方法 perimeter()，在第 36~40 行實作介面方法 show()。
- 第 47 行：使用 Circle03 類別宣告 Circle03 物件 c。
- 第 48~50 行：分別呼叫 area()、perimeter() 和 show() 方法。

12-5 抽象類別

Java 類別宣告如果使用 abstract 修飾子，表示是一個「抽象類別」（abstract class），抽象類別不能建立物件，只能被繼承用來建立子類別。

抽象類別宣告也可以使用 abstract 宣告方法為抽象方法，表示方法只有原型宣告，實作程式碼是在子類別建立，而且繼承類別一定要實作抽象方法。

🦫 宣告抽象類別

抽象類別是建立子類別的原型，抽象方法類似介面，可以視為建立子類別的介面方法。如果類別擁有抽象方法，就表示此類別一定是抽象類別。例如：抽象類別 Account 宣告，如下所示：

```
abstract class Account {   // 宣告 Account 抽象類別
   public String accountid;
   private double amount;
   public double interest;
   public abstract void calInterest();   // 抽象方法
   public void setBalance(double a) { … }
   public double getBalance() { … }
}
```

上述 Account 類別定義銀行帳戶的基本資料，提供抽象方法 calInterest() 計算利息。不同於 Java 介面，抽象類別仍然擁有屬性和操作，以此例有 3 個屬性和 2 個成員方法。

接著宣告 SavingAccount 存款帳戶類別繼承 Account 帳戶類別，其類別宣告如下所示：

```
// 宣告 SavingAccount 繼承 Account 抽象類別
class SavingAccount extends Account {
   public boolean haveCard;   // 新增成員變數
   public SavingAccount(String id, double amount,
            double interest, boolean haveCard) { … }
   public void calInterest() {   // 實作抽象方法
     double amount = getBalance();
      System.out.println(" 利息: " + (amount*interest));
   }
}
```

上述子類別 SavingAccount 新增成員變數 haveCard，和實作 calInterest() 方法計算利息。UML 類別圖如下圖所示：

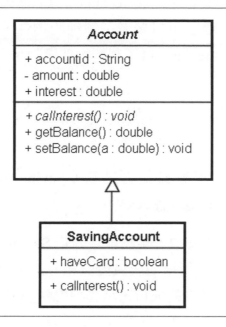

上述圖例抽象類別的類別名稱是使用斜體字，抽象方法也是使用斜體字。另一種寫法是在方法之後加上 {abstract}，例如：calInterest() 抽象方法，如下所示：

```
+ calInterest() : void {abstract}
```

在下方是繼承 Account 抽象類別的 SavingAccount 子類別，實作抽象類別的 calInterest() 抽象方法。

抽象類別的物件變數

抽象類別雖然不能建立物件，但是可以作為資料型態來宣告參考子類別物件的物件變數，如下所示：

```
Account s2 = new SavingAccount("002-10-333-123",
                    15000.00, 0.02, false);
```

上述物件變數 s2 使用抽象類別 Account 來宣告，其參考物件是 SavingAccount 物件。因為父類別的物件變數可以參考子類別物件，以口語來說：「SavingAccount 物件也是一種 Account 物件。」所以，Account 物件變數可以參考 SavingAccount 物件呼叫實作的抽象方法 calInterest()，如下所示：

```
s2.calInterest();
```

上述 calInterest() 方法是 SavingAccount 子類別實作的抽象方法。因為 Account 類別宣告的物件變數可以參考子類別的物件，但是子類別可能不只一個，所以，Java 提供 instanceof 運算子判斷物件變數是參考到哪一種物件，如下所示：

```
// 判斷 s2 物件是否是參考 SavingAccount 物件
if ( s2 instanceof SavingAccount ) { … }
```

上述 if 條件檢查物件變數 s2 是否是參考 SavingAccount 物件，如果 ture，表示是，就可以執行程式區塊的程式碼。

Account 類別的物件變數 s2，雖然儲存的是 SavingAccount 物件的參考，但是並不能呼叫或存取子類別新增的成員變數和方法，只能存取抽象類別的變數和方法。如果需要存取子類別的成員，請先型態轉換成 SavingAccount 類別的物件變數，如下所示：

```
SavingAccount s;
s = (SavingAccount) s2;  // 型態轉換
```

上述物件變數 s 是類別 SavingAccount 宣告的物件變數，在經過型態轉換後，就可以存取子類別新增的成員變數和方法，例如：s.haveCard。

程式範例 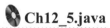 Ch12_5.java

在 Java 程式建立抽象類別 Account，內含計算利息的抽象方法 calInterest()，然後建立存款帳戶的 SavingAccount 類別繼承 Account 類別，最後將 2 個帳戶的資料都顯示出來，如下所示：

```
存款帳戶 s1 的資料 =====
帳號：002-10-222-345
餘額：5000.0
利率：0.015
是否有 ATM 卡：true
利息：75.0
->s2 是 SavingAccount 物件
```

```
存款帳戶 s2 的資料 =====
帳號：002-10-333-123
餘額：15000.0
利率：0.02
是否有 ATM 卡：false
利息：300.0
```

上述執行結果顯示 2 個帳戶 SavingAccount 物件 s1 和 s2 的資料，其中 s1 是 SavingAccount 類別的物件變數，s2 是 Account 抽象類別的物件變數，不過，s2 儲存的是 SavingAccount 物件的參考。

▶ 程式內容

```java
01: /* 程式範例：Ch12_5.java */
02: abstract class Account {        // Account 類別宣告
03:     public String accountid;    // 帳戶編號
04:     private double amount;       // 帳戶餘額
05:     public double interest;      // 利息
06:     // 抽象方法：計算利息
07:     public abstract void calInterest();
08:     // 成員方法：指定帳戶餘額
09:     public void setBalance(double a) { amount = a; }
10:     // 成員方法：取得帳戶餘額
11:     public double getBalance() { return amount; }
12: }
13: // SavingAccount 類別宣告
14: class SavingAccount extends Account {
15:     public boolean haveCard;
16:     // 建構子
17:     public SavingAccount(String id, double amount,
18:                     double interest, boolean haveCard) {
19:         accountid = id;
20:         setBalance(amount);
21:         this.interest = interest;
22:         this.haveCard = haveCard;
23:     }
24:     // 成員方法：實作抽象方法 calInterest()
25:     public void calInterest() {
26:         double amount = getBalance();
27:         System.out.println("利息：" + (amount*interest));
28:     }
29: }
30: // 主程式類別
31: public class Ch12_5 {
32:     // 主程式
```

```
33:    public static void main(String[] args) {
34:        SavingAccount s;    // SavingAccount 類別的物件變數
35:        // 宣告 SavingAccount 類別型態的變數，並且建立物件
36:        SavingAccount s1 = new SavingAccount(
37:                "002-10-222-345", 5000.00, 0.015, true);
38:        Account s2 = new SavingAccount("002-10-333-123",
39:                                15000.00, 0.02, false);
40:        // 顯示帳戶 s1 的資料
41:        System.out.println("存款帳戶 s1 的資料 =====");
42:        System.out.println("帳號：" + s1.accountid);
43:        System.out.println("餘額：" + s1.getBalance());
44:        System.out.println("利率：" + s1.interest);
45:        System.out.println("是否有ATM卡：" + s1.haveCard);
46:        s1.calInterest();   // 呼叫物件的方法
47:        // 顯示帳戶 s2 的資料，檢查是否為 SavingAccount 物件
48:        if ( s2 instanceof SavingAccount)
49:            System.out.println("->s2是SavingAccount物件");
50:        System.out.println("存款帳戶 s2 的資料 =====");
51:        s = (SavingAccount) s2;   // 型態轉換
52:        System.out.println("帳號：" + s2.accountid);
53:        System.out.println("餘額：" + s2.getBalance());
54:        System.out.println("利率：" + s.interest);
55:        System.out.println("是否有ATM卡：" + s.haveCard);
56:        s2.calInterest();   // 呼叫物件的方法
57:    }
58: }
```

▶ 程式說明

- 第 2~12 行：Account 抽象類別的宣告，內含抽象方法 calInterest()。

- 第 14~29 行：繼承 Account 抽象類別的 SavingAccount 子類別，第 25~28 行是抽象方法實作的程式碼。

- 第 34 行：使用 SavingAccount 抽象類別宣告物件變數 s。

- 第 36~37 行：使用 SavingAccount 類別宣告物件變數 s1，然後使用 new 運算子建立 SavingAccount 物件。

- 第 38~39 行：使用 Account 抽象類別宣告物件變數 s2，然後使用 new 運算子建立 SavingAccount 物件。

- 第 48~49 行：if 條件檢查 Account 抽象類別宣告的物件變數是否是 SavingAccount 物件的參考。

- 第 51 和 55 行：型態轉換 s2 成為 SavingAccount 物件變數 s 後，在第 55 行顯示 s.haveCard 成員變數的值。

- 第 46 和 56 行：分別呼叫實作的 calInterest() 抽象方法。

12-6　常數類別

Java 類別可以使用 final 修飾子宣告常數類別與常數方法，如果類別宣告成 final，表示類別不能被繼承；方法宣告成 final，表示方法不可以覆寫。

使用 final 修飾子的理由

在 Java 類別使用 final 修飾子的原因，如下所示：

▶ **保密原因**：基於保密理由，可以將一些類別宣告成 final，以防止子類別存取或覆寫原類別的操作。

▶ **設計原因**：基於物件導向設計的需求，我們可以將某些類別宣告成 final，以避免子類別的繼承。

常數類別與方法的範例

常數類別是使用 final 修飾子進行宣告，例如：繼承父類別 Person04 的 Customer 類別，其類別宣告如下所示：

```
// 使用 final 修飾子宣告類別
final class Customer extends Person04 { …… }
```

上述 final 宣告表示 Customer 類別不能再有子類別。在 Person04 類別的某些方法則宣告成 final，其類別宣告如下所示：

```
class Person04 {   // 宣告 Person04 類別
   ……
   // 使用 final 修飾子宣告方法
   public final String getName() { return name; }
   public final String getAddress() { return address; }
   public final void setName(String n) { name = n; }
   public final void setAddress(String a) {address = a;}
}
```

上述 Person04 類別的 4 個方法都宣告成 final，表示子類別 Customer 不能覆寫這些方法。UML 類別圖如下圖所示：

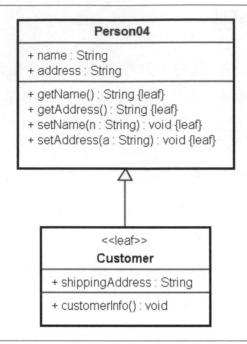

上述常數類別是在類別名稱上方使用模板型態（stereotype）<<leaf>> 指明此為類別是葉節點，不能再被繼承。常數方法是在後面加上 {leaf} 來表示。

程式範例　　　　　　　　　　　　　　　　　　　　　 **Ch12_6.java**

在 Java 程式建立繼承 Person04 類別的 Customer 類別宣告，Customer 類別宣告成 final，Person04 類別的 4 個方法宣告成 final，如下所示：

```
--------------------
姓名 : 陳會安
地址 : 台北市
送貨地址 : 桃園市
--------------------
```

上述執行結果可以顯示客戶的基本資料。

▶ 程式內容

```
01: /* 程式範例: Ch12_6.java */
02: class Person04 {    // Person04 類別宣告
03:    public String name;    // 姓名
04:    public String address;// 地址
05:    // 成員方法: 傳回姓名
```

```
06:    public final String getName() { return name; }
07:    // 成員方法：傳回地址
08:    public final String getAddress() { return address; }
09:    // 成員方法：設定姓名
10:    public final void setName(String n) { name = n; }
11:    // 成員方法：設定地址
12:    public final void setAddress(String a) {address = a;}
13: }
14: // Customer 類別宣告
15: final class Customer extends Person04 {
16:    public String shippingAddress;  // 送貨地址
17:    // 建構子
18:    public Customer(String n,String a,String shipping) {
19:        setName(n);
20:        setAddress(a);
21:        shippingAddress = shipping;
22:    }
23:    // 成員方法：顯示客戶資料
24:    public void customerInfo() {
25:        System.out.println("-------------------");
26:        System.out.println(" 姓名：" + getName());
27:        System.out.println(" 地址：" + getAddress());
28:        System.out.println(" 送貨地址："+shippingAddress);
29:        System.out.println("-------------------");
30:    }
31: }
32: // 主程式類別
33: public class Ch12_6 {
34:    // 主程式
35:    public static void main(String[] args) {
36:        // 宣告 Customer 類別型態的變數，並且建立物件
37:        Customer joe = new Customer("陳會安",
38:                          "台北市","桃園市");
39:        joe.customerInfo();  // 呼叫物件的方法
40:    }
41: }
```

▶ **程式說明**

● 第 6~12 行：宣告成 final 的 4 個方法。

● 第 15~31 行：使用 final 關鍵字宣告 Customer 類別。

學習評量

12-1 類別的繼承

1. 請使用圖例說明什麼是物件導向程式語言的繼承？

2. 類別 A 繼承自類別 E，類別 C 繼承自類別 E，類別 B 繼承自類別 C，類別 D 繼承自類別 C，請問類別 A 的兄弟類別是 _____ 類別。

3. 類別 E 繼承自類別 B，類別 C 繼承自類別 B，類別 B 繼承自類別 D，類別 D 繼承自類別 A，其中，_____ 類別不是類別 E 的父類別。

4. 當多個類別擁有相同父類別時，這些類別稱為 _____。在 UML 類別關聯性中，繼承是 _____（generalization）。

5. 請說明什麼是覆寫和隱藏方法，其差異為何？

6. 父類別的類別方法需要使用子類別的 _____ 方法隱藏，父類別的實例方法可以使用子類別的 _____ 方法覆寫。

7. Java 子類別並不能繼承父類別的建構子，只能使用 _____ 關鍵字呼叫父類別的建構子；同理，在子類別覆寫的方法和隱藏的成員變數，也都可以使用 _____ 來呼叫和存取。

8. 在第 12-1-2 節的程式範例只建立 Student 子類別，請擴充 Java 程式新增 Teacher 老師和 Salesperson 業務員子類別來繼承 Person 類別，其中老師新增授課數，業務員新增薪水的成員變數。

9. 請建立 Bicycle 單車類別，內含色彩、車重、輪距、車型和車價等資料，然後繼承此類別建立 RacingBike（競速單車），新增幾段變速的成員變數和顯示單車資訊的方法，並且繪出 UML 圖的類別架構。

學習評量

10. 請依照下列 UML 類別圖寫出 Java 程式，printGraduate() 方法可以顯示研究生的基本資料，包含學號、姓名、地址、成績和科系，如下圖所示：

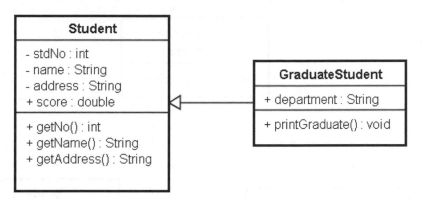

12-2 介面

11. 請舉例說明什麼是 Java 介面？

12. Java 介面是使用 _____ 關鍵字來進行宣告，類別實作介面是使用 _____ 關鍵字。

13. IPrint 介面擁有 print()、page()、footer() 和 header() 四個方法，如果類別實作 IPrint 介面，需要實作 _____ 個方法。

14. 請依照第 12-2-1 節的類別圖寫出 Java 程式的 IPrice 介面和 Car 類別，以便顯示取得車輛價格。

學習評量

15. 請依照下列 UML 類別圖寫出 Java 程式顯示學校和學生清單的詳細資料，兩個類別都實作 IAddress 介面，如下圖所示：

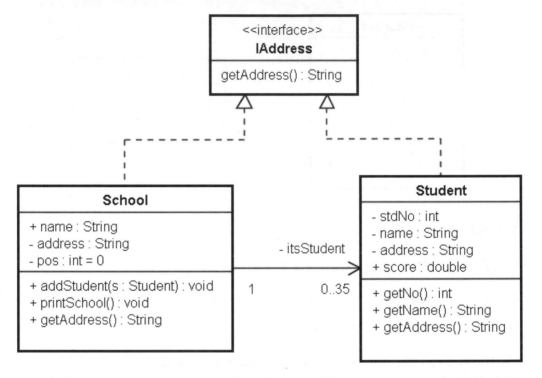

16. 請依照下列 UML 類別圖寫出 Java 程式顯示 Member 會員的資訊，Member 類別繼承 Person 類別且實作 IAddress 介面，如下圖所示：

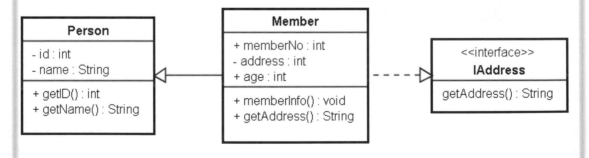

12-3 介面的繼承

17. 如果介面 A 有 1 個方法，介面 B 有 2 個方法，介面 C 除了繼承介面 A 和 B 外，本身也有 1 個介面方法，實作介面 C 的類別共需實作 _____ 介面方法。

18. 請擴充 Ch12_3.java 程式範例，新增 Rectangle 類別實作 IShape 介面。

12-4 介面的多重繼承

19. 請問何謂多重繼承？在 Java 語言是使用 _____ 來建立多重繼承。

20. 請擴充 Ch12_4_2.java 程式範例，新增 Rectangle01 類別實作 IShape01 介面。

12-5 抽象類別

21. 請簡述抽象類別的宣告方式和目的為何？抽象類別是在類別宣告前加上 _____ 修飾子。

22. 請問抽象類別和介面有何差異？

23. 現在有 Computer、AppleComputer 和 AcerComputer 三個類別，請繪出類別架構？哪一個類別可以宣告成抽象類別？

24. 請建立 Person 抽象類別宣告 total() 抽象方法，其繼承的 Student 子類別擁有 3 次考試成績，total() 方法可以計算總分；Employee 子類別擁有 hours 的每月工作時數，total() 方法可以計算每日工時（一月 24 天）和工資，每一小時 800 元。

25. 請修改程式範例 Ch12_5.java，宣告 CheckingAccount 支票帳戶類別來繼承 Account 帳戶類別，其年利率是 0.01。

12-6 常數類別

26. 請簡述常數類別的宣告方式和目的為何？常數類別是在類別宣告前加上 _____ 修飾子。

Chapter

13

巢狀類別、過載與多形

13-1 巢狀類別

在 Java 類別宣告的大括號之中允許有其他類別的宣告，稱為「巢狀類別」（nested classes）。在實務上，我們可以使用巢狀類別實作 UML 類別圖的組成關係（composition）。

說明

本章 Java 程式範例是位在「Ch13」目錄 IntelliJ IDEA 的 Java 專案，請啟動 IntelliJ IDEA，開啟位在「Java8\Ch13」目錄的專案，就可以測試執行本章的 Java 程式範例。

13-1-1 建立巢狀類別

巢狀類別是在類別宣告中擁有其他類別的宣告，位在外層的類別稱為「外層類別」（enclosing class）；內層成員類別稱為「內層類別」（inner classes）。

巢狀類別的宣告

巢狀類別強調類別之間的關聯性，因為內層類別一定需要外層類別存在，如果外層類別的物件不存在，內層類別物件也不會存在。例如：Order 巢狀類別的宣告，如下所示：

```
class Order {   // Order 外層類別
   ......
   class OrderStatus { // OrderStatus 內層類別
      ......
   }
   ......
}
```

上述 Order 類別擁有成員類別 OrderStatus 的內層類別，Order 是巢狀類別的外層類別。UML 類別圖的組成關係是一種成品和零件（whole-part）的類別關係，強調是成品的專屬零件，如下圖所示：

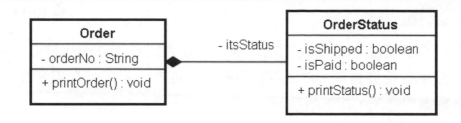

上述類別圖使用實心菱形的實線，從零件 OrderStatus 連接成品的 Order 類別，在連接線尾的文字內容是扮演的角色名稱 itsStatus。在 Java 程式碼是使用物件變數 itsStatus 參考到內層類別的物件。

同樣的，組成關係也可以使用多重性（multiplicity），以此例是一對一，如果是一對多就是使用物件陣列來實作。

☙ 巢狀類別的特點

Java 巢狀類別的主要特點說明，如下所示：

▶ 巢狀類別強調類別之間的關係。例如：訂單擁有訂單狀態，所以 OrderStatus 類別是 Order 類別的一部分。

▶ 巢狀類別的內層類別也是外層類別的成員，所以其他成員可以存取或呼叫內層類別的成員變數和方法，就算宣告成 private 也一樣可以；反之，內層類別的方法也可以直接存取其他成員變數和呼叫成員方法。

▶ 在 Java 程式檔案只允許一個宣告成 public 的類別，如果巢狀類別宣告成 public，內層類別也一樣擁有 public 存取權限，我們可以讓同一個程式檔案的多個類別都擁有 public 存取權限。

說 明

在每一個 Java 程式檔案只允許一個宣告成 public 的類別，而且程式檔案名稱需與此類別的名稱相同。在本章之前的程式範例都是將主程式 main() 所在類別宣告成 public，表示類別可以在同一套件（package）或其他套件的類別使用，詳細的套件說明請參閱第 15 章。

在 Java 程式建立 Order 巢狀類別，擁有內層類別 OrderStatus 儲存訂單狀態，最後顯示訂單的相關資料。程式說明外層類別的方法是如何存取和呼叫內層類別的成員變數和方法，如下所示：

```
====[ 訂單資料 ]====
編號：order001
送貨：false
付款：false
->[ 內層類別 ]
-> 是否送貨：false
-> 是否付款：false
====[ 訂單資料 ]====
編號：order002
送貨：true
付款：false
->[ 內層類別 ]
-> 是否送貨：true
-> 是否付款：false
```

上述執行結果顯示兩張訂單資料，狀態部分屬於 OrderStatus 內層類別的物件。OrderStatus 內層類別物件只能存在外層類別的物件之中，外層類別的物件是使用 itsStatus 物件變數參考內層類別的物件。

▶ **程式內容**

```
01: /* 程式範例：Ch13_1_1.java */
02: class Order {              // Order 外層類別
03:    private String orderNo;
04:    private OrderStatus itsStatus;
05:    class OrderStatus { // OrderStatus 內層類別
06:        private boolean isShipped;
07:        private boolean isPaid;
08:        // 建構子：OrderStatus 內層類別
09:        public OrderStatus(boolean shipped,boolean paid) {
10:            isShipped = shipped;
11:            isPaid = paid;
12:        }
13:        // 成員方法：顯示訂單狀態
14:        public void printStatus() {
15:            System.out.println("->[ 內層類別 ]");
16:            System.out.println("-> 是否送貨：" + isShipped);
```

```
17:          System.out.println("->是否付款: " + isPaid);
18:       }
19:    }
20:    // 建構子: Order 外層類別
21:    public Order(String no,boolean shipped,boolean paid) {
22:       this.orderNo = no;
23:       itsStatus = new OrderStatus(shipped,paid);
24:    }
25:    // 成員方法: 顯示訂單資料
26:    public void printOrder() {
27:       System.out.println("====[ 訂單資料 ]====");
28:       System.out.println(" 編號: " + orderNo);
29:       System.out.println(" 送貨: "+itsStatus.isShipped);
30:       System.out.println(" 付款: "+itsStatus.isPaid);
31:       itsStatus.printStatus(); // 呼叫內層類別的成員方法
32:    }
33: }
34: // 主程式類別
35: public class Ch13_1_1 {
36:    // 主程式
37:    public static void main(String[] args) {
38:       // 宣告物件變數且建立物件
39:       Order order1 = new Order("order001",false,false);
40:       Order order2 = new Order("order002",true,false);
41:       order1.printOrder();  // 顯示訂單資料
42:       order2.printOrder();
43:    }
44: }
```

▶ 程式說明

- 第 2~33 行：Order 巢狀類別宣告，包含 String 物件變數和第 4 行 itsStatus 物件變數和內層類別 OrderStatus 宣告。

- 第 5~19 行：內層類別 OrderStatus 宣告，擁有 2 個 boolean 變數。

- 第 21~24 行：Order 類別建構子，在第 23 行使用 new 運算子建立內層類別的物件。

- 第 29~30 行：使用物件變數 itsStatus 取得內層類別的成員變數 isShipped 和 isPaid。請注意！這 2 個成員變數在內層類別是宣告成 private。

- 第 31 行：使用物件變數 itsStatus 呼叫內層類別的成員方法 printStatus()。

- 第 39~40 行：使用 Order 類別建立 2 個 Order 物件 order1 和 order2。

- 第 41~42 行：分別呼叫 printOrder() 方法。

因為 Java 程式檔案的巢狀類別有 2 個類別宣告,在編譯成 Java 類別檔案 .class 後,也會產生 2 個類別檔,如下所示:

```
Order.class
Order$OrderStatus.class
```

上述 Order.class 是外層類別的類別檔案;Order$OrderStatus.class 是內層類別的類別檔案,如下圖所示:

13-1-2 內層類別的使用

巢狀類別的內層類別是外層類別的零件,也就是其一部分,所以不能有宣告 static 靜態的類別變數和方法,而且只有當外層類別的物件存在時,內層類別才會存在。

在第 13-1-1 節的程式範例是使用外層類別的物件變數來取得內層類別的物件,這一節我們直接在主程式的程式碼建立內層類別的物件和指定成員變數值,以便說明內層類別專屬零件的角色。例如:Payment 巢狀類別宣告,如下所示:

```
class Payment {   // Payment 外層類別
   ......
   class Card {   // Card 內層類別
      ......
   }
}
```

上述 Payment 類別是外層類別;Card 類別是內層類別。在程式碼需要先建立 Payment 物件後,才能建立 Card 物件,如下所示:

```
Payment p1 = new Payment("pay002", 5600.0);
Payment.Card master = p1.new Card();
```

上述程式碼使用 new 運算子建立 p1 參考的 Payment 物件後，接著使用 Payment.Card 宣告物件變數 master。然後使用 p1.new 建立 Card 物件，最後指定內層類別物件的成員變數值，如下所示：

```
master.type = "MASTER";
master.number = "2433-4444-7890-1234";
```

程式範例   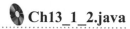 **Ch13_1_2.java**

在 Java 程式建立 Payment 巢狀類別，擁有內層類別 Card 儲存付款資料，最後將付款金額和信用卡資料都顯示出來。程式說明內層類別如何呼叫其他成員方法，如下所示：

```
編號：pay002
金額：5600.0
卡別：MASTER
卡號：2433-4444-7890-1234
```

▶ **程式內容**

```
01: /* 程式範例：Ch13_1_2.java */
02: class Payment {    // Payment 外層類別
03:     private String payNo;
04:     private double amount;
05:     class Card {    // Card 內層類別
06:        public String type;
07:        public String number;
08:        // 成員方法：顯示信用卡資料
09:        public void printCard() {
10:           // 呼叫外層方法
11:           System.out.println("編號：" + getNo());
12:           // 顯示外層的成員變數
13:           System.out.println("金額：" + amount);
14:           // 顯示內層的成員變數
15:           System.out.println("卡別：" + type);
16:           System.out.println("卡號：" + number);
17:        }
18:     }
```

```
19:    // 建構子：外層 Payment
20:    public Payment(String no, double amount) {
21:       payNo = no;
22:       this.amount = amount;
23:    }
24:    // 成員方法：傳回付款編號
25:    private String getNo() { return payNo; }
26: }
27: // 主程式類別
28: public class Ch13_1_2 {
29:    // 主程式
30:    public static void main(String[] args) {
31:       // 宣告 Payment 類別型態的變數，並且建立物件
32:       Payment p1 = new Payment("pay002", 5600.0);
33:       // 建立內層類別的物件
34:       Payment.Card master = p1.new Card();
35:       master.type = "MASTER";   // 存取內層物件變數
36:       master.number = "2433-4444-7890-1234";
37:       master.printCard();      // 呼叫內層物件方法
38:    }
39: }
```

▶ **程式說明**

- 第 2~26 行：Payment 巢狀類別宣告，包含 String 物件變數、double 變數和內層類別 Card 的宣告。在第 20~23 行是 Payment 類別的建構子。

- 第 5~18 行：內層類別 Card 的宣告。

- 第 11 行：內層類別 Card 的成員方法呼叫其他成員方法 getNo()。

- 第 13 行：內層類別 Card 的成員方法存取其他成員變數 amount。

- 第 32 行：使用 Payment 類別建立名為 p1 的 Payment 物件。

- 第 34 行：使用 Payment.Card 類別宣告物件變數 master 後，使用 p1.new 運算子建立物件。

- 第 35~36 行：指定 Card 物件的成員變數 type 和 number。

- 第 37 行：呼叫 printCard() 方法。

13-2 類別的聚合關係

在 Java 程式碼實作聚合關係基本上和結合關係相同，其差異只在聚合關係的 2 個類別擁有成品和零件（whole-part）的類別關係，而不是地位對等的 2 個類別。

聚合關係和上一節組成關係的差異，在組成關係的零件是專屬零件，所以組成關係的零件不能單獨存在。聚合關係的零件可以共用，零件的物件可以單獨存在。

13-2-1　一對一聚合關係

一對一聚合關係是指在類別宣告中擁有一個物件變數參考到其他類別的物件，此類別是成品（whole）；其他類別是零件（part）。例如：Student 類別擁有 Date 類別的生日，生日是學生的零件。UML 類別圖如下圖所示：

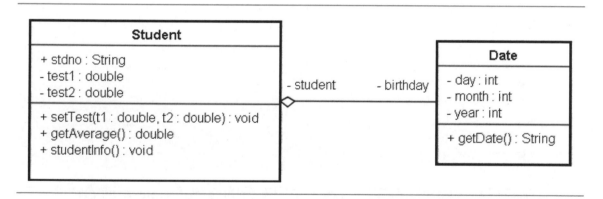

上述類別圖是使用空菱形實線從零件 Date 連接成品的 Student 類別，其扮演的角色名稱分別是 student 和 birthday。Java 程式碼也是使用物件變數參考其他物件，其類別宣告如下所示：

```
class Student {  // Student 成品類別
   private Date birthday;  // 參考 Date 物件
   ......
}
class Date {  // Date 零件類別
   private Student student;  // 參考 Student 物件
   ......
}
```

上述 Student 類別的 birthday 物件變數指向 Date 物件，但是沒有建立物件；同樣的，Date 類別也是使用 student 物件變數參考 Student 物件。在 Student() 建構子是使用 new 運算子建立 Date 物件，如下所示：

```
birthday = new Date(d, m, y, this);
```

上述建構子的最後 1 個參數值 this，可以指定 Date 物件的 student 物件變數值是目前的 Student 物件。

程式範例 Ch13_2_1.java

在 Java 程式建立 2 個類別 Student 和 Date 的一對一聚合關係，然後顯示學生的詳細資料，如下所示：

```
==[學生資料]====
學號：s001
生日：s001:3/12/1978
成績(1)：78.0
成績(2)：65.0
成績平均：71.5
==[學生資料]====
學號：s002
生日：s002:5/24/1975
成績(1)：97.0
成績(2)：55.0
成績平均：76.0
```

上述執行結果顯示 2 位學生資料，生日部分的資料是 Date 類別的物件，在生日內容也會顯示學生學號。

▶ 程式內容

```
01: /* 程式範例: Ch13_2_1.java */
02: class Student {    // Student 類別宣告
03:     public String stdno;
04:     private double test1, test2;
05:     private Date birthday;  // Date 物件
06:     // 建構子: 使用參數設定初始值
07:     public Student(String stdno, int d, int m, int y) {
08:         this.stdno = stdno;
09:         birthday = new Date(d, m, y, this); // 建立 Date 物件
10:     }
```

```
11:      // 成員方法：設定考試成績
12:      public void setTest(double t1, double t2) {
13:         test1 = t1;      // 設定成績
14:         test2 = t2;
15:      }
16:      // 成員方法：計算平均
17:      private double getAverage() {
18:         return (test1+test2)/2;
19:      }
20:      // 成員方法：顯示學生資料
21:      public void studentInfo() {
22:         System.out.println("==[學生資料]==== ");
23:         System.out.println("學號: " + stdno);
24:         System.out.println("生日: " + birthday.getDate());
25:         System.out.println("成績(1): " + test1);
26:         System.out.println("成績(2): " + test2);
27:         System.out.println("成績平均: " + getAverage());
28:      }
29: }
30: class Date {   // Date 類別宣告
31:      private int day;
32:      private int month;
33:      private int year;
34:      private Student student;
35:      // 建構子：使用參數設定成員資料初始值
36:      public Date(int d, int m, int y, Student std) {
37:         day = d;           // 設定日期
38:         month = m;         // 設定月份
39:         year = y;          // 設定年份
40:         student = std;     // 指定學生
41:      }
42:      // 成員方法：取得日期資料
43:      public String getDate() {
44:         return student.stdno+":"+month+"/"+day+"/"+year;
45:      }
46: }
47: // 主程式類別
48: public class Ch13_2_1 {
49:      // 主程式
50:      public static void main(String[] args) {
51:         // 宣告 Student 類別型態的變數，並且建立物件
52:         Student std1 = new Student("s001", 12, 3, 1978);
53:         Student std2 = new Student("s002", 24, 5, 1975);
54:         std1.setTest(78.0, 65.0);   // 設定考試成績
55:         std2.setTest(97.0, 55.0);
56:         std1.studentInfo();   // 呼叫物件的方法
57:         std2.studentInfo();
58:      }
59: }
```

▶ **程式說明**

- 第 2~29 行：Student 類別宣告，在第 5 行是 Date 類別的物件變數 birthday，第 7~10 行的建構子建立 Date 物件，在第 24 行使用 Date 物件的 getDate() 方法取得日期資料。
- 第 30~46 行：Date 類別宣告，在第 34 行是 Student 類別的物件變數 student。
- 第 52~53 行：使用 Student 類別建立 Student 物件 std1 和 std2。
- 第 54~55 行：分別呼叫 setTest() 方法設定考試成績。
- 第 56~57 行：分別呼叫 studentInfo() 方法顯示學生資料、各科考試成績和平均。

13-2-2　一對多聚合關係

一對多聚合關係是指 1 個類別對多個類別，也就是成品需要同樣的多個零件，例如：一輛車有 4 個輪胎；Student01 學生擁有住家電話、宿舍電話和手機等多個 Phone 電話物件。UML 類別圖如下圖所示：

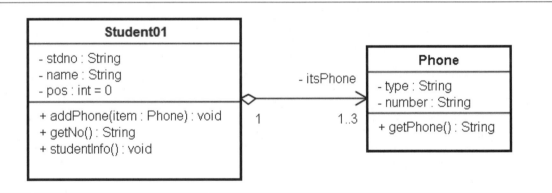

上述 Student01 類別擁有 1 到 3 個 Phone 物件。筆者是使用物件陣列實作一對多的聚合關係，如下所示：

```
class Student01 {  // Student01 成品類別
    ......
    private int pos = 0;  // 可用陣列索引
    // 宣告物件陣列儲存 Phone 物件
    private Phone[] itsPhone = new Phone[3];
    ......
}
class Phone { … }  // Phone 零件類別
```

上述聚合關係是可導覽聚合關係，所以 Student01 物件知道 Phone 物件，但 Phone 物件並不知道屬於的 Student01 物件。

程式範例　　　　　　　　　　　　　　　　　　　Ch13_2_2.java

在 Java 程式宣告 Student01 和 Phone 類別後，建立類別的一對多聚合關係，並且顯示學生資料，如下所示：

```
學號：s001
姓名：陳會安
住宅：02-22222222
手機：0999-4567-199
```

上述執行結果顯示學生共有 2 筆電話資料。

▶ 程式內容

```java
01: /* 程式範例：Ch13_2_2.java */
02: class Student01 {    // Student01 類別宣告
03:     private String stdno;
04:     private String name;
05:     private int pos = 0;
06:     private Phone[] itsPhone = new Phone[3];
07:     // 建構子：使用參數設定成員資料初始值
08:     public Student01(String no, String name) {
09:         stdno = no;          // 設定學號
10:         this.name = name;    // 設定姓名
11:     }
12:     // 成員方法：新增地址
13:     public void addPhone(Phone item) {
14:         itsPhone[pos] = item;
15:         pos++;
16:     }
17:     // 成員方法：取得學號
18:     public String getNo() { return stdno; }
19:     // 成員方法：顯示學生資料
20:     public void studentInfo() {
21:         System.out.println("學號：" + stdno);
22:         System.out.println("姓名：" + name);
23:         // 顯示電話資料
24:         for ( int i = 0 ; i < pos; i++ )
25:             System.out.println(itsPhone[i].getPhone());
26:     }
```

```
27: }
28: class Phone {      // Phone 類別宣告
29:    private String type;       // 種類
30:    private String number;     // 號碼
31:    // 建構子：使用參數設定成員資料初始值
32:    public Phone(String type, String number) {
33:        this.type = type;        // 設定種類
34:        this.number = number;    // 設定號碼
35:    }
36:    // 成員方法：傳回號碼
37:    public String getPhone() { return type+": "+number; }
38: }
39: // 主程式類別
40: public class Ch10_2_2 {
41:    // 主程式
42:    public static void main(String[] args) {
43:        // 宣告物件變數且建立物件
44:        Student01 joe = new Student01("s001", "陳會安");
45:        Phone phone1 = new Phone("住宅", "02-22222222");
46:        Phone phone2 = new Phone("手機", "0999-4567-199");
47:        // 新增電話資料
48:        joe.addPhone(phone1);
49:        joe.addPhone(phone2);
50:        // 顯示學生資料
51:        joe.studentInfo();
52:    }
53: }
```

▶ **程式說明**

- 第 2~27 行：Student01 類別宣告，擁有物件陣列和 addPhone() 方法新增 Phone 物件，在第 6 行物件陣列 itsPhone[] 可以參考多個 Phone 物件。

- 第 13~16 行：addPhone() 方法使用 pos 成員變數記錄下一個可用陣列索引，第 14 行新增 Phone 物件，第 15 行將 pos 索引加 1。

- 第 28~38 行：Phone 類別宣告。

- 第 44~46 行：建立 1 個 Student01 物件和 2 個 Phone 物件。

- 第 48~49 行：新增學生的電話資料，即 Phone 物件。

- 第 51 行：顯示學生資料。

13-2-3　遞迴的聚合關係

「遞迴結合關係」（self-associations）可以使用在結合、組成或聚合關係，此關係是指類別擁有參考到自己的指標，以聚合關係來說，類別本身是成品，也是零件。

例如：學校科系 Department 類別可以分成很多子科系，每一個子科系物件也是 Department 類別。UML 類別圖如下圖所示：

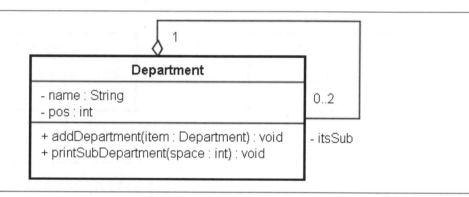

上述 Department 類別擁有 0 到 2 個 Department 物件。我們一樣可以使用物件陣列來建立一對多的遞迴聚合關係，如下所示：

```
class Department {   // Department 成品和零件
    ......
    private int pos;   // 可用陣列索引
    // 宣告物件陣列儲存 Department 物件
    private Department itsSub[] = new Department[2];
    ......
}
```

程式範例　　　　　　　　　　　　　　　Ch13_2_3.java

在 Java 程式宣告 Department 類別後，建立此類別的遞迴一對多聚合關係，可以顯示各科系和子科系名稱，如下所示：

```
+ 科系：統計數學系
 + 科系：統計系
 + 科系：數學系
  + 科系：應用數學系
--------------
+ 科系：數學系
 + 科系：應用數學系
```

　　上述執行結果顯示【統計數學系】的子科系是【統計系】和【數學系】，【數學系】的子科系是【應用數學系】。UML 物件圖如下圖所示：

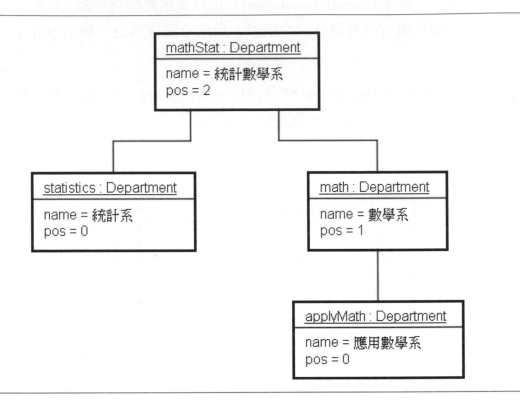

▶ **程式內容**

```
01: /* 程式範例：Ch13_2_3.java */
02: class Department { // Department 類別宣告
03:     private String name;
04:     private int pos;
05:     private Department itsSub[] = new Department[2];
06:     // 建構子：使用參數設定初始值
07:     public Department(String name) {
08:         this.name = name;
09:         itsSub[0] = null;
10:         itsSub[1] = null;
11:     }
12:     // 成員方法：新增子科系
13:     public void addDepartment(Department item) {
14:         itsSub[pos] = item;
15:         pos++;
16:     }
17:     // 成員方法：顯示科系資料
```

```
18:    public void printSubDepartment(int space) {
19:       for ( int i = 0 ; i < space; i++ )
20:          System.out.print(" "); // 新增空白
21:       System.out.println("+科系: " + name);
22:       space++;
23:       for ( int i = 0 ; i < pos; i++ )
24:         if ( itsSub[i] != null)
25:            itsSub[i].printSubDepartment(space);
26:    }
27: }
28: // 主程式類別
29: public class Ch13_2_3 {
30:    // 主程式
31:    public static void main(String[] args) {
32:       // 宣告 Department 類別型態的變數，並且建立物件
33:       Department mathStat=new Department("統計數學系");
34:       Department statistics=new Department("統計系");
35:       Department math=new Department("數學系");
36:       Department applyMath=new Department("應用數學系");
37:       // 新增科系資料
38:       mathStat.addDepartment(statistics);
39:       mathStat.addDepartment(math);
40:       math.addDepartment(applyMath);
41:       // 呼叫物件的方法
42:       mathStat.printSubDepartment(0);
43:       System.out.println("--------------");
44:       math.printSubDepartment(0);
45:    }
46: }
```

▶程式說明

- 第 2~27 行：Department 類別宣告，擁有第 5 行物件陣列和第 13~16 行 addDepartment() 方法新增 Department 物件。

- 第 33~36 行：建立 4 個 Department 物件。

- 第 38~40 行：新增科系的子科系資料，即 Department 物件。

- 第 42 和 44 行：分別呼叫 printSubDepartment() 方法來顯示科系和子科系資料。

13-3 方法的過載

「過載」（overload）是指建立同名的多個方法。因為物件導向技術的物件是依接收訊息來執行不同方法，所以，物件只要能夠辨識是不同的訊息，就算是同名方法，也一樣可以正確執行指定的方法。

13-3-1 類別方法的過載

在 Java 同一個類別允許擁有 2 個以上同名方法，稱為過載（overload），過載方法只需傳遞參數個數或資料型態不同即可。

🕮 參數型態不同

Java 方法只需參數的資料型態不同，就可以建立過載方法，如下所示：

```
static int cube(int num)
static double cube(double num)
```

上述 2 個同名方法只有參數的資料型態不同。

🕮 參數個數不同

Java 方法只需參數的個數不同，也可以建立過載方法，如下所示：

```
static int getMin(int a, int b)
static int getMin(int a, int b, int c)
```

上述同名方法的參數個數分別為2和3。請注意！方法傳回值不是訊息內容，所以，不同資料型態的傳回值，不能產生不同訊息。過載方法不可以只有不同的傳回值型態，如下所示：

```
static int square(double no)
static double square(double no)
```

上述同名方法只有傳回值 int 和 double 型態的不同，這並非過載方法，它會造成 Java 程式的編譯錯誤。

程式範例　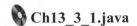 **Ch13_3_1.java**

在 Java 程式使用過載建立 2 個同名的類別方法 cube() 和 getMin()，分別只有參數型態和個數不同，如下所示：

```
10*10*10 = 1000
15.2*15.2*15.2 = 3511.8079999999995
45 和 60 => 45 比較小
48 ,34 和 25 => 25 比較小
```

上述執行結果可以看到前 2 列是呼叫 cube() 方法，參數分別是 int 和 double，接著呼叫 getMin() 方法找出 2 個或 3 個參數中的最小值。

▶ **程式內容**

```
01: /* 程式範例：Ch13_3_1.java */
02: public class Ch13_3_1 {
03:     // 類別方法：計算立方
04:     static int cube(int num) {
05:         return num*num*num;  // 傳回值
06:     }
07:     // 類別方法：計算立方
08:     static double cube(double num) {
09:         return num*num*num;  // 傳回值
10:     }
11:     // 類別方法：取得最小值
12:     static int getMin(int a, int b) {
13:        if ( a < b ) return a;
14:        else           return b;
15:     }
16:     // 類別方法：取得最小值
17:     static int getMin(int a, int b, int c) {
18:        int temp;  // 變數宣告
19:        if ( a < b ) temp = a;
20:        else          temp = b;
21:        if ( temp < c ) return temp;
22:        else             return c;
23:     }
24:     // 主程式
25:     public static void main(String[] args) {
26:        int num1 = 10;  // 變數宣告
27:        double num2 = 15.2;
28:        // 類別方法的呼叫
29:        System.out.println(num1 + "*" + num1 + "*" + num1
30:                       + " = " + cube(num1));
```

```
31:        System.out.println(num2 + "*" + num2 + "*" + num2
32:                        + " = " + cube(num2));
33:        System.out.println("45 和 60 => " +
34:                        getMin(45, 60) + " 比較小 ");
35:        System.out.println("48 ,34 和 25 => " +
36:                        getMin(48, 34, 25) + " 比較小 ");
37:    }
38: }
```

▶ **程式說明**

- 第 4~10 行：2 個過載的類別方法 cube()，參數型態分別為 int 和 double。
- 第 12~23 行：2 個過載的類別方法 getMin()，分別有 2 和 3 個 int 參數。
- 第 29~32 行：測試 2 個類別方法 cube()。
- 第 33~36 行：測試 2 個類別方法 getMin()。

13-3-2　成員方法的過載

Java 類別宣告不只類別方法可以過載，成員方法也可以過載。例如：Time 類別宣告擁有 2 個過載 setTime() 方法，其類別宣告如下所示：

```
class Time {   // Time 類別宣告
   ......
   // 同名成員方法 (1)
   public void setTime(int hour, int minute, int second) {
      this.hour = hour;
      this.minute = minute;
      this.second = second;
   }
   // 同名成員方法 (2)
   public void setTime(int hour, int minute) {
      this.hour = hour;
      this.minute = minute;
      second = 19;
   }
   ......
}
```

上述 Time 類別擁有 2 個同名 setTime() 的過載成員方法，只是參數個數分別有 2 和 3 個。

程式範例
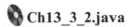 **Ch13_3_2.java**

在 Java 程式宣告 Time 類別，類別擁有兩個過載 setTime() 成員方法，可以指定時間資料，如下所示：

```
開張時間：9:30:50
結束時間：21:30:19
```

上述執行結果顯示 2 個時間資料，分別是使用過載的同名成員方法 setTime() 指定的時間資料。

▶ 程式內容

```java
01: /* 程式範例：Ch13_3_2.java */
02: class Time {    // Time 類別宣告
03:     private int hour;
04:     private int minute;
05:     private int second;
06:     // 成員方法(1)：設定時間資料
07:     public void setTime(int hour, int minute, int second) {
08:         this.hour = hour;          // 設定小時
09:         this.minute = minute;      // 設定分
10:         this.second = second;      // 設定秒
11:     }
12:     // 成員方法(2)：設定時間資料
13:     public void setTime(int hour, int minute) {
14:         this.hour = hour;          // 設定小時
15:         this.minute = minute;      // 設定分
16:         second = 19;               // 設定秒
17:     }
18:     // 成員方法：顯示時間資料
19:     public void printTime() {
20:         System.out.println(hour+":"+minute+":"+second);
21:     }
22: }
23: // 主程式類別
24: public class Ch13_3_2 {
25:     // 主程式
26:     public static void main(String[] args) {
27:         // 宣告 Time 類別型態的變數，並且建立物件
28:         Time open = new Time();
29:         Time close = new Time();
30:         // 指定時間資料
31:         open.setTime(9, 30, 50);
32:         close.setTime(21, 30);
```

```
33:          System.out.print(" 開張時間 : ");
34:          open.printTime();    // 呼叫物件的方法
35:          System.out.print(" 結束時間 : ");
36:          close.printTime();
37:      }
38: }
```

▶ **程式說明**

- 第 2~22 行：Time 類別宣告。
- 第 7~17 行：2 個過載的 setTime() 成員方法，分別擁有 2 和 3 個 int 參數。

13-3-3　過載的建構子

　　Java 類別宣告的建構子也支援過載，我們可以建立多個同名建構子方法，只需不同參數型態或個數即可。例如：Time01 類別擁有多個同名的建構子，其類別宣告如下所示：

```
class Time01 {   // Time01 類別宣告
   ......
   public Time01() {   // 同名建構子 (1)
      hour = 10;
      minute = 30;
      second = 50;
   }
   public Time01(int h, int m, int s) {   // 同名建構子 (2)
      hour = h;
      minute = m;
      second = s;
   }
   ......
}
```

　　上述類別宣告擁有 2 個建構子，第 1 個沒有參數列，第 2 個擁有 3 個 int 整數參數。

程式範例 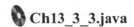 **Ch13_3_3.java**

這個 Java 程式是修改第 13-3-2 節建立 Time01 類別，替類別加上過載的建構子方法，如下所示：

```
開張時間：10:30:50
結束時間：21:30:50
```

上述執行結果可以顯示 2 個時間資料，這些時間資料是在建立物件時，使用建構子指定的時間資料。

▶ 程式內容

```
01: /* 程式範例：Ch13_3_3.java */
02: class Time01 {     // Time01 類別宣告
03:     private int hour;
04:     private int minute;
05:     private int second;
06:     // 建構子 (1)：沒有參數
07:     public Time01() {
08:         hour = 10;          // 設定小時
09:         minute = 30;        // 設定分
10:         second = 50;        // 設定秒
11:     }
12:     // 建構子 (2)：使用參數設定成員資料初始值
13:     public Time01(int h, int m, int s) {
14:         hour = h;           // 設定小時
15:         minute = m;         // 設定分
16:         second = s;         // 設定秒
17:     }
18:     // 成員方法：顯示時間資料
19:     public void printTime() {
20:         System.out.println(hour+":"+minute+":"+second);
21:     }
22: }
23: // 主程式類別
24: public class Ch13_3_3 {
25:     // 主程式
26:     public static void main(String[] args) {
27:         // 宣告 Time01 類別型態的變數，且建立物件
28:         Time01 open = new Time01();
29:         Time01 close = new Time01(21, 30, 50);
30:         System.out.print("開張時間：");
31:         open.printTime();   // 呼叫物件的方法
32:         System.out.print("結束時間：");
```

```
33:        close.printTime();
34:    }
35: }
```

▶ **程式說明**

- 第 7~17 行：Time01 類別過載的 2 個建構子方法。
- 第 28~29 行：分別使用 2 個過載建構子方法來建立物件。

13-3-4 this 關鍵字與過載建構子

在 Java 類別宣告的成員方法和建構子，都可以使用 this 關鍵字來參考物件本身的成員方法和變數。當在建構子使用 this，我們還可以建立更簡潔的過載建構子方法。例如：Time02 類別宣告的過載建構子方法，其類別宣告如下所示：

```
class Time02 {   // Time02 類別宣告
    ......
    // 過載建構子方法
    public Time02() { this(10, 30, 50); }
    public Time02(int h) { this(h, 30, 50); }
    public Time02(int h, int m) { this(h, m, 50); }
    public Time02(int hour, int minute, int second) {
        this.hour = hour;
        this.minute = minute;
        this.second = second;
    }
    ......
}
```

上述共有 4 個過載建構子方法，它們是使用 this 關鍵字呼叫物件本身的其他過載建構子，這些建構子最多擁有 3 個參數。前面 3 個建構子都是呼叫最後一個建構子方法來指定時間資料。

請注意！如果在建構子使用 this 關鍵字呼叫物件本身的其他過載建構子時，呼叫其他建構子方法的程式碼，一定需要位在程式區塊的第 1 行程式碼。

程式範例 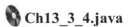 **Ch13_3_4.java**

這個 Java 程式是修改第 13-3-3 節建立的 Time02 類別，使用 this 關鍵字建立類別的過載建構子方法，如下所示：

```
開張時間：10:30:50
結束時間：22:30:50
午茶時間：15:30:50
午休時間：12:30:20
```

上述執行結果可以顯示呼叫不同建構子方法建立的時間物件。

▶ 程式內容

```java
01: /* 程式範例：Ch13_3_4.java */
02: class Time02 {    // Time02類別宣告
03:     private int hour;
04:     private int minute;
05:     private int second;
06:     // 建構子(1)：沒有參數
07:     public Time02() { this(10, 30, 50); }
08:     // 建構子(2)：只有日期參數
09:     public Time02(int h) { this(h, 30, 50); }
10:     // 建構子(3)：只有日期和月份參數
11:     public Time02(int h, int m) { this(h, m, 50); }
12:     // 建構子(4)：使用參數設定成員資料的初始值
13:     public Time02(int hour, int minute, int second) {
14:         this.hour = hour;            // 設定小時
15:         this.minute = minute;        // 設定分
16:         this.second = second;        // 設定秒
17:     }
18:     // 成員方法：顯示時間資料
19:     public void printTime() {
20:         System.out.println(hour+":"+minute+":"+second);
21:     }
22: }
23: // 主程式類別
24: public class Ch13_3_4 {
25:     // 主程式
26:     public static void main(String[] args) {
27:         // 宣告Time02類別型態的變數，並且建立物件
28:         Time02 open = new Time02();
29:         Time02 close = new Time02(22);
30:         Time02 teaTime = new Time02(15, 30);
31:         Time02 breakTime = new Time02(12, 30, 20);
```

```
32:            System.out.print(" 開張時間 : ");
33:            open.printTime();   // 呼叫物件的方法
34:            System.out.print(" 結束時間 : ");
35:            close.printTime();
36:            System.out.print(" 午茶時間 : ");
37:            teaTime.printTime();
38:            System.out.print(" 午休時間 : ");
39:            breakTime.printTime();
40:        }
41: }
```

▶ **程式說明**

- 第 7~17 行：Time02 類別擁有過載的 4 個建構子方法，前 3 個建構子都是使用 this 關鍵字呼叫最後一個建構子方法。
- 第 28~31 行：使用各種過載建構子方法來建立物件。

13-4 多形的基礎

「多形」（polymorphism）是物件導向程式設計重要且複雜的觀念，可以讓應用程式更容易擴充，一個同名方法，就可以處理不同資料型態的物件，和產生不同的操作。

13-4-1 靜態與動態連結

物件導向的過載與多形機制是架構在訊息和物件的「靜態連結」（static binding）與「動態連結」（dynamic binding）。

🖙 **靜態連結**

靜態連結（static binding）的訊息是在編譯階段，就決定其送往的目標物件。例如：Ch13_3_3.java 程式的過載方法是在編譯時就建立訊息和物件的連結，也稱為「早期連結」（early binding）。

因為 Ch13_3_3.java 程式的訊息是在編譯時就決定送達的目標物件是 open 和 close，如下圖所示：

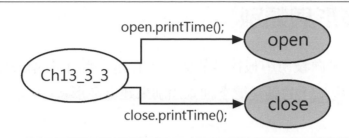

動態連結

動態連結（dynamic binding）的訊息是直到執行階段，才知道訊息送往的目標物件，這就是多形擁有彈性的原因，也稱為「延遲連結」（late binding）。

在第 13-3 節筆者說明的就是靜態連結的過載方法，接著將進入本章的主題：動態連結的多形。

13-4-2　Java 的多形實作

多形是物件導向程式設計的重要觀念，Java 實作多形有三種方式，如下所示：

▶ **方法過載**（method overloading）：方法過載也屬於多形，屬於一種靜態連結的多形。

▶ **類別繼承的方法覆寫**（method overriding through Inheritance）：繼承基礎類別覆寫同名方法或實作同名的抽象方法，可以處理不同資料型態的物件。如果有新類別，也只需新增繼承的子類別和建立方法，詳見第 13-5 節的說明。

▶ **Java 介面的方法覆寫**（method overriding through the Java Interface）：Java 介面是同一物件擁有多種型態，不同物件也可以擁有相同的介面型態，一樣可以透過 Java 介面實作多形，詳見第 13-6 節的說明。

13-5 多形與類別

多形是物件導向技術中最複雜的觀念，在這一節筆者準備使用類別繼承的方法覆寫來實作多形，也就是繼承抽象類別來建立多形。

📚 抽象類別

Shape 抽象類別是建立多形所需的基礎類別，類別定義抽象方法 area()，其宣告如下所示：

```
abstract class Shape {  // Shape 抽象類別
   public double x;
   public double y;
   public abstract void area();  // 抽象方法
}
```

📚 建立多形

在 Java 程式可以繼承 Shape 抽象類別建立 Circle（圓形）、Rectangle（長方形）和 Triangle（三角形）三個子類別來建立多形方法。其類別宣告如下所示：

```
class Circle extends Shape {  // Circle 類別宣告
   ......
   public void area() { … }
}
class Rectangle extends Shape {  // Rectangle 類別宣告
   ......
   public void area() { … }
}
class Triangle extends Shape {  // Triangle 類別宣告
   ......
   public void area() { … }
}
```

上述 3 個子類別都實作抽象方法 area()，只是內含程式碼不同，可以計算不同圖形的面積。現在，我們可以使用抽象類別 Shape 宣告物件變數 s，如下所示：

```
Shape s;
```

上述物件變數 s 能夠參考 Circle、Rectangle 和 Triangle 物件，所以，物件變數 s 也可以呼叫各物件的 area() 方法，如下所示：

```
s.area();
```

上述呼叫會依照物件變數 s 參考的物件來呼叫正確的方法。例如：如果 s 參考 Rectangle 物件，就會呼叫 Rectangle 物件的 area() 方法，這個 area() 方法是多形。多形方法是直到執行階段，才會依照實際參考的物件來執行正確的方法。

動態連結

在物件導向技術的物件呼叫一個方法，就是送一個訊息給物件，告訴物件需要執行什麼方法，現在 s.area() 將訊息送到 s 物件變數參考的物件，如下圖所示：

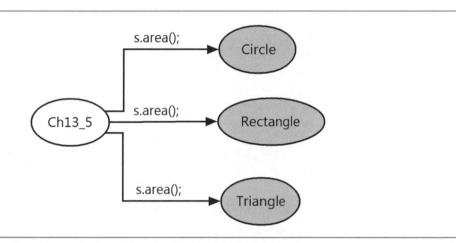

上述圖例在 Java 類別 Ch13_5 的主程式 main() 方法送出 3 個同名的 s.area() 訊息（s 即 Shape 型態），這是實作程式碼，等到動態連結在執行階段送出訊息時，才會依照物件變數參考的物件來送出訊息，所以實際送出的是如下所示的 3 個訊息：

```
Circle.area();
Rectangle.area();
Triangle.area();
```

上述訊息可以送到指定物件，執行該物件的 area() 方法，所以，我們不用修改 Java 程式碼，只需新增繼承的子類別，再加上覆寫同名的方法，就可以馬上支援一種新圖形，輕鬆擴充 Java 程式的功能。

程式範例

在 Java 程式建立 Shape 抽象類別後,建立 Circle、Rectangle 和 Triangle 三個子類別,以便建立多形方法 area(),如下所示:

```
圓形面積: 78.54
長方形面積: 225.0
三角形面積: 50.0
```

上述執行結果顯示 3 種圖形面積,它們都是呼叫 s.area() 方法的執行結果,這就是多形。

▶ 程式內容

```
01: /* 程式範例: Ch13_5.java */
02: abstract class Shape {    // Shape抽象類別宣告
03:     public double x;    // X座標
04:     public double y;    // y座標
05:     // 抽象方法: 計算面積
06:     public abstract void area();
07: }
08: class Circle extends Shape {   // Circle類別宣告
09:     private double r;        // 半徑
10:     // 建構子
11:     public Circle(double x, double y, double r) {
12:         this.x = x;
13:         this.y = y;
14:         this.r = r;
15:     }
16:     // 成員方法: 實作抽象方法area()
17:     public void area() {
18:         System.out.println(" 圓形面積: " + 3.1416*r*r);
19:     }
20: }
21: class Rectangle extends Shape {   // Rectangle類別宣告
22:     private double width;      // 寬
23:     private double height;      // 高
24:     // 建構子
25:     public Rectangle(double x,double y,
26:                      double w,double h) {
27:         this.x = x;
28:         this.y = y;
29:         width = w;
30:         height = h;
31:     }
```

```
32:        // 成員方法：實作抽象方法 area()
33:        public void area() {
34:            System.out.println(" 長方形面積： "+(height*width));
35:        }
36: }
37: class Triangle extends Shape {   // Triangle 類別宣告
38:        private double height;      // 高
39:        private double bottom;      // 三角形底
40:        // 建構子
41:        public Triangle(double x,double y,double h,double b) {
42:            this.x = x;
43:            this.y = y;
44:            height = h;
45:            bottom  = b;
46:        }
47:        // 成員方法：實作抽象方法 area()
48:        public void area() {
49:            System.out.println(" 三角形面積： "+height*bottom/2.0);
50:        }
51: }
52: // 主程式類別
53: public class Ch13_5 {
54:        // 主程式
55:        public static void main(String[] args) {
56:            Shape s;     // 抽象類別的物件變數
57:            // 宣告類別型態的變數，並且建立物件
58:            Circle c = new Circle(5.0, 10.0, 5.0);
59:            Rectangle r=new Rectangle(10.0,10.0,15.0,15.0);
60:            Triangle t=new Triangle(10.0,10.0,20.0,5.0);
61:            // 呼叫抽象類型物件的抽象方法 area()
62:            for ( int i = 1; i <= 3; i++ ) {
63:                if ( i == 1 )          s = c;  // 圓形
64:                  else if ( i == 2 ) s = r;  // 長方形
65:                      else           s = t;  // 三角形
66:                s.area();
67:            }
68:        }
69: }
```

▶ **程式說明**

- 第 2~7 行：Shape 抽象類別宣告，內含抽象方法 area()。
- 第 8~20 行：繼承 Shape 類別的 Circle 子類別，第 17~19 行實作抽象方法 area()。

- 第 21~36 行：繼承 Shape 類別的 Rectangle 子類別，第 33~35 行實作抽象方法 area()。
- 第 37~51 行：繼承 Shape 類別的 Triangle 子類別，第 48~50 行實作抽象方法 area()。
- 第 58~60 行：分別使用 Circle、Rectangle 和 Triangle 類別宣告物件變數 c、r 和 t，然後使用 new 運算子建立各物件。
- 第 62~67 行：在 for 迴圈使用 if 條件敘述來指定 Shape 類別的物件變數 s 是指向第 63 行的 Circle 物件、第 64 行的 Rectangle 物件或第 65 行的 Triangle 物件後，在第 66 行呼叫 area() 多形方法顯示各種圖形面積。

13-6 多形與介面

Java 介面是指同一物件擁有多種型態，不同物件也可以擁有相同的介面型態，我們一樣可以透過 Java 介面實作多形。事實上，Java 介面的多形實際應用在「委託事件處理模型」（delegation event model），因為事件傾聽者物件實作標準介面，可以讓事件來源物件使用介面型態的物件變數，執行介面實作的多形方法，詳細說明請參閱第 17 章。

13-6-1 使用介面來實作多形

我們除了可以使用第 13-5 節的方法來建立多形外，也可以實作 Java 介面方法來建立多形，筆者準備使用一個實例來說明如何使用 Java 介面的方法覆寫來建立多形。

Java 介面

IArea 介面是用來建立多形的介面，定義介面方法 area()，其宣告如下所示：

```
interface IArea {  // IArea 介面宣告
   void area();
}
```

📚 建立多形

在 Java 程式建立 Circle01（圓形）、Rectangle01（長方形）和 Triangle01（三角形）三個類別實作 IArea 介面來建立多形方法。其類別宣告如下所示：

```
class Circle01 implements IArea {  // Circle01類別宣告
   ......
   public void area() { … }
}
class Rectangle01 implements IArea {  // Rectangle01類別宣告
   ......
   public void area() { … }
}
class Triangle01 implements IArea {  // Triangle01類別宣告
   ......
   public void area() { … }
}
```

上述 3 個類別都實作 area() 方法，只是內含程式碼不同，可以分別計算不同圖形的面積。現在，我們可以使用介面 IArea 宣告物件變數 a，如下所示：

```
IArea a;
```

上述物件變數 a 能夠參考 Circle、Rectangle 和 Triangle 物件，所以，物件變數 a 可以呼叫物件的 area() 方法來建立多形。

程式範例　　　　　　　　　　　　　　　　　　　　💿 Ch13_6_1.java

在 Java 程式建立 IArea 介面後，建立 Circle01、Rectangle01 和 Triangle03 三個類別來實作此介面，以便建立多形方法 area()，如下所示：

```
圓形面積：113.0976
長方形面積：150.0
三角形面積：150.0
```

上述執行結果顯示 3 種圖形面積，它們都是呼叫 a.area() 方法的執行結果，這就是多形。

▶ 程式內容

```
01: /* 程式範例：Ch13_6_1.java */
02: interface IArea {   // IArea 介面宣告
03:    // 介面方法：計算面積
04:    void area();
05: }
06: class Circle01 implements IArea { // Circle01 類別宣告
07:    private double r;       // 半徑
08:    // 建構子
09:    public Circle01(double r) {
10:       this.r = r;
11:    }
12:    // 成員方法：實作介面方法 area()
13:    public void area() {
14:       System.out.println(" 圓形面積：" + 3.1416*r*r);
15:    }
16: }
17: class Rectangle01 implements IArea {  // Rectangle01 類別宣告
18:    private double width;      // 寬
19:    private double height;     // 高
20:    // 建構子
21:    public Rectangle01(double width, double height) {
22:       this.width = width;
23:       this.height = height;
24:    }
25:    // 成員方法：實作介面方法 area()
26:    public void area() {
27:       System.out.println(" 長方形面積："+(width*height));
28:    }
29: }
30: class Triangle01 implements IArea {    // Triangle01 類別宣告
31:    private double height;      // 高
32:    private double bottom;       // 三角形底長
33:    // 建構子
34:    public Triangle01(double height, double bottom) {
35:       this.height = height;
36:       this.bottom = bottom;
37:    }
38:    // 成員方法：實作介面方法 area()
39:    public void area() {
40:       System.out.println(" 三角形面積："+height*bottom/2.0);
41:    }
42: }
43: // 主程式類別
44: public class Ch13_6_1 {
45:    // 主程式
```

```
46:    public static void main(String[] args) {
47:        IArea a;       // 介面的物件變數
48:        // 宣告類別型態的變數，並且建立物件
49:        Circle01 c = new Circle01(6.0);
50:        Rectangle01 r=new Rectangle01(10.0, 15.0);
51:        Triangle01 t=new Triangle01(20.0, 15.0);
52:        // 呼叫介面的介面方法area()
53:        for ( int i = 1; i <= 3; i++ ) {
54:            if ( i == 1 )          a = c;   // 圓形
55:              else if ( i == 2 ) a = r;   // 長方形
56:                  else           a = t;   // 三角形
57:            a.area();
58:        }
59:    }
60: }
```

▶ **程式說明**

- 第 2~5 行：IArea 介面宣告，內含介面方法 area()。
- 第 6~16 行：Circle01 類別實作 IArea 介面，第 13~15 行實作 area() 方法。
- 第 17~29 行：Rectangle01 類別實作 IArea 介面，第 26~28 行實作 area() 方法。
- 第 30~42 行：Triangle01 類別實作 IArea 介面，第 39~41 行實作 area() 方法。
- 第 49~51 行：分別使用 Circle01、Rectangle01 和 Triangle01 類別宣告物件變數 c、r 和 t，然後使用 new 運算子建立各物件。
- 第 53~58 行：在 for 迴圈使用 if 條件敘述來指定 IArea 介面物件變數 a 是指向第 54 行的 Circle01 物件、第 55 行的 Rectangle01 物件或第 56 行的 Triangle01 物件後，在第 57 行呼叫 area() 多形方法來顯示各種圖形的面積。

13-6-2　介面資料型態

Java 介面可以新增物件的資料型態，因為 Java 類別和介面都是一種資料型態，其主要目的是：讓同一物件擁有多種不同型態，或讓不同資料型態的物件擁有同一種型態。

同一物件擁有多種不同型態

在 Java 同一類別可以實作多個介面，反過來說，同一物件可以使用多個介面宣告的物件變數來參考。因為 Java 物件不只擁有類別型態，還可以新增實作

介面的資料型態。例如：第 13-6-1 節的 Circle01 物件除了是 Circle01 類別的資料型態，也是 IArea 介面的資料型態。

📚 不同資料型態的物件擁有同一種型態

在 Java 使用不同類別建立物件後，這些物件分別是不同資料型態。不過，它們都可以實作同一介面，讓各類別都是同一資料型態的介面型態。例如：第 13-6-1 節的 Circle01、Rectangle01 和 Triangle01 物件都是相同 IArea 介面資料型態。

學習評量

13-1 巢狀類別

1. 請說明何謂巢狀類別？巢狀類別可以實作 UML 的 ＿＿＿＿＿＿ 類別關係。

2. Student 巢狀類別如果擁有內層類別 Address，在編譯成類別檔後的類別檔案名稱分別為：＿＿＿＿＿＿＿＿＿ 和 ＿＿＿＿＿＿＿＿＿＿ 。

3. 在 Employee 巢狀類別擁有 Phone 內層類別，請問建立 tom 的 Employee 物件後，建立 Phone 物件的程式碼為 ＿＿＿＿＿＿＿＿ 。

4. 請建立 LinkedList 巢狀類別內層和外層建構子的程式碼，內層建構子指定 value 值，next 為 null，外層建構子在建立好 ListNode 物件後，將 head 參考到此物件，如下所示：

```
class LinkedList {
    ListNode head;
    class ListNode {
        int value;
        ListNode next;
        public ListNode(int value) {    }
    }
    public LinkedList(int value) {    }
}
```

13-2 類別的聚合關係

5. 請問聚合關係和結合關係的主要差異是什麼？

6. 請使用圖例來說明什麼是遞迴聚合關係？

7. 請修改程式範例 Ch13_2_2.java，除了 Student01 學生可以知道電話清單外，電話物件也知所屬的學生，getPhone() 方法傳回號碼和所屬的學生姓名。

8. 請依照下列 UML 類別圖建立 Java 程式，Customer 客戶類別擁有 BankAccount 銀行帳號類別，程式執行 printCustomer() 方法顯示客戶和帳戶的詳細資料，如下圖所示：

學習評量

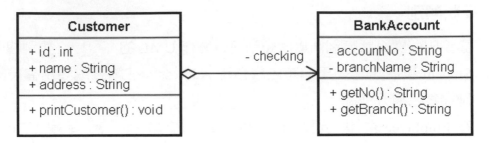

9. 請依照下列 UML 類別圖建立 Java 程式，Car 轎車類別擁有 1 個 Engine 引擎類別和 4 個 Wheel 車輪類別，執行 printCar() 方法顯示轎車的詳細 資料，包含引擎和車輪清單，如下圖所示：

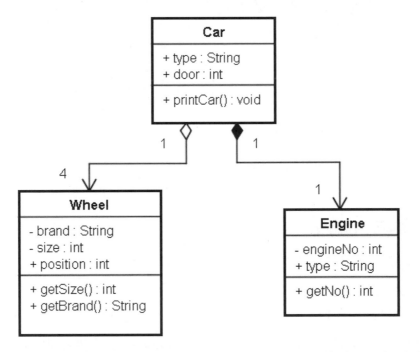

10. 請依照下列 UML 類別圖建立 Java 程式，Van 休旅車類別可以坐最多 7 名 Passenger 乘客類別，執行 printVan() 方法可以顯示休旅車的詳細資 料，包含車上的乘客清單，如下圖所示：

學習評量

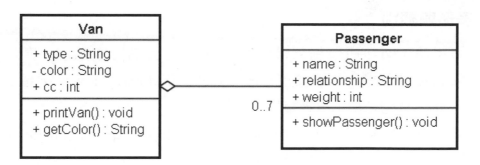

13-3 方法的過載

11. 請試著寫出一些實例來說明什麼是方法過載？為什麼物件導向技術允許方法過載？

12. 過載方法需要方法參數的 ＿＿＿＿＿ 或 ＿＿＿＿＿ 不同，如果只有 ＿＿＿＿＿ 不同，並不是一種過載方法。

13. 請建立 2 個過載類別方法 square()，可以分別計算 int 和 double 參數的平方。然後建立 2 個過載 getMax() 類別方法，傳入 3 個或 4 個 int 參數，傳回值是參數中的最大值。

14. 請在第 13-2-2 節的 Time 類別新增過載的 getTime() 成員方法，可以傳回時間資料的字串，或時間資料的年、月和日的總和。

15. 請將第 11-3-1 節 Student03 類別的建構子新增過載建構子，只傳入 2 個參數 name 和 address，age 預設值是 20。

16. 請修改習題 15 的過載建構子，改為使用 this 關鍵字呼叫其他建構子的方式來建立過載的建構子。

13-4 多形的基礎

17. 請舉一個 Java 的程式範例來說明物件導向的多形觀念。

18. 請說明什麼是靜態連結和動態連結？其主要差異為何？

19. 請問 Java 語言提供哪幾種方式來建立多形？

20. 在 Java 建立動態連結的多形，可以分別使用 ＿＿＿＿＿＿ 和 ＿＿＿＿＿＿ 來實作。

學習評量

13-5 多形與類別

21. 請將第 12-1-1 節類別架構的 Vehicle 類別改為抽象類別，宣告繼承 Vehicle 抽象類別的子類別 Car、Trucks 和 Motorcycle，然後建立多形的 show() 方法顯示車輛資料。

22. 請在第 13-5 節的程式範例新增繼承抽象類別 Shape 的 Polygon 多角形和 Square 正方形，並且新增 area() 方法。

23. 請建立 Test 抽象類別後，建立 MidTerm（期中考）、Final（期末考）和 Quiz（小考）子類別，多形的 test() 方法可以顯示各次考試的最高和平均成績。

13-6 多形與介面

24. 因為 Customer、Student、Teacher 和 Sales 類別都擁有顯示基本資料的方法，請建立 IPrint 介面擁有 print() 方法，然後讓這些類別實作 IPrint 介面建立顯示基本資料的方法，以便建立多形 print() 方法。

25. Java 介面可以新增物件的資料型態，請簡單說明新增介面型態的目的是什麼？

Chapter

14

例外處理與執行緒

14-1 Java 的例外處理

　　Java 的「例外」（exception）是指例外物件，即一種例外事件。這是指在程式執行時，發生不正常執行狀態時產生的事件，「例外處理」（handling exceptions）就是處理程式產生的例外事件。

　　例外處理的目的是為了讓程式能夠更加強壯（robust），就算程式遇到不尋常情況，也不會造成程式崩潰（crashing），甚至導致系統當機。

說明

　　本章 Java 程式範例是位在「Ch14」目錄 IntelliJ IDEA 的 Java 專案，請啟動 IntelliJ IDEA，開啟位在「Java8\Ch14」目錄的專案，就可以測試執行本章的 Java 程式範例。

14-1-1 例外處理的架構

　　Java 例外處理架構是一種你丟我撿的架構，當 JVM 執行 Java 程式有錯誤發生時，就會產生例外物件。有了例外，JVM 開始尋找是否有方法可以處理，處理方法有兩種：

▶ 在方法上加上例外處理程式敘述來處理例外（在第 14-2 節說明）。
▶ 將例外丟給其他方法處理（在第 14-3 節說明）。

　　Java 例外處理架構的圖例，如下圖所示：

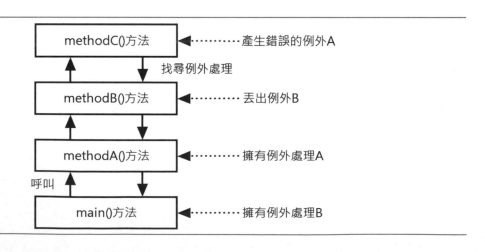

上述圖例是執行 Java 程式的呼叫過程，依序從 main() 方法呼叫 methodA() 方法，接著呼叫 methodB() 方法，最後呼叫 methodC() 方法。呼叫方法的過程是存入稱為「呼叫堆疊」（call stack）資料結構來儲存呼叫方法的資料，以便返回時，能夠還原成呼叫前的狀態。

假設：methodC() 方法發生錯誤，產生例外物件 A。JVM 會倒過來找尋方法是否有例外處理，首先是 methodC() 和 methodB()，因為沒有例外處理，所以例外傳遞給 methodA()，在此方法有例外處理 A，可以處理例外物件 A。

Java 方法也可以自行丟出例外，例如：methodB() 丟出例外物件 B，同樣需要找尋是否有例外處理方法可以進行處理。以此例雖然 methodB() 有例外處理，但是因為例外類型不同，所以，直到 main() 方法才找到正確的例外處理 B。

14-1-2　Throwable 類別

在 Java 程式執行時產生的例外是一個物件，屬於 Throwable 類別或其子類別的實例物件。Throwable 類別擁有兩種子類別，如下所示：

▶ **Error 類別**：其子類別是 JVM 嚴重錯誤，會導致程式終止執行，所以沒有辦法使用例外處理來處理此種錯誤。

▶ **Exception 類別**：其子類別是各種例外物件，也是例外處理可以處理的部分。事實上，部分例外也是錯誤，只是錯誤沒有嚴重到需要終止程式執行，在程式碼可以使用例外處理敘述來防止程式終止執行，和進行一些補救工作。

Exception 類別擁有 RuntimeException 子類別，其子類別是一些常見的例外物件，其說明如下表所示：

例外	說明
ArithmeticException	數學運算時產生的例外，例如：除以 0
ArrayIndexOutOfBoundsException	陣列索引值小於 0 或超過陣列邊界產生的例外
ArrayStoreException	儲存陣列元素時型態不符產生的例外
IllegalArgumentException	方法呼叫時，參數型態不同產生的例外
NullPointerException	物件值為 null 產生的例外

14-2 例外處理的程式敘述

Java 例外處理程式敘述可以讓方法擁有處理例外的程式區塊，以便產生例外物件時，能夠處理指定例外類型的例外。

14-2-1 例外處理的程式敘述

Java 例外處理程式敘述分為 try、catch 和 finally 三個程式區塊，可以建立 Java 程式的例外處理，如下所示：

```
try {  // try 程式區塊
......
}
catch (ExceptionType e) {  // catch 程式區塊
  // 例外處理
  ......
}
finally {  // finally 程式區塊
  ......
}
```

▤ try 程式區塊

在 try 程式區塊的程式碼是用來檢查是否產生例外物件，當例外產生時，就丟出指定例外類型的物件。

▤ catch 程式區塊

當 try 程式區塊的程式碼丟出例外，我們需要準備一到多個 catch 程式區塊來處理不同類型的例外。傳入參數 e 是例外類型的物件（這是繼承自 Throwable 類別的物件），可以使用相關方法取得進一步例外資訊。例外物件的相關方法說明，如下表所示：

方法	說明
String getMessage()	傳回例外說明的字串
void printStackTrace()	顯示程式呼叫的執行過程

finally 程式區塊

finally 程式區塊是一個可有可無的程式區塊，其主要目的是作為程式善後，不論例外是否產生，都會執行此程式區塊的程式碼。

程式範例 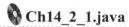 **Ch14_2_1.java**

在 Java 程式使用例外處理的程式敘述來處理 ArithmeticException 數學運算產生的例外，以此例是除以 0 的錯誤，如下所示：

```
java.lang.ArithmeticException: / by zero
  at Ch14_2_1.main(Ch14_2_1.java:10) <5 internal calls>
計算結果: 5
計算結果: 10
例外說明: / by zero
例外原因: 例外處理結束
Java 程式執行結束！
```

上述執行結果產生除以 0 的例外，並且顯示例外訊息和呼叫過程（指出例外是產生在 Ch14_2_1.main() 方法），最後 2 個訊息是執行 finally 區塊和位在例外處理之外的程式碼。

▶ 程式內容

```
01: /* 程式範例: Ch14_2_1.java */
02: public class Ch14_2_1 {
03:     // 主程式
04:     public static void main(String[] args) {
05:         int i;
06:         // 例外處理程式敘述
07:         try {
08:             // 產生除以零的例外
09:             for ( i = 2; i > -1; i-- )
10:                 System.out.println(" 計算結果: "+10/i);
11:         }
12:         catch( ArithmeticException e ) {
13:             // 顯示例外資訊
14:             System.out.println(" 例外說明: "+e.getMessage());
15:             System.out.print(" 例外原因: ");
16:             e.printStackTrace();
17:         }
18:         finally {
```

```
19:            System.out.println(" 例外處理結束 ");
20:        }
21:        System.out.println("Java 程式執行結束 !");
22:    }
23: }
```

▶ **程式說明**

- 第 7~20 行：例外處理程式敘述，第 5 行和第 21 行的程式碼並不屬於例外處理程式敘述。
- 第 7~11 行：在 try 程式區塊的第 9~10 行使用 for 迴圈產生除以 0 的例外。
- 第 12~17 行：在 catch 程式區塊處理 ArithmeticException 例外，可以顯示例外的相關資訊。
- 第 18~20 行：finally 程式區塊。

上述程式範例因為使用例外處理，所以雖然有例外產生，仍然會執行第 21 行的程式碼。如果 Java 程式沒有例外處理，例如：本書光碟裡的 Ch14_2_1a.java 是沒有例外處理的 Java 程式，其執行結果如下所示：

```
計算結果：5
計算結果：10
Exception in thread "main" java.lang.ArithmeticException: / by zero
    at Ch14_2_1a.main(Ch14_2_1a.java:8) <5 internal calls>
```

上述執行結果也顯示產生例外情況，不過，這是由 JVM 處理例外，所以馬上結束程式，沒有顯示最後一行程式碼的「Java 程式執行結束 !」字串。

14-2-2 同時處理多種例外

在 Java 程式的 try/catch/finally 程式敘述，可以使用多個 catch 程式區塊來同時處理多種不同的例外，如下所示：

```
try {  // try 程式區塊
    ......
}
catch ( ArithmeticException e ) { ...... }  // catch 程式區塊
catch ( ArrayIndexOutOfBoundsException e ) { ...... }
finally { ......}  // finally 程式區塊
```

上述錯誤處理程式敘述可以處理 ArithmeticException 和 ArrayIndexOutOfBoundsException 兩種例外。

程式範例  **Ch14_2_2.java**

在 Java 程式使用例外處理程式敘述,同時處理 ArithmeticException 和 ArrayIndexOutOfBoundsException 例外,分別是數學運算和超過陣列邊界所產生的例外,如下所示:

```
計算結果: 5
java.lang.ArithmeticException: / by zero
計算結果: 10
  at Ch14_2_2.main(Ch14_2_2.java:19)
例外說明: / by zero <1 internal calls>
例外原因: 例外處理結束 <4 internal calls>
```

上述執行結果是顯示除以 0 例外。因為陣列索引是使用亂數取得,重複執行 Java 程式,就有可能產生超過陣列邊界的例外,如下所示:

```
例外說明: 8
java.lang.ArrayIndexOutOfBoundsException: 8
  at Ch14_2_2.main(Ch14_2_2.java:16) <5 internal calls>
例外原因: 例外處理結束
```

▶ **程式內容**

```
01: /* 程式範例: Ch14_2_2.java */
02: public class Ch14_2_2 {
03:     // 類別方法: 顯示例外訊息
04:     static void printErrMsg(Exception e) {
05:         System.out.println("例外說明: " + e.getMessage());
06:         System.out.print("例外原因: ");
07:         e.printStackTrace();
08:     }
09:     // 主程式
10:     public static void main(String[] args) {
11:         int i;
12:         int[] data = {22, 14, 36, 68, 87};
13:         // 例外處理程式敘述
14:         try {
15:             int index = (int)(Math.random()*10);
16:             i = data[index];   // 產生超過陣列範圍例外
```

```
17:        // 產生除以零的例外
18:        for ( i = 2; i > -1; i-- )
19:           System.out.println(" 計算結果: " +10/i);
20:     }
21:     catch ( ArithmeticException e ) {
22:        // 處理除以零的例外
23:        printErrMsg(e);
24:     }
25:     catch ( ArrayIndexOutOfBoundsException e ) {
26:        // 處理超過陣列範圍例外
27:        printErrMsg(e);
28:     }
29:     finally {
30:        System.out.println(" 例外處理結束 ");
31:     }
32:  }
33: }
```

▶ **程式說明**

- 第 4~8 行：printErrMsg() 方法可以顯示例外的相關資訊。
- 第 14~20 行：在 try 程式區塊的第 15 行取得亂數的陣列索引，如果值太大，就會在第 16 行導致超過陣列邊界的例外，第 18~19 行使用 for 迴圈產生除以 0 例外。
- 第 21~28 行：兩 個 catch 程 式 區 塊 可 以 分 別 處 理 ArithmeticException 和 ArrayIndexOutOfBoundsException 例外。

14-3 丟出例外與自訂 Exception 類別

Java 方法本身可以自行丟出例外，或當例外產生時，丟給其他方法來處理。

14-3-1 使用 throw 程式敘述

在 Java 程 式 可 以 使 用 throw 程 式 敘 述 自 行 丟 出 例 外。 例 如： 丟 出 ArithmeticException 例外物件，如下所示：

```
throw new ArithmeticException(" 值小於 10");
```

　　上述程式碼使用 new 運算子建立例外物件，建構子參數是讓 getMessage() 方法取得的例外說明字串。

程式範例 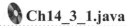 **Ch14_3_1.java**

　　在 Java 程式使用例外處理程式敘述 try/catch/finally 處理 ArithmeticException 例外，程式是使用 throw 程式敘述自行丟出例外，如下所示：

```
例外說明：值小於 10
例外原因：例外處理結束
java.lang.ArithmeticException: 值小於 10
  at Ch14_3_1.main(Ch14_3_1.java:9) <5 internal calls>
```

　　上述執行結果顯示亂數取得的測試值，如果值小於 10，可以看到產生值小於 10 的例外。請注意！例外說明的文字內容是建立例外物件時指定的字串；如果值大於等於 10，只會顯示「例外處理結束」字串。

▶ **程式內容**

```
01: /* 程式範例：Ch14_3_1.java */
02: public class Ch14_3_1 {
03:    // 主程式
04:    public static void main(String[] args) {
05:       try {  // 例外處理程式敘述
06:          // 取得亂數值
07:          int index = (int)(Math.random()*10);
08:          if ( index < 10 )  // 丟出 ArithmeticException 例外
09:             throw new ArithmeticException("值小於 10");
10:       }
11:       catch ( ArithmeticException e ) {
12:          // 處理 ArithmeticException 例外
13:          System.out.println("例外說明："+e.getMessage());
14:          System.out.print("例外原因：");
15:          e.printStackTrace();
16:       }
17:       finally {
18:          System.out.println("例外處理結束");
19:       }
20:    }
21: }
```

▶ **程式說明**

- 第 5~10 行：在 try 程式區塊的第 9 行使用 throw 程式敘述丟出例外物件。
- 第 11~16 行：在 catch 程式區塊處理 ArithmeticException 例外，可以顯示例外的相關資訊。

14-3-2 在方法丟出例外

在實務上，為了能夠集中處理例外，Java 方法可以將例外丟出，讓呼叫此方法的其他方法來接手處理例外，如下所示：

```
// 丟出 2 種例外的方法
static int cal(int a, int b, int c)
        throws IllegalArgumentException,
               ArrayIndexOutOfBoundsException {
    .........
    throw new IllegalArgumentException("c 等於 0!");
    .........
    throw new ArrayIndexOutOfBoundsException(
                    " 陣列索引值大於等於 5!");
}
```

上述類別方法是在方法名稱和參數列後加上 throws 和「,」號分隔的例外物件，將產生的例外丟給其他方法來處理。

程式範例 .... 💿 **Ch14_3_2.java**

在 Java 程 式 的 main() 方 法 建 立 例 外 處 理 程 式 敘 述 處 理 IllegalArgumentException 和 ArrayIndexOutOfBoundsException 例外，這些例外是由 cal() 方法丟出，然後由 main() 方法接手處理，如下所示：

```
java.lang.IllegalArgumentException: c 等於 0!
例外說明： c 等於 0!
  at Ch14_3_2.cal(Ch14_3_2.java:10)
  at Ch14_3_2.main(Ch14_3_2.java:30) <5 internal calls>
```

上述執行結果因為亂數產生的參數 c 為 0，所以丟出 IllegalArgumentException 例外。請重複執行此 Java 程式，就有可能產生 ArrayIndexOutOfBoundsException 例外，如下所示：

```
java.lang.ArrayIndexOutOfBoundsException: 陣列索引值大於等於 5!
陣列索引值大於等於 5!
  at Ch14_3_2.cal(Ch14_3_2.java:16)
  at Ch14_3_2.main(Ch14_3_2.java:30) <5 internal calls>
```

上述執行結果顯示計算 a*b/c 的索引值大於等於 5，所以產生
ArrayIndexOutOfBoundsException 例外。

▶ 程式內容

```java
01: /* 程式範例: Ch14_3_2.java */
02: public class Ch14_3_2 {
03:     // 類別方法: 計算a*b/c的值
04:     static int cal(int a, int b, int c)
05:                 throws IllegalArgumentException,
06:                     ArrayIndexOutOfBoundsException {
07:         int index;
08:         int[] data = {22, 14, 36, 68, 87};
09:         if ( c <= 0 ) { // 丟出 IllegalArgumentException 例外
10:             throw new IllegalArgumentException("c 等於 0!");
11:         }
12:         else {
13:             index = a*b/c;
14:             if ( index >= 5 ) {
15:                 // 丟出 ArrayIndexOutOfBoundsException 例外
16:                 throw new ArrayIndexOutOfBoundsException(
17:                         "陣列索引值大於等於 5!");
18:             }
19:         }
20:         return data[index];
21:     }
22:     // 主程式
23:     public static void main(String[] args) {
24:         int result;
25:         try {
26:             // 取得亂數值
27:             int a = (int)(Math.random()*10);
28:             int b = (int)(Math.random()*10);
29:             int c = (int)(Math.random()*10);
30:             result = cal(a, b, c);  // 呼叫方法
31:             System.out.println("計算結果: " + result);
32:         }
33:         catch ( IllegalArgumentException e ) {
34:             // 處理 IllegalArgumentException 例外
35:             System.out.println("例外說明: "+e.getMessage());
```

```
36:            System.out.print(" 例外原因： ");
37:            e.printStackTrace();
38:       }
39:     catch ( ArrayIndexOutOfBoundsException e ) {
40:            System.out.println(e.getMessage());
41:            e.printStackTrace();
42:       }
43:    }
44: }
```

▶ **程式說明**

- 第 4~21 行：cal() 方法在第 10 行和第 16~17 行分別使用 throw 程式敘述丟出兩種不同例外物件，因為方法沒有例外處理，所以在第 5~6 行將例外丟給呼叫的方法來處理。
- 第 25~42 行：main() 方法的例外處理程式敘述。
- 第 25~32 行：在 try 程式區塊的第 30 行呼叫 cal() 方法。
- 第 33~38 行：在 catch 程式區塊處理 IllegalArgumentException 例外，顯示例外的相關資訊。
- 第 39~42 行：處理 ArrayIndexOutOfBoundsException 例外，可以顯示例外的相關資訊。

14-3-3 自訂 Exception 類別

在 Java 程式除了使用現成 Exception 類別的例外，我們也可以自訂 Exception 類別來建立 Java 程式所需的例外類別。UserException 類別宣告如下所示：

```
// 繼承自 Exception 類別的 UserException 類別宣告
class UserException extends Exception {
   int data;
   public UserException(int data) {   // 建構子
      this.data = data;
   }
   // 覆寫 getMessage() 方法
   public String getMessage() {
      return (" 出價次數太多： " + data);
   }
}
```

上述程式碼宣告自訂例外類別，類別繼承自 Exception 類別，然後覆寫 getMessage() 方法。

程式範例　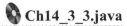　**Ch14_3_3.java**

在 Java 程式使用例外處理程式敘述處理自訂 UserException 例外，如下所示：

```
出價次數：0
出價次數：1
出價次數：2
出價次數：3
出價次數：4
例外說明：出價次數太多：5
例外原因：UserException: 出價次數太多：5
  at Ch14_3_3.main(Ch14_3_3.java:24) <5 internal calls>
例外處理結束！
```

上述執行結果顯示例外訊息和呼叫過程，指出例外是產生在 main() 方法，例外物件是自訂例外的 UserException 物件。

▶ 程式內容

```
01: /* 程式範例：Ch14_3_3.java */
02: // 自訂 Exception 類別
03: class UserException extends Exception {
04:    // 變數宣告
05:    int data;
06:    // 建構子
07:    public UserException(int data) {
08:       this.data = data;
09:    }
10:    // 覆寫 getMessaeg() 方法
11:    public String getMessage() {
12:       return (" 出價次數太多：" + data);
13:    }
14: }
15: // 主程式類別
16: public class Ch14_3_3 {
17:    // 主程式
18:    public static void main(String[] args) {
19:       try {
20:          int i;
21:          for ( i = 0; i < 10; i++ ) {
```

```
22:            if ( i == 5 ) {
23:               // 丟出自訂的例外
24:                throw new UserException(5);
25:            }
26:            System.out.println(" 出價次數： " + i);
27:         }
28:      }
29:      catch( UserException e ) {
30:         // 處理自訂的例外
31:         System.out.println(" 例外說明： "+e.getMessage());
32:         System.out.print(" 例外原因： ");
33:         e.printStackTrace();
34:         return;
35:      }
36:      finally {
37:         System.out.println(" 例外處理結束！");
38:      }
39:   }
40: }
```

▶ **程式說明**

- 第 3~14 行：UserException 類別宣告，類別是繼承自 Exception 類別。
- 第 19~38 行：main() 方法的例外處理程式敘述。第 19~28 行 try 程式區塊的第 21~27 行使用 for 迴圈丟出等於 5 的例外。
- 第 29~35 行：在 catch 程式區塊處理 UserException 例外，顯示例外的相關資訊。

14-4 執行緒的基礎

傳統程式執行只會有一個執行流程，也就是從主程式開始執行，在經過流程控制的轉折後，不論路徑，從頭到尾仍然只有一條單一路徑。

Java 執行緒

Java「執行緒」（threads）也稱為「輕量行程」（lightweight process），其執行過程類似上述傳統程式執行，不過執行緒不能單獨存在或獨立執行，它一定需要隸屬於一個程式，由程式來啟動執行緒，如下圖所示：

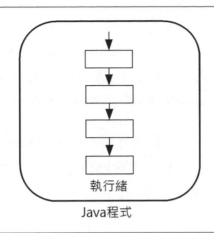

上述圖例的 Java 程式產生一個執行緒在程式中執行，我們可以將它視為是包含在 Java 程式中的小程式。如果程式碼本身沒有先後依存關係。例如：因為 b() 方法需要使用到 a() 方法的執行結果，需要在執行完 a() 方法後，才能執行 b() 方法，所以 a() 方法和 b() 方法並不能同時執行，也就無法使用 2 個執行緒來同步執行。

若程式能夠分割成多個同步執行緒來一起執行，這種程式設計方法稱為「平行程式設計」（parallel programming），如下圖所示：

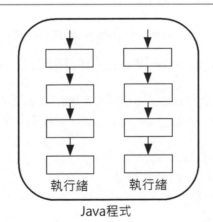

上述圖例的 Java 程式擁有 2 個執行緒且是同步執行，也就是說，在同一 Java 程式擁有多個執行流程，能夠同時執行多個執行緒來增加程式的執行效率。

多工與多執行緒

目前作業系統都強調「多工」（multitasking）。例如：微軟 Windows 作業系統屬於一種多工的作業系統，可以同時啟動小畫家、記事本和小算盤等多個應用程式。

不同於作業系統的多工，「多執行緒」（multithreaded）是指在單一應用程式擁有多個執行流程，例如：Web 瀏覽器可以在下載網頁檔案的同時來顯示動畫、播放音樂或捲動視窗瀏覽網頁內容。

14-5 建立 Java 的執行緒

Java 語言的執行緒是建立 Thread 類別的物件，我們可以使用兩種方式建立多執行緒的 Java 應用程式，如下所示：

▶ 實作 Runnable 介面。
▶ 繼承 Thread 類別。

14-5-1 實作 Runnable 介面

Java 因為不支援多重繼承，如果類別已經繼承其他類別，在 Java 程式就只能實作 Runnable 介面的 run() 方法建立多執行緒程式。其類別宣告如下所示：

```
// SumThread 類別繼承 SumClass 類別且實作 Runnable 介面
class SumThread extends SumClass implements Runnable {
    // 建構子
    public SumThread(long length) { … }
    // 實作 run() 方法來執行執行緒
    public void run() {
        ......
    }
}
```

上述 SumThread 類別是繼承自 SumClass 類別且實作 Runnable 介面的 run() 方法。現在，我們就可以建立 Thread 物件來啟動執行緒，如下所示：

```
// 建立 SumThread 物件
SumThread st1 = new SumThread(150);
// 建立 Thread 物件
Thread t1 = new Thread(st1, "執行緒A");
t1.start();  // 啟動執行緒
```

上述程式碼建立 SumThread 物件 st1 後，使用 st1 物件建立 Thread 物件的執行緒，參數字串是執行緒名稱，最後使用 start() 方法啟動執行緒。Thread 類別的建構子說明，如下表所示：

建構子	說明
Thread() Thread(String) Thread(Runnable) Thread(Runnable, String)	建立 Thread 物件，參數 String 是執行緒名稱，Runnable 是實作 Runnable 介面的物件

Thread 類別的相關方法說明，如下表所示：

方法	說明
int activeCount()	取得目前共有多少個執行中的執行緒
Thread currentThread()	取得目前的執行緒物件
void sleep(long)	讓執行緒暫時停止執行一段時間，也就是參數 long 的毫秒數
boolean isAlive()	檢查目前執行緒是否在執行中，傳回值 true 為是；false 為不是
void start()	啟動執行緒
void setName(String)	將執行緒指定為參數 String 字串的名稱
String getName()	取得執行緒的名稱字串
String toString()	取得執行緒名稱、優先權和群組名稱的字串，預設執行緒群組是 main

程式範例　　　　　　　　　　　　　　　　　　　　　　　**Ch14_5_1.java**

在 Java 程式實作 Runnable 介面的類別後，建立 2 個執行緒 A 和 B，可以分別計算 1 加到 150 的總和，如下所示：

```
執行緒：Thread[main,5,main]
Thread[執行緒A,5,main] 總和 = 11325
Thread[執行緒B,5,main] 總和 = 11325
```

上述圖例顯示 3 個執行緒,第 1 個是主程式的執行緒,接著 2 個執行緒為 A 和 B,分別是計算指定範圍總和的執行緒。

因為執行緒 A 和 B 是同時執行的兩個執行緒,以此例是先執行完執行緒 A,然後才是執行緒 B,如果再次執行 Java 程式,就有可能是執行緒 B 先執行完。

▶ **程式內容**

```java
01: /* 程式範例: Ch14_5_1.java */
02: // 使用者類別
03: class SumClass {
04:    private long length;
05:    // 建構子
06:    public SumClass(long length) {
07:        this.length = length;
08:    }
09:    // 計算總和
10:    public long sum() {
11:       long temp = 0;
12:       for (int i = 1; i <= length; i++) {
13:          try {   // 暫停一段時間
14:             Thread.currentThread().sleep(
15:                 (int)(Math.random()*10));
16:          }
17:          catch(InterruptedException e){ }
18:          temp += i;
19:       }
20:       return temp;
21:    }
22: }
23: // 執行緒類別
24: class SumThread extends SumClass implements Runnable {
25:    // 建構子
26:    public SumThread(long length) {
27:        super(length);
28:    }
29:    // 執行執行緒
30:    public void run() {
31:        System.out.println(Thread.currentThread() +
32:                        "總和 = " + sum());
33:    }
34: }
35: // 主類別
36: public class Ch14_5_1 {
37:    // 主程式
38:    public static void main(String[] args) {
```

```
39:         System.out.print("執行緒: ");
40:         System.out.println(Thread.currentThread());
41:         // 建立執行緒物件
42:         SumThread st1 = new SumThread(150);
43:         Thread t1 = new Thread(st1, "執行緒 A");
44:         SumThread st2 = new SumThread(150);
45:         Thread t2 = new Thread(st2, "執行緒 B");
46:         // 啟動執行緒
47:         t1.start();
48:         t2.start();
49:     }
50: }
```

▶ **程式說明**

- 第 3~22 行：SumClass 類別的宣告，在第 10~21 行的 sum() 方法計算指定範圍的總和，第 13~17 行使用亂數暫停一段時間。

- 第 24~34 行：繼承自 SumClass 的 SumThread 執行緒類別是實作 Runnable 介面，也就是第 30~33 行的 run() 方法，在此方法顯示目前的執行緒資訊和 sum() 方法的總和。

- 第 42~48 行：在主程式 main() 方法的第 42~45 行建立執行緒物件，第 47~48 行啟動執行緒。

14-5-2　繼承 Thread 類別

Java 類別如果沒有繼承其他類別，我們可以直接繼承 Thread 類別覆寫 run() 方法來建立執行緒物件，其類別宣告如下所示：

```
// SumThread1 類別是繼承 Thread 類別
class SumThread01 extends Thread {
    // 建構子
    public SumThread01(long length, String name) { … }
    // 覆寫 run() 方法來執行執行緒
    public void run() {
        ......
    }
}
```

上述 SumThread01 類別是繼承 Thread 類別覆寫 run() 方法。現在，我們可以建立 Thread 物件來啟動執行緒，如下所示：

```
// 建立 SumThread01 物件
SumThread01 st1 = new SumThread01(150, "執行緒 A");
st1.start();  // 啟動執行緒
```

上述程式碼建立 SumThread01 物件 st1 後，它是 Thread 物件，所以可以使用 start() 方法啟動執行緒。

程式範例

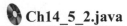 **Ch14_5_2.java**

類似第 14-5-1 節的 Java 程式，只是改用繼承 Thread 類別來建立 2 個執行緒 A 和 B，可以分別計算 1 加到 150 的總和，如下所示：

```
執行緒：Thread[main,5,main]
Thread[ 執行緒 A,5,main] 總和 = 11325
Thread[ 執行緒 B,5,main] 總和 = 11325
```

上述圖例可以看到 3 個執行緒，執行緒 A 和 B 分別計算總和。請注意！這個 Java 程式有 2 個獨立執行緒，不過到底誰先執行完可就不一定喔！

▶ 程式內容

```
01: /* 程式範例：Ch14_5_2.java */
02: // 執行緒類別
03: class SumThread01 extends Thread {
04:    private long length;
05:    // 建構子
06:    public SumThread01(long length, String name) {
07:        super(name);
08:        this.length = length;
09:    }
10:    // 執行執行緒
11:    public void run() {
12:        long temp = 0;
13:        for (int i = 1; i <= length; i++) {
14:            try {  // 暫停一段時間
15:                Thread.currentThread().sleep(
16:                        (int)(Math.random()*10));
17:            }
18:            catch(InterruptedException e){ }
19:            temp += i;
20:        }
21:        System.out.println(Thread.currentThread() +
```

```
22:                              "總和 = " + temp);
23:     }
24: }
25: // 主類別
26: public class Ch14_5_2 {
27:    // 主程式
28:    public static void main(String[] args) {
29:        System.out.print(" 執行緒: ");
30:        System.out.println(Thread.currentThread());
31:        // 建立執行緒物件
32:        SumThread01 st1 = new SumThread01(150, " 執行緒A");
33:        SumThread01 st2 = new SumThread01(150, " 執行緒B");
34:        // 啟動執行緒
35:        st1.start();
36:        st2.start();
37:    }
38: }
```

▶ **程式說明**

- 第3~24行：繼承自 Thread 執行緒類別的 SumThread01，在第6~9行是建構子，第11~23行的 run() 方法可以計算總和，在第14~18行使用亂數暫停一段時間。

- 第32~36行：在主程式第32~33行建立執行緒物件，第35~36行啟動執行緒。

14-6　Java 執行緒的同步

在第14-5節程式範例的執行緒之間並沒有任何關係，程式使用執行緒的目的只是為了加速程式執行。如果執行緒之間擁有生產和消費者關係或同時存取同一資源時，Java 程式需要考量「同步」（synchronization）問題。

☰ 生產者和消費者模型

生產者和消費者模型（producer/consumer model）是指一個執行緒產生資料，稱為生產者；另有一個執行緒讀取生產者產生的資料，稱為消費者。產生的資料是儲存在共用的資料儲存區，一種稱為「佇列」（queue）的資料結構，佇列如同是一個緩衝區，先存入佇列的資料會先行取出，如下圖所示：

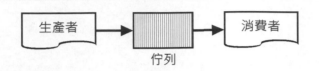

上述圖例生產者將產生的資料送入佇列的一端；消費者是從佇列的另一端來讀取資料。

📚 synchronized 關鍵字

因為生產者和消費者會同步存取同一佇列的資源物件，所以存取佇列的 enqueue() 和 dequeue() 方法需要使用 synchronized 關鍵字來鎖定資源，以避免其他方法同時存取佇列物件，如下所示：

```
public synchronized void enqueue(int value) { …… }
public synchronized int dequeue() { …… }
```

當生產者執行緒呼叫 enqueue() 方法存入資料到佇列時，消費者並不能馬上呼叫 dequeue() 方法取出資料，而是需要等到資料已經存入佇列後，才能讀取佇列中的資料，反之亦然。

📚 wait() 和 notify() 方法

當同步的執行緒使用 synchronized 關鍵子避免同時存取同一物件時，為了讓生產者產生的資料有地方儲存；消費者也能夠取得資料，在處理時有兩種情況會發生，如下所示：

▶ **佇列空了**：如果佇列空了，消費者需要等待生產者產生資料。

▶ **佇列滿了**：如果佇列滿了，已經沒有地方可以儲存，生產者需要等待消費者讀取資料。

上述 2 種情況需要使用 wait() 方法暫停執行緒的執行，等待 notify() 方法通知執行緒可以繼續執行，如下所示：

```
public synchronized void enqueue(int value) {
   try {      // 如果佇列已滿
      while (queue.isFull()) {
         System.out.println();
```

```
        System.out.println(" 佇列已滿，稍等 ....");
        wait();  // 等待
      }
    }
    catch (InterruptedException e) { }
    queue.enqueue(value);  // 存入
    notify();  // 通知 dequeue()
  }
```

上述程式碼當 enqueue() 方法的佇列已滿時，呼叫 wait() 方法等待下面 dequeue() 方法的 notify() 通知已經取出資料，此時就有空間可以存入新資料。

最後 notify() 方法是通知下方 dequeue() 方法已經存入資料。在下方 dequeue() 方法中，如果佇列已空，就呼叫 wait() 方法等待，直到 enqueue() 方法 喚醒它，表示有資料存入，可以取出資料，如下所示：

```
public synchronized int dequeue() {
   try {     // 如果佇列已空
     while (queue.isEmpty()) {
        System.out.println();
        System.out.println(" 佇列已空，稍等 ....");
        wait(); // 等待
     }
   }
   catch (InterruptedException e) { }
   int data = queue.dequeue();  // 取出
   notify();  // 通知 enqueue()
   return data;
}
```

Object 類別的相關方法說明，如下表所示：

方法	說明
void wait() void wait(long)	讓執行緒等待，直到 notify() 或 notifyAll() 方法喚醒，參數 long 表示不論是否被前面的方法喚醒，在等待指定的毫秒數後也會被喚醒
void notify()	喚醒 1 個呼叫 wait() 方法的執行緒
void notifyAll()	喚醒所有呼叫 wait() 方法的執行緒

程式範例　　　　　💿 **Ch14_6.java、Queue.java、SynchronizedQueue.java**

在 Java 程式建立生產者與消費者同步的 2 個執行緒來存取同一佇列
（queue），並且顯示資料生產和消費的情況，如下所示：

```
佇列已空，稍等....
>43][43>>94][94>>67][67>
佇列已空，稍等....
>10][10>
佇列已空，稍等....
>5][5>>34]>9][34>>45]>9>[45>>55]>14][55>
Thread[Thread-1,5,main] 消費者執行緒結束

Thread[Thread-0,5,main] 生產者執行緒結束
```

上述執行過程是生產者和消費者的資料處理過程，第 1 列的 >43] 表示數字
43 產生儲存到佇列，[43> 表示消費者從佇列取出此數字，如果佇列空了或滿了，
執行緒都會進入等待狀態。

▶ **程式內容：Queue.java**

```java
01: /* 程式範例：Queue.java */
02: public class Queue {
03:     static final int MAXQUEUE = 3;
04:     int[] queue = new int[MAXQUEUE];
05:     int front, rear;
06:     // 建構子
07:     public Queue() {
08:         front = 0; rear = 0;
09:     }
10:     // 佇列是否是空的
11:     public boolean isEmpty() {
12:         return (front == rear);
13:     }
14:     // 佇列是否已滿
15:     public boolean isFull() {
16:         int index = rear+1 < MAXQUEUE ? rear+1 : 0;
17:         return (index == front);
18:     }
19:     // 存入資料
20:     public void enqueue(int value) {
21:         queue[rear] = value;
22:         rear = rear+1 < MAXQUEUE ? rear+1 : 0;
23:     }
```

```
24:     // 取出資料
25:     public int dequeue() {
26:         int data = queue[front];
27:         front = front+1 < MAXQUEUE ? front+1 : 0;
28:         return data;
29:     }
30: }
```

▶ 程式說明

* 第 2~30 行：Queue 佇列類別宣告，這是使用陣列實作的佇列結構，第 3 行的常數指出佇列尺寸為 3，擁有 2 個指標變數指向佇列的頭和尾，其值是陣列索引，因為屬於環狀佇列，實際上只有 2 個元素可以儲存。

說明

環狀佇列是指陣列索引在到達陣列最後 1 個元素後，就會回到起始值 0，程式碼是在第 22 行使用 ?: 條件運算子處理索引指標的移動。如果 rear 指標的下一個位置大於 MAXQUEUE（所以佇列容量是最大值減 1），就會回到陣列起始索引 0，如下所示：

```
rear+1 < MAXQUEUE ? rear+1 : 0;
```

* 第 5 行：佇列頭尾的陣列索引指標，從 front 指標取出資料，存入資料是使用 rear 指標。

* 第 11~13 行：isEmpty() 方法檢查佇列是否是空的，如果 front 和 rear 指標相等就表示佇列已空。

* 第 15~18 行：isFull() 方法檢查佇列是否已滿，如果 front 等於 rear 指標加 1，就表示佇列已滿了。

* 第 20~23 行：enqueue() 方法是將資料存入佇列，存入的位置是 rear 指標，然後將 rear 指標往後移。

* 第 25~29 行：dequeue() 方法是從佇列取出資料，取出的位置是 front 指標，然後將 front 指標往後移。

▶ 程式內容：SynchronizedQueue.java

```
01: /* 程式範例：SynchronizedQueue.java */
02: public class SynchronizedQueue {
03:     Queue queue;
04:     // 建構子
05:     public SynchronizedQueue() {
06:         queue = new Queue();
07:     }
08:     // 存入資料
09:     public synchronized void enqueue(int value) {
10:         try {      // 如果佇列已滿
11:             while (queue.isFull()) {
12:                 System.out.println();
13:                 System.out.println(" 佇列已滿，稍等 ....");
14:                 wait();   // 等待
15:             }
16:         }
17:         catch (InterruptedException e) { }
18:         queue.enqueue(value);   // 存入
19:         notify();   // 通知 dequeue()
20:     }
21:     // 取出資料
22:     public synchronized int dequeue() {
23:         try {      // 如果佇列已空
24:             while (queue.isEmpty()) {
25:                 System.out.println();
26:                 System.out.println(" 佇列已空，稍等 ....");
27:                 wait(); // 等待
28:             }
29:         }
30:         catch (InterruptedException e) { }
31:         int data = queue.dequeue();   // 取出
32:         notify();   // 通知 enqueue()
33:         return data;
34:     }
35: }
```

▶ 程式說明

- 第 2~35 行：SynchronizedQueue 類別宣告，這是同步存取 Queue 佇列物件的類別，第 5~7 行的建構子建立 Queue 物件 queue。

- 第 9~20 行：synchronized 的 enqueue() 方法在第 11~15 行的 while 迴圈呼叫 isFull() 方法，檢查佇列是否已滿，如果是，呼叫 wait() 方法，否則在第 18 行呼叫 queue.enqueue() 方法存入資料，第 19 行呼叫 notify() 方法。

- 第 22~34 行：synchronized 的 dequeue() 方法在第 24~28 行的 while 迴圈呼叫 isEmpty() 方法，檢查佇列是否已空，如果是，呼叫 wait() 方法，否則在第 31 行呼叫 queue.dequeue() 方法取出資料，第 32 行呼叫 notify() 方法。

▶ 程式內容：Ch14_6.java

```java
01: /* 程式範例 : Ch14_6.java */
02: // 生產者執行緒類別
03: class Producer extends Thread {
04:     public int count = 0;
05:     // 執行執行緒
06:     public void run() {
07:         int value;
08:         while (Ch14_6.isRunning) {
09:             value = (int)(Math.random()*100);
10:             Ch14_6.squeue.enqueue(value);  // 存入
11:             System.out.print(">" + value + "]");
12:             count++;
13:             try {  // 暫停一段時間
14:                 Thread.currentThread().sleep(
15:                         (int)(Math.random()*100));
16:             }
17:             catch(InterruptedException e){ }
18:         }
19:         System.out.println();
20:         System.out.println(Thread.currentThread() +
21:                 "生產者執行緒結束");
22:     }
23: }
24: // 消費者執行緒類別
25: class Consumer extends Thread {
26:     public int count = 0;
27:     // 執行執行緒
28:     public void run() {
29:         int data;
30:         while (Ch14_6.isRunning) {
31:             data = Ch14_6.squeue.dequeue(); // 取出
32:             System.out.print("[" + data + ">");
33:             count++;
34:             try {  // 暫停一段時間
35:                 Thread.currentThread().sleep(
36:                         (int)(Math.random()*100));
37:             }
38:             catch(InterruptedException e){ }
39:         }
40:         System.out.println();
41:         System.out.println(Thread.currentThread() +
```

```
42:                  " 消費者執行緒結束 ");
43:        }
44: }
45: // 主類別
46: public class Ch14_6 {
47:     static SynchronizedQueue squeue =
48:             new SynchronizedQueue();
49:     static boolean isRunning = true;
50:     // 主程式
51:     public static void main(String[] args) {
52:         // 建立執行緒物件
53:         Producer producer = new Producer();
54:         Consumer consumer = new Consumer();
55:         // 啟動執行緒
56:         producer.start();
57:         consumer.start();
58:         try {   // 暫停一段時間
59:             Thread.currentThread().sleep(500);
60:         }
61:         catch(InterruptedException e){ }
62:         isRunning = false;
63:     }
64: }
```

▶ 程式說明

- 第 3~23 行：Producer 生產者類別是繼承自 Thread 類別，第 6~22 行的 run() 方法使用亂數產生資料。

- 第 8~18 行：while 迴圈檢查類別變數 isRunning，以決定執行緒是否繼續執行，第 9 行使用亂數產生數字，第 10 行存入佇列，第 14~15 行使用 sleep() 方法暫停一段時間，間隔時間也是由亂數產生。

- 第 25~44 行：Consumer 消費者類別是繼承自 Thread 類別，第 28~43 行是執行緒的 run() 方法。

- 第 30~39 行： while 迴圈檢查類別變數 isRunning，以決定執行緒是否繼續執行，第 31 行從佇列取出資料，第 35~36 行使用 sleep() 方法暫停一段時間，間隔時間是由亂數產生。

- 第 47~49 行：建立 SynchronizedQueue 物件。

- 第 51~63 行：在主程式 main() 方法的第 53~54 行建立執行緒物件，第 56~57 行啟動執行緒。

- 第 58~62 行：使用 sleep() 方法暫停一段時間後，在第 62 行將類別變數 isRunning 指定成 false，即結束程式執行。

學習評量

14-1　Java 的例外處理

1. 請使用圖例說明什麼是 Java 例外處理結構？

2. 為什麼 Java 程式在發生錯誤時，是丟出例外物件；而不是終止程式執行？

3. Throwable 類別擁有 2 個直接繼承子類別，_____ 子類別屬於 JVM 的嚴重錯誤；_____ 子類別是各種例外物件，也是 Java 例外處理可以處理的部分。

14-2　例外處理的程式敘述

4. Java 例外處理程式敘述分為 ____ 、 _____ 、 _____ 三個程式區塊，在 ____ 區塊可以檢查是否產生例外物件，_____ 區塊處理不同類型的例外。

5. 請問下列例外處理程式碼可以處理哪些例外物件，如下所示：

```
catch( ArithmeticException e1 ) { …… }
catch( ArrayStoreException e2 ) { …… }
catch( IllegalArgumentException e3 ) { …… }
```

6. 在 Java 的 test() 方法會產生 IllegalArgumentException 例外物件，請寫出主程式 main() 方法的例外處理程式敘述來呼叫 test() 方法，如下所示：

```
static double test(double a)
           throws IllegalArgumentException
```

7. 如果 eval() 方法會產生 ArithmeticException 例外物件，請寫出主程式 main() 方法的例外處理程式敘述來呼叫 eval() 方法，如下所示：

```
static double eval(double a, double b)
              throws ArithmeticException
```

8. 請建立 printNum(int) 方法顯示 2n+1 數列，例如：1、3、5、7……，其參數是整數 int 且丟出下列例外物件，如下所示：

- IllegalArgumentException：當參數小於 0。
- ArithmeticException：當參數大於 100。

學習評量

14-3 丟出例外與自訂 Exception 類別

9. 請建立 ArgumentException 自訂例外類別，類別可以處理輸入字串的例外，當字串包含空白字元或英文字母時，在轉換成整數 int 時會產生錯誤。請依錯誤代碼 1（空白字元）、2（英文字母）、3（符號）顯示不同的錯誤訊息。

14-4 執行緒的基礎

10. 請使用圖例說明什麼是 Java 執行緒。
11. 請問多工和多執行緒的差異為何？

14-5 建立 Java 的執行緒

12. 請說明建立 Java 多執行緒程式有哪兩種方式？
13. 如果類別已經繼承其他類別，就只能實作 _____ 介面來建立多執行緒程式。在 Thread 物件是使用 _____ 方法來啟動執行緒。
14. 請寫出下列 Java 執行緒的執行結果，如下所示：

```java
public class MyThread extends Thread {
   public void run() {
      int total = 0;
      for (int i = 1; i < 100; i++) {
         System.out.println(i);
         total += i;
      }
      System.out.println(total);
   }
   public static void main(String[] args)  {
      MyThread mt = new MyThread();
      mt.start();
   }
}
```

14-6 Java 執行緒的同步

15. 請說明什麼是生產者和消費者模型？

16. Java 程式碼可以在方法前使用 ＿＿＿＿＿＿＿ 關鍵字來鎖定資源，以避免方法同時存取同一資源。

17. 請舉例說明 wait() 和 notify() 方法在生產者和消費者模型扮演的角色為何？

18. 在第 14-6 節的生產者和消費者模型，如果加大佇列容量，例如：將 Queue.java 的常數 MAXQUEUE 改為 5，然而重新編譯執行，請比較更改前後執行結果的差異為何？

```
static final int MAXQUEUE = 5;
```

Chapter

15

Java套件與檔案處理

15-1 Java 的輸入 / 輸出串流

　　Java I/O 套件的全名是 Java Input/Output（輸入 / 輸出），即程式的資料輸入與輸出，在 Java 類別函數庫（class library）是使用「串流」（stream）模型來處理資料的輸入與輸出。

說明

本章 Java 程式範例是位在「Ch15」目錄 IntelliJ IDEA 的 Java 專案，請啟動 IntelliJ IDEA，開啟位在「Java8\Ch15」目錄的專案，就可以測試執行本章的 Java 程式範例。

15-1-1 串流的基礎

　　串流（stream）觀念最早是使用在 Unix 作業系統，串流模型如同水管的水流，當程式開啟一個來源的輸入串流（例如：檔案、記憶體和緩衝區等），Java 程式可以從輸入串流依序讀取資料，如下圖所示：

　　上述圖例在程式左半邊是讀取資料的輸入串流，程式輸出資料是在右半邊開啟一個目的（同樣是檔案、記憶體和緩衝區等）的輸出串流，然後將資料寫入串流。例如：檔案複製程式開啟來源檔案的輸入串流和目的檔案的輸出串流，接著從來源串流讀取資料後，馬上寫入輸出串流的目的檔案，就可以完成檔案複製。

　　所以，串流模型並沒有考慮資料來源、型態、從哪兒來或往哪兒去，程式只是如水流般的依序讀取資料，然後依序的寫入資料。

15-1-2　java.io 套件的串流類別

Java 檔案處理需要使用 java.io 套件，此套件提供多種串流類別來處理檔案，在 Java 程式需要使用 import 程式敘述匯入 Java API 套件，如下所示：

```
import java.io.*;
```

上述程式碼是位在類別宣告之外，關於 Java 套件的進一步說明，請參閱第 15-5 ～ 15-6 節。基本上，Java 串流類別分成兩大類：「字元串流」（character stream）和「位元組串流」（byte stream），再加區分成輸入 / 輸出 2 種串流類別。

字元串流

字元串流（character stream）是一種適合「人類閱讀」（human-readable）的串流，Reader/Writer 兩個類別分別讀取和寫入 16 位元的字元資料，屬於字元串流的父抽象類別。

在 java.io 套件提供多種繼承自 Reader/Writer 的子類別，支援各種情況的串流資料處理，其名稱都是使用 Reader 和 Writer 結尾，例如：

▶ BufferReader/BufferWriter：處理緩衝區 I/O。

▶ InputStreamReader/OutputStreamWriter：InputStreamReader 在讀取位元組資料後，將它轉換成字元資料，OuputStreamWriter 是將字元轉換成位元組資料。

▶ FileReader/FileWriter：處理檔案 I/O。

位元組串流

位元組串流（byte stream）是一種「機器格式」（machine-formatted）串流，可以讀取和寫入 8 位元的位元組資料，也就是處理二進位資料的執行檔、圖檔和聲音等，其父抽象類別的輸入 / 輸出串流名稱為 InputStream/OutputStream 類別。

同樣的，在 java.io 套件擁有多種繼承自 InputStream/OutputStream 的子類別，其名稱都是使用 InputStream/OutputStream 結尾，例如：

▶ FileInputStream/FileOutputStream：處理檔案 I/O。

▶ DataInputStream/DataOutputStream：讀取和寫入 Java 基本資料型態的資料。

▶ BufferInputStream/BufferedOutputStream：處理緩衝區 I/O。

15-2 Reader/Writer 檔案串流

Java I/O 套件的串流模型不用考慮串流是從哪兒來或是往哪兒去，開啓的串流可以是標準輸出和輸入，也可以是一個檔案，在本節是說明字元串流的文字檔案讀寫。

15-2-1 寫入文字檔案

當目標串流是一個檔案時，在 Java 程式開啓檔案 FileWriter 串流後，可以使用 BufferedWriter 緩衝器串流來加速資料處理，如下所示：

```
// 使用 BufferedWriter 緩衝器串流加速資料處理
BufferedWriter output =
        new BufferedWriter(new FileWriter(file));
```

上述程式碼的參數 file 是檔案路徑字串，在開啓後，使用 write() 方法將字串寫入文字檔案，如下所示：

```
output.write(str1);   // 寫入字串
output.write(str2);   // 寫入字串
```

程式範例 Ch15_2_1.java

在 Java 程式開啓文字檔案 Ch15_2_1.txt 後，寫入 2 個字串變數的字串內容，如下所示：

```
正在寫入檔案 ...Ch15_2_1.txt
寫入檔案成功 ...Ch15_2_1.txt
```

上述執行結果可以看到成功寫入文字檔案的訊息，同時在「Ch15」專案資料夾可以看到建立的文字檔案 Ch15_2_1.txt，如下圖所示：

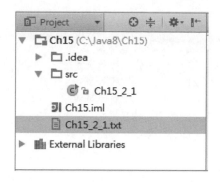

按二下開啟檔案，可以看到文字檔案內容，如下圖所示：

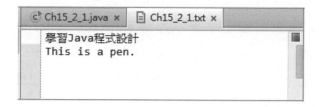

如果使用【記事本】開啟「C:\Java8\Ch15\Ch15_2_1.txt」檔案來顯示文字檔案內容，如下圖所示：

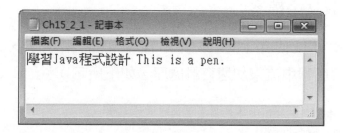

上述圖例並沒有正確的顯示換行，因為 Java 語言是使用 UNIX 格式換行，而非 Windows 格式換行。

▶ 程式內容

```
01: /* 程式範例 : Ch15_2_1.java */
02: import java.io.*;
03: public class Ch15_2_1 {
04:    // 主程式
05:    public static void main(String[] args)
06:                       throws Exception {
07:       String file = "Ch15_2_1.txt";
```

```
08:        String str1 = "學習 Java 程式設計 \n";
09:        String str2 = "This is a pen.\n";
10:        // 建立 BufferedWriter 的輸出串流物件
11:        BufferedWriter output = new BufferedWriter(
12:                          new FileWriter(file));
13:        System.out.println("正在寫入檔案 ..." + file);
14:        output.write(str1);        // 寫入字串
15:        output.write(str2);        // 寫入字串
16:        output.close();            // 關閉串流
17:        System.out.println("寫入檔案成功 ..." + file);
18:    }
19: }
```

▶ **程式說明**

- 第 2 行：使用 import 程式敘述匯入 java.io 套件。
- 第 11~12 行：開啓檔案輸出串流，因為 BufferedWriter 串流需要附屬在其他 Writer 或 OutputStream 串流，以此例是 FileWriter 串流。
- 第 14~15 行：寫入 2 個字串，在字串結尾加上「\n」符號表示是 2 行文字內容（此為 UNIX 格式換行）。
- 第 16 行：關閉檔案輸出串流。

15-2-2 讀取文字檔案

在 Java 程式可以使用 FileReader 串流讀取檔案內容，我們同樣使用 BufferedReader 緩衝器串流來加速資料處理，如下所示：

```
// 使用 BufferedReader 緩衝器串流加速資料處理
BufferedReader input =
        new BufferedReader(new FileReader(name));
```

上述程式碼的參數 name 是 File 物件，然後使用 while 迴圈呼叫 readLine() 方法來讀取檔案內容，如下所示：

```
// 讀取文字檔案內容
while ( (str = input.readLine()) != null ) {
    ...
}
```

上述迴圈檢查讀取字串是否為 null，可以判斷是否讀到檔尾。

程式範例 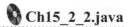 **Ch15_2_2.java**

在 Java 程式開啟文字檔案 Ch15_2_1.txt，讀取全部檔案內容後，將內容顯示出來，如下所示：

> 學習 Java 程式設計
> This is a pen.

上述執行結果可以看到讀取的文字檔案內容。

▶ 程式內容

```
01: /* 程式範例：Ch15_2_2.java */
02: import java.io.*;
03: public class Ch15_2_2 {
04:    // 主程式
05:    public static void main(String[] args)
06:                          throws Exception {
07:        String file = "Ch15_2_1.txt";
08:        File name = new File(file);  // 建立 File 物件
09:        if ( name.exists() ) {
10:            // 建立 BufferedReader 的輸入串流物件
11:            BufferedReader input = new BufferedReader(
12:                              new FileReader(name));
13:            String str;
14:            // 讀取資料
15:            while ( (str = input.readLine()) != null )
16:                System.out.println(str);
17:            input.close();       // 關閉串流
18:        }
19:        else
20:            System.out.println("檔案 [" + name + " 不存在！");
21:    }
22: }
```

▶ 程式說明

- 第 2 行：使用 import 程式敘述匯入 java.io 套件。
- 第 8 行：建立 File 物件。
- 第 9~20 行：if 條件檢查檔案是否存在，如果存在，在第 11~12 行開啟檔案輸入串流，因為 BufferedReader 串流需要附屬在其他 Reader 或 InputStream 串流，以此例是 FileReader 串流。
- 第 15~16 行：使用 while 迴圈配合 readLine() 方法讀取檔案內容。

15-2-3 檔案複製

Java 程式只需整合第 15-2-1 節和第 15-2-2 節程式範例,就可以建立文字檔案複製工具,首先使用 FileReader 和 FileWriter 串流分別開啟來源和目的檔案串流,然後使用 while 迴圈複製檔案內容,如下所示:

```
while ( (ch = input.read()) != -1 )   // 使用迴圈讀取整數
    output.write(ch);   // 寫入整數
```

上述程式碼使用 read() 方法讀取整數,然後使用 write() 方法寫入目的檔案。

程式範例 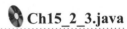 **Ch15_2_3.java**

在 Java 程 式 使 用 FileReader 和 FileWriter 串 流 來 複 製 檔 案 內 容,將 Ch15_2_1.txt 複製到 Ch15_2_3.txt,如下所示:

```
正在複製檔案 ...Ch15_2_3.txt
複製檔案成功 ...Ch15_2_3.txt
```

上述執行結果可以看到成功複製檔案的訊息文字。然後請開啟複製的文字檔案,可以看到與 Ch15_2_1.txt 相同的檔案內容,如下圖所示:

▶ **程式內容**

```
01: /* 程式範例: Ch15_2_3.java */
02: import java.io.*;
03: public class Ch15_2_3 {
04:    // 主程式
05:    public static void main(String[] args)
06:                        throws Exception {
07:       String sour_path = "Ch15_2_1.txt";
08:       String dest_path = "Ch15_2_3.txt";
09:       File sour = new File(sour_path);  // 建立 File 物件
10:       File dest = new File(dest_path);
```

```
11:        if ( sour.exists() ) {
12:            // 建立 BufferedReader 的輸入串流物件
13:            BufferedReader input = new BufferedReader(
14:                           new FileReader(sour));
15:            // 建立 BufferedWriter 的輸出串流物件
16:            BufferedWriter output = new BufferedWriter(
17:                           new FileWriter(dest));
18:            int ch;
19:            System.out.println(" 正在複製檔案 ..." + dest);
20:            // 複製檔案內容
21:            while ( (ch = input.read()) != -1 )
22:                output.write(ch);
23:            input.close();     // 關閉串流
24:            output.close();
25:            System.out.println(" 複製檔案成功 ..." + dest);
26:        }
27:        else
28:            System.out.println(" 來源檔案 ["+sour+" 不存在 !");
29:    }
30: }
```

▶ 程式說明

- 第 2 行：使用 import 程式敘述匯入 java.io 套件。
- 第 9~10 行：建立 2 個 File 物件分別是來源和目的檔案。
- 第 11~28 行：if 條件檢查來源檔案是否存在，如果存在，在第 13~17 行分別使用 FileReader 和 FileWriter 開啟檔案輸入和輸出串流。
- 第 21~22 行：使用 while 迴圈讀取來源檔案內容後，馬上寫入目的檔案。

15-3 InputStream/OutputStream 檔案串流

對於二進位檔案，Java 程式可以使用 InputStream/OutputStream 類別的位元組串流來處理檔案讀取和寫入。在 InputStream/OutputStream 類別提供對應 Reader/Writer 類別的方法，可以讀取和寫入位元組或位元組陣列，其說明如下表所示：

方法	說明
int read()	讀取 1 個位元組
int read(byte[])	讀取位元組陣列,當讀到結尾時,傳回 -1
int read(byte[], int, int)	讀取從第 2 個參數 int 索引值開始,長度為第 3 個參數 int 的位元組陣列
void write(int)	寫入整數
void write(byte[])	寫入 1 個位元組陣列
void write(byte[], int, int)	寫入從第 2 個參數 int 索引值開始,長度為第 3 個參數 int 的位元組陣列

15-3-1 InputStream/OutputStream 串流的檔案處理

對於位元組串流的檔案 I/O,Java 程式是開啟 FileOutputStream 和 FileInputStream 串流,如下所示:

```
// 建立輸出串流
FileOutputStream output = new FileOutputStream(file);
    ......
// 建立輸入串流
FileInputStream input = new FileInputStream(name);
    ......
```

上述程式碼分別建立輸出和輸入串流,其來源和目的都是檔案,參數可以是 file 檔案路徑字串,或 name 的 File 物件。

程式範例　　　　　　　　　　　　　　　　Ch15_3_1.java

在 Java 程式使用位元組串流 FileOutputStream 將資料寫入檔案,然後使用 FileInputSteam 串流開啟檔案來讀取檔案內容,如下所示:

```
正在寫入檔案 ...Ch15_3_1.txt
檔案路徑 : C:\Java8\Ch15\Ch15_3_1.txt
Java SE
```

上述執行結果可以看到寫入檔案訊息文字,接著顯示檔案路徑,然後開啟檔案讀取檔案內容,最後 1 行是讀取的檔案內容「Java SE」。

▶ 程式內容

```
01: /* 程式範例: Ch15_3_1.java */
02: import java.io.*;
03: public class Ch15_3_1 {
04:    // 主程式
05:    public static void main(String[] args)
06:                          throws Exception {
07:       String file = "Ch15_3_1.txt";
08:       // 建立 FileOutputStream 的輸出串流物件
09:       FileOutputStream output;
10:       output = new FileOutputStream(file);
11:       System.out.println("正在寫入檔案 ..." + file);
12:       output.write('J');   // 寫入字元
13:       output.write('a');
14:       output.write('v');
15:       output.write('a');
16:       output.write(' ');
17:       output.write('S');
18:       output.write('E');
19:       output.close();      // 關閉串流
20:       // 建立檔案物件
21:       File name = new File(file);
22:       int ch;
23:       System.out.println("檔案路徑: " +
24:                       name.getAbsolutePath());
25:       // 建立 FileInputStream 的輸入串流物件
26:       FileInputStream input = new FileInputStream(name);
27:       while ( (ch = input.read()) != -1 ) // 讀取字元
28:          System.out.print((char) ch);
29:       input.close();       // 關閉串流
30:    }
31: }
```

▶ 程式說明

- 第 2 行:使用 import 程式敘述匯入 java.io 套件。
- 第 9~10 行:開啟 FileOutputStream 的檔案輸出串流。
- 第 12~18 行:在檔案輸出串流寫入 7 個字元的整數。
- 第 26 行:使用 File 物件開啟 FileInputStream 檔案輸入串流。
- 第 27~28 行:使用 while 迴圈讀取和顯示檔案內容。

15-3-2 過濾串流的檔案處理

Java 的「過濾串流」（filter stream）是在串流之間加上過濾器，以便將上方串流的資料在處理後，才送到下方串流，如下圖所示：

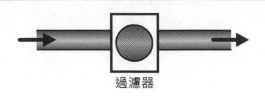

過濾器

上述圖例可以看出過濾器的功能，事實上，FileReader/FileWriter 和 FileInputStream/FileOutputStream 串流都是一種過濾串流，可以將原來的檔案資料過濾成串流資料，串流資料還可以進一步使用其他過濾串流來執行進一步過濾。

例如：DataInputStream/DataOutputStream 過濾串流，這些過濾串流都是屬於 FilterInputStream/FilterOutputStream 的子類別，如下所示：

```
// 建立輸出的過濾串流
DataOutputStream output = new DataOutputStream(
                          new FileOutputStream(file));
 ......
// 建立輸入的過濾串流
DataInputStream input = new DataInputStream(
                 new FileInputStream(name));
 ......
```

上述程式碼將 DataOutputStream 搭在 FileOutputStream 串流上，將資料經過 DataOutputStream 過濾成 FileOutputStream 串流寫入檔案，接著將 DataInputStream 搭在 FileInputStream 串流上，將 FileInputStream 串流過濾成 DataOutputStream 串流後進行讀取。

DataOutputStream/DataInputStream 類別提供 Java 基本資料型態寫入的 writeChar()、writeChars()、writeBytes()、writeInt() 和 writeDouble() 等方法，對應 readChar()、readInt() 和 readDouble() 等讀取方法，可以將表格排列資料依序寫入檔案和從檔案讀出。

程式範例 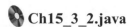 **Ch15_3_2.java**

　　在 Java 程式使用 DataOutputStream 過濾串流，將下列表格排列資料寫入檔案，如下所示：

```
2\t299.0\tPDA\n
3\t199.0\tMP3\n
```

　　上述資料依序為整數、浮點數和字串，使用 Tab 鍵分隔，在寫入檔案後，使用 DataInputStream 過濾串流，將上述資料從檔案依序讀出，如下所示：

```
正在寫入檔案...Ch15_3_2.txt
檔案路徑：C:\Java8\Ch15\Ch15_3_2.txt
數量：2
單價：299.0
名稱：PDA
數量：3
單價：199.0
名稱：MP3
```

　　上述執行結果可以看到寫入檔案的訊息文字，在寫入檔案後，開啟檔案將各項資料從檔案依序讀出，最後顯示讀取的各項資料。

▶ 程式內容

```
01: /* 程式範例: Ch15_3_2.java */
02: import java.io.*;
03: public class Ch15_3_2 {
04:    // 主程式
05:    public static void main(String[] args)
06:                        throws Exception {
07:       String file = "Ch15_3_2.txt";
08:       int[] units = { 2, 3 };
09:       double[] prices = { 299.0, 199.0 };
10:       String[] items = { "PDA", "MP3" };
11:       // 建立 DataOutputStream 的輸出串流物件
12:       DataOutputStream output = new DataOutputStream(
13:                        new FileOutputStream(file));
14:       System.out.println(" 正在寫入檔案 ..." + file);
15:       for ( int i = 0; i < units.length; i++ ) {
16:          output.writeInt(units[i]);    // 寫入資料
17:          output.writeChar('\t');
18:          output.writeDouble(prices[i]);
19:          output.writeChar('\t');
```

```
20:            output.writeChars(items[i]);
21:            output.writeChar('\n');
22:        }
23:        output.close();            // 關閉串流
24:        // 建立檔案物件
25:        File name = new File(file);
26:        char ch;
27:        int unit;
28:        double price;
29:        StringBuffer item;
30:        System.out.println("檔案路徑: " +
31:                        name.getAbsolutePath());
32:        // 建立 DataInputStream 的輸入串流物件
33:        DataInputStream input = new DataInputStream(
34:                        new FileInputStream(name));
35:        try {
36:            while (true) {
37:                unit = input.readInt();   // 讀取資料
38:                input.readChar();
39:                price = input.readDouble();
40:                input.readChar();
41:                item = new StringBuffer();
42:                while ( (ch = input.readChar()) != '\n' )
43:                    item.append(ch);
44:                System.out.println("數量: " + unit);
45:                System.out.println("單價: " + price);
46:                System.out.println("名稱: " + item);
47:            }
48:        } catch ( EOFException e ) {}
49:        input.close();            // 關閉串流
50:    }
51: }
```

▶ 程式說明

- 第 2 行:使用 import 程式敘述匯入 java.io 套件。

- 第 12~13 行:使用 DataOutputStream 配合 FileOutputStream 串流開啓檔案輸出串流。

- 第 15~22 行:使用 for 迴圈依序將陣列資料的數量、單價和名稱寫入檔案輸出串流。

- 第 33~34 行:使用 DataInputStream 配合 FileInputStream 串流開啓檔案輸入串流。

- 第 35~48 行:try/catch 的 EOFException 檔尾例外處理,可以讀取整個檔案內容,第 36~47 行的 while 迴圈依序讀取數量、單價和名稱資料。

15-4　隨機存取檔案

在本節之前的檔案串流都是「循序存取串流」（sequential access streams），只能如水流般依序讀取和寫入檔案。「隨機存取檔案」（random access file）是以非循序隨機方式存取檔案內容，如同一個位在磁碟檔案的陣列，使用索引值就可以存取元素，這個索引值稱為「檔案指標」（file pointer）。

RandomAccessFile 類別因為同時實作 DataInput 和 DataOutput 介面，所以同一類別即可讀取和寫入檔案，如下所示：

```
RandomAccessFile input = new RandomAccessFile(file,"rw");
```

上述程式碼開啟隨機存取檔案，最後 1 個參數 rw 表示檔案可讀且可寫，如為 r 表示是唯讀，如下所示：

```
RandomAccessFile input = new RandomAccessFile(file,"r");
```

因為是隨機存取檔案，RandomAccessFile 類別提供有方法來處理檔案指標，即目前處理的位置，其說明如下表所示：

方法	說明
int skipBytes(int)	移動檔案指標，向前移動參數 int 個位元組
void seek(long)	移動檔案指標到長整數參數 long 位置，位置是從 0 的檔頭開始
long getFilePointer()	取得目前檔案指標位置的 long 長整數

程式範例　　Ch15_4.java

在 Java 程式使用 FileOutputStream 串流建立檔案後，使用 RandomAccessFile 開啟隨機存取檔案，以便隨機讀取和寫入資料，如下所示：

```
正在寫入檔案 ...Ch15_4.txt
Pen
FootBall
all
Pen
FootBool
```

上述執行結果可以看到寫入檔案訊息，接著 2 行顯示檔案內容 Pen 和 FootBall，然後使用隨機方式讀取 3 個字元 all，最後寫入 2 個字元，可以看到 FootBall 成為 FootBool。

▶ 程式內容

```
01: /* 程式範例 : Ch15_4.java */
02: import java.io.*;
03: public class Ch15_4 {
04:    // 主程式
05:    public static void main(String[] args)
06:                         throws Exception {
07:       String file = "Ch15_4.txt";
08:       // 建立 DataOutputStream 的輸出串流物件
09:       DataOutputStream output = new DataOutputStream(
10:                        new FileOutputStream(file));
11:       System.out.println(" 正在寫入檔案 ..." + file);
12:       output.writeBytes("Pen\n");
13:       output.writeBytes("FootBall\n");
14:       output.close();       // 關閉串流
15:       // 建立 RandomAccessFile 的輸入串流物件
16:       RandomAccessFile input;
17:       input = new RandomAccessFile(file,"rw");
18:       int ch;
19:       // 顯示檔案內容
20:       while ( (ch = input.read()) != -1 )
21:          System.out.print((char)ch);
22:       // 取得目前的檔案指標
23:       long filePointer = input.getFilePointer();
24:       // 設定檔案指標
25:       input.seek(filePointer - 4);
26:       // 讀取 3 個字元
27:       for ( int i = 0; i < 3; i++ )
28:          System.out.print((char)input.read());
29:       System.out.println();
30:       // 取得目前的檔案指標
31:       filePointer = input.getFilePointer();
32:       input.seek(filePointer - 3);
33:       input.write('o');     // 寫入資料
34:       input.write('o');
35:       // 顯示所有的檔案內容，重設檔案指標
36:       input.seek(0);
37:       while ( (ch = input.read()) != -1 )
38:          System.out.print((char)ch);
39:       input.close();         // 關閉串流
40:    }
41: }
```

▌**程式說明**

- 第 2 行：使用 import 程式敘述匯入 java.io 套件。
- 第 9~14 行：開啟 FileOutputStream 檔案輸出串流，在檔案輸出 2 個字串。
- 第 16~17 行：使用 RandomAccessFilc 開啟隨機存取檔案，檔案為可讀和可寫。
- 第 20~21 行：使用 while 迴圈讀取和顯示整個檔案內容。
- 第 23 行：取得目前的檔案指標。
- 第 25~28 行：在使用 seek() 方法往回移動 4 後，第 27~28 行使用 for 迴圈讀取 3 個字元。
- 第 31~34 行：在目前檔案指標往回移動 3 後，寫入 2 個字元 'o'。
- 第 36~38 行：在重設檔案指標為 0，也就是移至檔案開頭後，使用第 37~38 行的 while 迴圈來顯示檔案內容。

15-5　Java 套件

「套件」（packages）是一組相關類別和介面的集合，其目的是提供存取保護，可以讓其他類別使用套件提供的類別和介面，來避免名稱衝突問題。在這一節筆者準備說明如何建立 Java 套件，匯入套件和使用套件的類別與介面。

15-5-1　Java 套件的基礎

對於小組和多人開發的大型 Java 應用程式來說，隨著程式設計者建立的類別和介面快速的增加，如何管理專案中的眾多名稱就是一件麻煩事，因為當發生同名問題時，定義的類別名稱可能被另一小組成員定義的同名類別覆寫，造成應用程式除錯上的大麻煩。

認識 Java 套件

Java 套件的目的是為了解決名稱衝突問題，如同是一個管理 Java 類別和介面的容器，可以將這些類別和介面的名稱區隔在套件之下，如此就不會產生名稱衝突問題。例如：定義名為 shape2d 與 shape3d 的 Java 套件，這 2 個套件都有同名的 Point 類別，但是，因為屬於不同套件，所以這 2 個同名名稱並不會產生衝突。

事實上，Java 套件就是物件導向程式設計的零件庫，程式開發者可以直接選用套件現成零件的各種物件，輕鬆組合零件來建立物件集合，即可完成 Java 應用程式開發。

🔖 Java 套件的結構

Java 套件類似 Windows 資料夾結構，只是改為「.」句點分隔，以第 15-5-2 節的 Ch15_5_2 套件結構為例，如下圖所示：

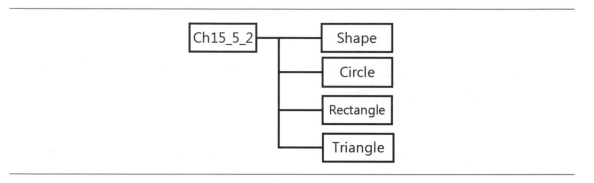

上述 Ch15_5_2 套件擁有類別：Ch15_5_2.Shape、Ch15_5_2.Circle、Ch15_5_2.Rectangle 和 Ch15_5_2.Triangle。

我們可以在 Ch15_5_2 類別使用套件的 Shape、Circle、Rectangle 和 Triangle 類別來建立物件。範例程式 Ch15_5_3.java 在匯入 Ch15_5_2 套件後，即可建立 Circle、Rectangle 和 Triangle 物件來顯示各種圖形面積。

15-5-2 在 IntelliJ IDEA 整合開發環境新增套件

在這一節筆者準備將第 13-5 節程式範例建立成名為 Ch15_5_2 的套件（即將同一程式檔案的多個類別分別獨立成多個類別檔），內含 Shape 抽象類別，繼承 Shape 類別的 Circle、Rectangle 和 Triangle 三個類別檔，其建立步驟如下所示：

Step 1▸ 請啓動 IntelliJ IDEA，開啓位在「Ch15」目錄的 Java 專案，如下圖
所示：

Step 2▸ 在「Project」專案面板的【src】上，執行【右】鍵快顯功能表的
「New>Package」指令，可以看到「New Package」對話方塊。

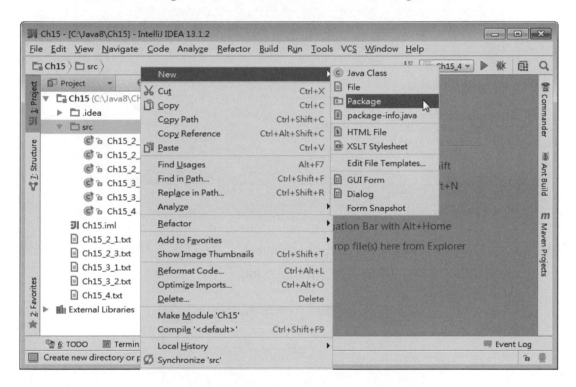

Step 3▸ 請在欄位輸入套件名稱【Ch15_5_2】，按【OK】鈕，可以看到在【src】
下建立的套件，如下圖所示：

Step 4 ▶ 接著，我們可以在此套件新增 Java 類別，請在【Ch15_5_2】套件上，執行【右】鍵快顯功能表的「New>Java Class」指令，可以看到「Create New Class」對話方塊。

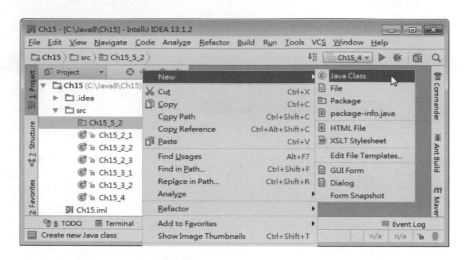

Step 5 ▶ 在【Name】欄輸入類別名稱【Shape】，按【OK】鈕新增 Java 類別檔，可以看到建立的範本程式碼，如下圖所示：

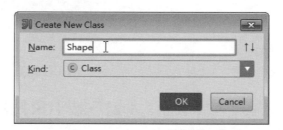

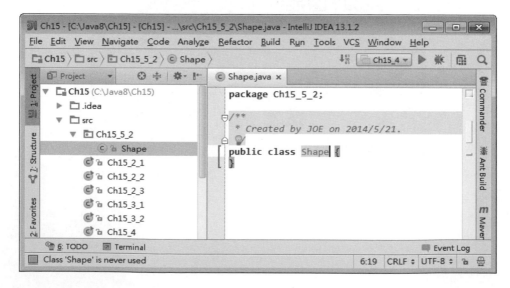

上述 Java 套件是以專案目錄為單位，我們可以將目錄中儲存的 Java 類別檔建立成套件，在每一個欲組成套件的 Java 程式檔案前，都需要加上 package 程式敘述，如下所示：

```
package Ch15_5_2;
```

Step 6 ▶ 請輸入 Shape.java 檔案 Shape 抽象類別的宣告，如下所示：

```
/* 程式範例：Shape.java */
package Ch15_5_2;
public abstract class Shape {    // Shape 抽象類別宣告
    public double x;    // X 座標
    public double y;    // y 座標
    // 抽象方法：計算面積
    public abstract void area();
}
```

上述 package 程式敘述是位在程式檔案的第一行，在之前只能有註解文字，不能有其他 Java 程式碼。當 Java 程式檔案加上 package 程式敘述後，以此例是指 Shape 類別屬於 Ch15_5_2 套件（即儲存這些類別的目錄名稱）的 public 成員。

說 明

因為 package 程式敘述的範圍是整個原始程式碼檔案，所以 Shape.java 程式檔內宣告的所有類別與介面都屬於 Ch15_5_2 套件的成員。

Step 7 ▶ 請重複步驟 4~6 新增繼承 Shape 類別的 Circle、Rectangle 和 Triangle 三個類別檔，可以在「Project」套件面板看到套件下新增的類別檔清單，如下圖所示：

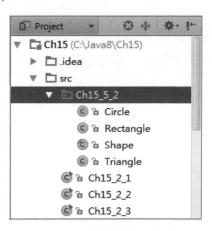

現在，我們已經使用 package 程式敘述建立名爲 Ch15_5_2 的套件，在下一節就可以在 Java 程式使用 import 程式敘述匯入套件的類別，和使用套件的類別。

15-5-3 在 Java 程式匯入和使用套件

當我們在專案新增套件和在之下新增類別檔案來建立套件後，其他 Java 程式如果需要使用套件的類別，可以使用 import 程式敘述來匯入套件的類別，如下所示：

```
import Ch15_5_2.Shape;
import Ch15_5_2.Circle;
import Ch15_5_2.Rectangle;
import Ch15_5_2.Triangle;
```

上述程式碼匯入 Ch15_5_2 套件的 Shape、Circle、Rectangle 和 Triangle 類別。我們可以在 Java 程式宣告和建立 Circle、Rectangle 和 Triangle 物件，如下所示：

```
Shape s;
Circle c = new Circle(5.0, 10.0, 4.0);
Rectangle r = new Rectangle(10.0,10.0,20.0,20.0);
Triangle t = new Triangle(10.0,10.0,25.0,5.0);
```

在 Java 程式如果需要匯入整個 Ch15_5_2 套件，可以直接使用「*」符號代表在此套件下的所有類別，如下所示：

```
import Ch15_5_2.*;
```

程式範例   Ch15_5_3.java

這個 Java 程式是位在【src】目錄，在匯入 Ch15_5_2 套件和建立 Circle、Rectangle 和 Triangle 類別的物件後，顯示各種圖形的面積，如下所示：

```
圓形面積：50.2656
長方形面積：400.0
三角形面積：62.5
```

上述執行結果顯示圓形、長方形和三角形面積。

▶ 程式內容

```
01: /* 程式範例：Ch15_5_3.java */
02: import Ch15_5_2.Shape;
03: import Ch15_5_2.Circle;
04: import Ch15_5_2.Rectangle;
05: import Ch15_5_2.Triangle;
06: // import Ch15_5_2.*;
07: public class Ch15_5_3 {
08:     // 主程式
09:     public static void main(String[] args) {
10:         Shape s;      // 抽象類別的物件變數
11:         // 宣告類別型態的變數，並且建立物件
12:         Circle c = new Circle(5.0, 10.0, 4.0);
13:         Rectangle r = new Rectangle(10.0,10.0,20.0,20.0);
14:         Triangle t = new Triangle(10.0,10.0,25.0,5.0);
15:         // 呼叫抽象類型物件的抽象方法 area()
16:         s = c;      // 圓形
17:         s.area();
18:         s = r;      // 長方形
19:         s.area();
20:         s = t;      // 三角形
21:         s.area();
22:     }
23: }
```

▶ 程式說明

- 第 2~6 行：使用 import 程式敘述匯入套件的類別，也可以直接使用第 6 行註解文字的程式敘述來匯入整個套件。
- 第 12~14 行：使用 Circle、Rectangle 和 Triangle 類別宣告建立物件 c、r 和 t。
- 第 16~21 行：呼叫多形方法 area()。

　　在執行上述程式範例後，讀者可以發現套件和目錄結構之間擁有緊密關係，事實上，Java 套件名稱就是類別檔案所在的目錄名稱。

15-6 Java 存取修飾子與 Java API 套件

Java 語言的存取修飾子 public 和 private 在第 11 章已經說明過。除此之外，Java 還提供 protected 修飾子提供套件的存取範圍，其範圍是同一套件，包含不同套件的子類別。

15-6-1 protected 存取修飾子的使用

Java 存取修飾子 protected 是指宣告的成員方法或變數可以在同一類別、其子類別或同一套件存取，其存取權限介於 public 和 private 之間。

例如：在 Ch15_6_1 套件的 Point 類別宣告座標的成員變數 x 和 y，其存取修飾子為 protected，如下所示：

```
protected double x;
protected double y;
```

此時，在同一套件繼承 Point 類別的 Line 類別可以存取 x 和 y，不過，單純匯入此套件的類別並不能存取 x 和 y。不屬於同一套件，繼承 Point 類別的子類別 ColorPoint，仍然可以存取 x 和 y，如下圖所示：

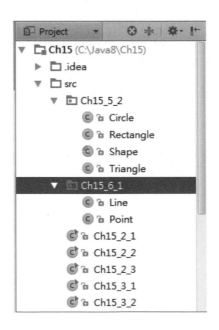

程式範例 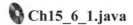 Ch15_6_1.java

Java 程式是位在【src】目錄，在匯入 Ch15_6_1 套件後，繼承 Point 類別建立 ColorPoint 子類別，在建立 Point、Line 和 ColorPoint 類別的物件後，顯示 Line 物件 2 端點的座標和 ColorPoint 物件的相關資訊，如下所示：

```
X 座標：5.0
Y 座標：10.0
X1 座標：4.0
Y1 座標：20.0
X 座標：5.0
Y 座標：5.0
色彩：10
```

上述執行結果顯示 Line 物件的 X、Y、X1 和 Y1 座標，其中 X 和 Y 座標是 Point 類別的成員變數，最後 2 行是 ColorPoint 物件的座標和色彩值。

▶ 程式內容

```
01: /* 程式範例：Ch15_6_1.java */
02: import Ch15_6_1.Point;
03: import Ch15_6_1.Line;
04: class ColorPoint extends Point {
05:     private int color;
06:     // 建構子
07:     public ColorPoint(double x, double y, int color) {
08:         super(x, y);
09:         this.color = color;
10:     }
11:     // 成員方法：顯示座標
12:     public void show() {
13:         System.out.println("X 座標：" + x);
14:         System.out.println("Y 座標：" + y);
15:         System.out.println(" 色彩：" + color);
16:     }
17: }
18: // 主程式類別
19: public class Ch15_6_1 {
20:     // 主程式
21:     public static void main(String[] args) {
22:         // 宣告類別型態的變數，並且建立物件
23:         Point p = new Point(4.0, 3.0);
24:         Line l = new Line(5.0, 10.0, 4.0, 20.0);
25:         ColorPoint cp = new ColorPoint(5.0, 5.0, 10);
```

```
26:         // 呼叫物件的方法
27:         l.show();
28:         cp.show();
29:         // System.out.println("X座標: " + p.x);
30:         // System.out.println("Y座標: " + p.y);
31:     }
32: }
```

▶ **程式說明**

- 第2~3行：使用import程式敘述分別匯入Ch15_6_1.Point和Ch15_6_1.Line類別。
- 第4~17行： ColorPoint類別繼承自Point類別，並且新增成員變數color。
- 第23~25行：使用Point、Line和ColorPoint類別宣告物件變數p、l和cp，然後使用new運算子建立Point、Line和ColorPoint物件。
- 第27~28行：呼叫l和cp物件的show()方法顯示資料，可以存取Point類別宣告成protected的變數x和y。
- 第29~30行：2個註解文字顯示Point類別的x和y成員變數，因為宣告成protected，所以沒有辦法存取，如果取消註解就會造成編譯錯誤，如下圖所示：

15-6-2 Java 的存取修飾子

Java語言的存取修飾子public、private和protected各有不同的存取權限範圍，筆者整理如下所示：

- ▶ public：擁有全域範圍，任何類別都可以存取，包含子類別。
- ▶ private：只可以在同一類別存取，不可以在子類別存取。
- ▶ protected：可以在同一類別、其子類別或同一套件中存取，包含不同套件的子類別。
- ▶ **沒有使用存取修飾子**：預設範圍是同一類別和套件中存取，但不包含不同套件的子類別。protected包含不同套件的子類別，所以其存取範圍比protected還小。

Java 語言各種修飾子在 Java 程式可以使用的地方，如下表所示：

修飾子	類別	成員變數	成員方法	建構子
public	可	可	可	可
private	可（巢狀）	可	可	可
protected	可（巢狀）	可	可	可
abstract	可	否	可	否
final	可	可	可	否

上表的巢狀是指可以使用在內層類別。

15-6-3　Java API 套件

Java API 套件是一種軟體工具箱，Java 標準 API 是一個名為 java 的大型套件，如同其他程式語言的「函數庫」（library），全名為 Java Applications Programming Interface。

Java API 套件的結構

Java API 擁有數個子套件 lang、awt 和 io 等，每個子套件擁有許多類別，如下圖所示：

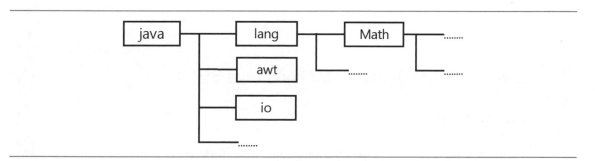

上述圖例是 java 套件結構，類似資料夾結構，其分隔字元是「.」句點。子套件 java.lang 包含基本 Math 和 String 類別等，java.io 包含輸入和輸出 I/O（Input/Output），java.awt 是 GUI 套件等。

在 Java 程式使用 Java API 套件

在 Java 程式是使用 import 程式敘述匯入 Java API 套件，我們可以直接使用 Java API 提供的龐大零件庫來建立 Java 應用程式。例如：在本章前匯入檔案處理套件，如下所示：

```
import java.io.*;
```

事實上，Java 程式就算沒有使用 import 程式敘述，預設也會匯入三個完整套件，如下所示：

- ▶ **預設套件**（default package）：一個沒有名稱的套件。
- ▶ **java.lang 套件**：屬於 Java 語言最基礎的套件，所以我們在 Java 程式可以直接使用 java.lang.* 套件的 String 和 Math 等子套件。
- ▶ **目前套件**（current package）：目前使用的套件。

在線上 JDK Documentation 說明文件提供 Java 語言特點、新增功能和 API 套件的詳細說明，其 URL 網址如下所示：

```
http://docs.oracle.com/javase/8/
```

請啟動 Internet Explorer 瀏覽器進入上述網址，可以閱讀 JDK 說明文件的內容，如下圖所示：

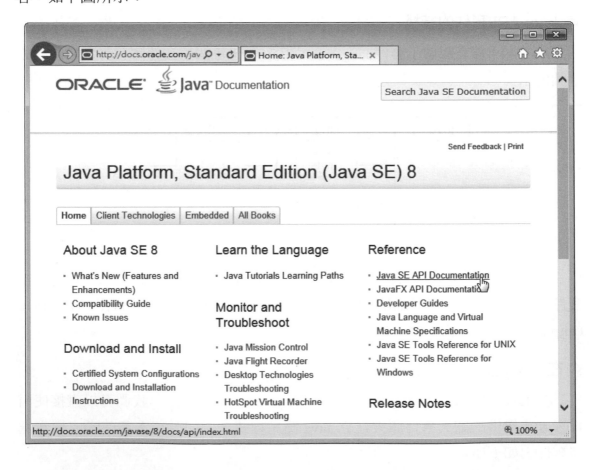

在「Reference」區段選【Java SE API Document】超連結，可以看到框架頁顯示的 Java API 套件清單，如下圖所示：

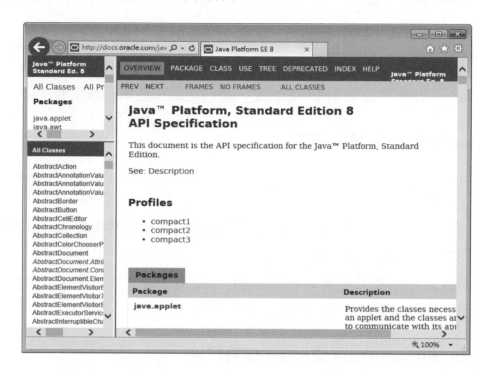

在左邊框架選取所需類別，可以在右邊框架顯示類別屬性和方法清單的說明。例如：在左邊框架選【Math】，可以在右邊看到此類別的說明，如下圖所示：

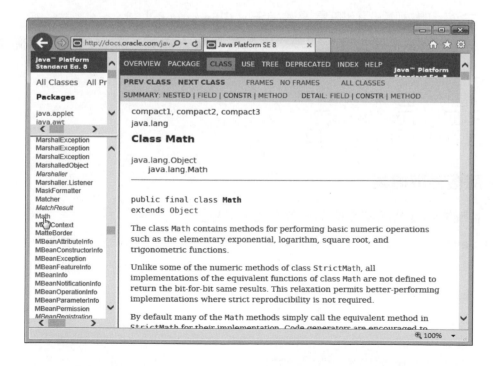

學習評量

15-1 Java 的輸入 / 輸出串流

1. 請說明 Java I/O 串流是什麼？Java API 套件名稱是：_____。

2. Java API 套件擁有 2 種串流類型，請說明這 2 種串流類型的差異？

15-2 Reader/Writer 檔案串流

3. Java 程式可以開啟 _____ 串流寫入文字檔案；_____ 串流讀取文字檔案內容。

4. 請建立 Java 文字檔案複製程式，在輸入文字檔案名稱後，可以複製成副檔名為 .bak 的文字檔案。

5. 請建立 Java 程式計算文字檔案內容的行數，在輸入文字檔案名稱後，可以顯示檔案名稱和共有幾行文字內容。

15-3 InputStream/OutputStream 檔案串流

6. Java 的二進位檔案是使用 _____ 類別的位元組串流來處理檔案讀取和寫入。

7. 請使用圖例說明什麼是過濾串流（filter stream）？

8. 請建立 Java 程式將下列表格排列資料寫入檔案，並且建立讀取檔案的 Java 程式，如下所示：

```
3\t149.3\tUSBDisk\n
15\t99.2\tCellPhone\n
6\t132.8\tCalculator\n
```

15-4 隨機存取檔案

9. 請說明隨機檔案和串流檔案的差異為何？

10. Java 隨機存取檔案存取是使用 _____ 類別，因為此類別同時實作 _____ 和 _____ 介面，所以同一類別即可讀取和寫入檔案。

學習評量

11. 請修改 Ch15_4.java 程式範例，首先寫入足夠文字內容後，然後依序存取下列指標位置的字元，如下所示：

```
// 設定檔案指標為 50
// 讀取 10 個字元
// 重設檔案指標
// 往前移動 10
// 讀取 20 個字元
```

15-5 Java 套件

12. 請舉例說明什麼是 Java 套件？

13. 在 Java 程式檔案前加上 _____ 指令敘述可以將程式檔案建立成套件。其他 Java 程式可以使用 _____ 指令敘述來匯入套件。

14. 請使用 IntelliJ IDEA 整合開發環境將第 13-6-1 節的 Java 程式範例 Ch13_6_1.java 改成 Ch13_6_1 套件。

15-6 Java 存取修飾子與 Java API 套件

15. 在 Java 存取範圍中，介於 public 和 private 之間的是 _____ 存取修飾子。如果沒有使用存取修飾子，其範圍是介於 _____ 和 _____ 之間。

16. Java 的 _____ 修飾子不可以使用在成員變數，_____ 和 _____ 修飾子不可使用在建構子。

17. Java 程式預設完整匯入 Java API 的 _____ 套件。

18. 請在 Ch15_6_1.java 取消最後 2 行程式碼的註解來測試編譯錯誤，如果將 Point 類別的 x 和 y 改為 public 是否仍會產生錯誤，為什麼？

19. 如果在習題 18 改為 private 是否會產生錯誤，為什麼？

20. 如果在習題 18 刪除 Point 類別成員變數 x 和 y 的 protected 修飾子，然後重新編譯 Point.java 和 Ch15_6_1.java 是否會產生錯誤，為什麼？

第四篇

Java視窗應用程式開發

- ▶ 第 16 章：Swing 視窗應用程式
- ▶ 第 17 章：事件處理與 Lambda 運算式

Java 8 程式語言學習手冊

Chapter

16

Swing視窗應用程式

本章學習目標

16-1 Swing 套件的基礎

　　Swing 套件可以幫助我們建立 GUI 介面的 Java 應用程式，在本書稱為 Swing 應用程式。Swing 套件提供各種視窗介面元件，例如：按鈕、核取方塊、選項按鈕和文字方塊等。

16-1-1 Swing 套件簡介

　　Swing 類別是定義在名為 javax.swing 的套件中，大部分 Swing 元件都是繼承自 JComponent，元件名稱使用「J」字母開頭，它是取代舊版 AWT（Abstract Window Toolkit）的介面元件，其類別架構如下圖所示：

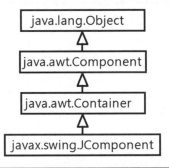

　　從上述類別繼承架構可以看出，Swing 是繼承自 AWT 的 Container 和 Component 類別，所以仍然使用 AWT 版面配置、和大部分事件物件和傾聽者類別，只是取代 GUI 元件，提供全新 GUI 元件 JComponent。

　　因此，原來的 AWT 元件在 Swing 大都有對應元件。例如：AWT 的 java.awt.Button，對應 Swing 的 javax.swing.JButton，不過，AWT 的 Canvas 沒有對應 JCanvas，而是被 JPanel 元件取代。

16-1-2 Swing 應用程式結構

　　Swing 應用程式的結構像是在一個大盒子中放入多個不同尺寸的小盒子，首先將 Swing 套件的各種 GUI 元件，例如：將 JButton 和 JLabel 元件新增到中間層容器元件 JPanel 後，再將 JPanel 新增到最上層容器類別 JFrame，JFrame 是擁有標題列的 Windows 視窗元件，如下圖所示：

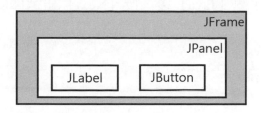

Swing 最外層容器類別決定建立的 Swing 應用程式種類，JFrame 是視窗應用程式；JApplet 是包含 Swing 元件的 Java Applet（Java Applet 是一種在瀏覽器執行的 Java 程式），或 JDialog 對話方塊。

16-2 使用 IntelliJ IDEA 建立 Swing 應用程式

基本上，Java 視窗應用程式是繼承 JFrame 類別的物件，只是實作或覆寫（override）相關方法來建立 Swing 應用程式，即 Java 版的視窗應用程式。

在這一節我們準備建立 BMI 計算機的 Swing 應用程式（在第 18 章建立相同功能的 Android App），可以輸入身高和體重來計算和顯示 BMI 值。BMI 值的計算公式，如下所示：

```
bmi = 體重 /（身高 * 身高）
```

上述公式的體重單位是公斤；身高單位是公尺。

步驟一：啟動 IntelliJ IDEA 建立 Java 專案

IntelliJ IDEA 提供 Swing 元件的圖形化 GUI 編輯工具，我們準備從啟動 IntelliJ IDE 建立 Java 專案開始，然後使用 GUI 設計工具建立圖形使用介面，其步驟如下所示：

Step 1 請啟動 IntelliJ IDEA，在「IntelliJ IDEA」歡迎對話方塊選【Create New Project】項目新增專案，可以看到「New Project」對話方塊。

Step 2 ▶ 在左邊選第 1 個【Java】後，按【Next】鈕選擇使用的專案範本。

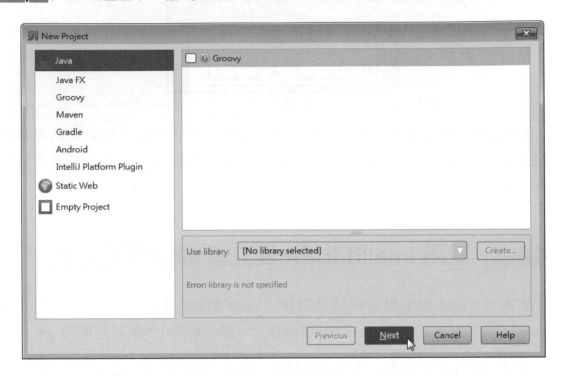

Step 3 ▶ 我們準備從空專案開始建立 Swing 應用程式，不用勾選範本，請按【Next】鈕開始輸入專案的相關資訊。

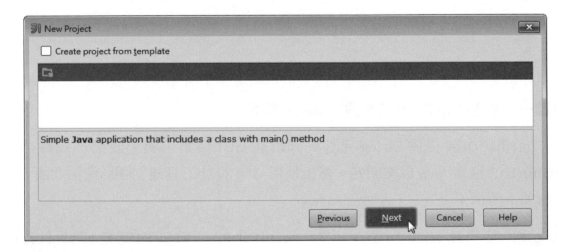

Step 4 在【Project name】欄輸入專案名稱【GUI01】，【Project location】專案位置欄輸入「Java8\Ch16\GUI01」目錄，在【Project SDK】欄選【1.8】，按【Finish】鈕完成專案建立，就可以進入 IntelliJ IDEA 整合開發環境，看到「Tip of the Day」每日小技巧對話方塊。

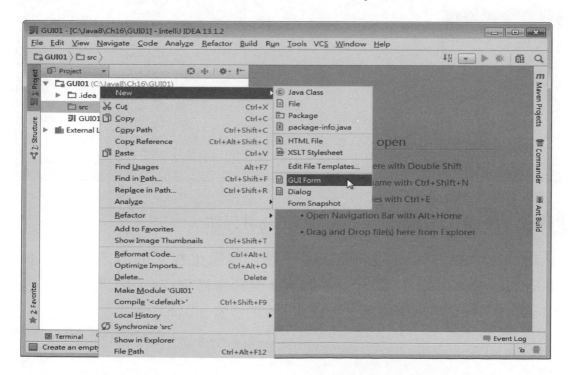

Step 5 按【Close】鈕關閉後，可以看到整合開發環境的使用介面。

步驟二：建立 GUI Form 表單

IntelliJ IDEA 提供 GUI 設計工具來建立使用介面，首先，我們需要新增 GUI Form 表單，請繼續上面的步驟，開啓左邊「Project」專案窗格，如下圖所示：

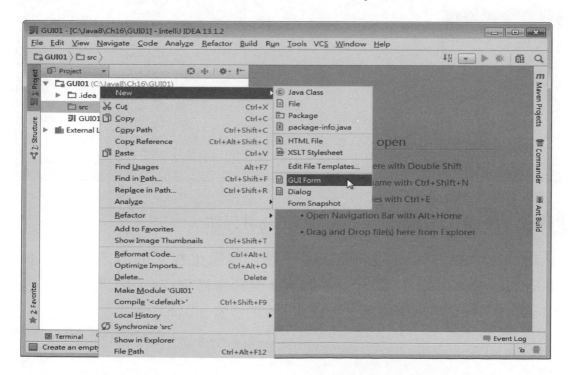

Step 1 ▶ 請展開專案目錄看到【res】，在之上執行【右】鍵快顯功能表的「New>GUI Form」指令，可以看到「New GUI Form」對話方塊。

Step 2 ▶ 在【Form name】欄輸入表單名稱【BMIForm】，下方自動輸入同名 BMIForm，按【OK】鈕進入 GUI 設計工具，預設在左上方元件樹新增根 JPanel 元件（請記得替此元件命名）。

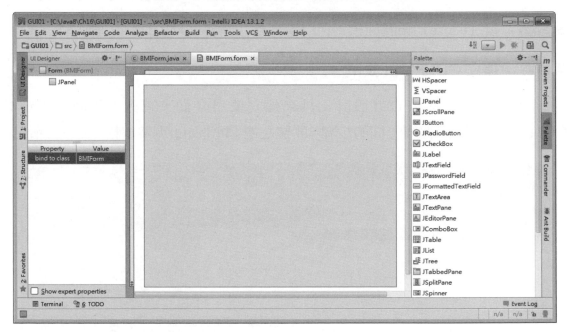

步驟三：在 GUI 表單新增 JPanel 和 JLabel 元件

IntelliJ IDEA 的 GUI 設計工具是一種「視覺化程式開發工具」（visual builder tool，VBT），只需在「Palette」工具箱窗格選取 GUI 元件，就可以在 GUI 表單新增和編排使用介面。請繼續上面的步驟，如下所示：

Step 1▶ 請將游標移至表單灰色區域的右下角，當成為雙箭頭時，向左上方拖拉縮小表單尺寸（事實上，調整表單尺寸並沒有作用，我們建立的表單尺寸需視在其中新增的元件而定），如下圖所示：

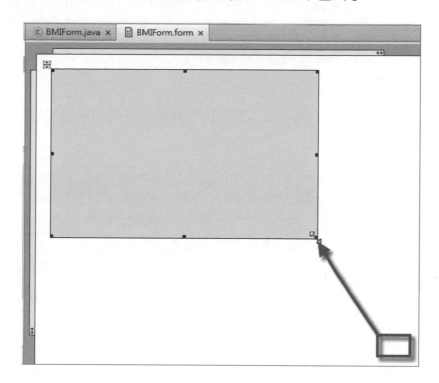

Step 2▶ 在「Palette」窗格選【JPanel】元件，然後移至表單上方，當顯示 JPanel (top) 時，如下圖所示：

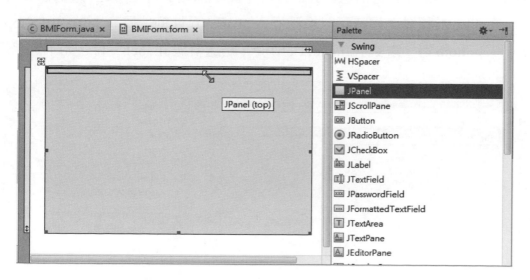

說明

　　JPanel 元件是中間層容器元件用來編排位在之中的元件，我們是新增 1 個 JPanel 元件插入預設根 JPanel 元件之中，上述顯示的 JPanel (top) 是指根 JPanel 元件可以插入的位置，我們可以在 top、bottom、left、right 或左上角、右上角、左下角、右下角或儲存格座標等不同位置插入元件。

Step 3 ▶ 點選新增 JPanel 元件貼在表單上方邊界，在元件樹可以看到根 JPanel 下新增的 JPanel 元件，如下圖所示：

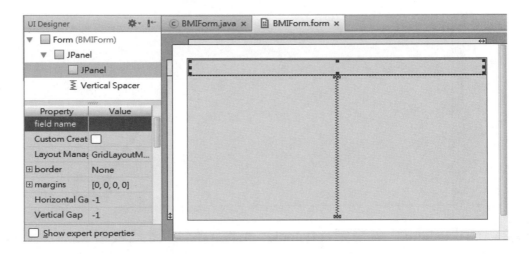

Step 4 ▶ 在「Palette」窗格選【JLabel】元件，然後移至表單上方的 JPanel 元件，當移動游標時可以看到插入 JPanel 元件的位置有 left、fill、top 和 bottom 等，當顯示 JPanel (left) 時，點選新增 JLabel 元件，如下圖所示：

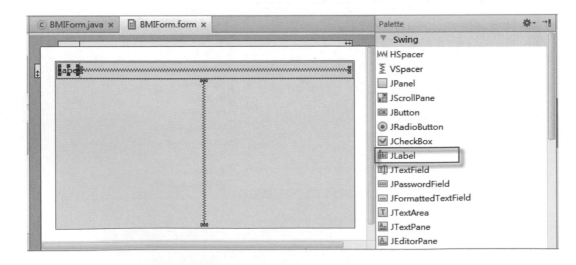

Step 5 ▶ JLabel 元件是新增至 JPanel 元件的左邊，在元件樹可以看到新增的 JLabel 元件（我們共新增 1 個 JPanel 和位在之中的 JLabel 元件），如下圖所示：

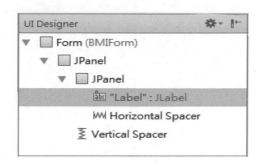

步驟四：設定 JPanel 和 JLabel 元件的屬性

在表單新增 JLabel 和 JPanel 元件後，我們就可以在「Property」屬性窗格設定元件屬性，例如：更改 JLabel 元件顯示的文字內容為【身高 (cm):】。請繼續上面的步驟，如下所示：

Step 1 ▶ 在表單或元件樹選【JLabel】元件，然後在左下方「Property」屬性窗格顯示 JLabel 元件的屬性清單，請捲動視窗找到【text】屬性，如下圖所示：

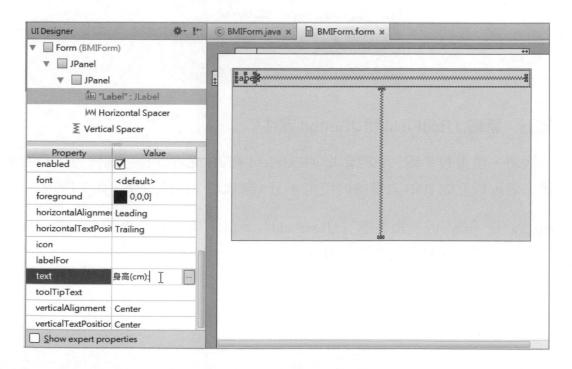

Step 2▶ 點選【text】屬性後的欄位,輸入【身高 (cm):】,可以看到標題文字已經修改,如下圖所示:

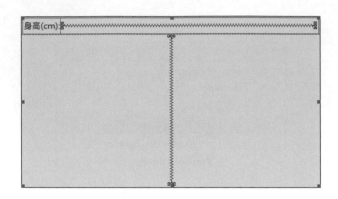

Step 3▶ 請在元件樹選根 JPanel 元件,然後更改【field name】屬性值為【rootPanel】(此為元件名稱,請注意!我們一定要指定此元件的名稱,才能自動產生 Java 程式碼),如下圖所示:

步驟五:新增 JTextField 和 JButton 元件

接著,請重複步驟三和四新增 JTextField 和 JButton 元件,然後設定相關屬性後,就可以完成 BMI 計算機的使用介面。請繼續上面的步驟,如下所示:

Step 1▶ 在「Palette」窗格選【JTextField】元件,然後移至表單上方的 JPanel 元件,當移動游標顯示 JPanel (0,1) 時,如下圖所示:

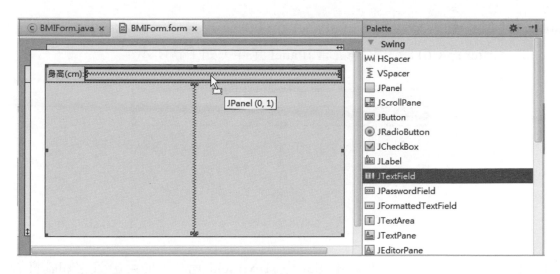

Step 2 點選新增 JTextField 元件，然後更改【field name】屬性值為【txtHeight】，如下圖所示：

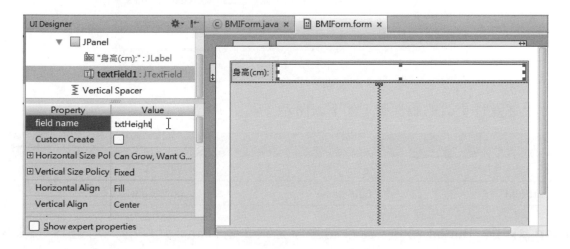

Step 3 請重複步驟新增 JPanel 元件後，在之中分別新增 JLabel 和 JTextField 元件，首先是 JPanel 元件，如下圖所示：

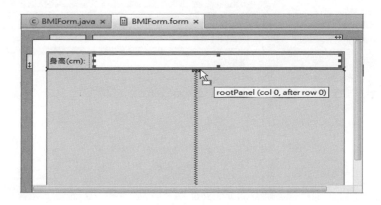

Step 4 ▶ 當移動游標至第 1 個 JPanel 元件的下方邊界，顯示 rootPanel (col 0, after row 0) 時，點選新增 JPanel 元件，如下圖所示：

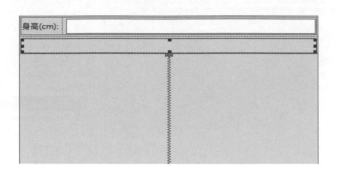

Step 5 ▶ 然後在之中依序新增 JLabel 和 JTextField 元件，並且更改相關屬性值，如下圖所示：

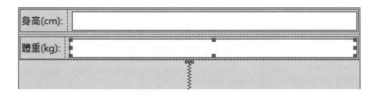

上述元件更改的屬性值，如下表所示：

元件	屬性	屬性值
JLabel	text	體重 (kg):
JTextField	field name	txtWeight

Step 6 ▶ 選 JButton 元件，當移動游標至第 2 個 JPanel 元件的下方邊界，顯示 rootPanel (col 0, after row 1) 時，點選新增 JButton 元件，如下圖所示：

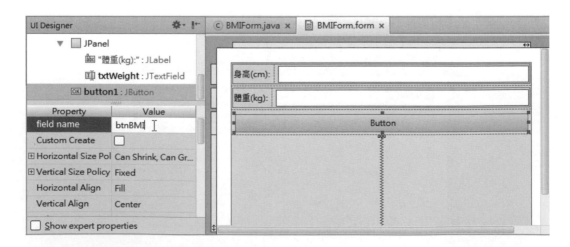

Step 7 ▶ 將【field name】屬性改為【btnBMI】，然後捲動屬性清單找到【text】
屬性，改為【計算 BMI 值】，如下圖所示：

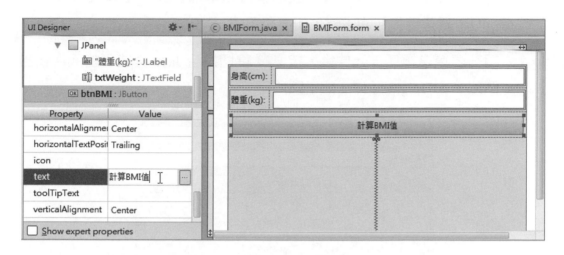

Step 8 ▶ 請在 JButton 元件之下新增 1 個 JLabel 元件，在指定【field name】屬
性值【lblOutput】後，清除【text】屬性值，可以看到我們建立的使用
介面，在元件樹可以看到新增的元件和結構，如下圖所示：

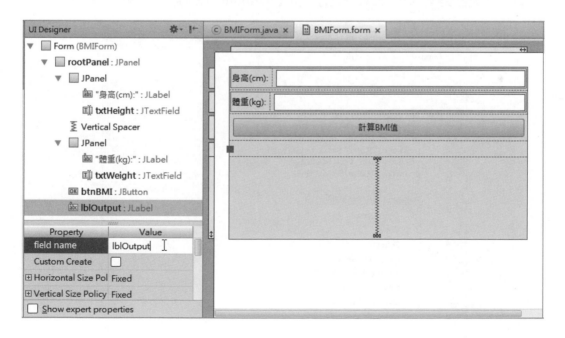

步驟六：自動產生載入 GUI 表單的主程式

在完成表單使用介面的建立後，我們就可以準備自動產生載入 GUI 表單的主程式 main()，請繼續上面的步驟，如下所示：

Step 1 ▶ 請在表單選擇任一元件後，按 F4 鍵切換至 Java 程式碼的元件宣告，例如：txtHeight 元件，如下圖所示：

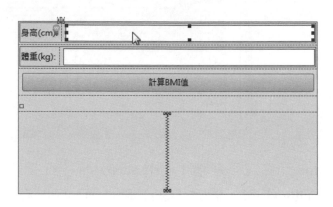

Step 2 ▶ 按 F4 鍵切換至 Java 程式碼的 txtHeight 元件宣告，如下圖所示：

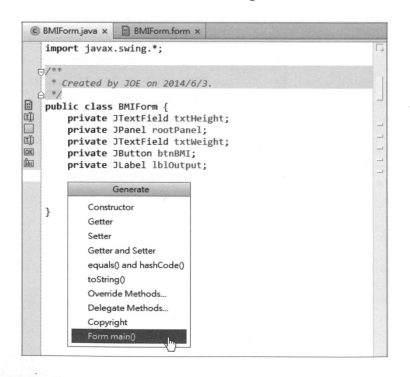

Step 3 ▶ 請移動游標至宣告的程式碼最後（插入一些空白行），然後按 Alt-Insert 鍵，可以看到一個功能表。

Step 4 執行【Form main()】指令自動產生 main() 主程式的 Java 程式碼，如下
圖所示：

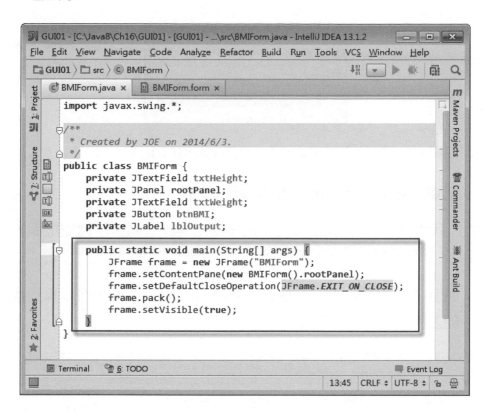

步驟七：測試編譯與執行 Swing 應用程式

在自動產生載入 GUI 表單的主程式後，我們就可以馬上測試編譯與執行專
案的 Java 程式檔案，可以看到建立的 GUI 使用介面。請繼續上面的步驟，如下
所示：

Step 1 請切換至 BMIForm.java 後，執行「Run>Run」指令或按 Shift-F10 鍵，
可以看到「Run」選單。

Step 2 選【BMIForm】，稍等一下，可以看到執行結果的 GUI 使用介面，如下圖所示：

Step 3 請按右上角【X】鈕關閉程式返回 IntelliJ IDEA。

步驟八：新增 JButton 元件的事件處理程式碼

現在，我們準備新增 JButton 元件的事件處理程式碼，請繼續上面的步驟，如下所示：

Step 1 請選【BMIForm.form】標籤切換至 GUI 設計工具，可以看到我們建立的使用介面，如下圖所示：

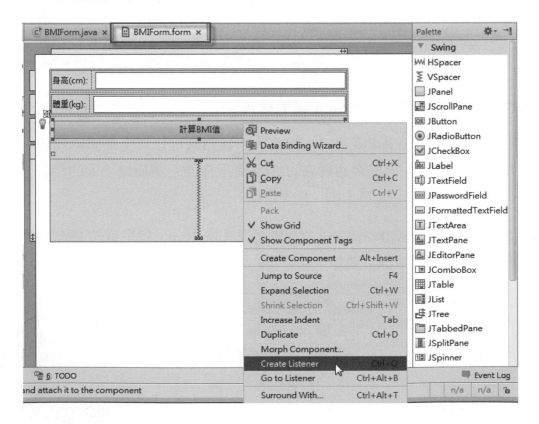

Step 2 在【JButton】元件上，執行【右】鍵快顯功能表的【Create Listener】
指令，可以看到傾聽者物件清單，如下圖所示：

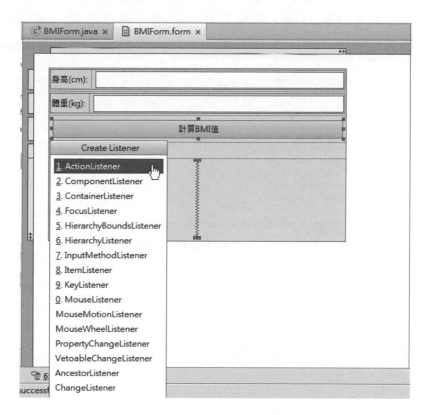

Step 3 在上圖中選【1. ActionListener】傾聽者物件，可以看到「Select
Methods to Implement」對話方塊來選擇實作的方法。

Step 4 ▶ 因為 ActionListener 傾聽者物件只有 1 個方法（如有多個，可以自行選取，選取的方法會反白顯示），請按【OK】鈕，自動產生 JButton 按鈕的事件處理程式碼，它是在類別建構子使用匿名內層類別來建立事件處理程式碼（進一步說明請參閱第 17-2 節），如下圖所示：

```
╔═══════════════════════════════════════════════════════╗
║ BMIForm.java ×    BMIForm.form ×                        ║
╠═══════════════════════════════════════════════════════╣
║ /**                                                     ║
║  * Created by JOE on 2014/6/3.                          ║
║  */                                                     ║
║ public class BMIForm {                                  ║
║     private JTextField txtHeight;                       ║
║     private JPanel rootPanel;                           ║
║     private JTextField txtWeight;                       ║
║     private JButton btnBMI;                             ║
║     private JLabel lblOutput;                           ║
║                                                         ║
║     ┌─────────────────────────────────────────────┐   ║
║     │ public BMIForm() {                            │   ║
║     │     btnBMI.addActionListener(new ActionListener() { │
║     │         @Override                             │   ║
║     │         public void actionPerformed(ActionEvent e) { │
║     │             |                                 │   ║
║     │         }                                     │   ║
║     │     });                                       │   ║
║     │ }                                             │   ║
║     └─────────────────────────────────────────────┘   ║
║                                                         ║
║     public static void main(String[] args) {           ║
║         JFrame frame = new JFrame("BMIForm");           ║
╚═══════════════════════════════════════════════════════╝
```

說明

IntelliJ IDEA 在新增 JButton 元件的事件處理程序碼時，有時會將 actionPerformed() 方法建立在建構子和匿名內層類別宣告之外，成為外層類別宣告的方法之一，所以會產生錯誤，請自行將此方法剪下和貼上至匿名內層類別的宣告之中，如下所示：

```
btnBMI.addActionListener(new ActionListener() {
    @Override
    public void actionPerformed(ActionEvent e) {

    }
});
```

Step 5 ▶ 請輸入 actionPerformed() 方法實作的 Java 程式碼，即計算和顯示 BMI 值，如下所示：

▌程式內容：BMIForm.java

```
01: import javax.swing.*;
02: import java.awt.event.ActionEvent;
03: import java.awt.event.ActionListener;
04:
05: /**
06:  * Created by JOE on 2014/6/3.
07:  */
08: public class BMIForm {
09:     private JTextField txtHeight;
10:     private JPanel rootPanel;
11:     private JTextField txtWeight;
12:     private JButton btnBMI;
13:     private JLabel lblOutput;
14:
15:     public BMIForm() {
16:         btnBMI.addActionListener(new ActionListener() {
17:             @Override
18:             public void actionPerformed(ActionEvent e) {
19:                 double h =
                     Double.parseDouble(txtHeight.getText()) / 100.0;
20:                 double w =
                     Double.parseDouble(txtWeight.getText());
21:                 double bmi = w / (h * h);
22:                 lblOutput.setText("BMI 值：" + bmi);
23:             }
24:         });
25:     }
26:
27:     public static void main(String[] args) {
28:         JFrame frame = new JFrame("BMIForm");
29:         frame.setContentPane(new BMIForm().rootPanel);
30:         frame.setDefaultCloseOperation(JFrame.EXIT_ON_CLOSE);
31:         frame.pack();
32:         frame.setVisible(true);
33:     }
34: }
```

▌程式說明

- 第 1~3 行：匯入所需的相關套件，和套件的類別。

- 第 8~34 行：BMIForm 類別宣告，在第 9~13 行宣告使用的介面元件，第 15~25 行是建構子，第 27~33 行是自動產生的 main() 主程式。

- 第 15~25 行：在建構子的第 16~24 行是呼叫 addActionListener() 方法新增 JButton 元件 btnBMI 的 ActionListener 傾聽者物件，使用的是匿名內層類別（即沒有命名的類別宣告，在第 17-2 節有進一步說明）。

- 第 18~23 行：覆寫 ActionListener 傾聽者類別的 actionPerformed() 方法，在第 19~20 行呼叫 getText() 方法取得 JTextField 元件輸入的身高和體重（JLabel 元件也可以使用相同方法取得值），然後使用 Double.parseDouble() 方法將字串轉換成浮點數，在第 21 行計算 BMI 值，最後第 22 行在 JLabel 元件顯示 BMI 值。

說明

當再次開啟本章 Java 專案，在 IntelliJ IDEA 顯示的程式碼預設改用 Lambda 運算式取代匿名內層類別（因為只有 1 個方法），如下所示：

```
btnBMI.addActionListener((e) -> {
    ...
});
```

上述 (e) -> { } 是 Java 8 新語法的 Lambda 運算式，在程式碼前方會顯示⊞號，展開就可以看到完整匿名內層類別宣告，其進一步說明請參閱第 17-6-1~17-6-3 節。

步驟九：編譯與執行 Swing 應用程式

在新增 JButton 元件的事件處理程式碼後，就完成 Swing 應用程式的建立，我們可以再次編譯與執行專案的 Java 程式檔案，這一次不只顯示使用介面，還可以輸入和計算 BMI 值。請繼續上面的步驟，如下所示：

Step 1 ▶ 請切換至 BMIForm.java 後，執行「Run>Run 'BMIForm'」指令或按 Shift-F10 鍵，稍等一下，可以看到執行結果，如下圖所示：

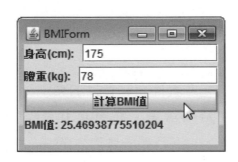

請依序輸入身高和體重後，按【計算 BMI 值】鈕，可以在下方顯示計算結果的 BMI 值。

16-3　Swing 套件的 GUI 元件

　　Swing 套件的 GUI 元件包含最上層容器類別、中間層容器類別、版面配置管理員和介面元件，常用 GUI 元件如下表所示：

元件名稱	類別名稱
視窗	JFrame
面板	JPanel
標籤	JLabel
按鈕	JButton
核取方塊	JCheckBox
選項按鈕	JRadioButton
下拉式清單	JComboBox
清單方塊	JList
捲動軸	JScrollBar
滑動軸	JSlider
文字方塊	JTextField
密碼欄位	JPasswordField
多行文字方塊	JTextArea
彈出式選單	JPopupMenu
下拉式選單工具列	JMenuBar
下拉式選單	JMenu
選單項目	JMenuItem
選單核取方塊項目	JCheckBoxMenuItem
選單選項按鈕項目	JRadioButtonMenuItem
工具列	JToolBar
對話方塊	JDialog

📖 Swing 套件的最上層容器類別

　　Swing 應用程式需要使用最上層容器類別作為容器類別架構的根類別，而 Swing 的 GUI 元件就是新增至此「容器」（container）類別，然後在螢幕上顯示使用介面，如下圖所示：

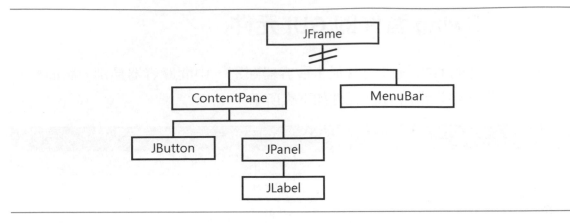

上述 JFrame 是最上層容器類別，JPanel 為中間層容器類別，Swing 應用程式至少擁有一個 JFrame 容器類別架構，它是一個擁有標題列的 Windows 視窗。

如果是對話方塊，我們可以建立 JDialog 為最上層類別的容器類別架構。例如：在 Java 程式擁有 1 個主視窗和 2 個對話方塊，我們可以建立 1 個使用 JFrame 和 2 個使用 JDialog 為根類別的容器類別架構。

Java Applet 如果使用 Swing 元件，就是建立使用 JApplet 為根類別的容器類別架構，然後在 Java Applet 顯示 Swing 的 GUI 元件。

➡ Swing 套件的中間層容器類別

Swing 中間層容器類別是一種可以新增 Swing 元件的容器類別。簡單的說，它就是大盒子中的小盒子。中間層容器類別的主要目的是群組 Swing 元件，以便使用版面配置管理員來編排 GUI 元件。在 Swing 套件提供多種中間層容器類別。例如：JPanel、JScrollPane、JSplitPane、JTabbedPane 和 JInternalFrame 等。

➡ Swing 套件的版面配置管理員

「版面配置管理員」（layout manager）負責編排新增到 ContentPane 物件和中間層容器的 Swing 介面元件，可以設定容器內各元件的尺寸和位置，因為版面配置管理員擁有預設編排方式，我們只需照需求選擇使用的版面配置管理員，就可以編排出漂亮的 GUI 介面。Swing 套件常用的版面配置管理員，如下所示：

▶ **BorderLayout 邊界式版面配置**：首先將元件置於正中間（Center），然後在北（North）、南（South）、東（East）和西（West）的 4 個邊界放置元件。

► **FlowLayout 水流式版面配置**：JPanel 預設使用這種版面配置，它是依序在同一行放置元件，並沒有任何特殊編排，如果元件超過邊界，就換行置於下一行。

► **CardLayout 卡片式版面配置**：如同是一張一張名片，我們可以將 Swing 元件分配到一張張不同的卡片，而且每次只會顯示其中一張卡片的 Swing 元件。

► **GridLayout 格子式版面配置**：使用相等尺寸的長方形，使用表格分為幾列和幾欄來編排 Swing 元件。

► **GridBagLayout 格子袋式版面配置**：一種比較複雜的版面配置，類似 GridLayout 可以將元件分為欄和列排列，不過，列和欄並不需等高或等寬，我們可以進一步使用 GridBagConstraints 類別設定成員變數來指定元件的顯示位置。

► **BoxLayout 盒式版面配置**：使用水平或垂直方式，如同堆積木般編排元件，BoxLayout 可以說是一種完整功能的 FlowLayout。

❄ Swing 套件的圖形介面元件

Swing 套件的圖形介面元件都是繼承自 JComponent，各圖形元件類別的繼承架構，如下圖所示：

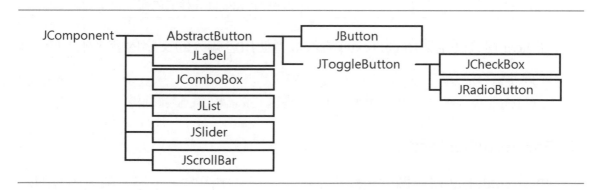

Swing 套件的文字輸入元件可以讓使用者輸入文字內容，它是繼承 JTextComponent，其繼承架構如下圖所示：

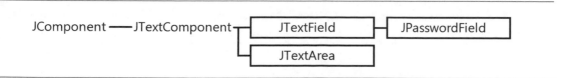

上述 JTextField 是文字方塊；JPasswordField 是密碼欄位；JTextArea 是多行文字方塊。

16-4 文字輸入的 GUI 元件

Swing 提供文字輸入的相關元件有：JTextField、JPasswordField 和 JTextArea 元件。文字輸出通常是使用第 16-2 節的 JLabel 元件。

16-4-1 JTextField 和 JPasswordField 元件

單行的文字輸入可以使用 JTextField 或 JPasswordField 元件，其差異只在 JPasswordField 元件不會顯示輸入的文字內容，而是用符號來替代。

🗟 JTextField 元件

JTextField 文字方塊元件是用來輸入或顯示一行可水平捲動的文字內容。在 GUI 表單新增元件後，可以使用相關方法存取文字內容，如下表所示：

方法	說明
void setText(String)	指定 JTextField 元件的內容
String getText()	取得 JTextField 元件的內容

在 Java 程式碼是使用 getText() 方法取得使用者輸入的文字內容，如下所示：

```
// 取得使用者輸入的文字內容
lblOutput.setText("使用者: " + txtUsername.getText());
```

🗟 JPasswordField 元件

JPasswordField 密碼欄位元件也是輸入一行文字內容，不過，輸入內容顯示的是替代字元。在 GUI 表單新增元件後，可以使用方法取得輸入的文字內容，如下表所示：

方法	說明
char[] getPassword()	取得 JPasswordField 元件的內容

在 Java 程式碼是使用 getPassword() 方法取得使用者輸入的文字內容，如下所示：

```
// 取得使用者輸入的密碼
lblOutput.setText(" 密碼: "
        + new String(pasPassword.getPassword()));
```

上述程式碼因為 getPassword() 方法的傳回值是字元陣列，需要將字元陣列建立成 String 物件後，才能取得使用者輸入的密碼內容，而不是亂碼。

Java 專案  Ch16\GUI02

在 Swing 應用程式新增 JTextField 和 JPasswordField 元件建立登入表單，可以輸入使用者名稱和密碼來登入系統，如下圖所示：

在輸入使用者名稱和密碼後，按【登入】鈕，可以在下方顯示使用者輸入的登入資料。

▶ **GUI 表單**：**GUI02.form**

在 GUI 設計工具建立的表單使用介面，如下圖所示：

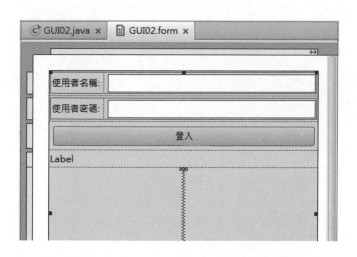

上述 GUI 表單由上而下各 GUI 元件更改的屬性值，如下表所示：

GUI 元件	屬性	屬性值
JPanel（根）	field name	rootPanel
JLabel	text	使用者名稱：
JTextField	field name	txtUsername
JLabel	text	使用者密碼
JPasswordField	field name	pasPassword
JButton	field name	btnLogin
JButton	text	登入
JLabel	field name	lblOutput

▶ 程式內容：GUI02.java

```
01: import javax.swing.*;
02: import java.awt.event.ActionEvent;
03: import java.awt.event.ActionListener;
04:
05: /**
06:  * Created by JOE on 2014/6/4.
07:  */
08: public class GUI02 {
09:     private JPanel rootPanel;
10:     private JTextField txtUsername;
11:     private JPasswordField pasPassword;
12:     private JButton btnLogin;
13:     private JLabel lblOutput;
14:
15:     public GUI02() {
16:         btnLogin.addActionListener(new ActionListener() {
17:             @Override
18:             public void actionPerformed(ActionEvent e) {
19:                 lblOutput.setText("使用者：" + txtUsername.getText() +
20:                     "- 密碼：" + new String(pasPassword.getPassword()));
21:             }
22:         });
23:     }
24:
25:     public static void main(String[] args) {
26:         JFrame frame = new JFrame("GUI02");
27:         frame.setContentPane(new GUI02().rootPanel);
28:         frame.setDefaultCloseOperation(JFrame.EXIT_ON_CLOSE);
29:         frame.pack();
```

```
30:        frame.setVisible(true);
31:    }
32: }
```

▶ **程式說明**

- 第 18~21 行：覆寫 ActionListener 傾聽者類別的 actionPerformed() 方法，在第 19~20 行呼叫 getText() 和 getPassword() 方法取得輸入資料後，在 JLabel 元件顯示輸入的資料。

16-4-2　JTextArea 元件

　　JTextArea 多行文字方塊元件能夠輸入或顯示多行文字內容，這是使用「\n」、「\n\r」或「\r」換行符號（視作業系統而定）的多行文字內容。

　　在 GUI 設計工具建立 JTextArea 元件，因為多行文字方塊通常擁有捲動功能，所以我們會先新增 JScrollPane 容器元件後，才在其中新增 JTextArea 元件來加上捲動軸。

　　在 Java 程式碼是使用 getText() 方法取得使用者輸入的文字內容，如下所示：

```
// 取得使用者輸入的多行文字內容
lblOutput.setText("留言:" + txtComment.getText());
```

Java 專案　　　　　　　　　　　　　　　　　　　　　 **Ch16\GUI03**

　　在 Swing 應用程式新增 JTextArea 元件來建立留言表單，可以輸入多行文字內容，如下圖所示：

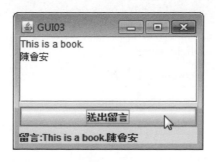

在輸入留言後,按【送出留言】鈕,可以在下方顯示使用者輸入的留言資料。如果輸入的行數超過元件列數,可以看到捲動軸,如下圖所示:

▶ GUI 表單:GUI03.form

在 GUI 設計工具建立的表單使用介面,如下圖所示:

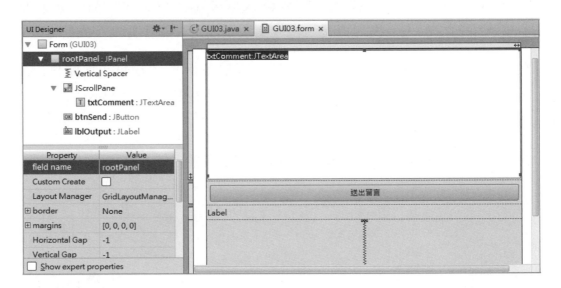

上述元件樹可以看出在 JScrollPane 元件下擁有 JTextArea 元件,GUI 表單由上而下各 GUI 元件更改的屬性值,如下表所示:

GUI 元件	屬性	屬性值
JPanel(根)	field name	rootPanel
JTextArea	field name	txtComment
JTextArea	columns(行數)	20
JTextArea	rows(列數)	5
JButton	field name	btnSend
JButton	Text	送出留言
JLabel	field name	lblOutput

▶ 程式內容：GUI03.java

```
01: import javax.swing.*;
02: import java.awt.event.ActionEvent;
03: import java.awt.event.ActionListener;
04:
05: /**
06:  * Created by JOE on 2014/6/4.
07:  */
08: public class GUI03 {
09:     private JPanel rootPanel;
10:     private JTextArea txtComment;
11:     private JButton btnSend;
12:     private JLabel lblOutput;
13:
14:     public GUI03() {
15:         btnSend.addActionListener(new ActionListener() {
16:             @Override
17:             public void actionPerformed(ActionEvent e) {
18:                 lblOutput.setText("留言:" + txtComment.getText());
19:             }
20:         });
21:     }
22:
23:     public static void main(String[] args) {
24:         JFrame frame = new JFrame("GUI03");
25:         frame.setContentPane(new GUI03().rootPanel);
26:         frame.setDefaultCloseOperation(JFrame.EXIT_ON_CLOSE);
27:         frame.pack();
28:         frame.setVisible(true);
29:     }
30: }
```

▶ 程式說明

● 第 17~19 行：覆寫 ActionListener 傾聽者類別的 actionPerformed() 方法，在第 18 行呼叫 getText() 方法取得輸入資料後，在 JLabel 元件顯示輸入的留言資料。

16-5　選擇功能的 GUI 元件

Swing 提供選擇功能的相關元件有：JCheckBox、JRadioButton、JComboBox 和 JList 元件。

16-5-1　JCheckBox 元件

JCheckBox 核取方塊元件是繼承 JToggleButton，屬於 AbstractButton 類別的子類別，這個元件是一個開關，點選可以更改狀態值為 true 或 false，其顯示外觀是在核取方塊中打勾，預設值為 false，即沒有打勾。

在 GUI 設計工具建立 2 個 JCheckBox 元件後，可以在建構子指定對應鍵盤的快速鍵，如下所示：

```
// 指定 JCheckBox 元件的快速鍵
chkGreen.setMnemonic(KeyEvent.VK_G);
chkRed.setMnemonic(KeyEvent.VK_R);
```

上述程式碼指定鍵盤快速鍵是英文字母「G」和「R」，所以在元件說明文字的字母會加上底線。Java 程式碼是使用 isSelected() 方法判斷使用者是否勾選指定 JCheckBox 元件，如下所示：

```
if ( chkGreen.isSelected() )    // 勾選
    btnColor.setForeground(Color.green);
else                            // 沒有勾選
    btnColor.setForeground(Color.black);
```

Java 專案　　　　　　　　　　　　　　　　　　　　　Ch16\GUI04

在 Swing 應用程式新增 2 個 JCheckBox 元件來更改前景和背景色彩，如下圖所示：

請勾選核取方塊後，按【設定色彩】鈕，可以更改 JButton 元件的色彩。

▶ GUI 表單：GUI04.form

在 GUI 設計工具建立的表單使用介面，如下圖所示：

上述 GUI 表單由上而下各 GUI 元件更改的屬性值，如下表所示：

GUI 元件	屬性	屬性值
JPanel（根）	field name	rootPanel
JCheckBox	field name	chkGreen
JCheckBox	selected	true（勾選）
JCheckBox	text	前景綠色 (G)
JCheckBox	field name	chkRed
JCheckBox	text	背景紅色 (R)
JButton	field name	btnColor
JButton	text	設定色彩

▶ 程式內容：GUI04.java

```
01: import javax.swing.*;
02: import java.awt.event.ActionEvent;
03: import java.awt.event.ActionListener;
04: import java.awt.event.KeyEvent;
05: import java.awt.Color;
06:
07: /**
08:  * Created by JOE on 2014/6/4.
09:  */
10: public class GUI04 {
```

```
11:      private JCheckBox chkGreen;
12:      private JPanel rootPanel;
13:      private JCheckBox chkRed;
14:      private JButton btnColor;
15:
16:      public GUI04() {
17:          chkGreen.setMnemonic(KeyEvent.VK_G);
18:          chkRed.setMnemonic(KeyEvent.VK_R);
19:          btnColor.addActionListener(new ActionListener() {
20:              @Override
21:              public void actionPerformed(ActionEvent e) {
22:                  if ( chkGreen.isSelected() )
23:                      btnColor.setForeground(Color.green);
24:                  else
25:                      btnColor.setForeground(Color.black);
26:                  if ( chkRed.isSelected() )
27:                      btnColor.setBackground(Color.red);
28:                  else
29:                      btnColor.setBackground(Color.gray);
30:              }
31:          });
32:      }
33:
34:      public static void main(String[] args) {
35:          JFrame frame = new JFrame("GUI04");
36:          frame.setContentPane(new GUI04().rootPanel);
37:          frame.setDefaultCloseOperation(JFrame.EXIT_ON_CLOSE);
38:          frame.pack();
39:          frame.setVisible(true);
40:      }
41: }
```

▶ **程式說明**

- 第 4~5 行：匯入按鍵和色彩的相關套件。
- 第 17~18 行：呼叫 setMnemonic() 方法指定鍵盤快速鍵。
- 第 21~30 行：覆寫 ActionListener 傾聽者類別的 actionPerformed() 方法，在第 22~29 行的 2 個 if/else 條件敘述指定前景和背景色彩。

16-5-2　JRadioButton 元件

JRadioButton 選項按鈕元件也是繼承 JToggleButton，屬於 AbstractButton 類別的子類別。JRadioButton 是一組選項按鈕的單選題，我們需要指定成相同 ButtonGroup 物件來群組成同一組選項按鈕。

在一組選項按鈕中，按下選項按鈕可以更改狀態值為 true 或 false，而且一組選項按鈕中只能有一個選項按鈕為 true。在 Java 程式碼也是使用 isSelected() 方法判斷選擇的 JRadioButton 元件。

Java 專案　 **Ch16\GUI05**

在 Swing 應用程式新增 2 個 JRadioButton 元件來選擇性別是男性或女性，如下圖所示：

請選擇選項按鈕後，按【選擇性別】鈕，可以在下方顯示使用者的選擇。

▶ **GUI 表單：GUI05.form**

在 GUI 設計工具建立的表單使用介面，如下圖所示：

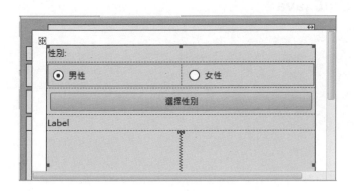

上述 GUI 表單由上而下各 GUI 元件更改的屬性值，如下表所示：

GUI 元件	屬性	屬性值
JPanel（根）	field name	rootPanel
JLabel	text	性別：
JRadioButton	field name	rdbMale
JRadioButton	selected	true（勾選）
JRadioButton	text	男性
JRadioButton	field name	rdbFemale
JRadioButton	text	女性
JButton	field name	btnGender
JButton	text	選擇性別
JLabel	field name	lblOutput

上述 2 個 JRadioButton 元件之所以為同一組，因為指定 Button Group 屬性值為 buttonGroup1，請按此欄位後的按鈕，如果尚未新增，請選【New...】，可以看到「Create Button Group」對話方塊。

請輸入物件名稱，按【確定】鈕新增 ButtonGroup 物件，可以將 2 個 JRadioButton 元件指定成相同的 ButtonGroup 物件 buttonGroup1。

▶ 程式內容：GUI05.java

```
01: import javax.swing.*;
02: import java.awt.event.ActionEvent;
03: import java.awt.event.ActionListener;
04:
05: /**
06:  * Created by JOE on 2014/6/4.
07:  */
08: public class GUI05 {
09:     private JPanel rootPanel;
10:     private JRadioButton rdbMale;
11:     private JRadioButton rdbFemale;
12:     private JButton btnGender;
```

```
13:      private JLabel lblOutput;
14:
15:      public GUI05() {
16:          btnGender.addActionListener(new ActionListener() {
17:              @Override
18:              public void actionPerformed(ActionEvent e) {
19:                  if ( rdbMale.isSelected() )
20:                      lblOutput.setText(" 選擇男性 ");
21:                  else
22:                      lblOutput.setText(" 選擇女性 ");
23:              }
24:          });
25:      }
26:
27:      public static void main(String[] args) {
28:          JFrame frame = new JFrame("GUI05");
29:          frame.setContentPane(new GUI05().rootPanel);
30:          frame.setDefaultCloseOperation(JFrame.EXIT_ON_CLOSE);
31:          frame.pack();
32:          frame.setVisible(true);
33:      }
34: }
```

▶ 程式說明

- 第 18~23 行：覆寫 ActionListener 傾聽者類別的 actionPerformed() 方法，在第 19~22 行的 if/else 條件敘述判斷選擇的性別。

16-5-3　JComboBox 元件

JComboBox 下拉式清單元件是繼承 JComponent 的一種選擇元件，不過，此元件只會顯示一個項目（目前選擇的選項），需按旁邊向下小箭頭鈕，才會拉出顯示整張選單的選項。

當選擇後，Java 程式碼是使用 getSelectedItem() 方法取得使用者的選擇，如下所示：

```
// 取得使用者選擇的選項，需型態轉換成字串
String type = (String) cboType.getSelectedItem();
lblOutput.setText(type);
```

在 Swing 應用程式新增 JComboBox 元件來選擇牛排要幾分熟,如下圖所示:

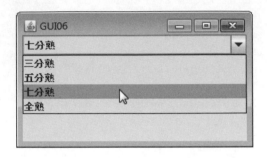

請按右邊向下箭頭鈕展開選單項目,選【七分熟】,可以看到 JComboBox 元件顯示我們的選擇,如下圖所示:

按【選擇】鈕,可以在下方顯示使用者的選擇是七分熟。

▶ GUI 表單:GUI06.form

在 GUI 設計工具建立的表單使用介面,如下圖所示:

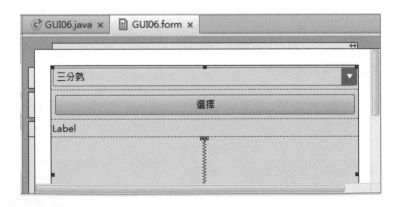

上述 GUI 表單由上而下各 GUI 元件更改的屬性值,如下表所示:

GUI 元件	屬性	屬性值
JPanel（根）	field name	rootPanel
JComboBox	field name	cboType
JButton	field name	btnSelect
JButton	text	選擇
JLabel	field name	lblOutput

在 JComboBox 元件新增選單項目是在【model】屬性，請選 JComboBox 元件後，捲動屬性清單找到 model 屬性，如下圖所示：

請按欄位後游標所在按鈕，可以看到「List Model for model」對話方塊。

在欄位輸入的每一行文字是一個項目，請依序輸入 4 個項目名稱後，按【OK】鈕建立選單項目。

▶ **程式內容：GUI06.java**

```
01: import javax.swing.*;
02: import java.awt.event.ActionEvent;
03: import java.awt.event.ActionListener;
04:
05: /**
06:  * Created by JOE on 2014/6/4.
07:  */
08: public class GUI06 {
09:     private JPanel rootPanel;
10:     private JComboBox cboType;
11:     private JButton btnSelect;
12:     private JLabel lblOutput;
13:
14:     public GUI06() {
15:         btnSelect.addActionListener(new ActionListener() {
16:             @Override
17:             public void actionPerformed(ActionEvent e) {
18:                 String type = (String) cboType.getSelectedItem();
19:                 lblOutput.setText(type);
20:             }
21:         });
22:     }
23:
24:     public static void main(String[] args) {
25:         JFrame frame = new JFrame("GUI06");
26:         frame.setContentPane(new GUI06().rootPanel);
27:         frame.setDefaultCloseOperation(JFrame.EXIT_ON_CLOSE);
28:         frame.pack();
29:         frame.setVisible(true);
30:     }
31: }
```

▶ **程式說明**

- 第 17~20 行：覆寫 ActionListener 傾聽者類別的 actionPerformed() 方法，在第 18~19 行取得和顯示使用的選擇。

16-5-4　JList 清單方塊元件

JList 清單方塊元件也是繼承 JComponent，這個元件可以顯示整張清單的選項，而且允許複選。在 Java 程式取得單選 JList 元件的使用者選擇是使用 getSelectedValue() 方法，如下所示：

```
// 如果有選擇，可以取得選擇選項的索引值
if (lstNames.getSelectedIndex() != -1)
    str = (String ) lstNames.getSelectedValue();  // 取得選項名稱
```

上述 if 條件使用 getSelectedIndex() 方法檢查使用者是否有選擇，如果有，使用 getSelectedValue() 方法取得選項名稱。複選 JList 元件取得使用者的選擇，如下所示：

```
if (!lstItems.isSelectionEmpty()) {    // 有選擇
    str = "";
    // 取得所有選擇的項目
    for (Object item : lstItems.getSelectedValuesList())
        str = str + (String) item + " ";
}
```

上述 if 條件使用 isSelectionEmpty() 方法判斷使用者是否有選擇選項，如果有，使用 for 迴圈（此為 foreach 迴圈，可以取得所有選擇的項目）走訪 getSelectedValuesList() 方法傳回的 List 集合物件，即可一一取出選擇的選項名稱。

Java 專案　　　　　　　　　　　　　　　　　　　　　　　**Ch16\GUI07**

在 Swing 應用程式新增 2 個 JList 元件，分別是單選和複選，可以選擇姓名，和擁有的 3C 產品，如下圖所示：

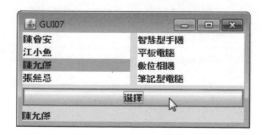

請在左邊選擇姓名，此為單選，按【選擇】鈕，可以在下方顯示我們選擇的姓名。在右邊是複選的 JList 元件，如下圖所示：

請使用 `Ctrl` 和 `Shift` 鍵配合滑鼠選擇多個項目後，按【選擇】鈕，可以在下方顯示使用者選擇的項目清單。

▶ **GUI 表單：GUI07.form**

在 GUI 設計工具建立的表單使用介面，如下圖所示：

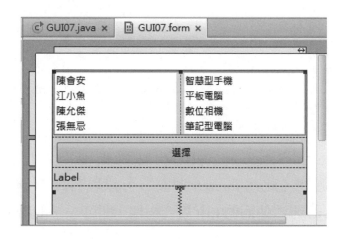

上述 GUI 表單由上而下各 GUI 元件更改的屬性值，如下表所示：

GUI 元件	屬性	屬性值
JPanel（根）	field name	rootPanel
JList	field name	lstNames
JList	selectionMode	Single
JList	field name	lstItems
JButton	field name	btnSelect
JButton	text	選擇
JLabel	field name	lblOutput

在 JList 元件新增選單項目是在【model】屬性，和 JComboBox 相同，筆者就不重複說明。

▶ **程式內容：GUI07.java**

```java
01: import javax.swing.*;
02: import java.awt.event.ActionEvent;
03: import java.awt.event.ActionListener;
04:
05: /**
06:  * Created by JOE on 2014/6/4.
07:  */
08: public class GUI07 {
09:     private JPanel rootPanel;
10:     private JList lstNames;
11:     private JList lstItems;
12:     private JButton btnSelect;
13:     private JLabel lblOutput;
14:
15:     public GUI07() {
16:         btnSelect.addActionListener(new ActionListener() {
17:             @Override
18:             public void actionPerformed(ActionEvent e) {
19:                 String str = "";
20:                 if (lstNames.getSelectedIndex() != -1)
21:                     str = (String ) lstNames.getSelectedValue();
22:                 if (!lstItems.isSelectionEmpty()) {
23:                     str = "";
24:                     for (Object item : lstItems.getSelectedValuesList())
25:                         str = str + (String) item + " ";
26:                 }
27:                 lblOutput.setText(str);
28:             }
29:         });
30:     }
31:
32:     public static void main(String[] args) {
33:         JFrame frame = new JFrame("GUI07");
34:         frame.setContentPane(new GUI07().rootPanel);
35:         frame.setDefaultCloseOperation(JFrame.EXIT_ON_CLOSE);
36:         frame.pack();
37:         frame.setVisible(true);
38:     }
39: }
```

▶ **程式說明**

- 第 18~28 行：覆寫 ActionListener 傾聽者類別的 actionPerformed() 方法，在第 20~21 行取得單選的選擇，第 22~26 行處理複選的選擇。

學習評量

16-1 Swing 套件的基礎

1. 請說明 Java 的 Swing 套件是什麼？並且使用圖例說明 Swing 應用程式的基本結構？

2. 在 Java 建立 Swing 應用程式需要匯入 _____ 套件。

16-2 使用 IntelliJ IDEA 建立 Swing 應用程式

3. 請簡單說明 IntelliJ IDEA 建立 Swing 應用程式的基本步驟？

4. 請問 IntelliJ IDEA 的 GUI 設計工具一定需指定 _____ 元件的名稱，如此才能自動產生 Java 程式碼。

5. 請建立 Swing 應用程式新增 3 個 JButton 按鈕，在使用亂數產生 3 個 1~14 之間的整數後，指定每一個按鈕一個整數，請猜一猜每一個按鈕是比 7 大；還是比 7 小。按下按鈕，可以在 JButton 按鈕元件顯示整數值。

16-3 Swing 套件的 GUI 元件

6. Swing 應用程式的最上層容器類別有：_____、_____ 和 _____ 類別。_____ 類別是用來建立視窗應用程式；_____ 類別是用來建立對話方塊。

7. 如果 Java 的 Swing 應用程式擁有 1 個主視窗和 3 個對話方塊，請問我們需要使用哪幾種最上層容器類別，各使用幾個？

8. 請寫出至少 2 個 Swing 中間層容器類別的名稱？

9. 請簡單說明 Java 版面配置管理員的用途？有哪幾種常用版面配置，請舉出 3 種？

10. Swing 套件的 _____ 版面配置如同一張一張名片，可以將 Swing 元件分配到一張張的不同卡片中，而且每次只會顯示一張卡片的 Swing 元件。

11. Swing 套件的大部分圖形介面元件都是繼承 _____ 類別。Swing 套件的文字輸入元件是繼承 _____ 類別。

學習評量

16-4 文字輸入的 GUI 元件

12. Swing 套件的文字輸入元件可以讓使用者輸入字串型態的文字內容，提供的元件有：_____ 文字方塊、_____ 密碼欄位和 _____ 多行文字方塊。

13. 請建立匯率換算的 Swing 應用程式，在 JTextField 元件輸入美金金額後，按下 JButton 元件，可以在 JLabel 元件顯示兌換成的新台幣金額。

14. 請建立 Swing 應用程式計算網路購物的運費，基本物流處理費 299 元，1~5 公斤，每公斤 30 元，超過 5 公斤，每一公斤為 20 元，在 JTextField 元件輸入購物重量後，按下 JButton 元件，可以在 JLabel 元件顯示購物所需運費 + 物流處理費。

16-5 選擇功能的 GUI 元件

15. 請比較 JCheckBox 和 JRadioButton 元件之間的差異？它們可以使用 _____ 方法來判斷使用者是否勾選或選擇選項。

16. 請簡單說明什麼是 JComboBox 下拉式清單元件？何謂 JList 清單方塊元件？哪一個元件允許複選？

17. 請建立 Swing 應用程式使用 JRadioButton 元件選擇成績是 GPA 的 A、B、C 或 D？在選擇後，按 JButton 元件，可以在 JLabel 元件顯示轉換的成績。

18. 請建立 Swing 應用程式計算計程車車資，在 JTextField 元件輸入里程數，JCheckBox 元件勾選是否夜間加成，按下 JButton 元件計算車資且在 JLabel 元件顯示，里程數在 1500 公尺內是 80 元，每多跑 500 公尺加 5 元，如果不足 500 公尺以 500 公尺計，夜間加成 20%？

19. 請建立溫度轉換的 Swing 應用程式，當在 JTextField 元件輸入溫度，JRadioButton 元件可以選擇是轉換成攝氏或華氏溫度，按下 JButton 元件轉換按鈕，可以將攝氏轉成華氏，或華氏轉成攝氏溫度，可以在 JLabel 元件顯示轉換結果。

學習評量

20. 請建立簡易四則計算機，擁有計算整數的加、減、乘和除的四個按鈕，只需在 **JTextField** 元件輸入 2 個運算元，按下 **JButton** 元件，就可以在下方 **JLabel** 元件顯示計算結果。

Chapter

17

事件處理與Lambda運算式

17-1 事件處理的基礎

Swing 應用程式是一種事件驅動程式設計（event-driven programming），程式碼的主要目的是回應或處理使用者的操作。例如：鍵盤輸入、滑鼠移動、點選和按二下等，程式的執行流程需視使用者的操作而定。

17-1-1 事件與事件驅動程式設計

「事件」（event）是在執行 Swing 應用程式時，狀態改變、滑鼠或鍵盤等操作觸發的一些動作。如果將 Swing 應用程式視為一輛公共汽車，公車依照行車路線在馬路上行駛，事件就是在行駛過程中發生的一些動作或狀態改變，如下所示：

▶ **狀態改變**：看到馬路上紅綠燈變換燈號。
▶ **動作**：乘客上車、投幣和下車。

上述動作發生時可以觸發對應的事件，當一個事件產生後，接下來可以針對事件做處理，例如：當看到站牌有乘客準備上車時，乘客上車的事件就觸發，司機知道需要路邊停車和開啟車門，在這個公車的例子中傳達了一個觀念：不論搭乘哪一路公車，雖然行駛路線不同，或搭載不同乘客，上述動作在每一路公車都一樣會發生。

「事件驅動程式設計」（event-driven programming）不同於傳統主控台應用程式的循序邏輯（sequential logic），如同工廠生產線一般，程式執行的進入點是主程式的第 1 行程式碼，依序執行到最後一行後，結束執行，使用者不能主導程式執行，只能回應程式的資料輸入需求。

Swing 應用程式的事件驅動程式設計是使用事件驅動邏輯（even-driven logic），其執行流程需視使用者的操作而定，如同百貨公司開門後，需要等到客戶上門後，才會有銷售流程的產生，所以，客戶上門是觸發一個事件，Swing 應用程式是依事件來執行適當的處理。

例如：在 Windows 作業系統啟動【記事本】後，程式直到我們執行功能表指令後，才會顯示「字型」對話方塊，並且等到按下【確定】鈕才完成字型設定，這些操作會觸發不同的 Click 事件，程式依事件來執行對應的事件處理程序來進行處理。

17-1-2　委託事件處理模型

Java 事件處理是一種「委託事件處理模型」（delegation event model），分為「事件來源」（event source）和處理事件的「傾聽者」（listener）物件，如下圖所示：

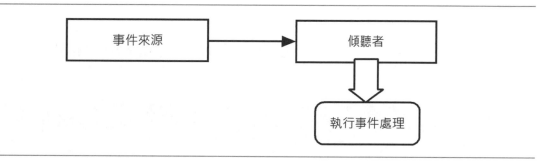

上述事件來源可能是 Component 物件的滑鼠、滑鼠移動和鍵盤事件，或 Swing 元件產生的狀態改變、選取或文字輸入事件，當事件產生時，傾聽者可以接收事件然後進行處理，它就是委託處理指定事件的物件。

Java 是使用介面（interface）來建立委託事件處理模型，傾聽者物件需要實作一些標準的傾聽者介面，例如：MouseListener、WindowListener 和 KeyListener 等介面，然後實作介面方法，事件來源物件可以註冊上述介面資料型態的傾聽者物件來處理事件。

如果程式沒有註冊傾聽者物件來委託處理此事件，當事件發生時，就不會發生任何事；如果有委託，當事件發生時，事件來源物件是使用介面資料型態來找尋傾聽者物件，因為擁有共同的介面資料型態，即 MouseListener、WindowListener 和 KeyListener 等介面資料型態，所以任何一個實作此介面的傾聽者物件都可以處理此事件。

在此所謂的事件處理就是執行介面方法，事件來源物件並不知道，也不用考量對應的傾聽者物件，因為它是使用介面資料型態的物件變數，透過動態連結的多形，就可以在傾聽者物件執行正確的介面方法。

例如：滑鼠事件 MouseEvent 產生時，將會傳送委託給實作 MouseListener 介面的傾聽者物件進行處理，即執行此介面的 mouseClicked()、mousePressed()、mouseReleased()、mouseEntered() 和 mouseExited() 方法。

17-1-3 AWTEvent 事件物件

在 Java 事件來源物件產生的事件本身是一個物件，這些事件物件大都屬於 AWTEvent 的子類別。AWTEvent 事件分為兩種：低階事件和語意事件。

☷ 低階事件

低階事件（low-level events）是一些基本輸入和視窗操作等相關的事件，其說明如下表所示：

事件物件名稱	產生事件的原因
ComponentEvent	當隱藏、移動、顯示和調整元件尺寸時
ContainerEvent	新增或刪除元件時
FocusEvent	元件取得和失去焦點時，使用 Tab 鍵和滑鼠按鍵點選該元件，即可再度取得焦點
KeyEvent	鍵盤按鍵按下、鬆開和輸入字元時
MouseEvent	滑鼠在元件上點選、拖拉、移動、進入、離開、按下或鬆開
WindowEvent	視窗操作的開啟、關閉和縮小圖示化等操作
PaintEvent	相關的繪圖操作
InputEvent	KeyEvent 和 MouseEvent 的父抽象類別

☷ 語意事件

語意事件（semantic events）是指使用者與 GUI 圖形介面元件互動操作產生的相關事件，如下表所示：

事件物件名稱	產生事件的原因
ActionEvent	當按下按鈕、下拉式清單、密碼欄位、功能表選項或輸入文字方塊後按下 Enter 鍵時
AdjustmentEvent	當移動捲動軸物件時
ChangeEvent	當移動 JSlider 元件的滑動軸物件時觸發，屬於 javax.swing.event.* 套件的事件物件

事件物件名稱	產生事件的原因
ItemEvent	當選取核取方塊、選項鈕、下拉式清單和清單方塊（舊版 AWT 的 List 元件）的選項時
ListSelectionEvent	選擇 JList 清單方塊的選項時觸發，屬於 javax.swing.event.* 套件的事件物件

上表 ChangeEvent 和 ListSelectionEvent 事件物件不屬於 AWTEvent 事件物件，它們是 Swing 元件新增的事件物件。

17-1-4　事件來源

「事件來源」（event source）是指由哪一個物件產生此事件，首先是低階事件的來源類別，其說明如下表所示：

事件來源類別	產生的事件	事件傾聽者
Component	ComponentEvent	ComponentListener
	FocusEvent	FocusListener
	KeyEvent	KeyListener
	MouseEvent	MouseListener MouseMotionListener
Container	ContainerEvent	ContainerListener
Window	WindowEvent	WindowListener

上表是事件傾聽者物件所對應的事件物件，而上一節的 PaintEvent 和 InputEvent 事件並沒有對應的事件傾聽者，因為 PaintEvent 只需覆寫 paint() 和 update() 方法，InputEvent 是使用子類別的事件處理，詳細傾聽者的說明請參閱第 17-1-5 節。接著是語意事件的來源類別，其說明如下表所示：

事件來源類別	產生的事件	事件傾聽者
JButton JRadioButton JCheckBox JTextField JPasswordField JTextArea JComboBox	ActionEvent	ActionListener

事件來源類別	產生的事件	事件傾聽者
JMenuItem JCheckBoxMenuItem JRadioButtonMenuItem	ActionEvent	ActionListener
JRadioButton JCheckBox JCheckBoxMenuItem JRadioButtonMenuItem	ItemEvent	ItemListener
JList	ListSelectionEvent	ListSelectionListener
JScrollbar	AdjustmentEvent	AdjustmentListener
JSilder	ChangeEvent	ChangeListener

上表的事件來源需要注意類別架構，當類別產生事件時，所有子類別一樣也會收到事件。例如：JComponent 類別（Component 子類別）是產生 MouseEvent 的事件來源，因為 JFrame 屬於 JComponent 的子類別，所以 JFrame 類別也可以作為 MouseEvent 事件的傾聽者物件。

17-1-5 事件傾聽者

當事件來源類別產生事件物件後，Java 程式需要委託類別來處理此事件，也就是將類別註冊成傾聽者物件，其相關方法的說明，如下表所示：

方法	說明
addXXXListener(Object)	註冊參數物件為傾聽者（XXX 是事件種類）
removeXXXListener(Object)	移除註冊參數物件為傾聽者（XXX 是事件種類）

一旦參數的物件註冊成為傾聽者物件，該物件的類別需要實作傾聽者介面的所有方法，如下表所示：

傾聽者介面	方法
ActionListener	actionPerformed(ActionEvent e)
ListSelectionListener	valueChanged(ListSelectionEvent e)
AdjustmentListener	adjustmentValueChanged(AdjustmentEvent e)
ChangeListener	stateChanged(ChangeEvent e)

傾聽者介面	方法
ComponentListener	componentHidden(ComponentEvent e) componentMoved(ComponentEvent e) componentResized(ComponentEvent e) componentShown(ComponentEvent e)
ContainerListener	componentAdded(ContainerEvent e) componentRemoved(ContainerEvent e)
FocusListener	focusGained(FocusEvent e) focusLost(FocusEvent e)
ItemListener	itemStateChanged(ItemEvent e)
KeyListener	keyPressed(KeyEvent e) keyReleased(KeyEvent e) keyTyped(KeyEvent e)
MouseListener	mouseClicked(MouseEvent e) mousePressed(MouseEvent e) mouseReleased(MouseEvent e) mouseEntered(MouseEvent e) mouseExited(MouseEvent e)
MouseMotionListener	mouseDragged(MouseEvent e) mouseMoved(MouseEvent e)
WindowListener	windowActivated(WindowEvent e) windowDeactivated(WindowEvent e) windowOpened(WindowEvent e) windowClosed(WindowEvent e) windowClosing(WindowEvent e) windowIconified(WindowEvent e) windowDeiconified(WindowEvent e)

上表介面實作的方法是對應第 17-1-4 節產生事件來源的類別。

17-2 事件改編者類別

Swing 應用程式的事件處理有兩種實作方式，如下所示：

▶ **類別實作傾聽者介面**：類別本身是傾聽者物件，不過，我們需要實作所有傾聽者介面的方法，即第 17-1-5 節表格各傾聽者介面的所有方法。

▶ **事件改編者類別**：此類別可以簡化 Swing 應用程式的事件處理，在 IntelliJ IDEA 自動產生的事件處理程式碼，就是使用事件改編者類別，我們只需實作使用到的介面方法；並不需實作所有方法。

在說明事件改編者類別前，我們需要先了解什麼是匿名內層類別。

17-2-1 匿名內層類別

Java 巢狀類別的內層類別可以沒有命名，稱為「匿名內層類別」（anonymous inner classes），通常是使用在 GUI 圖形介面的事件處理，可以簡化複雜的事件處理程式碼，詳細說明請參閱第 17-2-2 節。

➤ 繼承現存類別建立匿名內層類別

匿名內層類別可以繼承現存類別來建立物件，其基本語法如下所示：

```
new 類別名稱 ( [ 參數列 ] ) { … }
```

上述語法繼承現存類別建立匿名內層類別，其使用方式和命名的內層類別相似，在匿名內層類別不能宣告新類別，只能繼承存在的類別，藉由繼承來定義內層類別，如下所示：

```
MyInt myInt = new MyInt(100) {    // 匿名內層類別
   public void show() {    // 覆寫 show() 方法
      System.out.println("整數值: " + value);
   }
};
```

上述程式碼的 MyInt 是存在類別，使用 new 運算子建立匿名內層類別的 myInt 物件和覆寫 show() 方法（此類別是繼承 MyInt 類別覆寫同名方法）來顯示成員變數 value 的值，因為已經建立 myInt 物件，所以可以直接呼叫 show() 方法，如下所示：

```
myInt.show();    // 呼叫物件方法
```

➤ 實作介面建立匿名內層類別

匿名內層類別也可以實作介面來建立物件，其基本語法如下所示：

```
new 介面名稱() { … }
```

上述實作介面的匿名內層類別隱含建立一個匿名類別（不是繼承的子類別）來實作介面，例如：IValue 介面擁有一個名為 value() 的介面方法，如下所示：

```
IValue iValue = new IValue() {    // 介面的匿名內層類別
   public int value() {    // 實作 value() 介面方法
      return 50;
   }
};
```

上述程式碼使用 new 運算子建立物件，IValue 是介面，不是類別，所以隱含建立一個沒有名稱的匿名內層類別來實作 IValue 介面，即實作 value() 介面方法（也可以說是覆寫介面宣告的抽象方法）。

Java 專案　　　　　　　　　　　　　　　 **Ch17\Anonymous**

在 Java 程式宣告 MyInt 類別和 IValue 介面，然後在主程式分別使用繼承現存類別和實作介面來建立匿名內層類別的 myInt 和 iValue 物件，並且覆寫存在的 show() 方法和實作 value() 介面方法，如下所示：

```
整數值: 100
傳回值: 50
```

上述執行結果顯示的整數值，是匿名 myInt 物件的成員變數值 100，50 是實作 value() 介面方法的傳回值。

▶ 程式內容

```
01: /* Java 程式 : Ch17_2_1.java */
02: class MyInt {    // MyInt 類別宣告
03:     public int value;
04:     public MyInt(int v) { value = v; }
05:     public void show() {
06:         System.out.println(value);
07:     }
08: }
09: interface IValue {  // IValue 介面宣告
10:     int value();
11: }
```

```
12: // 主類別
13: public class Ch17_2_1 {
14:     // 主程式
15:     public static void main(String[] args) {
16:         // 繼承現存類別來建立匿名內層類別
17:         MyInt myInt = new MyInt(100) {
18:             public void show() {
19:                 System.out.println("整數值: " + value);
20:             }
21:         };
22:         myInt.show();
23:         // 實作介面來建立匿名內層類別
24:         IValue iValue = new IValue() {
25:             public int value() {
26:                 return 50;
27:             }
28:         };
29:         System.out.println("傳回值: " + iValue.value());
30:     }
31: }
```

▶ **程式說明**

- 第 2~8 行：MyInt 類別宣告，內含成員變數 value 和 show() 成員方法。
- 第 9~11 行：IValue 介面宣告，內含 value() 介面方法。
- 第 17~22 行：使用 new 運算子建立匿名內層類別的 myInt 物件，在第 18~20 行覆寫 show() 方法，第 22 行呼叫覆寫的 show() 方法。
- 第 24~29 行：使用 new 運算子建立匿名內層類別的 iValue 物件，在第 25~27 行是實作的 value() 介面方法，第 29 行呼叫 value() 介面方法。

17-2-2 事件改編者類別

對於第 17-1-5 節的事件傾聽者介面來說，當在元件註冊事件處理後，我們需要在傾聽者類別實作所有介面方法，實務上，我們通常只會使用到其中幾個方法，很少會使用到所有介面方法。

在 AWT 的 java.awt.event 套件提供名為 XXXAdapter 的事件改編者類別（event adapter），其說明如下表所示：

XXXAdapter 類別	實作的傾聽者介面
ComponentAdapter	ComponentListener
ContainerAdapter	ContainerListener
FocusAdapter	FocusListener
KeyAdapter	KeyListener
MouseAdapter	MouseListener
MouseMotionAdapter	MouseMotionListener
WindowAdapter	WindowListener

　　傾聽者類別如果是繼承上表 XXXAdapter 改編者類別，就只需覆寫所需方法，而不用實作所有方法，因為這些類別已經實作傾聽者介面。例如：WindowListener 事件傾聽者的介面共有 7 個方法，但是我們只使用 2 個方法，如下所示：

```
// 事件改編者類別的匿名內層類別
frame.addWindowListener(new WindowAdapter() {
    public void windowClosing(WindowEvent evt) {
        System.out.println(" 準備關閉視窗 ...");
        System.exit(0);
    }
    public void windowOpened(WindowEvent evt) {
        System.out.println(" 成功開啓視窗 ...");
    }
});
```

　　上述方法的括號「(」和「)」之間是使用 new 運算子建立匿名內層類別（anonymous inner classes）的物件作為傾聽者物件（並沒有指定給物件變數，所以沒有名稱），內層類別是繼承 WindowAdapter 類別覆寫 windowClosing() 和 WindowOpened 方法，我們只有用到的方法才需覆寫，並不用覆寫所有方法。

Java 專案  **Ch17\GUI01**

　　在 Swing 應用程式新增 JLabel 元件顯示訊息，然後使用 WindowAdapter 改編者類別的方法來顯示視窗操作過程的訊息文字，如下圖所示：

當成功開啓視窗後，可以在「命令提示字元」視窗顯示「成功開啓視窗」的訊息文字，如下圖所示：

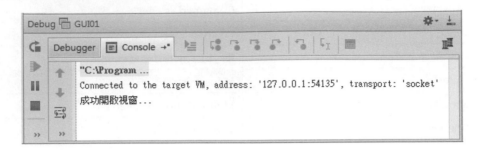

請按視窗右上角【X】鈕關閉視窗，可以在「命令提示字元」視窗顯示「準備關閉視窗」的訊息文字，如下圖所示：

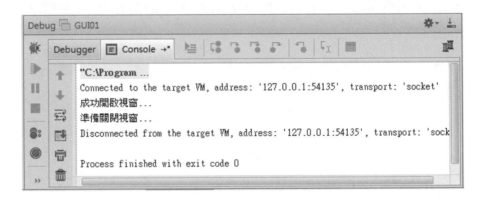

請注意！ IntelliJ IDEA 沒有辦法自動產生 WindowListener 事件傾聽者物件的程式碼，這部分我們需要自行輸入 Java 程式碼。

▶ GUI 表單：GUI01.form

在 GUI 設計工具建立的表單使用介面，如下圖所示：

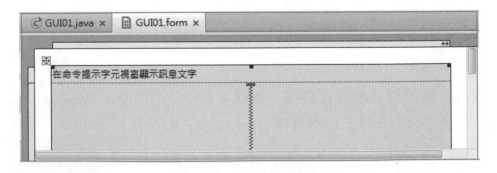

上述 GUI 表單由上而下各 GUI 元件更改的屬性值，如下表所示：

GUI 元件	屬性	屬性值
JPanel（根）	field name	rootPanel
JLabel	field name	lblOutput
JLabel	text	在命令提示字元視窗顯示訊息文字：

▶ 程式內容：GUI01.java

```
01: import javax.swing.*;
02: import java.awt.event.WindowAdapter;
03: import java.awt.event.WindowEvent;
04:
05: /**
06:  * Created by JOE on 2014/6/4.
07:  */
08: public class GUI01 {
09:     private JPanel rootPanel;
10:     private JLabel lblOutput;
11:
12:     public static void main(String[] args) {
13:         JFrame frame = new JFrame("GUI01");
14:         frame.setContentPane(new GUI01().rootPanel);
15:         // frame.setDefaultCloseOperation(JFrame.EXIT_ON_CLOSE);
16:         frame.addWindowListener(new WindowAdapter() {
17:             public void windowClosing(WindowEvent evt) {
18:                 System.out.println(" 準備關閉視窗 ...");
19:                 System.exit(0);
20:             }
21:             public void windowOpened(WindowEvent evt) {
22:                 System.out.println(" 成功開啟視窗 ...");
23:             }
24:         });
25:         frame.pack();
26:         frame.setVisible(true);
27:     }
28: }
```

▶ 程式說明

- 第 2~3 行：匯入 java.awt.event 套件的 WindowAdapter 和 WindowEvent 類別。
- 第 16~24 行：使用 WindowAdapter 事件改編者類別，在第 17~23 行只覆寫 windowClosing() 和 windowOpened() 兩個方法，分別使用 System.out.println() 方法在命令提示字元視窗顯示訊息文字。

17-3 滑鼠事件處理

　　滑鼠事件是在 Swing 元件上操作滑鼠時，移動、按一下和按二下等操作觸發的一系列事件，我們可以回應這些事件來建立所需的事件處理方法。

　　當使用者以滑鼠執行按一下滑鼠、進入、離開、按下或鬆開按鍵等操作時，就會產生 MouseEvent 事件物件，在委託處理事件的類別需要實作 MouseListener 介面的方法來處理各種事件。介面方法的說明如下表所示：

介面方法	說明
void mouseClicked(MouseEvent)	處理滑鼠點選事件
void mouseEntered(MouseEvent)	處理滑鼠進入事件
void mouseExited(MouseEvent)	處理滑鼠離開事件
void mousePressed(MouseEvent)	處理滑鼠按下按鍵事件
void mouseReleased(MouseEvent)	處理滑鼠鬆開按鍵事件

Java 專案  **Ch17\GUI02**

　　在 Swing 應 用 程 式 新 增 JTextField 元 件 顯 示 訊 息 文 字，然 後 使 用 MouseAdapter 改編者類別的方法來處理滑鼠事件，以便改變背景色彩來建立動態效果，如下圖所示：

　　當滑鼠移至文字方塊之中，可以看見背景色彩成為黃色且顯示事件名稱，離開恢復成白色，點選文字方塊，可以顯示mousePressed事件名稱，如下圖所示：

▶ GUI 表單：GUI02.form

在 GUI 設計工具建立的表單使用介面，如下圖所示：

上述 GUI 表單由上而下各 GUI 元件更改的屬性值，如下表所示：

GUI 元件	屬性	屬性值
JPanel（根）	field name	rootPanel
JTextField	field name	txtMouse

▶ 程式內容：GUI02.java

請在 JTextField 元件上，執行【右】鍵快顯功能表的【Create Listener】指令，可以看到傾聽者物件清單，選【9. MouseListener】傾聽者物件，可以看到「Select Methods to Override/Implement」對話方塊來選擇實作的方法。

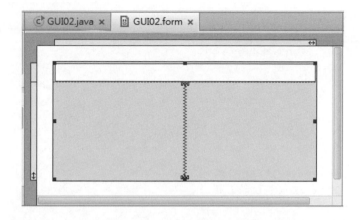

　　請使用 `Ctrl` 和 `Shift` 鍵配合滑鼠選取方法，選取的方法會反白顯示。以此例共選 3 個方法，按【OK】鈕，自動產生事件處理程式碼。

```
01: import javax.swing.*;
02: import java.awt.event.MouseAdapter;
03: import java.awt.event.MouseEvent;
04: import java.awt.Color;
05:
06: /**
07:  * Created by JOE on 2014/6/4.
08:  */
09: public class GUI02 {
10:     private JPanel rootPanel;
11:     private JTextField txtMouse;
12:
13:     public GUI02() {
14:         txtMouse.setBackground(Color.white);
15:         txtMouse.addMouseListener(new MouseAdapter() {
16:             @Override
17:             public void mousePressed(MouseEvent e) {
18:
19:                 txtMouse.setText("mousePressed");
20:             }
21:             @Override
22:             public void mouseEntered(MouseEvent e) {
23:                 txtMouse.setText("mouseEntered");
24:                 txtMouse.setBackground(Color.yellow);
25:             }
26:             @Override
27:             public void mouseExited(MouseEvent e) {
28:                 txtMouse.setText("mouseExited");
29:                 txtMouse.setBackground(Color.white);
30:             }
31:         });
32:     }
33:
34:     public static void main(String[] args) {
35:         JFrame frame = new JFrame("GUI02");
36:         frame.setContentPane(new GUI02().rootPanel);
37:         frame.setDefaultCloseOperation(JFrame.EXIT_ON_CLOSE);
38:         frame.pack();
39:         frame.setVisible(true);
40:     }
41: }
```

▶ 程式說明

- 第 15~31 行：建立 MouseListener 事件改編者類別的匿名內層類別宣告，和指定事件傾聽者物件。
- 第 17~30 行：實作 MouseListener 介面的 mousePressed()、mouseEntered() 和 mouseExited() 共 3 個方法來更改文字內容和背景色彩。

17-4　鍵盤事件處理

當使用者按下鍵盤按鍵就會產生 KeyEvent 事件，委託處理事件的類別需要實作 KeyListener 介面的方法來處理各種鍵盤事件，介面方法的說明如下表所示：

介面方法	說明
void keyPressed(KeyEvent)	處理按下鍵盤按鍵的事件
void keyReleased(KeyEvent)	處理鬆開鍵盤按鍵的事件
void keyTyped(KeyEvent)	處理當使用者輸入字元的事件

上表方法的參數是 KeyEvent 物件，當使用者按下鍵盤按鍵，可以使用 KeyEvent 物件的 getKeyCode() 方法取得按鍵值，如下所示：

```
int key = e.getKeyCode();   // 取得按鍵值
```

上述程式碼可以取得整數按鍵值，代表按下此按鍵。在 KeyEvent 類別定義一些按鍵常數，常用方向鍵的常數如下表所示：

常數	代表按鍵
KeyEvent.VK_LEFT	方向鍵向左
KeyEvent.VK_RIGHT	方向鍵向右
KeyEvent.VK_UP	方向鍵向上
KeyEvent.VK_DOWN	方向鍵向下

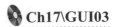

Java 專案

在 Swing 應用程式新增 JTextField 和 JLabel 元件來顯示訊息文字，然後使用 KeyAdapter 改編者類別的方法來處理各種鍵盤事件，能夠顯示方向鍵和其他按鍵的按鍵值，如下圖所示：

當 JTextField 元件取得焦點，就可以按下鍵盤方向鍵或其他按鍵，可以在上方 JLabel 元件顯示按鍵值。

▶ GUI 表單：GUI03.form

在 GUI 設計工具建立的表單使用介面，如下圖所示：

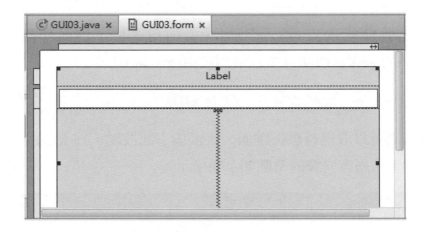

上述 GUI 表單由上而下各 GUI 元件更改的屬性值，如下表所示：

GUI 元件	屬性	屬性值
JPanel（根）	field name	rootPanel
JLabel	field name	lblOutput
JLabel	Horizontal Align	Center
JTextField	field name	txtOutput

▶ 程式內容：GUI03.java

請在 JTextField 元件上，執行【右】鍵快顯功能表的【Create Listener】指令，可以看到傾聽者物件清單，選【8. KeyListener】傾聽者物件，可以看到「Select Methods to Override/Implement」對話方塊來選擇實作的方法。

請選【keyPressed()】方法，按【OK】鈕，自動產生事件處理程式碼。

```
01: import javax.swing.*;
02: import java.awt.event.KeyAdapter;
03: import java.awt.event.KeyEvent;
04:
05: /**
06:  * Created by JOE on 2014/6/4.
07:  */
08: public class GUI03 {
09:     private JPanel rootPanel;
10:     private JLabel lblOutput;
11:     private JTextField txtOutput;
12:
13:     public GUI03() {
14:         txtOutput.addKeyListener(new KeyAdapter() {
15:             @Override
16:             public void keyPressed(KeyEvent e) {
17:                 int key = e.getKeyCode();
18:                 switch (key) {
19:                     case KeyEvent.VK_LEFT:
20:                         lblOutput.setText(
                                " 向左 "+Integer.toString(key));
```

```
21:                                    break;
22:                             case KeyEvent.VK_RIGHT:
23:                                    lblOutput.setText(
                                         " 向右 "+Integer.toString(key));
24:                                    break;
25:                             case KeyEvent.VK_UP:
26:                                    lblOutput.setText(
                                         " 向上 "+Integer.toString(key));
27:                                    break;
28:                             case KeyEvent.VK_DOWN:
29:                                    lblOutput.setText(
                                         " 向下 "+Integer.toString(key));
30:                                    break;
31:                             default:
                                   lblOutput.setText(Integer.toString(key));
32:                     }
33:             }
34:        });
35:     }
36:
37:     public static void main(String[] args) {
38:         JFrame frame = new JFrame("GUI03");
39:         frame.setContentPane(new GUI03().rootPanel);
40:         frame.setDefaultCloseOperation(JFrame.EXIT_ON_CLOSE);
41:         frame.pack();
42:         frame.setVisible(true);
43:     }
44: }
```

▶ **程式說明**

- 第 16~33 行：實作介面的 keyPressed() 方法，以 switch 條件敘述判斷是哪一個方向鍵或其他按鍵後，在 JLabel 元件顯示按鍵值。

說明

當再次開啟本節和之後 Swing 應用程式的 Java 專案，在 IntelliJ IDEA 顯示的程式碼預設改用 Lambda 運算式取代原來匿名內層類別，如下所示：

```
btnBMI.addActionListener((KeyAdapter) keyPressed(e) -> {
    ...
});
```

上述 (e) -> {} 是 Java 8 新語法的 Lambda 運算式，在程式碼前方會顯示 + 號，展開可以看到完整匿名內層類別，其進一步說明請參閱第 17-6-1~17-6-3 節。

17-5 Swing 元件的事件處理

　　第 17-3 和 17-4 節說明的是滑鼠和鍵盤的低階事件，它們都是 Swing 元件共有的事件。對於各種 Swing 元件來說，不同元件擁有一些專屬事件。

　　在第 16 章筆者已經說明過 JButton 元件的 ActionEvent 事件處理。這一節將說明其他 Swing 元件的 ActionEvent、ItemEvent 和 ListSelectionEvent 事件的事件處理。

17-5-1　ActionEvent 事件處理

　　ActionEvent 事件通常是因為按下 JButton 元件、在 JTextField 元件輸入資料後按 Enter 鍵，或在 JComboBox 元件選擇選項時觸發，類別需要實作 ActionListener 介面的 actionPerformed() 方法（也可以說是覆寫介面宣告的抽象方法）來處理此事件。

　　在第 16 章已經說明過 JButton 按鈕元件的 ActionEvent 事件處理。這一節說明的是 JTextField 和 JComboBox 元件的事件處理，我們是使用匿名內層類別建立 ActionListener 傾聽者物件（不是事件改編者類別），如下所示：

```
// 匿名內層類別建立ActionListener 傾聽者物件
txtInput.addActionListener(new ActionListener() {
    @Override
    public void actionPerformed(ActionEvent e) {
        JTextField s = (JTextField) e.getSource();
        lblOutput.setText(s.getText());
    }
});
```

　　上述程式碼建立 JTextField 元件後，使用 addActionListener() 方法註冊傾聽者物件，參數是使用匿名內層類別來建立 ActionListener 物件，實作的 actionPerformed() 介面方法是使用 getSource() 方法取得事件來源的 JTextField 元件。

　　在 Swing 應用程式新增 JTextField 和 JComboBox 元件後,使用匿名內層類別建立傾聽者物件來建立 ActionEvent 事件處理,可以取得使用者輸入的文字內容和選項名稱,如下圖所示:

　　在上述文字方塊輸入內容後,按 Enter 鍵可以在下方顯示使用者輸入的文字內容。使用滑鼠在右邊下拉式清單方塊選擇選項後,馬上可以在下方顯示選取的選項名稱,如下圖所示:

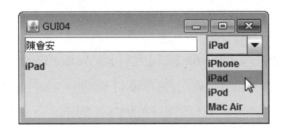

▶ GUI 表單:GUI04.form

　　在 GUI 設計工具建立的表單使用介面,如下圖所示:

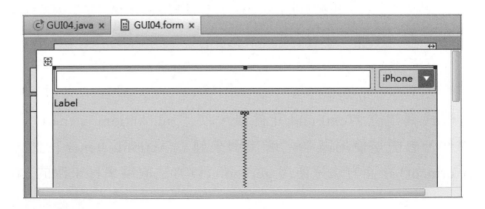

　　上述 GUI 表單由上而下各 GUI 元件更改的屬性值,如下表所示:

GUI 元件	屬性	屬性值
JPanel（根）	field name	rootPanel
JTextField	field name	txtInput
JComboBox	field name	cboApple
JLabel	field name	lblOutput

JComboBox 元件的項目有：iPhone、iPad、iPod 和 Mac Air。

▶ 程式內容：GUI04.java

```
01: import javax.swing.*;
02: import java.awt.event.ActionEvent;
03: import java.awt.event.ActionListener;
04:
05: /**
06:  * Created by JOE on 2014/6/4.
07:  */
08: public class GUI04 {
09:     private JPanel rootPanel;
10:     private JTextField txtInput;
11:     private JComboBox cboApple;
12:     private JLabel lblOutput;
13:
14:     public GUI04() {
15:         txtInput.addActionListener(new ActionListener() {
16:             @Override
17:             public void actionPerformed(ActionEvent e) {
18:                 JTextField s = (JTextField) e.getSource();
19:                 lblOutput.setText(s.getText());
20:             }
21:         });
22:         cboApple.addActionListener(new ActionListener() {
23:             @Override
24:             public void actionPerformed(ActionEvent e) {
25:                 JComboBox c = (JComboBox) e.getSource();
26:                 lblOutput.setText((String) c.getSelectedItem());
27:             }
28:         });
29:     }
30:
31:     public static void main(String[] args) {
32:         JFrame frame = new JFrame("GUI04");
33:         frame.setContentPane(new GUI04().rootPanel);
34:         frame.setDefaultCloseOperation(JFrame.EXIT_ON_CLOSE);
```

```
35:        frame.pack();
36:        frame.setVisible(true);
37:    }
38: }
```

▶ **程式說明**

- 第 15~21 行：註冊文字方塊的事件傾聽者類別為 ActionListener 物件，實作的 actionPerformed() 方法在取得使用者輸入的文字內容後，在 JLabel 元件顯示。

- 第 22~28 行：註冊事件傾聽者物件，actionPerformed() 方法是在 JLabel 元件顯示選擇的選項名稱。

17-5-2 ItemEvent 事件處理

ItemEvent 事件通常是在 JCheckBox 和 JRadioButton 變更勾選或選擇選項時觸發，我們是實作 ItemListener 傾聽者介面的 itemStateChanged() 方法來處理此事件，如下所示：

```
// 匿名內層類別建立 ItemListener 傾聽者物件
rdbRed.addItemListener(new ItemListener() {
    @Override
    public void itemStateChanged(ItemEvent e) {
        lblOutput.setText("紅色");
    }
});
```

Java 專案  **Ch17\GUI05**

在 Swing 應用程式新增 1 個 JCheckBox 和 2 個 JRadioButton 元件後，使用 ItemEvent 事件處理取得使用者選擇的色彩，如下圖所示：

在選擇前 2 個 JRadioButton 元件後，即可在下方顯示選擇色彩。最後一個是 JCheckBox 元件，勾選可以顯示綠色；取消勾選為白色，如下圖所示：

▶ **GUI 表單：GUI05.form**

在 GUI 設計工具建立的表單使用介面，如下圖所示：

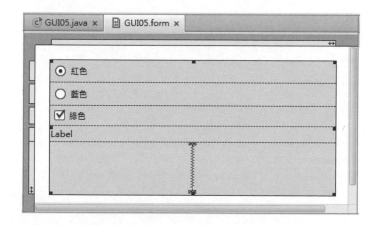

上述 GUI 表單由上而下各 GUI 元件更改的屬性值，如下表所示：

GUI 元件	屬性	屬性值
JPanel（根）	field name	rootPanel
JRadioButton	field name	rdbRed
JRadioButton	selected	true（勾選）
JRadioButton	text	紅色
JRadioButton	field name	rdbBlue
JRadioButton	text	藍色
JCheckBox	field name	chkGreen
JCheckBox	selected	true（勾選）
JCheckBox	text	綠色
JLabel	field name	lblOutput

▶ 程式內容：GUI05.java

```
01: import javax.swing.*;
02: import java.awt.event.ItemEvent;
03: import java.awt.event.ItemListener;
04:
05: /**
06:  * Created by JOE on 2014/6/4.
07:  */
08: public class GUI05 {
09:     private JRadioButton rdbRed;
10:     private JRadioButton rdbBlue;
11:     private JCheckBox chkGreen;
12:     private JPanel rootPanel;
13:     private JLabel lblOutput;
14:
15:     public GUI05() {
16:         chkGreen.addItemListener(new ItemListener() {
17:             @Override
18:             public void itemStateChanged(ItemEvent e) {
19:                 if (e.getStateChange() == ItemEvent.SELECTED)
20:                     lblOutput.setText("綠色");
21:                 else
22:                     lblOutput.setText("白色");
23:             }
24:         });
25:         rdbRed.addItemListener(new ItemListener() {
26:             @Override
27:             public void itemStateChanged(ItemEvent e) {
28:                 lblOutput.setText("紅色");
29:             }
30:         });
31:         rdbBlue.addItemListener(new ItemListener() {
32:             @Override
33:             public void itemStateChanged(ItemEvent e) {
34:                 lblOutput.setText("藍色");
35:             }
36:         });
37:     }
38:
39:     public static void main(String[] args) {
40:         JFrame frame = new JFrame("GUI05");
41:         frame.setContentPane(new GUI05().rootPanel);
42:         frame.setDefaultCloseOperation(JFrame.EXIT_ON_CLOSE);
43:         frame.pack();
44:         frame.setVisible(true);
45:     }
46: }
```

▶**程式說明**

● 第 16~36 行：1 個 JCheckBox 和 2 個 JRadioButton 元件的 3 個事件處理方法 itemStateChanged()，可以在 JLabel 元件顯示選擇的色彩。

17-5-3　ListSelectionEvent 事件處理

ListSelectionEvent 事件是更改 JList 元件的選擇觸發的事件，在本節的事件處理是使用匿名內層類別建立 ListSelectionListener 傾聽者物件來實作 valueChanged() 介面方法（也可以說是覆寫介面宣告的抽象方法），如下所示：

```
// 匿名內層類別建立 ListSelectionListener 傾聽者物件
nList.addListSelectionListener(
              new ListSelectionListener() {
  public void valueChanged(
                 ListSelectionEvent evt) {
    if (evt.getValueIsAdjusting() == false)  // 有更改
      if ( nList.getSelectedIndex() != -1 ) {
          String name =
            nList.getSelectedValue().toString();
          lbl.setText(name);
      }
  } });
```

上述 valueChanged() 方法使用 getValueIsAdjusting() 方法檢查目前是否正在選取選項中，如果不是，取得和顯示使用者選擇的選項名稱。

Java 專案　　　　　　　　　　　　　　　　　　　**Ch17\GUI06**

在 Swing 應用程式新增 JList 元件的姓名清單後，使用 ListSelectionEvent 事件處理取得使用者選擇的選項名稱，即姓名，如下圖所示：

在上述 JList 元件使用滑鼠選取選項後，可以在下方顯示使用者選擇的姓名。

▶ GUI 表單：GUI06.form

在 GUI 設計工具建立的表單使用介面，如下圖所示：

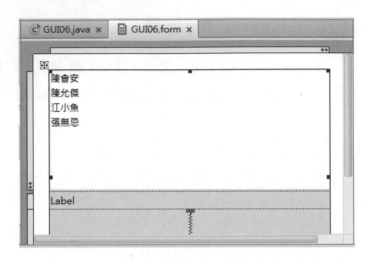

上述 GUI 表單由上而下各 GUI 元件更改的屬性值，如下表所示：

GUI 元件	屬性	屬性值
JPanel（根）	field name	rootPanel
JList	field name	lstNames
JList	selectionMode	Single
JLabel	field name	lblOutput

JList 元件的項目有：陳會安、陳允傑、江小魚和張無忌。

▶ 程式內容：GUI06.java

```
01: import javax.swing.*;
02: import javax.swing.event.ListSelectionEvent;
03: import javax.swing.event.ListSelectionListener;
04:
05: /**
06:  * Created by JOE on 2014/6/4.
07:  */
08: public class GUI06 {
09:     private JPanel rootPanel;
10:     private JList lstNames;
11:     private JLabel lblOutput;
12:
```

```
13:     public GUI06() {
14:         lstNames.addListSelectionListener(new ListSelectionListener() {
15:             @Override
16:             public void valueChanged(ListSelectionEvent e) {
17:                 if (e.getValueIsAdjusting() == false)
18:                     if ( lstNames.getSelectedIndex() !- -1 ) {
19:                         String name =
                            lstNames.getSelectedValue().toString();
20:                         lblOutput.setText(name);
21:                     }
22:             }
23:         });
24:     }
25:
26:     public static void main(String[] args) {
27:         JFrame frame = new JFrame("GUI06");
28:         frame.setContentPane(new GUI06().rootPanel);
29:         frame.setDefaultCloseOperation(JFrame.EXIT_ON_CLOSE);
30:         frame.pack();
31:         frame.setVisible(true);
32:     }
33: }
```

▶ **程式說明**

● 第 14~23 行：註冊 JList 的事件傾聽者類別為 ListSelectionListener 物件，
valueChanged() 方法是在 JLabel 元件顯示使用者選取的選項名稱，即姓名。

17-6　Lambda 運算式與預設方法

　　Lambda 運算式和預設方法是 Java 8 語言的新功能，Lambda 運算式是一種
匿名方法的運算式寫法；預設方法（default methods）可以讓介面宣告的方法也
可以擁有實作的程式碼。

17-6-1　認識 Lambda 運算式

　　Lambda 運算式是一種匿名方法的運算式寫法（也可以擁有參數），可以用
來當作方法的參數傳遞，或方法呼叫的傳回值。因為 Java 語言是徹頭徹尾的物
件導向程式語言，除了一些基本資料型態之外，所有東西都是物件，並不允許
單純存在的方法，所以沒有辦法在方法參數或傳回值使用方法。

例如：當建立 Swing 應用程式時，註冊事件處理程序需要使用方法作為參數，但是並不能直接使用方法，取而代之的是先建立匿名內層類別，然後才建立方法，如下所示：

```
// 使用匿名內層類別註冊 ActionListener 傾聽者物件
btnSend.addActionListener(new ActionListener() {
    @Override
    public void actionPerformed(ActionEvent e) {
        System.out.println(" 按下按鈕 !");
    }
});
```

上述程式碼建立匿名 ActionListener 物件後，建立 actionPerformed() 方法來作為參數。在 Java 8 可以使用 Lambda 運算式來簡化事件處理的程式碼，如下所示：

```
// 使用 Lambda 運算式註冊 ActionListener 傾聽者物件
btnSend.addActionListener(
    (e) -> System.out.println(" 按下按鈕 !");
});
```

上述方法的參數是 Lambda 運算式。事實上，Lambda 運算式就是在 Java 加入「函數程式設計」（functional programming）功能，讓方法（即函數）可以單獨存在，舊版 Java 語言不允許，Java 8 的 Lambda 運算式就是補足 Java 語言的缺失。近年來函數程式設計的重要性愈來愈高，因為它特別適用在並行處理和事件驅動程式設計，而這正是現代程式語言非常重要的部分。

17-6-2 Lambda 運算式的語法與函數介面

Java 8 語言 Lambda 運算式是一種匿名方法（並非 100% 正確）。簡單的說，Lambda 運算式是一種沒有宣告的方法，例如：沒有存取修飾子、傳回值和名稱。

☙ Lambda 運算式的基本語法

Lambda 運算式允許我們在需要使用方法的地方，馬上建立一個匿名方法，特別是只會使用 1 次的地方，如此，我們就不需要先宣告類別來建立所需的方法。Lambda 運算式的基本語法，如下所示：

```
(參數) -> 運算式或程式區塊{  }
```

上述語法的「->」左邊指定參數（如果有的話），右邊是運算式或程式區塊。例如：將數學函數 f(x) = x * 2 寫成 Lambda 運算式，如下所示：

```
(x) -> x * 2;    // Lambda 運算式
```

上述程式碼的「->」左邊是參數 x；右邊是運算式 x * 2。一些 Lambda 運算式的範例，如下所示：

```
(int a, int b) -> { return a + b; }
(String s) -> { System.out.printls(s); }
```

上述 2 個 Lambda 運算式分別有 2 個和 1 個參數，並且加上參數的型態，然後在右邊是程式區塊，可以傳回運算結果和顯示字串內容。一些沒有參數的 Lambda 運算式範例，如下所示：

```
() -> System.out.println("陳會安");
() -> 54
() -> { return 3.1415926; }
```

Lambda 運算式語法的注意事項

Lambda 運算式語法的注意事項，如下所示：

▶ Lambda 運算式可以有 0、1 或多個參數。

▶ Lambda 運算式的參數可以宣告型態，也可以直接從內文（即使用的程式碼）來取得型態，例如：(int b) 也可以寫成 (b)。

▶ Lambda 運算式的參數是使用括號包圍，如果有多個參數，請使用「,」逗號分隔，例如：(x, y)、(int x, int y) 或 (String s, int a, float c)。

▶ Lambda 運算式是使用空括號表示沒有參數，例如：() -> 54。

▶ Lambda 運算式如果只有 1 個參數，而且沒有宣告型態，可以省略括號，例如：x -> return a*a;。

▶ 在 Lambda 運算式「->」的右邊是運算式內容，可以有 0、1 或多行程式敘述。

► 如果 Lambda 運算式只有單行程式敘述，可以不用大括號「{ }」，其傳回值型態是運算式的型態。

► 如果 Lambda 運算式有多行程式敘述，就一定需要大括號「{ }」括起，傳回值是程式區塊傳回值的型態，也可以沒有有傳回值。

📚 函數介面（functional interface）

函數介面是一種只有宣告單一虛擬方法的 Java 介面，例如：java.lang. Runnable 介面是函數介面，因為只有 1 個 run() 方法；AWT 的 ActionListener 介面也是函數介面，只有 1 個 actionPerformed() 方法。

每一個 Lambda 運算式隱含指定給一個函數介面。例如：建立 Runnable 介面參考來指定成 Lambda 運算式，如下所示：

```
// 建立 Runnable 介面參考指定 Lambda 運算式
Runnable r = () -> System.out.println(" 大家好 !");
```

上述程式碼指定函數介面 Runnable。另一種情況是沒有指明函數介面，如下所示：

```
new Thread(
    () -> System.out.println(" 大家好 !")   // Lambda 運算式
).start();
```

上述程式碼因為 Thread() 建構子參數是 Runnable 介面，所以自動型態轉換成 Runnable 介面。

17-6-3 在事件處理使用 Lambda 運算式

在 Swing 應用程式的事件處理程序可以使用 Lambda 運算式來取代原來的匿名內層類別，如下所示：

```
// 使用 Lambda 運算式註冊 ActionListener 傾聽者物件
btnLogin.addActionListener((e) -> {
    lblOutput.setText(" 使用者： " + txtUsername.getText() +
        "- 密碼： " + new String(pasPassword.getPassword()));
});
```

　　上述事件處理程序是使用 Lambda 運算式。在 IntelliJ IDEA 編輯程式碼的標籤頁，如果可以使用 Lambda 運算式，預設顯示的事件處理程序就是 Lambda 運算式，如下圖所示：

```
public class GUI07 {
    private JPanel rootPanel;
    private JTextField txtUsername;
    private JPasswordField pasPassword;
    private JButton btnLogin;
    private JLabel lblOutput;

    public GUI07() {
        btnLogin.addActionListener((e) -> {
                lblOutput.setText("使用者: " + txtUsername.getText() +
                        "- 密碼: " + new String(pasPassword.getPassword()));
        });
    }
}
```

　　點選之前 + 號展開程式碼，可以看到顯示的是匿名內層類別的事件處理程序，如下圖所示：

```
public class GUI07 {
    private JPanel rootPanel;
    private JTextField txtUsername;
    private JPasswordField pasPassword;
    private JButton btnLogin;
    private JLabel lblOutput;

    public GUI07() {
        btnLogin.addActionListener(new ActionListener() {
            @Override
            public void actionPerformed(ActionEvent e) {
                lblOutput.setText("使用者: " + txtUsername.getText() +
                        "- 密碼: " + new String(pasPassword.getPassword()));
            }
        });
    }
}
```

> **Java 專案**

這個 Swing 應用程式是修改第 16-4 節的 Java 專案，改用 Lambda 運算式建立事件處理程序，如下圖所示：

在輸入使用者名稱和密碼後，按【登入】鈕，可以在下方顯示使用者輸入的登入資料。

▶ GUI 表單：GUI07.form

在 GUI 設計工具建立的表單使用介面和第 16-4 節的 Java 專案完全相同。

▶ 程式內容：GUI07.java

```
01: import javax.swing.*;
02: import java.awt.event.ActionEvent;
03: import java.awt.event.ActionListener;
04:
05: /**
06:  * Created by JOE on 2014/6/6.
07:  */
08: public class GUI07 {
09:     private JPanel rootPanel;
10:     private JTextField txtUsername;
11:     private JPasswordField pasPassword;
12:     private JButton btnLogin;
13:     private JLabel lblOutput;
14:
15:     public GUI07() {
16:         btnLogin.addActionListener((e) -> {
17:             lblOutput.setText("使用者: " + txtUsername.getText() +
18:             "- 密碼: " + new String(pasPassword.getPassword()));
19:         });
20:     }
21:
22:     public static void main(String[] args) {
23:         JFrame frame = new JFrame("GUI07");
```

```
24:         frame.setContentPane(new GUI07().rootPanel);
25:         frame.setDefaultCloseOperation(JFrame.EXIT_ON_CLOSE);
26:         frame.pack();
27:         frame.setVisible(true);
28:     }
29: }
```

▶ **程式說明**

- 第 16~19 行：使用 Lambda 運算式取代原來匿名內層類別建立事件處理程序。

17-6-4　預設方法

　　Java 介面只有方法宣告，並沒有實作程式碼，其主要原因是爲了避免多重繼承產生混淆（不知方法是從哪 1 個父介面而來），因爲介面與實作此介面的類別擁有緊密的關係，在介面新增方法，所有實作此介面的類別都需要實作此方法。

　　在 Java 8 新增 Lambda 運算式，爲了與舊版相容，避免存在函數庫因爲支援 Lambda 運算式新增介面方法，而需要所有實作此介面的類別都實作方法，所以新增「預設方法」（default methods）讓介面宣告的方法也可以有實作程式碼。

📖 在介面建立預設方法

　　在 Java 8 語言的介面宣告可以包含擁有實作程式碼的方法，稱爲預設方法，如下所示：

```
interface MyMath {    // MyMath 介面宣告
   int add(int x, int y);
   // 預設方法，擁有實作程式碼
   default int multiply(int x, int y) { return x * y; }
}
```

　　上述 MyMath 介面有 2 個介面方法，在第 2 個介面方法是使用 default 關鍵字宣告，擁有實作程式碼，這是一個預設方法。請注意！抽象類別和擁有預設方法介面之間的差異，在於抽象類別可以擁有成員變數的狀態，但預設方法的介面不行。

介面的多重繼承

問題來了，因為介面可以有預設方法，介面的多重繼承就有可能產生混淆，例如：宣告 2 個介面 MyPerson 和 MyStudent，如下所示：

```
interface MyPerson {    // MyPerson 介面宣告
   default void sayHi() {
     System.out.println(" 大家好！");
   }
}
interface MyStudent {    // MyStudent 介面宣告
   default void sayHi() {
     System.out.println("Hi!");
   }
}
```

上述 2 個介面擁有同名預設方法 sayHi()，當類別 Joe 實作上述 2 個介面，如下所示：

```
// Joe 類別實作 MyPerson 和 MyStudent 介面
class Joe implements MyPerson, MyStudent {
   ...
}
```

上述類別的 sayHi() 介面方法是從哪一個介面而來？ Java 8 並不允許這種情況，在 Joe 類別我們需要覆寫 sayHi() 方法來避免產生混淆，如下所示：

```
class Joe implements MyPerson, MyStudent {
   public void sayHi() {    // 覆寫 sayHi() 方法
     MyStudent.super.sayHi();
   }
}
```

上述覆寫 sayHi() 方法可以使用 super 關鍵字呼叫指定介面的方法，以此例是呼叫 MyStudent 介面的方法。

Java 專案  **Ch17\DefaultMethods**

在 Java 程式宣告 MyPerson 和 MyStudent 介面後，宣告 Joe 類別實作這 2 個介面且覆寫 sayHi() 方法，然後在主程式建立 Joe 物件，呼叫 sayHi() 方法顯示訊息文字，如下所示：

```
Hi
```

上述執行結果是呼叫 MyStudent 介面的 sayHi() 預設方法。

▶ 程式內容

```java
01: /* Java 程式: Ch17_6_4.java */
02: interface MyPerson {    // MyPerson 介面宣告
03:     default void sayHi() {   // 預設方法
04:         System.out.println("大家好!");
05:     }
06: }
07: interface MyStudent {    // MyStudent 介面宣告
08:     default void sayHi() {    // 預設方法
09:         System.out.println("Hi!");
10:     }
11: }
12: // Joe 類別實作 MyPerson 和 MyStudent 介面
13: class Joe implements MyPerson, MyStudent {
14:     @Override
15:     public void sayHi() {    // 覆寫 SayHi() 方法
16:         MyStudent.super.sayHi();
17:     }
18: }
19: // 主類別
20: public class Ch17_6_4 {
21:     // 主程式
22:     public static void main(String[] args) {
23:         Joe j = new Joe();    // 建立 Joe 物件
24:         j.sayHi();            // 呼叫方法
25:     }
26: }
```

▶ 程式說明

- 第 2~6 行:MyPerson 介面宣告,內含預設方法 sayHi()。

- 第 7~11 行:MyStudent 介面宣告,內含預設方法 sayHi()。

- 第 13~18 行:Joe 類別實作 MyPerson 和 MyStudent 介面,在第 15~17 行覆寫 sayHi() 方法,第 16 行是呼叫 MyStudent 介面的 sayHi() 預設方法。

- 第 23~24 行:在建立 Joe 物件後,呼叫 sayHi() 方法。

學習評量

17-1　事件處理的基礎

1. Java 使用 Swing 元件建立圖形使用介面屬於一種 _____ 程式設計（event-driven programming）。

2. 請問什麼是事件？什麼是委託事件處理模型？何謂事件傾聽者類別？

3. 當選取核取方塊、選項鈕、下拉式清單和清單方塊時會產生 _____ 事件物件。當按下按鈕、下拉式清單、密碼欄位、功能表選項或輸入文字方塊按下 `Enter` 鍵時會產生 _____ 事件物件。

17-2　事件改編者類別

4. 請舉例說明什麼是匿名內層類別？

5. 請說明什麼是事件改編者類別？並且使用實例比較和事件傾聽者類別之間的差異？

6. 請問下列程式碼哪一個是使用事件改編者類別建立傾聽者物件，哪一個不是，為什麼？如下所示：

```
(1) JTextField txt = new JTextField(12);
    txt.addActionListener(new ActionListener() {
      public void actionPerformed(ActionEvent evt)
      {  } });
(2) addMouseListener(new MouseAdapter() {
    public void mousePressed(MouseEvent evt) {  }
    public void mouseReleased(MouseEvent evt)
    {  } });
```

17-3　滑鼠事件處理

7. 當使用者在滑鼠上按一下、進入、離開、按下或鬆開按鍵等操作時，就會產生 _____ 事件物件，在委託處理事件的類別需要實作 _____ 介面的方法來處理各種事件。

8. 請建立 Swing 應用程式新增文字內容為紅、綠和黃的 3 個 JLabel 元件，預設背景色彩是白色，當移動滑鼠進入 JLabel 元件就分別更改背景色彩成為紅、綠和黃色；離開恢復成白色。

17-4 鍵盤事件處理

9. 當使用者按下鍵盤按鍵就會產生 _____ 事件物件，委託處理事件的類別需要實作 _____ 介面的方法來處理各種鍵盤事件。

10. 請建立 Swing 應用程式，內容為可以將美金轉換成台幣的匯率轉換程式，在使用 JTextField 元件輸入金額後，按下 `Enter` 鍵，可以在下方 JLabel 元件顯示轉換結果的金額。

11. 請使用 Swing 元件建立換鈔機，在 JTextField 元件輸入金額，按下 `Enter` 鍵，可以顯示換成多少張 1000、500、200、100 元紙鈔和 50、10、5、1 元的硬幣（以換成最多張大面額鈔票方式來進行轉換），每一個面額對應一個 JLabel 元件，分別顯示各種面額轉換的張數或個數。

17-5 Swing 元件的事件處理

12. 請比較第 17-5 節和第 16 章範例程式，相同 Swing 元件在處理使用者輸入或選擇時的差異為何？

13. 請建立光碟燒錄片的訂購程式，使用 JCheckBox 元件勾選購買哪一種光碟片，可以在 JLabel 元件顯示總片數和總價（不需用 JButton 元件），訂購單位是 50 片，白金片每片 4 元、金片 4 元、水藍片 5 元，DVD 片為 7 元，其後擁有 JTextField 輸入每種燒錄片的訂購數量（預設值 50），不足 50 片，以 50 片計。

17-6 Lambda 運算式與預設方法

14. 請問什麼是 Lambda 運算式？

15. 請簡單說明 Lambda 運算式的基本語法？

16. 請舉例說明 Lambda 運算式如何建立 Swing 元件的事件處理？

17. 請問什麼是函數介面（functional interface）？

18. 請舉例說明什麼是預設方法（default methods）？

Android App開發

Java 8 程式語言學習手冊

Chapter

18

Android App應用程式開發

本章學習目標

18-1 Android 行動作業系統

Android 代表的是一套針對行動裝置開發的免費作業系統平台。目前 Android 並沒有統一的中文名稱，在台灣直接使用英文名稱 Android（發音：['ændrɔɪd]），在大陸地區的譯名為安卓或安致。

18-1-1 Android 的基礎

Android 是一套使用 Linux 作業系統為基礎開發的開放原始碼（open source）作業系統，最初主要是針對手機等行動裝置使用的作業系統，現在 Android 已經逐漸擴充到平板電腦、筆電和其他領域，例如：電子書閱讀器、MP4 播放器和智慧型電視等。

Android 作業系統最初是 Andy Rubin 創辦的同名公司 Android, Inc 開發的行動裝置作業系統，在 2005 年 7 月 Google 收購此公司，之後，Google 拉攏多家通訊系統廠商、硬體製造商等，在 2007 年 11 月 5 日組成「開放式手持裝置聯盟」（open handset alliance），讓 Android 正式成為一套開放原始碼的作業系統。

換句話說，目前擁有 Android 作業系統的是非營利組織的開放式手持裝置聯盟，Google 公司則在幕後全力支援 Android 作業系統的開發計劃，並且在 Android 作業系統整合 Google 的 Gmail、Youtube、Google 地圖和 Google Play 等服務，作為主要獲利的來源。

在 2010 年 1 月 5 日，Google 正式販售自有品牌的智慧型手機 Nexus One。到了 2010 年末，僅僅推出兩年的 Android 作業系統，已經快速成長且超越稱霸十數年的諾基亞 Symbian 系統，躍居成為世界最受歡迎的智慧手機平台。在 2011 年初，更針對平板電腦推出專屬 3.x 版，而且快速成為最廣泛使用的平板電腦作業系統之一。

在 2011 年 10 月 19 日推出 4.0 版 Ice Cream Sandwich（冰淇淋三明治），一套整合手機和平板電腦 2.x 和 3.x 版本的全新作業系統平台，從此之後，Android 就只有一個版本，不再區分手機和平板電腦兩種專屬版本。

對於程式開發者來說，Android 提供完整開發工具和框架，可以讓開發者快速建立行動裝置執行的應用程式，其專屬開發工具 Android SDK 更提供模擬器來模擬行動裝置，所以，就算你沒有實體的行動裝置，也一樣可以進行 Android 應用程式開發。

18-1-2 Android 的版本

Android 作業系統的每一個版本代號都是一種甜點名稱，其版本演進如下表所示：

Android 版本	釋出日期	代號
1.5	2009/4/30	Cupcake（紙杯蛋糕）
1.6	2009/9/15	Donut（甜甜圈）
2.0/2.1	2009/10/26	Eclair（閃電泡芙，法式奶油夾心甜點）
2.2	2010/5/20	Froyo（冷凍乳酪）
2.3	2010/12/6	Gingerbread（薑餅）
3.0/3.1/3.2	2011/2/22	Honeycomb（蜂窩）
4.x	2011/10/19	Ice Cream Sandwich（冰淇淋三明治）
4.1/4.2/4.3	2012/6/28,10/29,2013/7/24	Jelly Bean（雷根糖）
4.4	2013/9/3	KitKat（奇巧巧克力）
5.x	2014/10	Lollipop（棒棒糖）
6.x	2015/9/30	Marshmallow（棉花糖）

18-1-3 Android 的特點

Android 是一套開放原始碼的免費作業系統，所以沒有固定搭配的硬體配備或軟體，可以讓製造廠商自行客製化行動裝置，依成本、市場定位和功能來搭配所需的軟硬體，其特點如下所示：

▶ **硬體**：支援數位相機、GPS、數位羅盤、加速感測器、重力感測器、趨近感測器、陀螺儀和環境光線感測器等（請注意！不是每一種行動裝置都具備完整的硬體支援，可能只有其中數項）。

▶ **通訊與網路**：支援 GSM/EDGE、IDEN、GPRS、CDMA、EV-DO、UMTS、藍牙、WiFi、LTE 和 WiMAX 等。

▶ **簡訊**：支援 SMS 和 MMS 簡訊。

▶ **瀏覽器**：整合開放原始碼 WebKit 瀏覽器，支援 Chrome 的 JavaScript 引擎。

▶ **多媒體**：支援常用音效、視訊和圖形格式，包含 MPEG4、H.264、AMR、AAC、MP3、MIDI、Ogg Vorbis、WAV、JPEG、PNG、GIF 和 BMP 等。

▶ **資料儲存**：支援 SQLite 資料庫，一種輕量化的關聯式資料庫。

▶ **繪圖**：最佳化繪圖支援 2D 函數庫，和 3D 繪圖 OpenGL ES 規格。

▶ **其他**：支援多點觸控、Flash、多工和可攜式無線基地台等。

18-2 下載與安裝 Android SDK

Android SDK（Android 開發套件）包含偵錯器、Android 模擬器（Android Virtual Device）、函數庫、文件、範例和教材，可以幫助我們開發與測試執行 Android 應用程式。在成功下載和安裝 JDK 後，我們就可以下載安裝 Android SDK Tools 和平台套件。

說明

因為 Android App 是在 Android 作業系統上執行的應用程式，我們並不能直接在 Windows 作業系統執行 Android App，而需要建立 Android 模擬器，然後在模擬器上測試執行 Android App。

18-2-1 下載與安裝 Android SDK Tools

在第 1-6 節已經說明過下載和安裝 JDK，接著我們就需要下載與安裝 Android SDK Tools。

下載 Android SDK Tools

在 Android 官方網站可以免費下載最新版 Android SDK Tools，其下載網址如下所示：

▶ http://developer.android.com/sdk/index.html

請在上述網頁點選下方游標所在【Other Download Options】超連結，可以
進入 Android SDK Tools 下載頁面。

Platform	Package	Size	SHA-1 Checksum
Windows	installer_r24.3.4-windows.exe (Recommended)	139477985 bytes	094dd45f98a31f839feae898b48f23704f2878dd
	android-sdk_r24.3.4-windows.zip	187496897 bytes	4a8718fb4a2bf2128d34b92f23ddd79fc65839e7
Mac OS X	android-sdk_r24.3.4-macosx.zip	98340900 bytes	128f10fba668ea490cc94a08e505a48a608879b9
Linux	android-sdk_r24.3.4-linux.tgz	309138331 bytes	fb293d7bca42e05580be56b1adc22055d46603dd

請點選 Windows 平台的 Zip 格式壓縮檔，以本書爲例是【android-sdk_
r24.3.4-windows.zip】，可以看到授權條款頁面，如下圖所示：

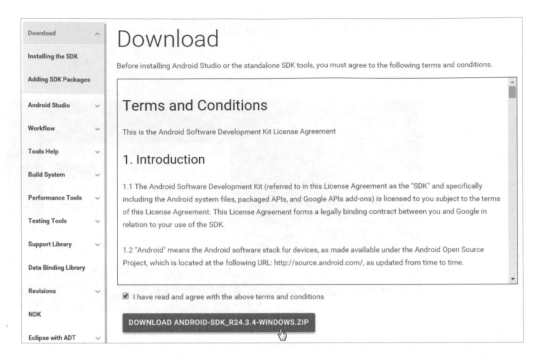

　　請捲動視窗閱讀授權條款後，勾選【I have read and agree with the above terms and conditions】 同 意 授 權， 即 可 按【Download android-sdk_r24.3.4-windows.zip】鈕，開始下載 Android SDK Tools 的 ZIP 格式壓縮檔。

📖 安裝 Android SDK Tools

　　當成功下載 Android SDK Tools 壓縮檔案後，以本書為例的檔案名稱是【android-sdk_r24.3.4-windows.zip】，請使用解壓縮工具或開啟檔案所在資料夾，在檔案上執行右鍵快顯功能表的【解壓縮全部】指令來解壓縮檔案。

　　在本書是將檔案內容解壓縮至「C:\Android_IDE」資料夾，共有 3 個子資料夾和 3 個檔案，如右圖所示：

上述【SDK Manager.exe】是 Android SDK 管 理 工 具；【AVD Manager.exe】是 Android 模擬器管理工具。

18-2-2　安裝 Android SDK 平台套件

因為 Android SDK Tools 單純只有相關開發工具，並沒有包含任何 Android SDK 平台套件（簡單的說，就是不同版本的 Android 行動作業系統），我們需要自行安裝指定版本 Android SDK 平台套件，和所需其他廠商的 API，例如：USB 連接實機的驅動程式等。

Android 平台套件的版本是對應 Android 作業系統的版本，我們可以下載最新版本，如果讀者準備針對特定 Android 版本開發 App，就需要下載安裝特定版本的平台套件。

請注意！因為 Android 愈新版的系統需求較高，如果開發電腦的效能和記憶體不足，執行 Android 模擬器將會十分緩慢，所以，本書沒有使用最新版本，而是以 Android 4.4.2 版和 Google APIs 為例，說明如何下載安裝 Android SDK 平台套件（請先建立 Internet 連線），其步驟如下所示：

Step 1▶ 請 切 換 至 Android SDK Tools 安裝資料夾「C:\Android_IDE」，按 二 下【SDK Manager.exe】，可 以 看 到「Android SDK Manager」視窗。

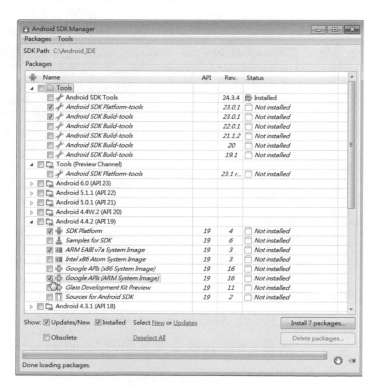

Step 2 ▶ 稍等一下，在載入可用清單後，可以看到每一個版本 Android 作業系統的 SDK 平台，在第 1 個【Tools】下預設勾選【Android SDK Platform-tools】和【Android SDK Build-tools】；最後【Extras】下預設勾選【Android Support Library】和【Google USB Driver】。

Step 3 ▶ 請展開 Android 4.4.2 版，勾選之下的【SDK Platform】，和至少 1 個 System Image，以此例是勾選【ARM EABI v7a System Image】和【Google APIs】，這是支援 Google 地圖服務的 System Image（4.0 之前版本的平台並沒有 System Image，直接勾選 SDK Platform 即可）。

Step 4 ▶ 按右下角【Install ? packages】鈕（「?」號是選擇的套件數），可以看到「Choose Packages to Install」選擇安裝套件清單對話方塊。

Step 5 ▶ 上述對話方塊左邊是準備安裝的套件清單；右邊是授權書，選【Accept License】同意全部授權後，按【Install】鈕開始下載和安裝選擇的套件。

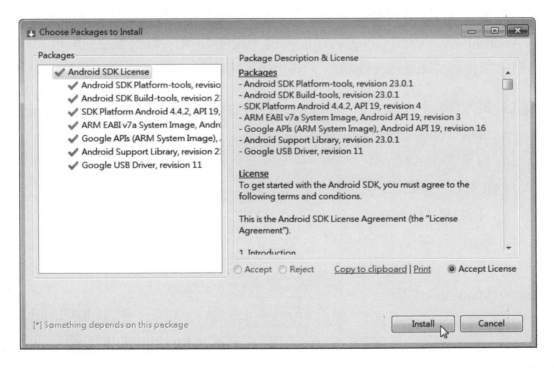

Step 6 ▶ 請稍等一下，等待時間需視網路速度和選擇的套件數目而定，等到安裝完成，就可以在「Android SDK Manager」視窗看到目前安裝的套件清單，Status 狀態欄更新為 Installed；Not installed 是沒有安裝。

按左上角【X】鈕關閉視窗。如果需要，我們可以回到「Android SDK Manager」視窗，更新和安裝其他 Android SDK 平台套件。

18-3　Android 模擬器的基本使用

Android 模擬器（android virtual devices，英文簡稱 AVD）是一個非常有用的工具，可以在 Windows 作業系統模擬一台執行 Android 作業系統的行動裝置（當然執行效能比不上實機），幫助我們測試 Android App，而不用真正購買一台實機的智慧型手機或平板電腦。

18-3-1　建立與啟動 Android 模擬器

在開始建立 Android App 之前，我們需要先建立 Android 模擬器，如果需要，我們可以同時建立多個不同配備的 Android 模擬器來幫助我們測試在不同行動裝置上的執行結果，其步驟如下所示：

Step 1 ▶ 請切換至 ADT Bundle 安裝資料夾「C:\Android_IDE」，按二下【SDK Manager.exe】，可以看到「Android SDK Manager」視窗。

Step 2 ▶ 請再執行「Tools>Manage AVDs」指令，稍等一下，可以看到「Android Virtual Device Manager」對話方塊。

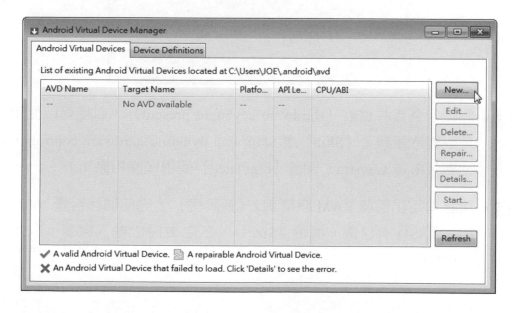

Step 3 ▶ 按右邊【New】鈕,可以看到「Create new Android Virtual Device(AVD)」建立新模擬器對話方塊。

Step 4 ▶ 在【Name】欄輸入模擬器名稱【GPhone】,【Device】欄可以選擇使用的裝置,內含 Google 產品或不同螢幕尺寸與解析度,以此例是選 4 吋 WVGA 480 × 800,在【Target】欄可以選擇支援的 Android 作業系統版本,以此例是選 4.4.2 版。

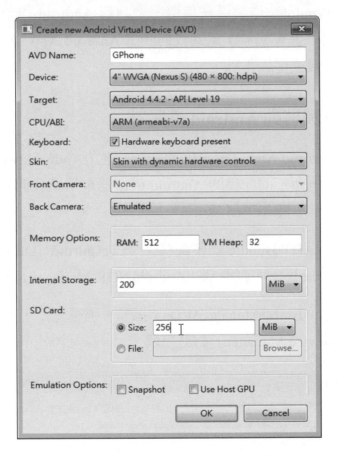

Step 5 ▶ 然後勾選實際鍵盤(Hardware keyboard present),以便可以使用電腦鍵盤輸入資料,【Skin】選 Skin with dynamic hardware controls,在後相機(Back Camera)欄選【Emulated】使用模擬相機功能。

Step 6 ▶ 接著指定記憶體 RAM 容量 512(預設值),內部儲存容量 200(預設值)和 SD 卡容量,請選【Size】,在之後欄位輸入容量,以此例是 256MB。

Step 7 ▶ 在完成後，請按【OK】鈕，稍等一下，可以看到建立模擬器的相關資訊。

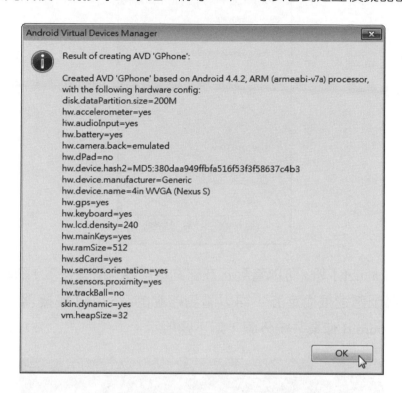

Step 8 ▶ 按【OK】鈕，可以看到建立的 Android 模擬器。

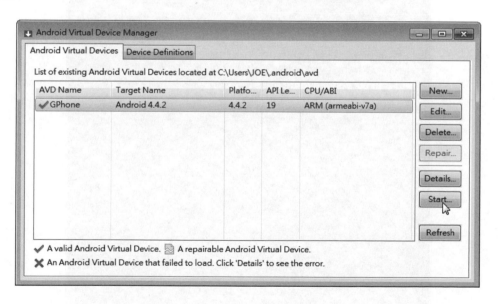

Step 9 ▶ 同樣方式，我們可以建立多個支援不同 Android 作業系統版本和裝置的模擬器。在選擇模擬器後，按右下方【Start】鈕，可以看到「Launch Options」啟動選項對話方塊。

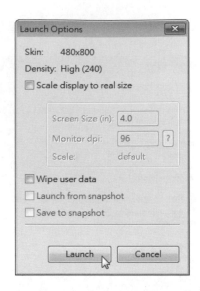

Step 10 ▶ 按【Launch】鈕,可以看到正在啓動模擬器,稍等一下,約數十秒後(視電腦硬體速度而定),可以看到啓動的 Android 模擬器,其介面是原生 Android 作業系統外觀,如下圖所示:

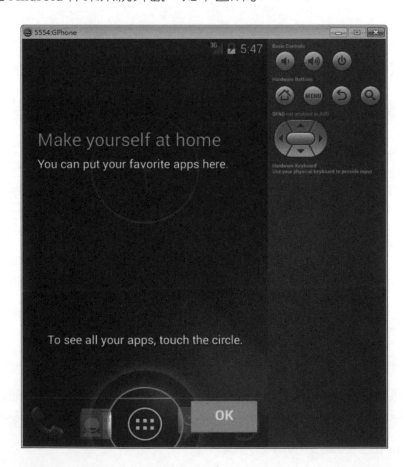

　　按【OK】鈕，就可以開始使用 Android 4.4.2 作業系統，在左邊是使用介面；右邊是裝置的操作按鈕。

18-3-2　Android 的基本操作介面

　　對於習慣 Windows 作業系統操作的使用者來說，Android 操作介面因為是行動裝置的作業系統，螢幕尺寸比較小，其操作邏輯反而比較像在 Web 瀏覽器瀏覽網站的多頁網頁。

首頁畫面（home screen）

　　Android 作業系統在啟動後進入的是首頁畫面，這是一個特殊應用程式，作為使用 Android 作業系統服務的介面，類似 Windows 作業系統的桌面，可以將常用程式的捷徑新增至首頁畫面，如下圖所示：

上述首頁畫面有很多分頁，原生 Android 作業系統（指沒有客製化介面的 Android 作業系統，HTC Sense 是一種客製化介面）擁有五頁，可以左右滑動來切換顯示不同的分頁。在每一頁分頁可以新增捷徑（例如：相機）和小工具（widget），小工具是在首頁畫面指定區域執行的程式，例如：上述時鐘和上方 Google 搜尋工具列。

在下方中間是應用程式啟動器（app launcher），內含 5 個圖示可以啟動常用的電話、聯絡人、簡訊和瀏覽器，選中間圓形的【啟動器】圖示，可以顯示系統安裝的 Apps 和 Widgets 小工具，如下圖所示：

上述標籤頁分成兩種群組，Apps 標籤是應用程式；Widgets 是小工具，只需按住上述應用程式圖示，就可以將它新增至桌面捷徑。

活動（activity）

Android App 主要是由一或多個活動組成，每一個活動可以建立與使用者互動的操作介面，類似 Web 網站的表單網頁，如右圖所示：

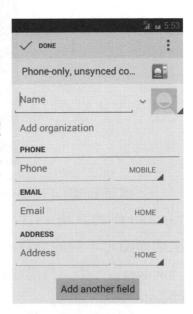

在前述首頁畫面點選捷徑，可以執行程式來顯示活動，在活動畫面的上方是標題列，其內容是使用介面的按鈕、文字和圖形等，在 Android 稱為視圖（view），本書稱為元件或介面元件。

當輸入資料，按下方按鈕，可以顯示另一個活動畫面，如同在網站瀏覽另一頁網頁，執行的活動被其他活動覆蓋後，活動並不會自動刪除，仍然儲存在記憶體，因為你可能馬上就會再使用到，如果記憶體不足，Android 作業系統會自動依記憶體的使用狀況來關閉活動。

18-3-3　使用 Android 模擬器

Android 模擬器是一個在 Windows 作業系統執行的行動裝置，在這一節筆者準備說明其基本使用，以便在之後可以用來測試我們建立的 Android 應用程式。

⬛ 解鎖螢幕

在 Android 模擬器解鎖螢幕，請使用滑鼠游標按住下方中間圓形上鎖的鎖圖示，如下圖所示：

將鎖的圓形，從中間拖拉至外環解開鎖的鎖圖示，即可解鎖，如下圖所示：

在沒有操作一段時間，或按鍵盤右上角【電源】鍵，就會返回鎖定畫面。

操作按鍵說明

Android 模擬器相關按鍵對應的鍵盤按鍵說明，如下表所示：

模擬器按鍵	鍵盤按鍵
首頁	Home
選單	F2 或 Page Up
返回	Esc
搜尋	F5
打電話	F3
掛斷電話	F4
電源	F7
音量調大	Ctrl-F5
音量調小	Ctrl-F6
旋轉螢幕	Ctrl-F11
切換啟用電信網路	F8
切換全螢幕	Alt-Enter

設定繁體中文介面

Android 模擬器預設是英文的使用介面，我們可以將它設為中文使用介面，請在首頁畫面，按右邊【MENU】鍵，可以在下方顯示選項選單，如下圖所示：

請執行【System settings】（之前版本是 Settings，中文是【系統設定】）指令，可以看到設定畫面，請捲動視窗找到【Language & Input】（之前版本是 Language & Keyboard，中文是【語言與輸入設定】），如下圖所示：

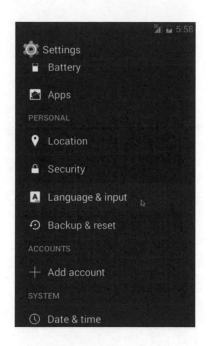

　　選第 1 個【Language】（之前版本是 Select Language），然後捲動到最後選【中文 (繁體)】，即可切換成繁體中文介面，如下圖所示：

開發人員選項

　　在系統設定的【開發人員選項】選項是一些開發人員的進階選項，可以指定充電不會進入休眠狀態，和啟用 USB 偵錯，如下圖所示：

說 明

開發人員選項在 Android 4.2.2 以上版本的實機（非模擬器）預設是隱藏，其
開啟步驟如下所示：

1. 進入設定頁面。
2. 選更多選項。
3. 選【關於裝置】。
4. 連選多次【版本號碼】，直到開啟開發人員選項。

18-4 建立 Android App

在成功下載和安裝 Android 開發環境後，我們就可以啟動 IntelliJ IDEA 建立
Android App。在這一節準備建立 BMI 計算機的 Android App，可以輸入身高和
體重來計算和顯示 BMI 值。

步驟一：啟動 IntelliJ IDEA 建立 Android App 專案

IntelliJ IDEA 社群版支援 Android App 開發，我們可以啟動 IntelliJ IDE 建立
Android 專案，其步驟如下所示：

Step 1▸ 請啟動 IntelliJ IDEA，稍等一下，可以看到「IntelliJ IDEA」對話方塊。

Step 2▸ 點選【Create New Project】項目，可以看到「New Project」對話方塊。

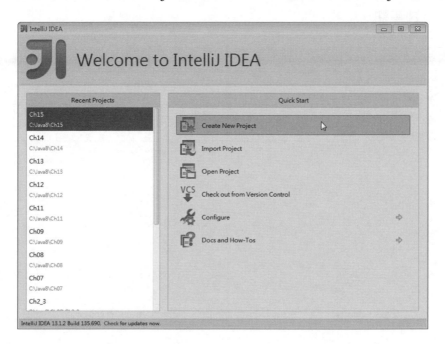

Step 3▸ 在左邊選【Android】；右邊選【Application Module】，按【Next】鈕輸入應用程式的相關資訊。

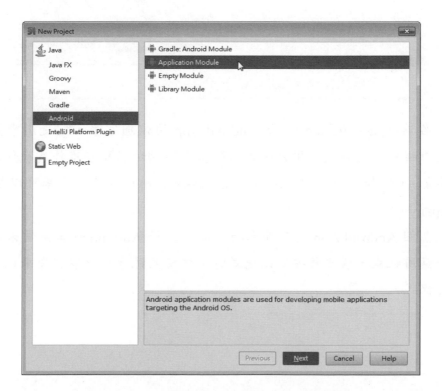

Step 4 ► 在【Application name】欄輸入應用程式名稱【BMI】，【Package name】欄輸入套件名稱，在下方預設勾選，按【Next】鈕輸入專案的相關資訊。

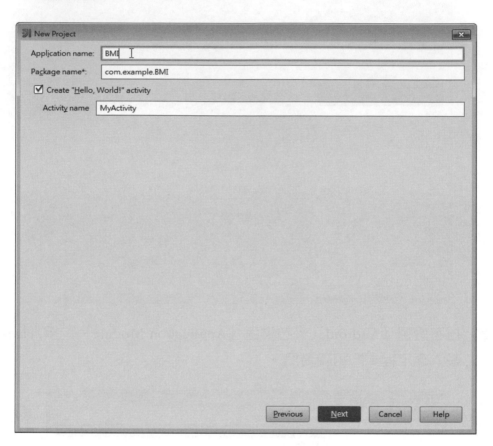

說 明

套件名稱（package name）是 Android App 的識別字串，它是用來區分不同的應用程式，通常是使用公司或組織相反的網域名稱字串作為套件名稱（小寫英文），例如：公司網址是 www.company.com.tw，套件名稱可以是 tw.com.company。

如果 2 個 Android App 的套件名稱相同，對於 Android 作業系統來說，就是同一應用程式，當重複安裝此程式時，作業系統會自動取代原來已經安裝的同名程式。

Step 5▶ 【Project name】欄位的專案名稱預設和 Application name 相同，請在【Project location】欄選擇或輸入「C:\Java8\Ch18\BMI」目錄，然後按【Project SDK】欄位後的【New】鈕，可以看到「Select Home Directory for Android SDK」對話方塊。

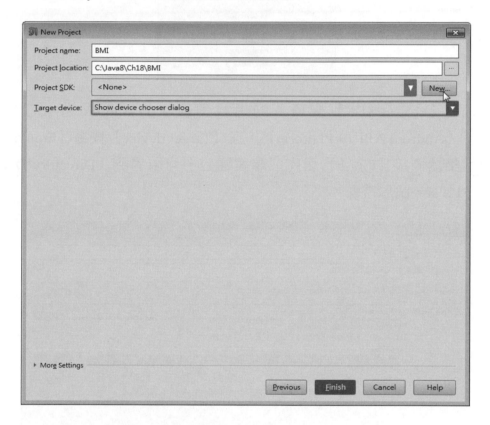

Step 6▶ 請選第 18-2-2 節安裝的目錄「C:\Android_IDE\sdk」，按【OK】鈕，可以看到「Create New Android SDK」對話方塊。

Step 7 ▶ 在【Java SDK】欄選【1.8】，【Build target】欄選【Android 4.4.2】，
按【OK】鈕建立 Android SDK 的設定資料。

Step 8 ▶ 在【Project SDK】欄填入的是我們新增的 Android SDK 設定資料
【Android API 19 Platform】，在【Target device】欄選【Emulator】模
擬器，按【Finish】鈕完成專案建立，可以看到「Directory Does Not
Exist」訊息視窗。

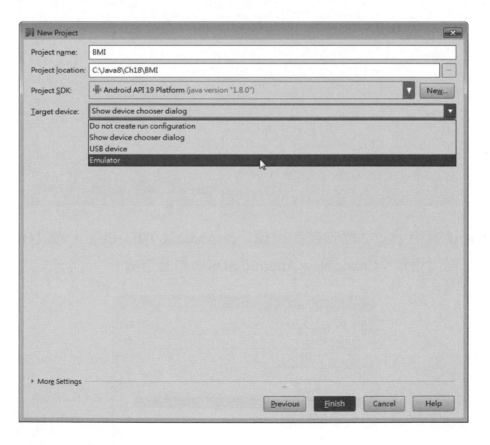

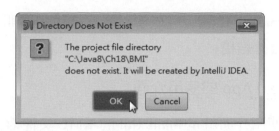

Step 9 ▶ 因為專案目錄不存在，請按【OK】鈕建立專案目錄，稍等一下，可以看到建立的 Android App 專案，首先看到「Tip of the Day」視窗。

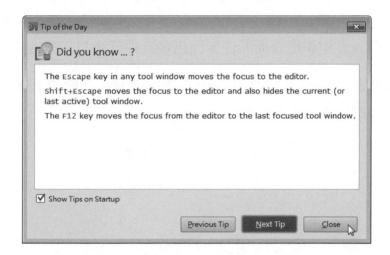

Step 10 ▶ 在上圖中按【Close】鈕關閉視窗，可以看到建立的專案。

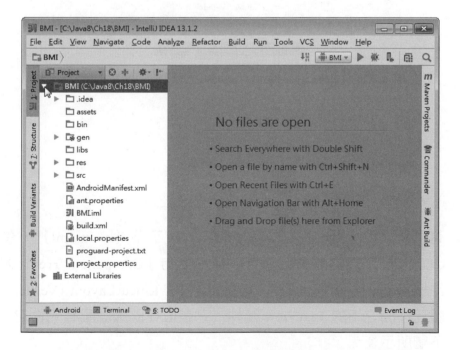

　　點選最左邊【Project】標籤，可以看到專案結構，展開【BMI】，可以看到 Android App 專案的目錄結構。

步驟二：建立 Android App 的使用介面

　　Android App 的使用介面就是 main.xml 的 XML 文件檔案，我們可以自行輸入 XML 標籤碼，或使用 GUI 設計工具來建立使用介面。

　　在使用介面首先需要新增版面配置元件（layout），這是一些擁有預設編排方式的元件，例如：垂直或水平直線方式排列，或以表格方式排列，然後，就可以在版面配置元件中新增介面元件，而這些元件就會以預設方式進行排列。

　　現在，我們就準備建立 BMI 計算機的使用介面，請繼續上面步驟，開啟左邊「Project」專案窗格，如下圖所示：

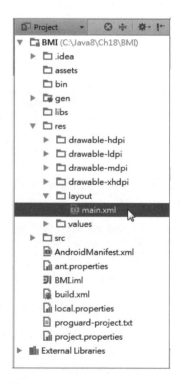

Step 1 ▶ 請展開【res】目錄下的【layout】，按二下【main.xml】，預設開啟 GUI 設計工具的標籤頁，可以在右上方「Component Tree」窗格的元件樹看到預設新增一個垂直線性排列的 LinearLayout (Vertical) 版面配置元件和之下的 TextView 元件（它是位在此版面配置元件之中），如下圖所示：

Step 2▶ 因為預設版面配置擁有 1 個 TextView 元件，首先請選取元件，在其上執行【右】鍵快顯功能表的【Delete】指令刪除此元件，如下圖所示：

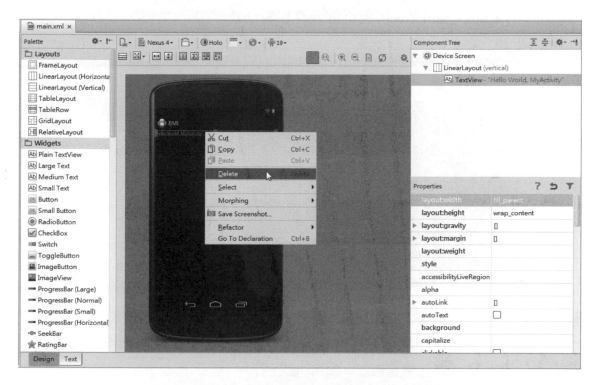

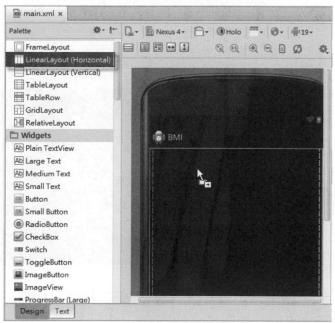

在上述標籤頁下方可以切換顯示方式，選【Design】標籤是 GUI 設計工具；【Text】標籤是程式碼編輯器來編輯原始 XML 標籤碼。

Step 3▸ 在左邊「Palette」窗格選【LinearLayout (Horizontal)】版面配置元件，此版面配置是水平線性依序編排位在之中的元件，可以在右上方「Component Tree」窗格的元件樹看到新增的元件，如下圖所示：

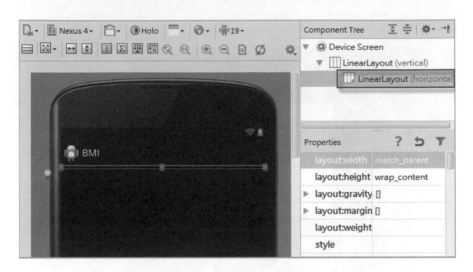

Step 4▸ 我們可以新增介面元件，請選【Large Text】即大字型的 TextView 元件後，移至剛剛新增的 LineryLayout 之中，可以選擇靠左、置中和靠右對齊，以此例是靠左，如下圖所示：

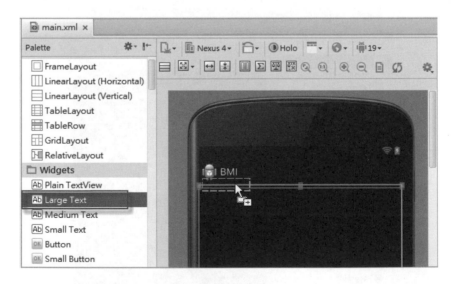

Step 5▸ 請在右下方「Properties」屬性窗格找到【text】屬性，直接輸入元件顯示的字串內容，以此例是【身高 (cm):】，如下圖所示：

Step 6 ▶ 在左邊「Palette」窗格的【Text Fields】文字欄位區段，選【Number】
元件，即輸入數字的 EditText 元件，然後置於 TextView 元件同一行之
後，如下圖所示：

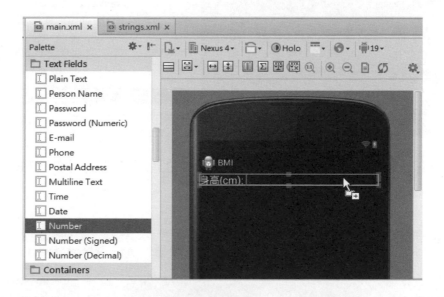

Step 7 ▶ 在右下方「Properties」屬性窗格找到【id】屬性的元件名稱，請改為
【@+id/edtHeight】，名稱是以「@+id」開頭，表示在目前 Android
App 命名空間新增（因為有「+」加號）一個「/」符號之後的識別名稱，
如下圖所示：

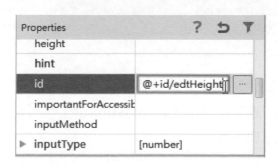

Step 8 ▶ 請重複步驟 3~7，再新增一行輸入體重的欄位，首先新增 1 個 LinearLayout (Horizontal) 元件，然後新增一個【Large Text】元件，【text】屬性值是【體重 (kg):】。

Step 9 ▶ 新增【Number】元件置於 TextView 元件同一行之後，更改【id】屬性值為【@+id/edtWeight】，如下圖所示：

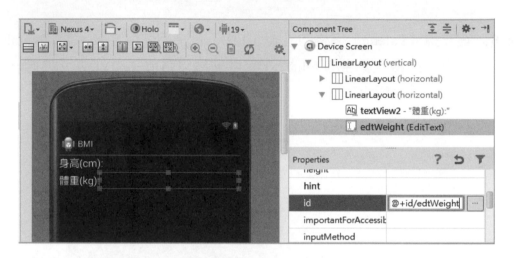

Step 10 ▶ 然後在之下新增【Button】元件，【id】屬性值為【@+id/btnBMI】，如下圖所示：

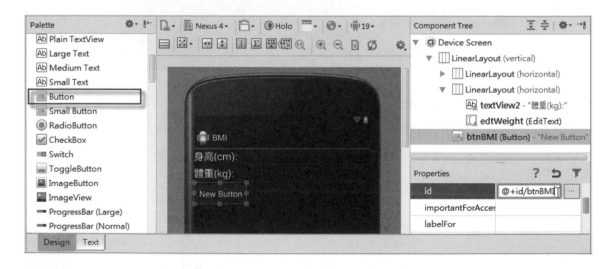

Step 11 ▶ 【text】屬性值改為【計算 BMI 值】。最後在之下新增【Large Text】元件，【id】屬性值改為【@+id/txtResult】，【text】屬性值改為【BMI 值是 :】，如下圖所示：

Step 12 ▶請在下方選【Text】標籤，就可以看到我們建立的 XML 標籤碼（左邊標籤頁），如下圖所示：

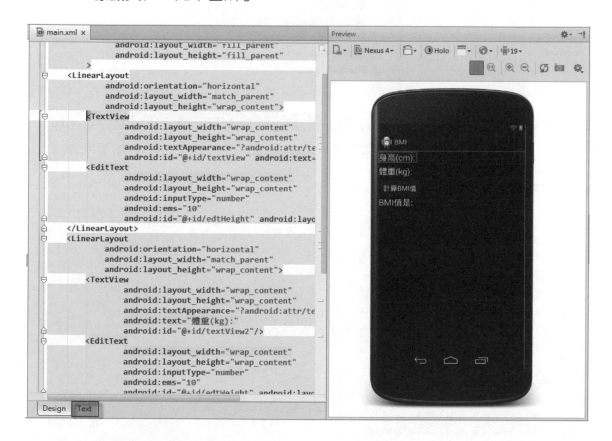

步驟三：新增元件參考和事件處理的 Java 程式碼

　　現在，我們準備新增元件參考和事件處理的 Java 程式碼，請繼續上面步驟，開啟左邊「Project」專案窗格，如下圖所示：

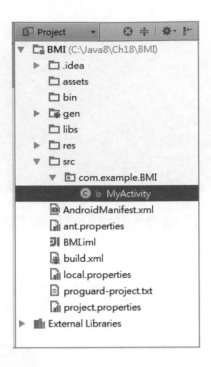

Step 1 ▶ 請展開【src】目錄下的【com.example.BMI】，按二下【MyActivity】，可以開啟程式碼編輯標籤頁，請自行輸入 Java 程式碼，如下所示：

▶ **程式內容：MyActivity.java**

```
01: package com.example.BMI;
02:
03: import android.app.Activity;
04: import android.os.Bundle;
05: import android.view.View;
06: import android.widget.Button;
07: import android.widget.TextView;
08: import android.widget.EditText;
09:
10: public class MyActivity extends Activity {
11:     private TextView txtResult;
12:     private EditText edtHeight;
13:     private EditText edtWeight;
14:     private Button btnBMI;
15:     private View.OnClickListener calcBMIListener;
16:     /**
17:      * Called when the activity is first created.
18:      */
19:     @Override
20:     public void onCreate(Bundle savedInstanceState) {
21:         super.onCreate(savedInstanceState);
```

```
22:          setContentView(R.layout.main);
23:          initializeApp();
24:      }
25:      private void initializeApp() {
26:          // 取得元件的參考
27:          btnBMI = (Button) findViewById(R.id.btnBMI);
28:          edtHeight = (EditText) findViewById(R.id.edtHeight);
29:          edtWeight = (EditText) findViewById(R.id.edtWeight);
30:          txtResult = (TextView) findViewById(R.id.txtResult);
31:          // 建立事件處理程序
32:          calcBMIListener = new View.OnClickListener() {
33:              public void onClick(View v) {
34:                  String h = edtHeight.getText().toString();
35:                  String w = edtWeight.getText().toString();
36:                  // 取得輸入的身高和體重
37:                  double height = Double.parseDouble(h)/100.0;
38:                  double weight = Double.parseDouble(w);
39:                  // 計算 BMI 值
40:                  double BMI = weight / (height * height);
41:                  // 顯示 BMI 值
42:                  txtResult.setText(txtResult.getText().toString() + BMI);
43:              }
44:          };
45:          // 指定事件處理
46:          btnBMI.setOnClickListener(calcBMIListener);
47:      }
48: }
```

▶ 程式說明

- 第 3~8 行：匯入所需的相關套件。
- 第 10~48 行：MyActivity 類別是繼承自 Activity 類別，在第 11~14 行宣告使用的介面元件，第 15 行是按鈕元件的事件傾聽者物件。
- 第 20~24 行：類別覆寫 onCreate() 方法，在第 22 行指定使用的版面配置檔，即 main.xml，第 23 行呼叫 initializeApp() 方法初始應用程式。
- 第 27~30 行：取得介面元件的參考。
- 第 32~44 行：建立 calcBMIListener 匿名內層類別的事件傾聽者物件，內含 onClick() 事件處理程序。
- 第 46 行：指定按鈕使用的事件傾聽者物件是 calcBMIListener。

步驟四：編輯執行與除錯設定

在完成程式碼編輯後，我們需要編輯執行與除錯設定。請繼續上面的步驟，如下所示：

Step 1 請執行「Run>Edit Configurations」指令，可以看到「Run/Debug Configurations」對話方塊。

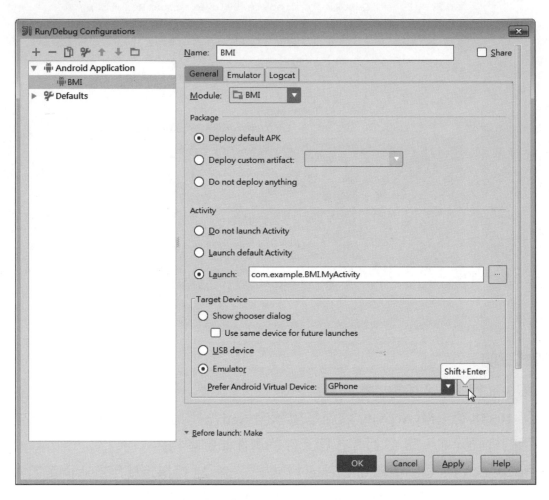

Step 2 在下方「Target Device」框選【Emulator】，然後選【GPhone】，按欄位後按鈕，可以啟動 Android Virtual Device Manager，如下圖所示：

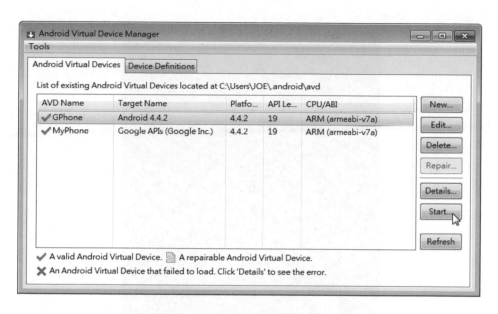

Step 3▶ 選【GPhone】，按【Start】鈕啟動模擬器，可以看到「Launch Options」對話方塊。

Step 4▶ 在上圖按【Launch】鈕，可以看到正在啟動模擬器，請稍等一下，可以看到啟動的 Android 模擬器，其介面是原生 Android 作業系統的外觀，如下圖所示：

步驟五：編譯與執行 Android App

　　在完成編輯執行與除錯設定和啓動 Android 模擬器後，就可以編譯與執行專案的程式檔案。請繼續上面的步驟，如下所示：

Step 1 ▶ 請執行「Run>Run 'BMI'」指令或按 `Shift-F10` 鍵，稍等一下，可以安裝至 Android 模擬器和看到執行結果，如下圖所示：

　　請依序輸入身高和體重後，按【計算 BMI 值】鈕，可以在下方顯示計算結果的 BMI 值。

18-5 Android App 專案結構

　　在 IntelliJ IDE 建立的 Android App 專案，預設建立多個目錄、子目錄和相關檔案，以第 18-4 節建立的 BMI 專案為例，如下圖所示：

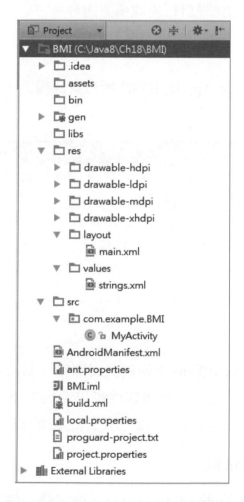

　　上述 Android App 專案結構的主要目錄與檔案說明，如下所示：

☃ \.idea 目錄

　　此目錄擁有多個子目錄，這些內容都是 IntelliJ IDEA 使用的內部資訊。

\assets 目錄

此目錄的內容預設是空的，主要是用來存放應用程式使用到的一些不需要編譯處理的原始資料，例如：HTML 文件、文字檔和 SQLite 資料庫等。

\gen 目錄

在此目錄包含一個位在相同套件之下，名為 R.java 檔案，它是 IntelliJ IDEA 自動依據專案資源（位在 \res 目錄）建立的索引類別檔，而且能夠自動更新此檔案，使用者並不需要和允許自行更改檔案內容。

\res 目錄

此目錄內容是 Android App 使用到的所有資源檔案，在之下是一些常用子目錄，如下表所示：

子目錄	內容說明
drawable-????	不同尺寸的 JPEG 或 PNG 格式的圖形檔案，可以使用在高、中和低不同解析度的行動裝置螢幕
layout	定義使用介面版面配置的 XML 檔，例如：main.xml
menu	顯示應用程式選單的 XML 檔
values	定義程式使用的陣列、字串、尺寸、色彩和樣式的常數值，例如：strings.xml

\src 目錄

此目錄的內容是 Java 類別的原始程式碼檔案（.java），它是位在套件 com.example.BMI 對應的路徑之下，展開套件可以看到之下的檔案清單，以此例是 MyAcitivity.java，Android App 的 Java 程式碼就是撰寫在此檔案。

AndroidManifest.xml 檔

位在專案根目錄的 AndroidManifest.xml 檔案是一個十分重要的檔案，提供 Android 作業系統所有應用程式的基本資訊，一個功能清單。不同於 Windows 作業系統，Android 作業系統需要透過 AndroidManifest.xml 檔案先認識這個 App，才能知道如何執行此 App。其主要提供的資訊有：

▶ App 的完整名稱（包含 Java 套件名稱），一個唯一的識別名稱，可以讓 Android 作業系統和 Google Play 找到此 App。

▶ App 包含的活動、內容提供者、廣播接收器和服務元件。

▶ 宣告 App 執行時需要的權限，例如：存取網路和 GPS 等。

▶ App 的目標和最小需求的 API 層級。

學習評量

18-1 Android 行動作業系統

1. 請說明何謂 Android 作業系統？Android 的特點為何？
2. 請簡單說明 Android 作業系統的版本？

18-2 下載與安裝 ADT Bundle

3. 請問什麼是 Google 提供的 ADT Bundle？
4. 請列出 ADT Bundle 的內容有什麼？

18-3 Android 模擬器的基本使用

5. 請問什麼是 Android 模擬器 AVD？
6. 請試著自行建立名為 MyPhone 的 Android 模擬器，目標平台是 Google APIs (Google Inc.) – API Level 19，SD 卡為 512，螢幕是 4.7 吋。
7. 請問什麼是 Android App 的活動？
8. 因為開發人員選項在 Android 4.2.2 以上版本的實機（非模擬器）預設是隱藏，請問開啟此選項的步驟為何？

18-4 建立 Android App

9. 請簡單說明 IntelliJ IDEA 開發 Android App 的基本步驟？
10. 請舉例說明 Android App 套件名稱（package name）是什麼？如果 2 個 Android App 套件名稱相同，請問安裝 Android App 會發生什麼事？
11. Android App 的使用介面就是 ＿＿＿＿＿＿＿ 的 XML 文件檔案，我們可以自行輸入 XML 標籤碼，或使用 GUI 設計工具建立使用介面。
12. 請建立 Android App 的匯率轉換程式，在 EditText 元件輸入金額後，按下 Button 元件，可以在下方 TextView 元件顯示轉換金額。

18-5 Android App 專案結構

13. 請簡單說明 Android App 專案結構的主要目錄與檔案？
14. 請問專案根目錄的 AndroidManifest.xml 檔案是什麼？

Chapter

使用IntelliJ IDEA整合開發環境

A-1 程式碼編輯標籤頁

IntelliJ IDEA 是一套功能強大的整合開發環境，在這一節筆者準備說明 IntelliJ IDEA 撰寫 Java 程式碼的一些實用功能，即程式碼編輯標籤頁的程式碼編輯器。

🗇 程式碼編輯標籤頁

IntelliJ IDEA 的程式碼編輯標籤頁是一個功能強大的程式碼編輯器，提供強大的智慧功能來幫助我們撰寫出正確的 Java 程式碼，如下圖所示：

```
/* Java程式: AppA_2.java */
public class AppA_2 {
    // 主程式
    public static void main(String[] args) {
        int age;   // 變數宣告
        // 建立Scanner物件
        java.util.Scanner sc = new java.util.Scanner(System.in);
        System.out.print("請輸入年齡 => ");
        age = sc.nextInt(); // 取得年齡
        System.out.println("年齡 = " + age);
        if ( age > 18 && age < 65 ) { // if/else條件敘述
            System.out.print("購買全票!\n");
        }
        else {
            System.out.print("購買優待票!\n");
        }
    }
}
```

選上方檔案名稱標籤，可以切換編輯的 Java 程式檔案，選標籤後的【X】號，可以關閉此標籤頁編輯的程式檔案。在標籤頁輸入的程式碼，如果是關鍵字，預設是使用深藍色顯示；註解文字為灰色；字串是綠色和數字是藍色等，其他程式碼則是黑色字。

在程式碼前方如果有小方框田和－號，表示它是一個程式區塊，基於編輯需要，我們可以展開或隱藏程式區塊，例如：點選 main() 方法前的－號，可以隱藏此程式區塊，只留下方法名稱前方符號改為田號，表示可以展開此程式區塊的程式碼，如下圖所示：

```
C AppA_1.java ×    C AppA_2.java ×
    /* Java程式: AppA_2.java */
    public class AppA_2 {
        // 主程式
        public static void main(String[] args) {...}
    }
```

在程式碼編輯標籤頁輸入程式碼的文字內容時，鍵盤主要編輯按鍵的說明，如下表所示：

鍵盤按鍵	說明
Ins	切換插入字元或是取代字元
Caps Lock	切換英文字母的大小寫
Del	刪除後面的一個字元
Backspace	刪除前面的一個字元
Enter	新增一列程式碼

顯示程式碼前的行號

在程式碼編輯標籤頁最前面的直行上可以顯示行號，方便我們檢視 Java 程式碼。在 IntelliJ IDEA 顯示程式碼行號的步驟，如下所示：

Step 1 ▶ 請執行「File>Settings」指令，可以看到「Settings」對話方塊。

Step 2▶ 在左邊找到和展開【Editor】，選【Appearance】，可以在中間找到【Show line numbers】核取方塊。

Step 3▶ 請勾選【Show line numbers】，按【OK】鈕，就可以顯示程式碼前的行號，如下圖所示：

```
/* Java程式: AppA_2.java */
public class AppA_2 {
    // 主程式
    public static void main(String[] args) {
        int age;   // 變數宣告
        // 建立Scanner物件
        java.util.Scanner sc = new java.util.Scanner(System.in)
        System.out.print("請輸入年齡 => ");
        age = sc.nextInt(); // 取得年齡
        System.out.println("年齡 = " + age);
        if ( age > 18 && age < 65 ) { // if/else條件敘述
            System.out.print("購買全票!\n");
        }
        else {
            System.out.print("購買優待票!\n");
        }
    }
}
```

智慧自動程式碼完成（smart code completion）

IntelliJ IDEA 程式碼編輯標籤頁支援智慧自動程式碼完成，只需輸入部分字串，就能夠顯示可能識別字清單來供選擇；輸入「.」符號，可以顯示相關方法和屬性清單，例如：輸入 System，如下圖所示：

```
/* Java程式: AppA_1.java */
public class AppA_1 {
    // 主程式
    public static void main(String[] args) {
        int age;   // 變數宣告
        age = 20;
        System.out.println("年齡 = " + age);
        Syste
}
```

System (java.lang)
SystemColor (java.awt)
SystemFlavorMap (java.awt.datatransfer)
SystemTray (java.awt)
SystemTrayPeer (java.awt.peer)
SYSTEM_EXCEPTION (org.omg.PortableInterceptor)
SystemException (org.omg.CORBA)
SystemIcon (sun.awt.shell.Win32ShellFolder2)
SystemMenuBar (javax.swing.plaf.basic.BasicInternalFr...
SystemTrayAccessor (sun.awt.AWTAccessor)
SystemUtil (sun.plugin2.util)
Ctrl+Down and Ctrl+Up will move caret down and up in the editor >>

當輸入 System 的同時，就會在下方顯示建議清單，只需在清單項目按二下，即可幫助我們快速輸入識別字，在完成 System 輸入後，輸入「.」符號，就會顯示屬性和方法的建議清單，只需按二下項目，即可馬上輸入所需的 Java 程式碼，如下圖所示：

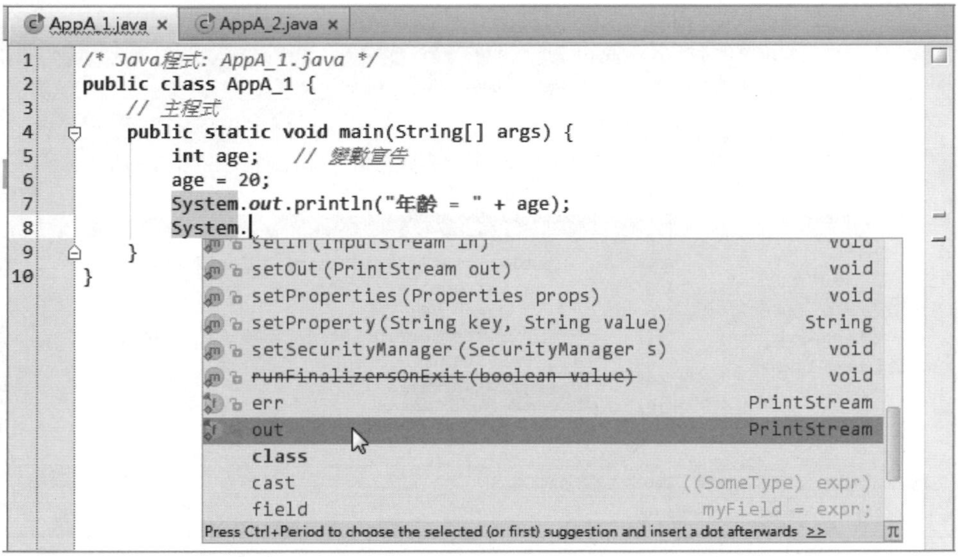

如果是方法，還能夠列出所有可能參數的建議清單，例如：System.out.println() 方法，如下圖所示：

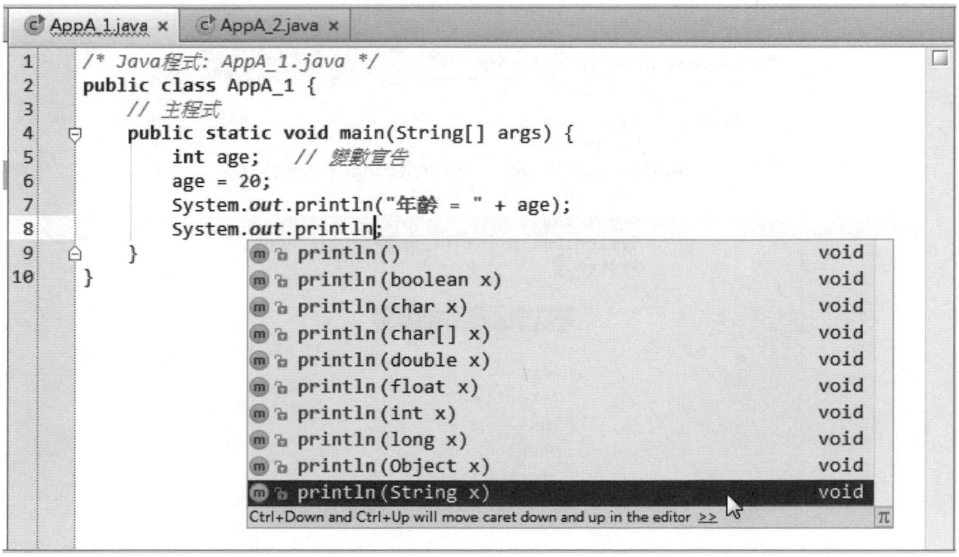

顯示 Java 程式碼錯誤和提供建議

在 IntelliJ IDEA 編輯標籤頁輸入 Java 程式碼時，如果有錯誤，就會在輸入錯誤的程式碼本身顯示紅色字，檔案或專案名稱下顯示紅色鋸齒線來表示有程式碼錯誤，如下圖所示：

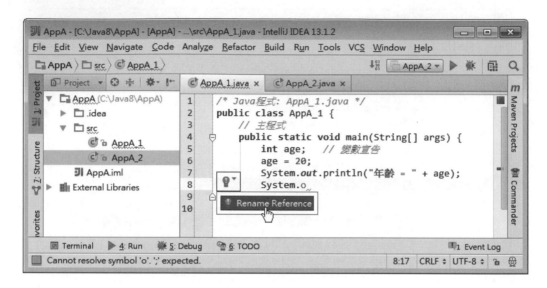

當按一下錯誤程式碼時，稍等一下，可以在前方顯示小燈泡的建議圖示，選圖示，按圖示右方向下箭頭，可以顯示下拉式選單的建議處理選項，以此例選【Rename Reference】更名項目，可以提供建議的更名清單，如下圖所示：

```
 1    /* Java程式: AppA_1.java */
 2    public class AppA_1 {
 3        // 主程式
 4        public static void main(String[] args) {
 5            int age;    // 變數宣告
 6            age = 20;
 7            System.out.println("年齡 = " + age);
 8            System.o
 9        }
10    }
            o
            out
            in
            err
            security
            cons
            props
            lineSeparator
```

按二下 out，就可以輸入 System.out。

A-2 程式除錯功能

IntelliJ IDEA 整合開發環境提供程式除錯功能，可以幫助我們找出 Java 程式執行時的邏輯錯誤，和讓我們進一步檢視和了解 Java 是如何執行程式碼。

基本上，整合開發工具的除錯功能可以讓我們一行一行執行程式碼、檢視指定變數值和監看運算式的變化，幫助我們找出程式碼的邏輯錯誤。

A-2-1 新增中斷點

中斷點（breakpoint）是指定執行到那一行程式碼即中斷程式執行，當 IntelliJ IDEA 執行到中斷點，即中斷執行，並監看目前指定變數值和運算式狀態。在實務上，我們是在程式可能有錯誤的行號前新增中斷點，以便一步一步執行和監看程式狀態來找出程式碼的邏輯錯誤。

例如：AppA_2.java 程式是檢查年齡判斷需要購買全票或優待票的 Java 程式，當年齡超過 18 且小於 65 時需購買全票，不過，當我們輸入 18 時，顯示購買優待票；不是全票，表示 if/else 條件敘述有邏輯錯誤，如下圖所示：

現在，我們需要在 if/else 條件敘述前新增中斷點，以便在下一節使用 IntelliJ IDEA 除錯功能找出 if/else 條件敘述的邏輯錯誤，其步驟如下所示：

Step 1▶ 請啟動 IntelliJ IDEA 整合開發環境，開啟 AppA 專案（專案目錄是 「Java8\AppA」），然後開啟 AppA_2.java 程式，如下圖所示：

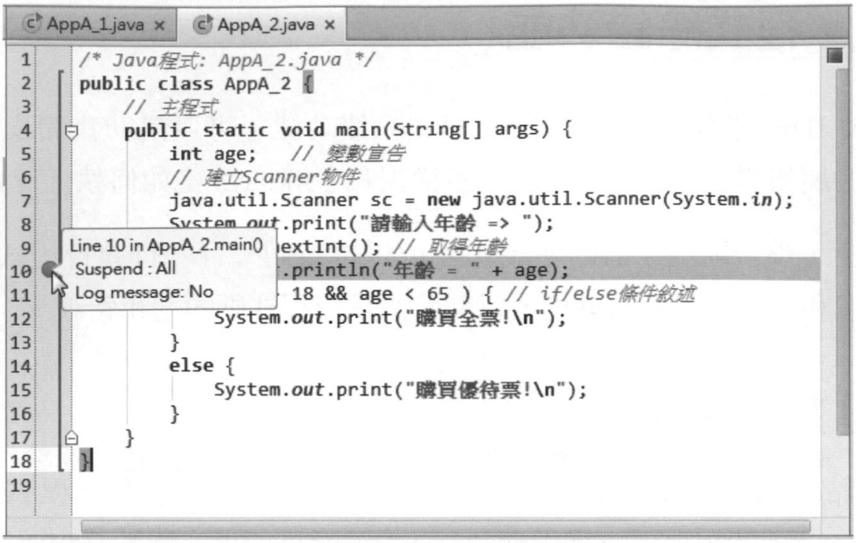

```java
/* Java程式: AppA_2.java */
public class AppA_2 {
    // 主程式
    public static void main(String[] args) {
        int age;   // 變數宣告
        // 建立Scanner物件
        java.util.Scanner sc = new java.util.Scanner(System.in);
        System.out.print("請輸入年齡 => ");
        age = sc.nextInt(); // 取得年齡
        System.out.println("年齡 = " + age);
        if ( age >= 18 && age < 65 ) { // if/else條件敘述
            System.out.print("購買全票!\n");
        }
        else {
            System.out.print("購買優待票!\n");
        }
    }
}
```

Step 2 ▶ 在欲新增中斷點的程式碼前方，以此例是點選第 10 行前方游標所在位置，即可新增中斷點，可以看到暗紅色圓形小圖示，和粉紅色反白顯示的 Java 程式碼。

現在，我們已經在 Java 程式碼新增中斷點，接著可以在第 A-2-2 節使用除錯功能進行程式除錯。刪除中斷點請直接點選程式碼前暗紅色圓形小圖示即可。

A-2-2　使用 IntelliJ IDEA 的除錯功能

我們準備繼續第 A-2-1 節的步驟，使用 IntelliJ IDEA 除錯功能來進行 Java 程式碼的除錯，其步驟如下所示：

Step 1 ▶ 請在 IntelliJ IDEA 參考第 A-2-1 節步驟新增中斷點後，可以看到我們建立的中斷點，如下圖所示：

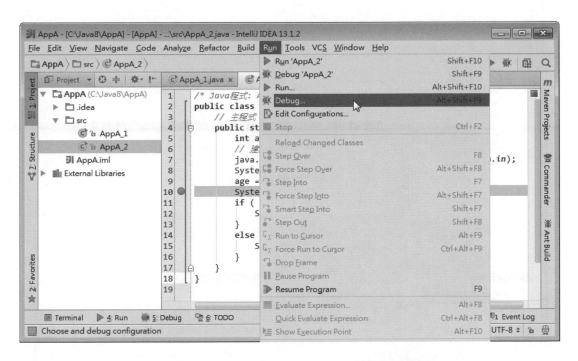

Step 2 ▶ 在上圖執行「Run>Debug」指令，或按 `Alt-Shift-F9` 鍵，可以看到一個浮動的「Debug」功能表。

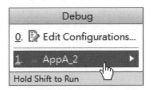

Step 3 ▶ 在上圖選【AppA_2】項目執行此 Java 程式，可以在下方看到執行結果，此時窗格的標題是 Debug；而不是 Run，如下圖所示：

Step 4 ▶ 請在提示文字後輸入年齡【18】，按 `Enter` 鍵，可以看到 Java 程式中斷執行在上一節建立的中斷點，即第 10 行，可以看到藍色反白顯示的 Java 程式碼。

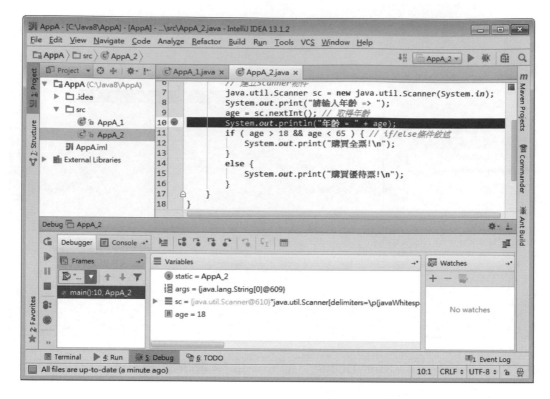

Step 5 ▶ 在下方「Variables」窗格可以看到變數 age 的值，我們也可以使用滑鼠游標，移至程式碼第 10 行變數 age 前，可以顯示目前變數值是 18，如下圖所示：

Step 6 ▶ 請執行「Run>Step Over」指令（也可以按下方游標所在按鈕），或按 F8 鍵執行下一行程式碼，即執行至第 11 行，如下圖所示：

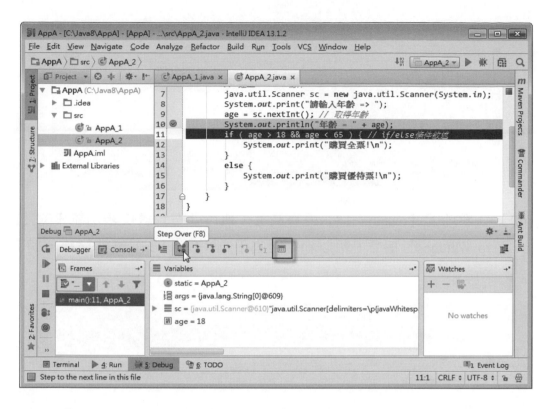

Step 7 ▶ 在 IntelliJ IDEA 可以新增監看變數或運算式，請在上圖下方「Debug」面板的工具列按最後 1 個【Evaluate Expression】鈕（或按 Alt-F8 鍵），可以看到「Expression Evaluation」對話方塊。

Step 8 ▶ 上圖中在【Expression】欄輸入變數名稱【age】，按【Evaluate】鈕，可以馬上在下方看到運算式的值為 18，如下圖所示：

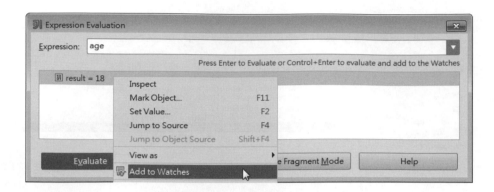

Step 9 ▶ 在新增的【result = 18】運算式上,執行【右】鍵快顯功能表的【Add to Watches】指令,可以新增至右下方「Watches」監看窗格,如下圖所示:

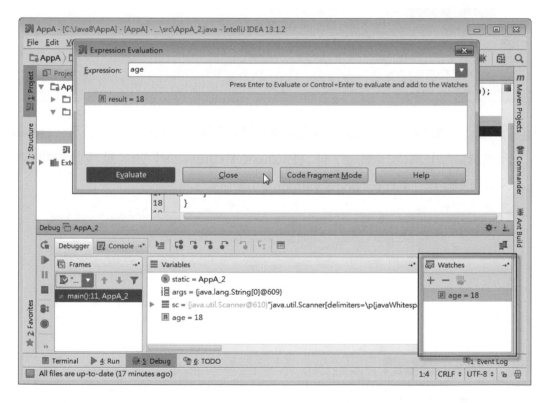

Step 10 ▶ 按【Close】鈕可以關閉「Expression Evaluation」對話方塊。

Step 11 ▶ 我們準備新增 2 個監看運算式【age > 18】和【age < 65】,請在右下方「Watches」窗格,按上方【＋】鈕新增監看運算式,如下圖所示:

Step 12▶請直接輸入【age > 18】運算式後，按 Enter 鍵新增監看運算式。同樣
方式，請再新增【age < 65】運算式，馬上可以看到目前運算式的值（因
為是監看，所以一行一行執行程式碼時，運算式的值也會隨之重新計
算），如下圖所示：

Step 13▶請執行「Run>Step Over」指令，或按 F8 鍵執行下一行程式碼，可以
看到目前執行到第 15 行，如下圖所示：

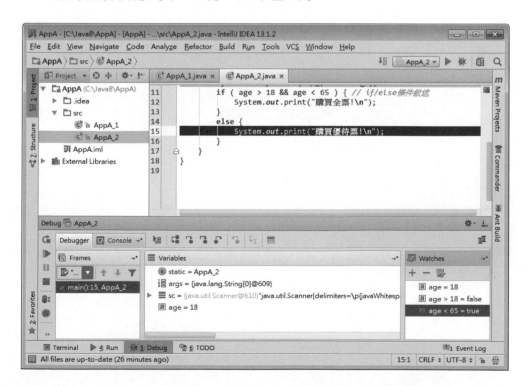

Step 14 ▸我們已經找到程式邏輯錯誤，程式應該執行第 12 行，不是第 15 行。因為【age > 18】運算式的運算結果為 false，此運算式有錯誤，【age < 65】運算式的運算結果為 true，此運算式正確。

Step 15 ▸請執行「Run>Stop」指令，或按 Ctrl-F2 鍵中斷執行來結束 IntelliJ IDEA 的程式除錯。

當我們使用 IntelliJ IDEA 除錯功能找出【age > 18】運算式有錯誤後，就可以刪除中斷點，修改第 11 行程式碼加上等號來更正邏輯錯誤，即【age >= 18】，即可建立正確執行的 Java 程式。

Chapter

B

ASCII碼對照表

ASCII 碼	符號	HTML 碼	ASCII 碼	符號	HTML 碼
32	SPACE	&#32;	80	P	&#80;
33	!	&#33;	81	Q	&#81;
34	"	&#34;	82	R	&#82;
35	#	&#35;	83	S	&#83;
36	$	&#36;	84	T	&#84;
37	%	&#37;	85	U	&#85;
38	&	&#38;	86	V	&#86;
39	'	&#39;	87	W	&#87;
40	(	&#40;	88	X	&#88;
41	)	&#41;	89	Y	&#89;
42	*	&#42;	90	Z	&#90;
43	+	&#43;	91	[	&#91;
44	,	&#44;	92	\	&#92;
45	-	&#45;	93	]	&#93;
46	.	&#46;	94	^	&#94;
47	/	&#47;	95	_	&#95;
48	0	&#48;	96	`	&#96;
49	1	&#49;	97	a	&#97;
50	2	&#50;	98	b	&#98;
51	3	&#51;	99	c	&#99;
52	4	&#52;	100	d	&#100;
53	5	&#53;	101	e	&#101;
54	6	&#54;	102	f	&#102;
55	7	&#55;	103	g	&#103;
56	8	&#56;	104	h	&#104;
57	9	&#57;	105	i	&#105;
58	:	&#58;	106	j	&#106;
59	;	&#59;	107	k	&#107;
60	<	&#60;	108	l	&#108;
61	=	&#61;	109	m	&#109;
62	>	&#62;	110	n	&#110;
63	?	&#63;	111	o	&#111;

ASCII 碼	符號	HTML 碼	ASCII 碼	符號	HTML 碼
64	@	&#64;	112	p	&#112;
65	A	&#65;	113	q	&#113;
66	B	&#66;	114	r	&#114;
67	C	&#67;	115	s	&#115;
68	D	&#68;	116	t	&#116;
69	E	&#69;	117	u	&#117;
70	F	&#70;	118	v	&#118;
71	G	&#71;	119	w	&#119;
72	H	&#72;	120	x	&#120;
73	I	&#73;	121	y	&#121;
74	J	&#74;	122	z	&#122;
75	K	&#75;	123	{	&#123;
76	L	&#76;	124	|	&#124;
77	M	&#77;	125	}	&#125;
78	N	&#78;	126	~	&#126;
79	O	&#79;	127	DEL	&#127;

國家圖書館出版品預行編目資料

Java 8 程式語言學習手冊 / 陳會安編著. -- 初版. --
新北市：全華圖書, 2014.09
　　　　面；　　公分
　　ISBN 978-957-21-9652-6(平裝附光碟片)
　　1. Java (電腦程式語言)

312.32J3　　　　　　　　　　　　103018562

Java 8 程式語言學習手冊

(附範例光碟)

作者 / 陳會安

執行編輯 / 周映君

發行人 / 陳本源

出版者 / 全華圖書股份有限公司

郵政帳號 / 0100836-1 號

印刷者 / 宏懋打字印刷股份有限公司

圖書編號 / 06264007

初版三刷 / 2017 年 05 月

定價 / 650 元

ISBN / 978-957-21-9652-6 (平裝附光碟片)

全華圖書 / www.chwa.com.tw

全華網路書店 Open Tech / www.opentech.com.tw

若您對書籍內容、排版印刷有任何問題，歡迎來信指導 book@chwa.com.tw

臺北總公司(北區營業處)
地址：23671 新北市土城區忠義路 21 號
電話：(02) 2262-5666
傳真：(02) 6637-3695、6637-3696

南區營業處
地址：80769 高雄市三民區應安街 12 號
電話：(07) 381-1377
傳真：(07) 862-5562

中區營業處
地址：40256 臺中市南區樹義一巷 26 號
電話：(04) 2261-8485
傳真：(04) 3600-9806

歡迎加入 全華會員

會員獨享
會員享購書折扣、紅利積點、生日禮金、不定期優惠活動…等。

如何加入會員
填妥讀者回函卡直接傳真 (02) 2262-0900 或寄回，將由專人協助登入會員資料，待收到 E-MAIL 通知後即可成為會員。

如何購書

1. 網路購書
全華網路書店「http://www.opentech.com.tw」，加入會員購書更便利，並享有紅利積點回饋等各式優惠。

2. 全華門市、全省書局
歡迎至全華門市（新北市土城區忠義路 21 號）或全省各大書局、連鎖書店選購。

3. 來電訂購
(1) 訂購專線：(02) 2262-5666 轉 321-324
(2) 傳真專線：(02) 6637-3696
(3) 郵局劃撥（帳號：0100836-1　戶名：全華圖書股份有限公司）
※ 購書未滿一千元者，酌收運費 70 元。

OpenTech 全華網路書店.com.tw

全華網路書店 www.opentech.com.tw
E-mail: service@chwa.com.tw

※ 本會員制如有變更則以最新修訂制度為準，造成不便請見諒。

親愛的讀者：

感謝您對全華圖書的支持與愛護，雖然我們很慎重的處理每一本書，但恐仍有疏漏之處，若您發現本書有任何錯誤，請填寫於勘誤表內寄回，我們將於再版時修正，您的批評與指教是我們進步的原動力，謝謝！

全華圖書 敬上

勘 誤 表

書 號		書 名		作 者
頁 數	行 數	錯誤或不當之詞句		建議修改之詞句

我有話要說： （其它之批評與建議，如封面、編排、內容、印刷品質等・・・）